洪水风险情景分析方法与实践

——以太湖流域为例

程晓陶　吴浩云　编著

中国水利水电出版社
www.waterpub.com.cn
·北京·

内 容 提 要

流域洪水风险情景分析方法的研究，旨在探讨在不同气候与海平面变化模式下，洪水灾害系统随快速城镇化与经济社会发展的动因响应关系及其变化机制，以增强对流域洪水风险演变趋向的预见能力，为调整治水方略提供决策依据。本书以太湖流域为研究对象，基于中英科技合作与“十二五”科技支撑计划课题的研究成果，系统地介绍了流域洪水动因响应分析、区域高分辨台风模式、气候变化、城镇化与经济社会发展等人类活动对流域水文过程的影响、平原河网区大尺度水力学模型、堤防工程可靠性分析、经济社会发展预测与水灾损失评估、洪水风险情景分析集成平台、太湖流域防灾减灾能力评估和风险演变趋势分析等内容。

本书可供水利、气象、市政、国土规划和应急管理等领域的科研、管理人员和大专院校相关专业参考。

图书在版编目（CIP）数据

洪水风险情景分析方法与实践 ： 以太湖流域为例 / 程晓陶，吴浩云编著. -- 北京 ： 中国水利水电出版社，2019.9
ISBN 978-7-5170-8029-9

Ⅰ. ①洪… Ⅱ. ①程… ②吴… Ⅲ. ①太湖－流域－洪水－水灾－风险分析－研究 Ⅳ. ①P426.616

中国版本图书馆CIP数据核字(2019)第209410号

审图号：GS（2019）4483号

书　　名	**洪水风险情景分析方法与实践——以太湖流域为例** HONGSHUI FENGXIAN QINGJING FENXI FANGFA YU SHIJIAN——YI TAI HU LIUYU WEI LI
作　　者	程晓陶　吴浩云　编著
出版发行	中国水利水电出版社 （北京市海淀区玉渊潭南路1号D座　100038） 网址：www. waterpub. com. cn E-mail：sales@waterpub. com. cn 电话：（010）68367658（营销中心）
经　　售	北京科水图书销售中心（零售） 电话：（010）88383994、63202643、68545874 全国各地新华书店和相关出版物销售网点
排　　版	中国水利水电出版社微机排版中心
印　　刷	北京印匠彩色印刷有限公司
规　　格	184mm×260mm　16开本　17印张　414千字
版　　次	2019年9月第1版　2019年9月第1次印刷
定　　价	**136.00**元

前言

FOREWORD

在农业社会里，人们生产活动的决策习惯于凭借经验，一年四季细分为二十四节气，既顺天时，又应地利。因降水时空分布不均，水利成为农业的命脉，道法自然，天人合一。进入工业社会，工商业活动的决策，更关注于市场需求的变化，对商机的把握，不仅需要实时信息，还要有预测能力。然而，当代社会中，决策科学化面临更多的不确定性，决策风险日增，水利决策亦然。在全球气候变暖的大趋势下，降水时空分布的统计特征悄然变化；在快速工业化、城镇化的进程中，下垫面条件与土地利用方式急剧改变，对不同尺度工程调控手段的依赖与日俱增，流域水循环与降雨产汇流规律也随之变迁。当今，水利已扩展为国民经济的基础设施，对支撑发展、保障安全发挥着不可替代的作用。水利建设功在当代、利在千秋，面对不确定性增大的变化环境与日趋复杂的风险因素，水利工程体系的规划设计与运行管理，尤其需要把握好自然与社会的交互作用及其长期的演变趋势。为此，水利科技亟待在认识论与方法论上取得突破性进展，以推行长远可持续的治水模式和提供更为有效的决策支持手段。“十一五”期间科技部中英国际合作重大项目“流域洪水风险情景分析技术研究”与“十二五”期间在国家科技支撑计划项目“沿海地区适应气候变化技术开发与应用”中继续得到支持的“太湖流域洪水风险演变及适应技术集成与应用”课题对此作了积极的探讨。

2005年3月，经科技部国际合作司引荐，英国“未来洪水预见”(Foresight Future Flood)课题组7位核心专家来华访问，水利部防洪抗旱减灾工程技术研究中心与太湖流域管理局承担了接待与交流的任务。据介绍，2002—2004年，英国科技创新办公室(Office of Science and Innovation，OSI)主持完成了“未来洪水预见”研究，考虑未来气候变化和社会经济发展的影响，对英国未来30～100年内所面临的洪水与海岸侵蚀风险做出了情景分析，为政府核心管理层现时决策及制订长远规划提供了科学依据。该项目需要回答的核心问题是：①在未来100年内，英国的洪涝灾害与海岸侵蚀风险会发生什么变化？②为了应对未来的挑战和潜在的风险，英国政府与私营企业有哪些最佳的对策可以选择？

在中美国际合作重大项目实施期间，约有100名来自大学、研究机构、企业与政府部门的专家参加了工作。英国政府为该项目投入了100万英镑的研究经费。研究表明，在不同价值导向与治理模式下按温室气体排放组合所考虑的4种气候变化情景，未来英国面临洪水高风险的人数可能会上升1.5～2倍，年度经济损失可能从21世纪初的10亿英镑上升到15亿～270亿英镑。研究报告明确指出：尽管政府每年的防洪投资达到5亿英镑，治水措施收效良好，但从长远来看，它们是不可持续的；在应对气候变化、土地利用、可接受的风险程度以及资源的配置等方面，政府与企业都面临重大的抉择。只有采取洪水风险管理战略，实施可持续的综合性措施，才有助于抑制风险的增长并将风险管控到21世纪初的水平。为此，在未来80年中，政府在洪水风险管理方面需要投入200亿～800亿英镑。

通过交流，我们了解到，“预见”（Foresight）是比“预测”（Forecast）更为积极的概念。预见不局限于推测未来，而是着眼于探索未来数十年甚至百年间的社会、经济、环境、科技等的变化趋势，通过系统地识别、整合不确定性来研究未来可能发生的多种情景，把潜在的经济社会发展需求转化成技术研发的驱动力，为决策者提供调整现行政策、应对未来风险的决策支持信息。其实，早在20世纪80年代末，荷兰就率先提出了“技术预见”的理念，并应用于制定研究计划。此后，许多国家纷纷效仿，日本在2000年完成了从技术预测向技术预见的转变。

为了应对未来挑战，确保可持续发展，英国政府首席科学顾问David King爵士在其负责的科技创新办公室（OSI）下专门设立了未来预见部门，自20世纪90年代以来开展了一系列前瞻性的技术预见研究。1994年启动的第一期前瞻计划，涉及16个行业，重点放在技术发展和市场需求的结合上，为政府制定重点科技发展领域的政策提供了依据；1999年启动的第二期前瞻计划，涉及10个领域，针对社会经济发展需求，研究未来科技发展趋势，明确国家创新体系的重点优先领域及其对可持续发展的影响；2002年启动的第三期前瞻计划，科技投入与目标更为集中，不仅涉及人工智能与生命科学等领域，而且专门设立了“未来洪水预见”课题，第一次将未来预见的理念应用于洪水风险的研究。

与一般技术预见相比，未来洪水预见将视角更多地关注于人与自然的交互作用。因为在未来气候变化的情景设定中，气温上升幅度与不同经济社会发展模式的碳排放量高低有关，进而影响到降水时空分布的变化；城镇化进程中土地利用方式的改变与防洪排涝工程体系的建设，会影响到暴雨产汇流的过程；洪泛区内人口资产密度的提高与经济运营模式的改变，更会使得洪水风险特性发生显著变化。值得注意的是，在英国开展未来洪水预见研究时，对于未来洪水风险的演变，大家起初以气候变化的影响为主，然而研究结果表明，经济社会活动的影响更为显著，占到了75%，而气候变化的影响仅占25%。该项目对促使英国向实施"与洪水共存的治水方略"转变，加大环境友好的水利基础设施投入，发挥了重要的推动作用。

英国未来洪水预见研究的理念、方法与成果，开阔了我们的视野。双方专家就英方技术方法在中国的适用性、可能的技术难点、合作的预期成果等进行了热烈的讨论。通过这次中英专家的学术交流和赴太湖流域3天的实地考察，双方达成了以太湖流域为对象的合作研究意向，并进一步商讨了联合研究的计划与合作方式。在2006年4月中英科技联合委员会第4次工作会议上，"流域洪水风险情景分析技术研究"作为环境可持续发展领域的"旗舰项目"被纳入中英科技合作框架。该项目拟借鉴英国洪水管理战略研究的最新成果和研究技术，基于可持续发展和洪水风险管理理论，选择太湖流域进行未来洪水风险的情景分析，建立适合中国国情的未来洪水情景分析理论、方法与模式，探讨有效的、可持续的、长远的减灾对策，为太湖流域未来洪水风险管理的战略选择提供科学建议，同时，为提高决策科学化水平提供新的技术手段。针对太湖流域的特点，研究范围确定为三个方面：①快速城市化与经济发展对太湖流域未来洪水与洪灾损失的影响；②流域中防洪体系的发展对未来洪水特性和生态系统的影响；③气候变化对太湖流域未来防洪形势的影响。

流域洪水风险情景分析技术研究属防洪减灾领域的前沿领域，项目研究涉及多部门、多学科，需要各方面的支持配合。为此，中方组建了由中国水利水电科学研究院、太湖流域管理局、北京师范大学、中国农业科学研究院、中国社会科学院等5家单位联合承担的研究团队，以便于和英方专家团队有更好的对接。根据项目研究的目标、要求及太湖流域的特点，在英方专家指导下，项目共设立了8个工作单元。第1工作单元为洪水风险动因和响应的定性分析；第2工作单元为气候变化情景研究；第3工作单元为水文学模型研制；第4工作单元为社会经济情景研究；第5工作单元为洪涝灾害损失评估分析；第6工作单元为大尺度水力学模拟；第7工作单元为堤防系统可靠性分析；第8工作单元为洪水风险分析系统研发与集成。

各工作单元及相互间的联系如下图。

各单元的工作目标与中英双方承担单位的具体安排见下表。

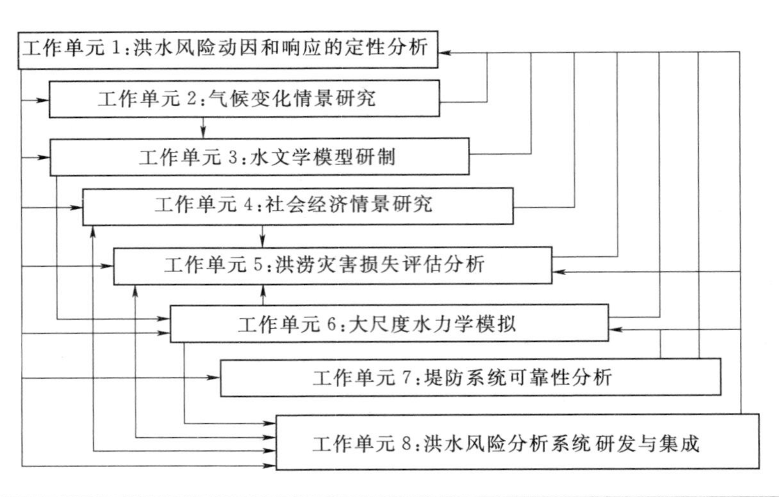

单元编号	工作单元名称	目　　标	英方参加单位	中方参加单位
0	项目管理	项目策划、经费预算、报告编写、行政与技术的支持	诺丁汉大学	中国水利水电科学研究院、太湖流域管理局
1	洪水风险动因和响应的定性分析	对未来可能影响太湖流域的洪水风险的动因与响应进行辨识、描述与重要性的排序	诺丁汉大学、HR Wallingford公司	中国水利水电科学研究院、太湖流域管理局、其他利益相关者
2	气候变化情景研究	应用全球和区域气候模式的输出，为太湖流域洪水风险系统提供情景分析边界条件	英国气象局Hadley气候预测与研究中心	中国农业科学院
3	水文学模型研制	为洪水风险的定量化分析提供降雨与水文的边界条件	Wallingford生态水文中心	北京师范大学
4	社会经济情景研究	为太湖流域洪水风险系统提供社会经济发展的未来情景	East Anglia大学	中国社会科学院
5	洪涝灾害损失评估分析	基于当前与未来的情景，为太湖流域建立洪灾损失评估系统	Middlesex大学水灾研究中心	中国水利水电科学研究院
6	大尺度水力学模拟	考虑有关动因与响应的作用，为基准方案和情景分析生成洪水淹没范围与水深分布数据	Halcrow Group Ltd公司	中国水利水电科学研究院、太湖流域管理局
7	堤防系统可靠性分析	提供堤防可靠性及相关溃堤洪水未来可能发生变化的分析	HR Wallingford公司	中国水利水电科学研究院、太湖流域管理局
8	洪水风险分析系统研发与集成	建立可用于集成洪水风险分析功能的GIS工具，并形成可应用于未来洪水情景分析的框架	Newcastle大学	中国水利水电科学研究院、太湖流域管理局

项目执行期间，中方先后接待了英国专家39人（次）来华访问交流，指导项目的研究工作；项目组先后三次组团前往太湖流域进行实地考察；中方先后派出项目组成员10批15人（次）赴英国学习交流，开展合作研究。通过中英专家的密切交流与合作，逐步深化了对未来洪水预见理念与技术体系的认识，并取得了预期的成果。

（1）第1工作单元通过对比分析，首先明确了中英两国对洪水灾害系统认识的异同。英国的洪水灾害系统包含灾害源（Source）、致灾途径（Pathway）、承灾体（Receptor），但太湖流域的防洪工程体系尚在大规模建设中，是影响洪水风险的重要因素，为此吸取国内经验，将洪水灾害系统分解为“孕灾环境-致灾因子-防灾能力-承灾体”。据此识别出影响太湖流域洪水风险变化的主要因素，建立起诸因素之间的动因响应关系，探讨了各动因响应关系的主要特征、演变趋向与不确定性，分时段对洪水风险动因响应的重要性和不确定性进行了排序，从而为明确其余各工作单元的考虑因素和建模要求提供了基本的依据。

（2）第2工作单元验证了英方区域气候模式系统PRECIS对太湖流域气候的模拟能力，结果表明PRECIS在太湖流域的降水模拟结果能够较好地描述其所在网格的降水概率分布情况，可用于降水重现期的分析，对于气温也有良好的模拟能力；在SRES A2或B2情景下，未来30年中太湖流域平均降水量呈增加趋势，未来短历时、强降水值的变化更为显著，而长历时降水值的变化相对较弱；此外，国际上11种气候变化模式均表明，未来中国区域的海平面上升将大于全球的平均增幅，增幅为0.17～0.89m。

（3）第3工作单元构建了太湖流域山区分布式VIC水文模型，可为平原河网区水力学模型提供入流边界条件。基于PRECIS的输出，分析了典型子流域西苕溪洪水对气候变化的响应，表明2021—2050年西苕溪流域汛期流量增加趋势较为显著，发生洪水极值事件的频率及量级都较基准期增大，而A2排放情景下比B2相对更容易发生较大洪水；平原区净雨计算考虑了不同下垫面条件对降雨径流关系的影响，模拟了平原16个分区的1999年6—8月的净雨过程，与太湖流域管理局提供的数据基本符合，总净雨量的相对误差控制在±7%以内，可满足大尺度情景分析的要求。

（4）第4工作单元针对全球气候变化影响评估采用的A2、B2及我国国家规划NP等三种情景，为太湖流域提供了2020—2050年社会经济发展预测信息。利用IPCC采用的降尺度方法将国家层次的社会经济情景降尺度到区域层次，并对人口和GDP等原有情景的数据进行了修正和扩充；对不同情景下未来农业土地利用面积的变化进行了预估；对不同情景下的家庭资产和商业资产进行了预估；对太湖流域8个城市的人口总量、人均GDP、农业土地利用面积、家庭资产、商业资产（分第一产业、第二产业、第三产业资产以及基础设施）等关键指标分A2、B2、NP三种情景预估了至2050年的变化。

（5）第5工作单元建立了太湖流域洪灾损失评估模型，为太湖流域未来不同洪水特性与社会经济情景下洪水灾害的风险分析提供了技术手段。在英国的洪灾损失评估数据库中，存储了各类资产对应于不同淹没水深等级的绝对损失值。而我国处于快速发展阶段，以往的典型水灾损失资料不代表未来的情况，为此，第5工作单元建立了分类资产洪灾损失率与淹没水深间的函数关系，以此来反映受洪水威胁资产在不同淹没条件下的受影响程度。损失评估类别主要包括：居民家庭财产、居民住房、农业产值、工商企业的固定资产、工商企业的增加值以及交通设施的损毁损失；采用受洪灾影响的人口数反应洪灾的社会健康影响指标。模型与第4、第6、第8工作单元建立了数据接口，可集成到洪水风险系统中运行，计算、查询、展现评估的结果。

（6）第6工作单元采用英方提供的洪水计算软件ISIS，对建立太湖流域未来洪水情景分析所需的大尺度水力学模型进行了有益的尝试。通常，在精细的网格尺度下，一个网格有一个地面高程和一个水位；在大网格情况下，需对每个网格建立水位-容积关系。而太湖流域大多为平原河网区，大尺度水力学模型中，一个网格可能包含若干个圩区，即网格内存在多个水位过程。太湖流域河网中水流运动与坡降的相关关系较小，流向往复多变，ISIS模型平台基本能反映这一现象；利用1999年洪水对模型进行了验证，表明能够反映太湖流域洪水的总体运动特征与趋势；模型计算的水位结果经过地理信息系统的处理，可以基本满足未来情景分析中年均期望损失计算的需要，但尚难以满足水利工程体系不同调度方案模拟比较的要求。

（7）第7工作单元在借鉴英国为战略规划服务的洪水和海岸防御风险评价方法RASP（Risk Assessment for Flood and Coastal Defence for Strategic Planning）的基础上，采用脆弱性曲线来分析堤防等设施在不同洪水位下的可靠性。在英方专家的指导下，实现了不同特征堤防的通用脆弱性曲线绘制，并收集了太湖流域大量堤防资料，对历史堤防溃口案例进行了统计分析，进而结合其他工作单元成果分析太湖流域堤防系统的可靠性和溃堤洪水。实际应用表明，只有考虑分类堤防可靠性的差异，在超标准洪水情景分析中，计入堤防溃决的影响，洪水年期望损失的分布才能合理化，因此，堤防设施的可靠性分析是风险评估的重要一环。但堤防系统可靠性分析仍面临许多困难，如二级堤防和地方管辖堤防几乎没有可利用的数据，故需要做大量简化。

(8) 第8工作单元建立了基于GIS的洪水风险分析系统，与其他工作单元的输入输出建立起功能联系，实现了对历史洪灾（1999年）和水力学模型提供的模拟洪水的风险计算。基本建立了洪水风险量化计算的方法并完成了算法编程，能够与GIS结合展示洪水淹没的空间分布；实现了对县级社会经济按土地利用类型进行空间展布，可定量计算和展示给定空间位置和特定行政区的洪水风险值；为整合其他工作单元的模型提供了数据接口和GIS平台。

(9) 在8个工作单元研究的基础上，开展了太湖流域未来洪水风险情景分析的研究。研究结果表明，单独考虑气候变化或经济发展的影响，与2005年现状年比较，至2050年不同情景下洪水风险增长3～5倍，而同时考虑两者的影响，不同情景下洪水风险可能增长15～30倍。考虑防洪工程体系达标后的减灾作用，风险增长仍超过10倍；气候变化导致的风险增长主要体现在常遇洪水一端，而经济增长导致的洪水风险主要体现在超标准特大洪水一端。通常认为，灾害事件发生的概率越大、损失越大，则事件的风险越大；一般而言，常遇洪水发生的概率大，但损失不大；稀遇洪水损失大，但概率小；经本项研究表明，实际对流域洪水风险贡献最大的是20～50年一遇的洪水。这就说明，在流域面上，防洪工程体系的建设标准如果按50年一遇来控制，城市根据重要程度标准可以更高，形成标准适度、布局合理、调度运用科学的防洪工程体系，对超标准稀遇洪水的残余风险通过加强应急管理与采取风险分担的措施，就可能有效抑制洪涝风险的增长态势，促进和谐社会的构建，以利于实现可持续的发展。国际洪水风险管理领域的知名期刊《*Journal of Flood Risk Management*》2013年第一期特别为中英合作太湖流域洪水风险情景分析技术研究项目的成果发了一本专辑，全面介绍了项目取得的进展，引起国际同行的普遍关注。

在“十一五”中英国际合作研究的基础上，“十二五”期间该方向的研究继续得到了科技部支撑计划的支持。在张建云院士负责的“沿海地区适应气候变化技术开发与应用”项目中设立了“太湖流域洪水风险演变及适应技术开发与应用”（2012BAC21B02）课题。研究内容包括如下几方面。

(1) 未来气候变化情景模拟与分析。定量分析和评估现有23个全球气候模式（GCM）在研究区的适用性，将气候基准时段从1961—1990年扩展至2005年，以更好考虑太湖流域1991年和1999年大洪水的影响；筛选适合研究区的全球气候模式、区域气候模式（RCM）与统计降尺度技术，生成研究区气候变化情景，并分析其不确定性。

（2）陆地水循环对气候变化的响应。改进与完善适合平原河网、高度城镇化地区特点的分布式水文模型，更好地模拟山区与平原区洪水水文特性的变化，增加实测水文过程对模型有效性的检验，并依托未来气候变化情景模拟分析成果，定量分析和评估未来气候变化对水循环的影响。

（3）根据中英项目中“未来短历时、强降水值的变化更为显著”的结论，增设了“台风影响下的流域降雨量预测模型”研究专题。应用GSI同化技术及云分析，结合雷达、卫星等非常规观测，构建高分辨率台风中尺度数值预报业务系统，得到基于精细化台风暴雨预报的太湖流域降雨量预测模型，定量评估台风短时强降雨对流域水情变化的影响。

（4）平原河网地区大尺度水力学模型。在原有基础上，研发具有自主知识产权的大尺度水力学模型，以便更好地反映出平原河网区多级圩堤及城镇化过程中流域洪水特性的变化，合理把握在气候变化背景下，降雨分布变化与海平面上升对流域洪水危险性分布的影响。

（5）流域防洪工程系统可靠性评估。对流域防洪工程进行系统调研和分类，针对不同工程类别，研究防洪工程水力荷载和工程结构抗力参数的分布规律，提出防洪工程主要破坏模式的解析或数值表达式及防洪工程系统的可靠性评价方法，进而研究太湖流域防洪工程系统可靠性的演变趋势。

（6）流域经济社会发展与水灾损失评估。依据国际上最新气候变化排放情景，结合太湖流域经济发展及快速城镇化的特征，建立流域不同的社会经济发展情景。研究流域中分类资产的脆弱性，修正分洪水类型、分区域、分受影响资产类别的洪灾损失率关系，评估太湖流域在气候变化与城镇化进程中的洪涝灾害损失状况及发展趋势。

（7）洪水风险情景分析集成平台建设。基于GIS技术的太湖全流域洪水风险情景分析系统的空间分析功能，为各相关模型的运行及研究成果集成为一个有机的整体提供良好的工作平台，以模拟不同气候与经济社会发展情景下流域洪水风险的演变趋势与各种适应性对策的实施效果。

（8）流域洪水风险演变趋势与应对方略。分时段辨识气候变化、快速城镇化背景影响洪水风险变化的驱动因素，为流域洪水风险情景的设置提供依据。建立流域防灾减灾能力评价指标体系，构建流域防洪减灾能力评价模型。提出不同情景下能够有效减轻风险、保障经济社会可持续发展的对策建议。

本书分10章，汇集了两个项目的主要成果。第1章为概述，介绍了太湖流域洪水的基本情况及洪水情景分析的理论与方法，由吴浩云、程晓陶编写；第2章为太湖流域洪水风险动因响应定性分析，介绍了洪水动因响应因素的识别、描述、模型构建与评价等方面的内容，由韩松、程晓陶、吴浩云和梅青编写；第3章为高分辨率区域台风模式关键技术，介绍了高分辨率区域台风模式的构建，资料同化系统和多源观测融合与台风涡旋初始化等技术，并给出了影响太湖流域台风的典型案例分析，由王晓峰、许晓林、林荷娟、陈葆德和杨玉华编写；第4章为未来气候变化情景分析与陆地水循环对气候变化的响应研究，介绍了多种GCM适应性的综合评估结果，统计降尺度方法的比较与模型的构建，未来降水时空变化及下垫面变化对产汇流的影响，以及气候变化和人类活动对流域水文过程影响的定量化甄别等，由彭定志、林荷娟、庞博、胡艳、刘浏、张明月和邱玲花等编写；第5章为平原河网地区大尺度水力学模型，介绍了针对太湖及河网区特点自主研发的河网模型与洪水分析模型，以及各种洪水情景分析的结果，由胡昌伟、王静、李琛、程媛华和郑敬伟等编写；第6章为流域洪水风险评估中的堤防工程可靠性分析，介绍了堤防工程可靠性分析的思路、方法与步骤，以及在太湖流域防洪风险分析中的应用案例，由解家毕、孙海涛编写；第7章为流域社会经济发展与水灾损失评估，介绍了太湖流域社会经济现状和影响因素分析，资产评估方法，流域社会经济发展情景的设计、预测与评估，以及太湖流域洪灾评估的指标、方法、步骤与模型的构建和集成，由王艳艳、蒋金荷、刘建翠、章杭惠、李潇潇和王杉等编写；第8章为洪水风险情景分析集成平台，介绍了平台的结构和流程，数据的分析与管理，模型的集成与平台功能，以及洪水情景的实例分析，由梅青、万洪涛、孙海涛、刘业森、刘舒、李红俊、洪亮和陈龙等编写；第9章为太湖流域防洪减灾能力评估和风险演变趋势分析，介绍了防洪减灾能力评价的指标体系与方法，给出了流域防灾减灾能力评价的示范结果与分析，以及对流域洪水风险演变趋势与防范能力的评估，由韩松、杨佩国、李超超、胡艳和胡俊锋等编写；第10章为结论与展望，总结归纳了主要的成果和新的认识，展望了未来洪水风险演变的前景，探讨了应对方略的调整方向，由程晓陶、吴浩云、万洪涛等编写。

本书的作者，主要是“十二五”支撑计划项目的部分参与者，在此我们要特别向所有为流域洪水风险演变情景分析和适应技术研究奠定基础、作出贡献的专家学者们表示由衷的谢意！其中，特别要提出感谢的，首先是中英科技合作研究的英方专家团队，他们是英方专家组组长Edward Evans教授，成员Jim Hall教授、Edmund Penning - Rowsell教授、Paul Sayers先生、Colin Thorne教授、Andrew Watkinson教授、Jon Wicks博士、Dr Geoff Jenkins博士、Jonathan Parke先生和Gemma Harvey博士等，感谢他们毫无保留地传授英国未来洪水预见的理念与方法，面对国情、区情、水情和工情的差异，总是愿意倾听和进行卓有成效的讨论，给出有价值的指导性改进意见，对保证项目的推进和取得预期成果，发挥了重要作用。其次要感谢中国农业科学院农业环境与可持续发展研究所的许吟隆研究员与潘婕博士，在中英科技项目合作期间，他们承担了第2工作单元气候变化情景设计与影响评估的研究任务，运用从事中国气候变化区域情景构建及农业影响评估研究的经验，与英国气象局Hadley气候预测与研究中心密切合作，验证了区域气候模式系统PRECIS对太湖流域气候的模拟能力，为太湖流域未来洪水风险的情景分析提供了气候变化的边界条件。衷心感谢徐宗学教授，他全程参加了中英科技合作项目的洽谈、策划与实施，并担任了第3工作单元的负责人，提出了满足未来流域洪水情景分析需求的水文模型研发技术路线，并参与了“十二五”课题的前期设计。因与其他课题冲突，未直接参与后续研究，但始终指导和支持其团队的青年学者继续完成了“未来气候变化情景模拟”和“陆地水循环对气候变化的响应”两项内容的研究。尤其值得感谢的还有喻朝庆博士。在中英项目实施期间，他刚从国外留学归来，就承担了第8工作单元建立基于GIS的洪水风险分析系统的重任，不仅完成了方法探讨、模型编程与系统研发的重任，而且积极主动与各相关单元的中外专家交流协作，完成系统整合与未来洪水风险情景分析的大量计算与分析任务，在项目中发挥了重要的核心骨干作用。虽然由于工作调动喻朝庆博士未能参加“十二五”期间的后续研究，但他的突出贡献为项目的持续推进奠定了坚实的基础。此外，还要特别感谢英国政府首席科学顾问David King爵士，他不仅倡导开展了英国的未来洪水预见项目，而且亲自推动了中英在该领域的科技合作，在中英专家围绕太湖流域达成合作研究的意向之后，他在访华期间专程到水利部防洪减灾工程技术研究中心听取了中英合作研究项目建议书的汇报，认为这已经是一个成熟的方案，并在2006年4月中英科技联合委员会第4次工作会议上，力主将“流域洪水风险情景分析技术研究”作为环境可持续发展领域的“旗舰项目”纳入中英科技合作框架。同时，我们也要感谢水利部的张志彤、李坤刚、王美婷等，科技部的战洪起、孙洪、沈建中、黄圣彪、康相武等领导和水利部太湖流域管理局的叶建春、戴甦、徐洪、吴志平、王同生和吴泰来等，以及中国水利水电科学研究院的贾金生、王义成、丁留谦、向立云等领导、专家对本项目的指导和始终如一的大力支持。太湖流域各地防汛抗旱部门为本项目的开展给予了大力支持和配合，提供了宝贵的专家意见。

以太湖流域为例开展的洪水风险情景分析方法研究，在国际上仍是一个热点的领域，在国内将有广泛的推广应用价值。受气候变化、快速城镇化与经济全球化的影响，洪水风险特性正在并将继续发生显著的变化，以往建立在长期观测资料基础上的概率分析法，未必能完全体现洪水风险变化的统计特征，因此，洪水情景分析方法就成为考虑各种不确定因素、体现重要动因响应关系变化趋势的基本手段。其要回答的核心问题，不是单纯预测未来会变成什么样，而在于回答当前治水方略该做出哪些适时的调整，才能有效抑制洪水风险增长的态势，为保障长远的可持续发展提供更加科学的决策依据。未来洪水情景分析涉及多学科的交叉领域，随着信息共享水平的提高与大数据、智能化技术的改进，未来洪水情景分析技术的实用化能力还将不断增强。希望本书的出版，有助于读者了解未来洪水预见与洪水风险情景分析的已有探索，更好地把握该项技术发展与运用的方向。

作者

2019 年 3 月

目录
CONTENTS

概　述

太湖流域洪水风险演变及适应技术集成与应用课题以太湖流域为对象，在“十一五”期间科技部中英国际合作重大项目“流域洪水风险情景分析技术研究”的基础上，作为“十二五”“沿海地区适应气候变化技术开发与应用”项目的课题之一继续获得科技部支撑计划支持，结合气候变化与海平面研究最新认知，基于太湖流域防洪工程体系建设、城镇化与社会经济发展最新成果，研究形成具有自主知识产权的流域洪水风险情景分析系统，具备对气候变化、海平面上升与快速城镇化背景下流域洪水风险演变情景量化分析的能力，对流域中现行治水方略的长远有效性进行分析与评价，围绕抑制与减轻流域洪灾风险与支撑可持续发展的目标，从健全防洪体系、增强对气候变化的适应与承受能力等方面提出流域治水方略调整的对策建议，形成可示范的模式。

1.1　太湖流域洪水与洪水灾害特点

太湖流域面积 36895km²，行政区划分属江苏省、浙江省、上海市和安徽省（图 1.1），其中江苏省 19406km²，占 52.6%；浙江省 12093km²，占 32.8%；上海市 5178km²，占 14.0%；安徽省 225km²，占 0.6%。流域内人口和产业高度集中，流域面积虽然仅占国土面积的 0.39%，而 2013 年的 GDP 占全国的 10.2%，人均 GDP 为全国人均值的 2.3 倍，在我国经济发展中占有举足轻重的地位，是我国经济最发达、城镇化程度最高的地区之一，也是对气候变化十分敏感的区域之一。

太湖流域地处长江三角洲的南翼，属长江三角洲冲积平原，平均海拔约 4m（吴淞零点），低于长江口高潮位 2m 多，低于钱塘江口高潮位 5m 多。流域 80%以上是平原和水面，三面滨江临海，一面环山，北抵长江，东临东海，南滨钱塘江，西以天目山、茅山等山区为界，位于东经 119°08′～121°55′、北纬 30°05′～32°08′。流域西部为天目山山区及茅山山区的一部分，中间为平原河网和以太湖为中心的洼地及湖泊，北、东、南周边濒临大江大海，受长江和杭州湾泥沙堆积影响，地势高亢，形成周边高、中间低的碟状地形，

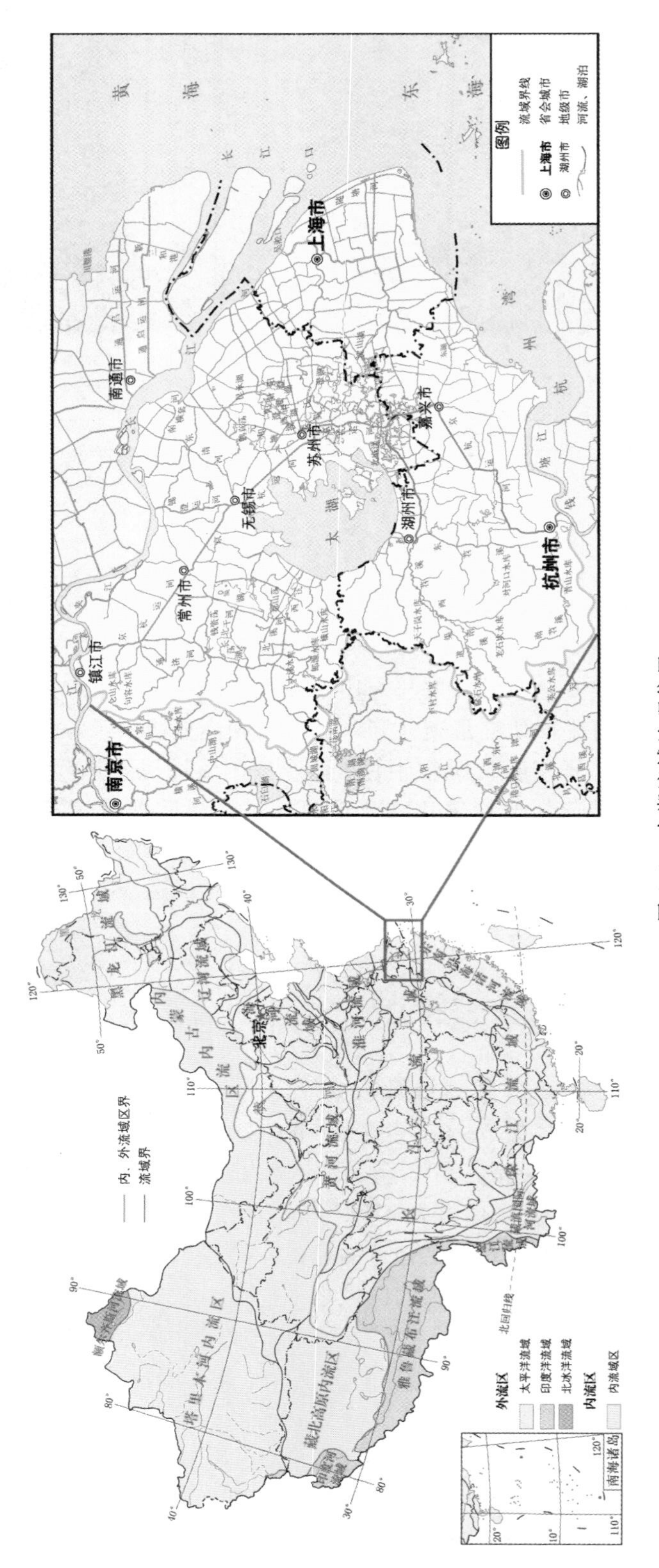

图1.1 太湖流域地理位置

境内水陆相间，平原洼地交错，河网纵横，湖荡棋布，易遭受洪、涝、潮灾的危害。洪、涝、潮的主要成因为：①梅雨型流域性降雨，特点是降雨历时长、总量大、范围广，往往会造成流域性洪涝灾害；②台风暴雨型，特点是降雨强度大、暴雨集中，易造成区域性涝灾；③风暴潮增水引起高潮位，使滨江临海局部地区因潮水漫溢或堤岸冲毁而成灾。一旦遭遇洪、涝、潮与台风“三碰头”“四碰头”的情形，则危害更为严重。

20世纪以来，流域性的大洪水主要有1931年、1954年、1991年和1999年。如1999年洪水，主雨期发生在6月7日至7月1日，其中又以6月23—30日降雨最为集中，降雨量空间分布南部大于北部，全流域平均最大7～90天各统计时段的降雨量均超过了历史最大值，接近或超过100年一遇。根据最大30天雨量空间分布分析，最大30天降雨量为超200年一遇，降雨中心在太湖区和浙西区，区域平均雨量超过700mm。太湖水位日最大涨幅达21cm，太湖最高水位达4.97m，创历史新高，超过设计水位31cm；平原地区淹涝水量达18.8亿m^3。1999年当年洪涝灾害的直接经济损失就达141亿元。

防治水患历来是太湖流域水利建设的主要任务。1991年太湖流域大水后，经过十余年治太11项骨干工程建设，已初步形成了以治太骨干工程为主体，由上游水库、周边江堤海塘和平原区各类圩闸等工程组成的流域防洪保安工程体系，“蓄泄兼筹，以泄为主”，使太湖流域洪水能够“充分利用太湖调蓄”，“北排长江、东出黄浦江、南排杭州湾”，防洪减灾能力有了显著的提高。已建治太骨干工程在防御1999年太湖流域大洪水中发挥了重要作用，望虞河的望亭水利枢纽和太浦河的太浦闸最大泄流量分别达536m^3/s和799m^3/s，当年骨干工程防灾减灾直接效益达92亿元。目前，太湖流域的Ⅰ级、Ⅱ级堤防已经达到防洪规划确定的标准；中小河流重点河段可防御10～20年一遇洪水。超大城市可防御200年一遇以上洪水；特大城市可防御100年一遇以上洪水；大城市可防御50～100年一遇洪水；中等城市可防御20～50年一遇洪水。重点海堤能防御50～200年一遇高潮位加8～12级风暴潮。重点大中型水库的病险隐患基本消除。

1.2 太湖流域面临的防洪压力与挑战

洪水灾害是自然洪水现象与人类活动交互作用的结果。防洪工程体系的建设，增强了人类对洪水的调控能力，可以有效减轻设防标准内洪水的危害。但是，在气候温暖化与流域快速城镇化的背景下，洪水致灾与成灾特性都会发生显著的变化，太湖流域防洪安全保障面临新的压力和挑战。

（1）防洪除涝减灾能力不足，河湖及潮水位趋高，防御洪水难度加大。随着太湖流域下垫面条件的剧变和经济社会的快速发展，受洪涝威胁区域内资产密度提高、脆弱性凸显，增加了防洪的艰巨性、复杂性，使防洪风险呈增大趋势。1997年与1985年相比，太湖流域城市建设用地增加了2823km^2，约占平原地区陆域面积的12%，不透水地面面积扩大，降雨径流系数加大，洪水汇流速度加快，高水位持续时间延长，客观上加大了成灾的概率。相关研究表明，在自然地表条件下，年降雨量约50%渗入地下，40%蒸散到空中，仅约10%形成地表径流；当不透水面积率达到10%～20%，地表径流增加到20%；当不透水面积率达到35%～50%，地表径流增加到30%；当不透水面积率增至75%～100%，入渗量下降至

15%，蒸散量减少到30%，地表径流增加到55%。河湖岸线无序开发利用以及联圩并圩等进一步削弱了流域内洪水调蓄能力和洪水的敞泄能力。地面沉降降低了水利工程防洪标准，如上海市区的防洪标准逐步提高到1996年的1000年一遇，但因地面沉降和高潮位多次出现，使得其实际防洪标准大大降低。1997年8月19日黄浦公园5.72m高潮位的出现，使上海市区的实际防洪能力只有300年一遇左右。黄浦江上游米市渡高潮位屡次刷新，2006年达到4.38m。依据1954年型设计降雨建成的流域骨干防洪工程框架体系，现状防洪能力不足50年一遇，难以应对已经发生的1991年型和1999年型暴雨洪水袭击，流域、城市和区域防洪能力明显偏低。2009年流域性洪水的防御中，也暴露出流域已建防洪体系与经济社会发展的矛盾加剧。黄浦江的潮位为半日潮，暴雨期间高潮位时苏州河口落闸挡潮，利用区内河网槽蓄雨水；低潮位时开闸排除积水。现在随着上游圩区排涝能力的增强，遇流域集中降雨，则半日潮的低谷几乎填平，城区失去了开闸排水的机遇，加重了内涝的危害。上海是全国经济中心要确保，苏锡常是江苏钱庄淹不起，杭嘉湖又是浙江粮仓淹不得，使流域内一些防洪工程难以发挥其应有的防洪调控蓄滞能力。1954—2008年太湖年最高水位见图1.2。

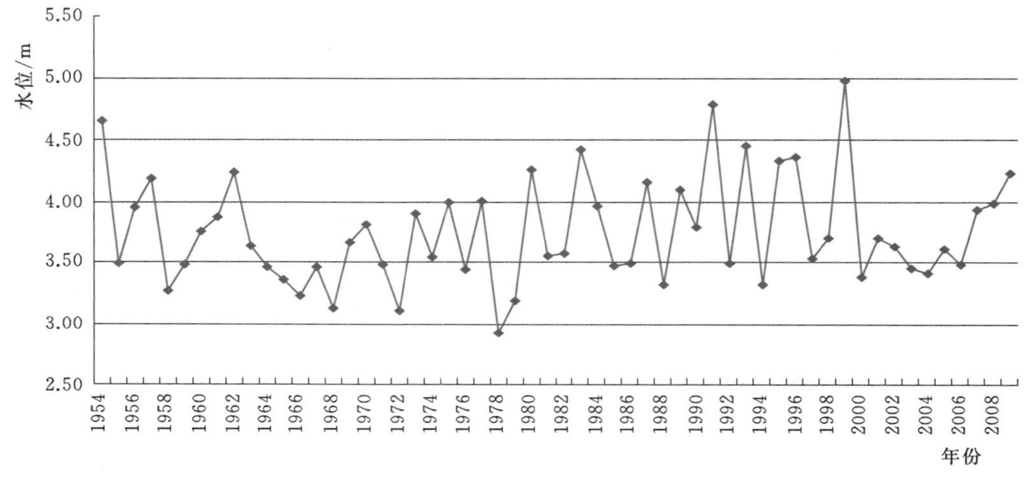

图1.2 1954—2008年太湖年最高水位

（2）台风多发且登陆地点趋于集中，突发性暴雨袭击增多，次生水灾害加重。台风是造成太湖流域洪涝、风暴潮、泥石流、滑坡等自然灾害的主要原因。太湖流域是我国受台风影响严重的主要地区之一，平均每年约有2～3个台风直接登陆东南沿海，时间主要集中在7—9月。据统计，1949—2008年期间，共有416个台风登陆我国，年均7个，最多高达12个，登陆频次并没有明显的增多或者减少变化趋势。但是，台风登陆呈现如下特点：

1）1982年以来，台风登陆主要集中在东南沿海及台湾岛地区，在北纬37°以北和20°以南均有减少趋势。台风登陆区域更为集中，北纬25°浙闽附近的东南沿海成为台风登陆的主要区域。

2）近50多年来，我国台风登陆季节的持续时间缩短了近1个月，台风的登陆时段趋于集中。

3）台风登陆强度有逐年增加的趋势，并且在登陆台风中强度较强的台风所占比重也呈逐年增加的趋势。随着经济社会的发展，相同量级台风造成的损失越来越大。近年来，太湖流域片台风灾害频繁，先后遭受了“云娜”“麦莎”“龙王”“桑美”“圣帕”“韦帕”“罗莎”“莫拉克”等多个台风袭击，造成了重大人员伤亡和经济损失。

受全球气候变化和城市小气候的共同影响，局部性强降雨突发性增多。2001年8月5日受东海登陆热带云团的影响，上海地区8月5—9日连续5天在中心城区出现强降雨，5天总量创历史纪录，市中心区平均雨量318mm，徐汇降雨量433mm，上海6.4万户居民进水，保险理赔达1亿元。2008年8月25日，100年一遇的雷暴雨突袭上海，暴雨中心的徐汇田林地区2h降雨量达143mm，最大1h降雨量高达117mm，超过100年一遇的暴雨标准。2009年太湖流域局地强降雨频发，且强度大。8月2日苏州七浦闸日雨量达391.4mm，其中8月2日14—20时6h降雨量达344.2mm，6h、24h降雨量均超该站历史记录。8月4日上海浦东突降特大暴雨，单站时段雨量最大达222mm，为历史少见。由于降雨集中，且远远超过地区排涝能力，造成了较为严重的洪涝灾害。

（3）暴雨、洪水、大潮和台风“四碰头”的可能性增多，对经济社会造成更加不利的影响。近年来，沿海地区容易出现风、暴、潮“三碰头”。1999年太湖流域发生全流域洪水，梅雨期延长至7月20日才结束。而2001年、2002年影响太湖流域的台风最早出现在6月下旬和7月上旬。2009年太湖高水位首次遭遇台风降雨严重影响，8月9日，太湖水位已达3.92m，此时，太湖流域遭受“莫拉克”台风严重影响。8月9—10日，太湖流域普降大雨到暴雨，局部地区大暴雨。河网、湖泊和水库水位快速上涨，流域一度有45个站点超警戒水位，流域7座大型水库全部超汛限水位，13个站点超保证水位。16日太湖水位达到4.23m。期间长江又发生当年第一次洪水，并且适逢大潮汛期间，使沿江沿海闸门特别是太浦闸泄洪受到天文大潮和台风风暴潮的严重影响。暴雨、洪水、大潮和台风遭遇的不利组合，加大了流域和区域的防汛压力。1949—2009年太湖流域热带气旋与梅雨期遭遇情况见表1.1。

表1.1　1949—2009年太湖流域热带气旋与梅雨期遭遇情况

年份	台风编号	台风过程	登陆地点	登陆时间	穿越太湖地区时间	梅雨时间	梅雨量/mm	是否遭遇
1961	6104	5月21日至6月1日	浙江乐清	5月27日	5月27—28日	6月7—14日	178	否
1980	8006	7月6—15日	广东汕头	7月11日	7月13—14日	6月9日至7月21日	320	是
1985	8504	6月17—28日	广东海丰	6月24日	6月26—27日	6月21日至7月7日	165	是
1985	8506	7月22日至8月3日	浙江玉环	7月30日	7月31日至8月1日	6月21日至7月7日	165	否
1987	8707	7月22—30日	浙江瓯海	7月27日	7月28日	6月21日至7月9日	188	否
1989	8913	7月28日至8月7日	上海川沙	8月4日	8月4—5日	6月10日至7月13日	230	否
2001	0102	6月20—26日	福建福清	6月23日	6月24日	6月17—27日	211	是
2002	0205	6月29日至7月6日	海南文昌	7月3日	7月3—6日	6月19日至7月11日	211	是
2004	0407	6月23日至7月6日	浙江乐清	7月3日	7月3日	6月15日至7月16日	249	是
2009	0908	8月4—12日	福建霞浦	8月9日	8月10—11日	7月21日至8月11日	34	是

(4) 流域用水量显著增加，外调水量趋于增多，抬升了河湖水位，增加了防洪风险。太湖流域本地水资源量不足。流域多年平均年降水量为1177mm，水资源总量为176亿m^3，流域人均本地水资源占有量为456m^3，为全国的1/5。太湖流域用水总量已从1980年的234亿m^3，增加到2000年的316亿m^3，净增82亿m^3，其中生活用水净增25亿m^3，达37.9亿m^3；工业用水净增80亿m^3，达162.7亿m^3；农业用水净减23亿m^3，为115.3亿m^3；2005年流域用水总量达354.5亿m^3，又增38.5亿m^3，其中生活用水38.5亿m^3、工业用水202.7亿m^3、农业用水113.3亿m^3。2008年流域用水总量维持在354.6亿m^3，其中生活用水增到47.6亿m^3、工业用水增到217.5亿m^3、农业用水减为89.5亿m^3。可见，流域用水量不断增加，用水结构也不断调整，且对供水保证率及水质要求也越来越高。2005年太湖流域从长江和钱塘江调供水量达186.8亿m^3，为当年本地水资源量133.7亿m^3的1.4倍。随着流域经济社会发展，用水量增加和用水结构调整还将持续，社会各方对保障供水安全更加重视，流域供需矛盾尖锐，调引长江水和上下游重复用水将长期存在。根据2010—2017年太湖流域水资源公报统计成果，流域总用水规模基本维持在340亿～350亿m^3。其中，流域生活用水整体呈现增长趋势，农业用水总体呈现下降趋势，生活用水缓慢增长，工业、生态用水基本保持稳定。1994—2017年多年平均年引长江水量71.5亿m^3，沿钱塘江口门年均（2007—2017年）引水量约10.4亿m^3。近年来随着“引江济太”规模的加大，流域引长江水量趋增，2017年太湖流域沿长江口门引长江水量93.2亿m^3。据统计，2002年以来，太湖平均水位较先前平均水位抬高近20cm。

(5) 流域水污染严重，城乡饮用水问题突出，超采地下水诱发的地面沉降严重。太湖流域工业化进程快，城市化水平高，加之人口密集、经济增长方式未根本改变，水污染治理严重滞后于经济社会发展，加上水体流动缓慢，自净能力差，导致流域呈现常年水质性缺水，饮用水水源地安全受到严重威胁，上海、无锡和嘉兴的水源地安全受到严峻挑战。由于地表水污染严重导致浅层地下水污染，长期超采深层承压水，形成我国南方最大地下水位降落漏斗群，引发地面沉降面积14476km^2，又诱发了新的地质灾害，也明显降低了防洪能力，威胁人民群众生命财产安全。2007年5月，因太湖蓝藻引起的无锡供水危机敲响了水污染事件的警钟，地下水禁采才开始全面推进，地面沉降趋势减缓。

(6) 流域水管理体制不顺，影响水灾害化解和防范能力。随着太湖流域片经济社会的高速发展、人口的增长和城市化率的不断提高，无序占用水域及湖岸滩地，违法排污、退水，非法围垦水面及围网养殖等违法行为时有发生，不仅危及整个流域防洪、供水安全与水资源的综合利用，更加剧了流域日益严重的水问题，集中表现如下：

1) 违法侵占水域。随着社会生活水平的不断提高，人们亲水的愿望越来越强，各地因势利导大做山水文章，使得靠水而居、以水为乐成为时尚，加上国家对土地实行严格的管理政策，而水域（包括滩地、水面）、岸线的管理相对宏观，又缺乏有效的权证管理制度，使得侵占水域、岸线等违法行为时有发生。

2) 涉水工程未批先建依然存在。某些涉水建设项目未经审查同意或审查未通过，就擅自与投资方签订项目合同，甚至擅自开工建设，造成既成事实后再履行报批手续，某些地方强调经济建设，违反水法规的规定，边设计、边施工、边报批；某些部门仅从自身利益出发，越权审批，使违法占用的行为“合法化”，影响了流域正常的水事秩序。

3）省际纠纷时有发生，调处难度大。太湖流域片湖泊星罗棋布，河流纵横交错，跨省河湖众多，在跨省河湖的上下游、左右岸水事关系敏感而复杂。在开发、利用、保护和管理水资源、防治水害及其他水事活动方面都有着不同的利益诉求，极易发生水事纠纷，一旦规模扩大或矛盾升级，必将危及上下游和左右岸的水源安全和防洪安全，直接或间接给纠纷双方经济社会的发展形成负面影响，造成较大的损失。

总之，太湖流域水灾害管理具有如下特点：①水灾害管理客体是在地势平坦、河网密布，又外受潮水影响的复杂平原河网地区开展；②水灾害管理组织涉及人类活动强烈、经济社会快速发展，又是跨省（直辖市）跨部门的复杂经济社会系统，其组织协调相当复杂；③水灾害解决的主要途径是以现有的治太骨干工程为基础，并涉及区域水利工程构成的多层次、不同种类的工程调控体系，由于工程管理权限不一，其实际调控有限；④水灾害管理技术涉及流域内社会、经济、信息等各个方面，既涉内部水问题，又受长江丰枯变化、潮汐涨落、地区排污等因素影响，涉及多个学科、多种风险的综合评估；⑤太湖流域水灾害管理备受国内外的关注，尤其采取措施的减灾效果边界不清，难以量化和充分体现。

1.3 太湖流域洪水风险及其演变特征

在气候变化、海平面上升与经济社会发展及快速城镇化的背景下，流域中的洪水风险已经并将继续发生显著的变化。太湖流域的土地利用方式急剧改变；因超采地下水而导致的深层地下水位降落漏斗面积虽呈减小趋势，但引发地面沉降等地质环境灾害的威胁依然存在。太湖流域11项骨干工程的建成，提高了流域调控洪水的能力，使得许多地区的洪水压力得以缓解，但同时也导致了某些地区洪水风险加大。例如，环湖大堤建成后，虽然增加了太湖调蓄容量，但上游滨湖地区排洪入湖的难度加大，低洼地区的淹没历时延长。此外，由于太湖流域各地区经济发展水平不同，经济发达的地区为保证自身安全，不断联圩并圩，提高圩区标准，加大泵站排涝能力，不仅削弱了流域中的洪水调蓄能力，也切断了一些与湖荡通联的河道，阻碍了洪水排泄。目前，太湖流域的圩区泵站抽排能力已超过$17000m^3/s$，汛期集中外排涝水，使得河网水位涨幅加大、水位抬高，严重危及邻近防洪标准相对较低的地区。望虞河原为太湖泄洪通道，近年来为缓解太湖流域水资源压力与满足太湖蓝藻防治的需求，在引江济太中发挥了巨大作用。沿长江不少河流参与水环境调度，水流从“向外江”转为“向内湖”，使得沿河两岸排涝不得不另寻出路。防洪减灾这一古老的课题与“人口”“资源”“环境”等一系列发展中的新问题交织在一起而变得更为复杂，水灾风险将长期存在并呈增长态势。

“十一五”期间科技部中英国际合作重大项目“流域洪水风险情景分析技术研究”的成果表明，随着全球气候温暖化，太湖流域台风暴雨有增强趋势，会加重洪水与内涝的威胁；海平面上升会降低流域洪水外排的能力，加剧洪涝潮的危害；在快速城镇化进程中，区域之间在水资源利用与水安全保障上的利害冲突愈加激烈，联圩并圩是平原低洼地区防洪除涝的有效措施，可以缩短防洪堤线，但由于部分排水河道被拦断，圩区排涝动力加强，圩外河道水位上涨加快，高水位持续时间延长，致使流域和地区水情总体恶化。

就洪涝潮灾害而言，增强流域对气候变化适应能力的最为直接有效的手段，是建设标准适度、布局合理、维护良好与调度运用科学的水利工程体系，健全多部门协调联动、迅速有效的应急响应体制，进而通过土地利用与发展模式的调整、建筑物的耐淹化与洪水保险制度的建立等，来增强社会对洪涝灾害的承受能力与恢复重建能力。其成败的关键在于空间均衡、统筹协调、循序渐进、把握适度。研究表明，在气候变化与流域高度城镇化背景下，受强降雨增加、海平面上升、地面沉降与资产密度提高等影响，至2050年，若简单沿袭现有“围起来、打出去”的治水模式，太湖流域在经济发展规模增长10倍的情景下，流域水灾风险的增长将超过经济规模的增长。因此，迫切需要增强情景分析与未来预见的能力，据此调整治水方略，及早谋划适应性对策，既支撑发展，又保障安全。

国内外大量事实表明，当代社会中，气候变化与经济发展难免促使水灾风险的增长，对现有防洪减灾体系构成极大的压力与挑战。在经济社会快速发展的新时期，单靠延续传统的治水对策，不仅难以满足经济社会发展日益提高的安全保障需求，而且可能导致水灾风险的转移，激化区域之间基于水灾风险的利害关系，反而不利于社会和谐与可持续发展。在太湖流域新一轮的综合规划中，迫切需要在水安全保障的总体框架下统筹考虑气候变化与经济社会发展的影响、大力增强对未来流域洪水风险各种演变情景的预见能力，为当前治水方略的调整以至经济发展模式与土地利用方式的调整，提供宏观、战略、前瞻性科学论证的有效手段，通过全面加强自然灾害的风险管理，确保当前的重大抉择满足支撑长远与全局的可持续发展需求。

通过跨学科的基础性、前瞻性研究，增强流域未来洪水风险的预见能力，从宏观与战略层面提出抑制与减轻流域洪水风险的应对方略，将为保证决策科学化提供新的技术手段与思路。此项研究对于建立更高层次的水安全保障体系，满足经济社会可持续发展的需求，有效避免决策的重大失误，具有重要的意义，并将因此而带来良好的经济效益与社会效益。

1.4 洪水风险情景分析的理论与方法

1.4.1 洪水风险情景分析的国内外研究现状

未来洪水预见研究属于未来技术预见研究的范畴，其研究始于20世纪80年代末，在欧洲由荷兰率先主张开展未来技术预见行动计划。此后，许多国家纷纷效仿，日本在2000年完成了从技术预测向技术预见的转变。技术预见与技术预测的不同之处在于：技术预见着眼于远期未来，它比技术预测更积极，并不局限于“推测”未来，而是着眼于探索未来数十年甚至百年间的社会、经济、环境、科技等的变化趋势，通过系统地识别、整合不确定性来研究未来可能发生的各种情景，把潜在的社会经济需求转化成技术研究和开发的驱动力，为决策者提供调整现行政策、应对未来风险的决策支持信息。通过对世界各国247个从事未来预见的研究机构进行调查，结果表明：德尔菲法、情景分析法、相关树法是用于长期预见的主要方法，其中特别是情景分析法，更适合于综合运用各种模拟分析手段，是高新技术在技术预见领域最为活跃的发展方向。在我国，中国科学院政策研究所已连续多年组织开展了未来技术预见领域的研究，对我国目前迫切需要加强的技术研发优先领域进行评估，对于引领技术发展的方向起到了良好的引导与推动作用。该项研究目前采用的主要方法是德尔菲法，未见基于未来情景分析模型的报道。

在全球气候变化与市场国际化等大背景下，为了应对未来的挑战，确保可持续发展，在英国首相的领导下，由政府首席科学顾问 David King 爵士牵头，在科技创新办公室（OSI）下设立了未来预见司，自 20 世纪 90 年代中期以来开展了一系列前瞻性的未来预见研究。2001 年，英国科学家首次将技术预见的理念引入到未来洪水风险预见的研究领域，2002—2004 年，Edward Evans 教授主持完成了“未来洪水及海岸侵蚀防治”未来预见研究项目，依据未来气候变化和社会经济发展程度，对英国未来 30～100 年内所面临的洪水与海岸侵蚀风险做出了情景分析。研究数据表明，由于海平面上升，洪水极端事件发生概率增大，加之城市扩张、人口增长、经济发展模式的调整与规模的扩展，社会面对水灾的脆弱性增大，考虑到各种不确定性，未来英国面临洪水高风险的人数可能会上升 1.5～2 倍，年平均水灾损失可能从 21 世纪初的 10 亿英镑上升到 15 亿～270 亿英镑。英国以往的防洪措施主要是防御，大抵是修堤建闸御洪水于家园之外。然而随着洪水风险的增长，要维持已有的防洪标准，就要不断扩大防御范围，加高堤坝。从长远来看，这种模式是不可持续的。为此，研究报告强调指出，英国的防洪政策必须调整思路，从“抗御洪水”向“综合性的洪水风险管理”转变。人们意识到“绝对的防洪保护是做不到的”，必须要考虑到各种不确定性和超标准洪水的风险，要树立与洪水共存的理念，在加强防洪工程体系建设的同时，将非工程措施纳入洪水管理的正规渠道，如制作洪水风险图、增强公众水患意识、制定综合治水的战略规划、增强建筑物耐淹与灾后重建能力，以及加强应急准备等今后可行的、可持续的综合性措施，这样将有助于抑制风险、降低损失。这项基于大量数据与情景分析的研究报告，为政府核心管理层制定长远规划提供了科学依据，对英国治水理念与政策的调整起到了极大的推动作用、对议会讨论治水投资的方向与规模等都产生了积极的影响。继英国之后，近年来荷兰、美国、日本、俄罗斯、印度等处于不同发展阶段的国家，也先后将洪水纳入了未来预见的研究范畴。

显然，增强对未来可能发生的各种情景的预见能力，将潜在的社会经济发展需求转化成科技研发的动力，为决策者适时调整现行政策、有效应对未来风险、切实保障可持续发展提供决策支持信息，是当今世界上科技进步的重要趋势，且在环境与气候变化领域显得尤为活跃。

2006 年年底启动的科技部中英科技合作项目“流域未来洪水情景分析技术研究”，经中英双方跨学科领域专家的通力合作，成功引进了未来洪水预见的先进理念与情景分析技术体系，并为适合我国国情做了大量的改进和应用创新。该项目以 1999 年太湖流域大洪水的实际损失与 2005 年社会经济发展规模构建了基准情景，运用新研发的情景分析技术体系，综合考虑了气候变化、海平面上升、经济社会发展、土地利用方式变化、防洪工程体系建设等因素，模拟了 A2、B2、NP 等情景下流域洪水水文特性、水动力学特性与资产损失分布的变化，以 2～1000 年一遇洪水的年损失期望值反映流域洪水风险至 2050 年的连续变化。结果表明，在经济规模增长约 10 倍的情景下，流域洪水风险将较基准年增长20～30倍；太湖流域远期防洪规划实现后可有效抑制洪水风险的增长，但增幅仍高于GDP增长，需采取土地利用调整等综合手段后，才可能进一步降低水灾期望损失占GDP的比重。

该项研究揭示出气候变化因素导致洪水风险增长主要体现在常遇洪水一侧，可以依靠防洪工程体系的合理布局、科学调度与适度提高防洪标准加以应对；而经济增长导致洪水风险增长更多体现在稀遇洪水一侧，需采取综合措施来分担风险及避免人为加重风险。研究表明，在太湖流域，20～50年一遇洪水对风险增长的贡献最大，为流域中一般区域防洪标准的合理选择提供了依据。通过合作研究，形成了一支熟悉太湖流域基本情况，了解洪水情景分析技术发展趋向与前沿科学问题，具备开展未来洪水预见研究的优势力量和团队。

由于前期研究目标限定在发展情景分析技术的层面，重点在于相关模型的构建与分析方法的改进，对规划方案的深度实施效果只能采取简化的方法进行评估，未及进入论证适应性方案的更深层次。在已有团队的基础上吸纳更多优势力量形成新的强强联合，希望在“十二五”期间取得突破性进展。

同时，气候变化与快速城镇化背景下防汛抗洪应急决策科学化对灾情评估技术也提出了更高的要求。我国大江大河中下游洪涝易发地区人口密集、经济发达、人与水争地的矛盾十分突出，防汛指挥调度和抢险救灾成了各级有关部门每一年的必修课。其中灾情评估贯穿了整个防洪指挥调度和减灾救灾的过程，如灾前的灾情预评估为防汛指挥调度提供重要决策信息，灾中灾后的灾情统计评估为减灾救灾工作提供依据，还有为防洪工程效益评估和防洪规划提供相应的灾情数据等。所以灾情评估工作在整个过程中处于非常重要的地位，特别是在每一次洪涝灾害发生之后的灾情评估统计工作是各级有关部门的主要工作内容。灾情经济损失评估涉及社会各个方面，往往面广、量大、情况复杂、时间紧、基础工作差，而且有很强的时空性。目前国内尚没有一套比较完整的、科学的、可操作性强的统计计算办法和测量标准，我国有关这方面的研究还处于起步阶段。

我国有关洪灾损失的统计是按国家防汛抗旱总指挥部和国家统计局联合制定的表式开展的，由县（市）填报后逐级汇总上报，虽然每张表式的统计填报作了一些细化说明，但终因灾情本身情况复杂，各地差异大、时间紧，可操作性差，因而往往凭经验估计上报，主观性强，口径不一；甚至有些地方怕报少了吃亏、任意更改数字，出现轻灾重报等情况，造成统计数字失实等。为此有关部门的专家学者在这方面做了许多有意义的研究探索，也取得了一定的成果。

（1）洪涝灾情统计评估研究。基于洪涝灾情的统计评估研究方面，我国学者文康等人在20世纪90年代初就做了许多相关的研究。如文康、金管生等（1992）在洪灾经济损失调查与评估的研究工作中，对长江、淮河与松辽河三流域机构以往有关洪灾损失调查评估方面的分析研究成果做了全面系统的分析整理，对洪灾经济损失调查评估方法做了深入的分析、研究和探讨；对开展洪灾经济损失调查评估方法研究工作的重要意义和洪灾经济损失调查评估的一些基本概念做了详尽的阐述，并对各经济部门（各财产类型）洪灾损失的特点、调查评估原则、损失计算方法和应注意的问题，分类做了详细的介绍。陆孝平等（1993）进行的水利工程防洪经济效益分析方法的有关研究中，对洪灾经济损失基本资料的调查与分析进行了比较详尽的论述。上述研究比较深入，但这些基于统计的洪涝灾情评估，实际操作起来工作量大，要耗费比较多的人力、财力，并且这种方法不适合洪涝灾害灾前的损失预评估和灾中损失的实时评估。

（2）基于遥感与GIS技术的洪涝灾害监测评估研究方面。遥感技术在我国的洪涝监测评估中应用有比较长的历史，早在1983年，水利部遥感技术应用中心就用地球资源卫星的TM影像调查了发生在三江平原挽力河的洪水，成功地获取了受淹面积和河道变化的信息。1984年和1985年，用极轨气象卫星分别调查了发生在淮河和辽河的洪水。在此期间，用机载SAR图像监测了辽河流域盘锦地区的洪水。同时，机载红外遥感也用来调查永定河行洪障碍物的分布以及东辽河在三江口处的决口位置。从1987年至1989年，水利部遥感技术应用中心、中国科学院、国家测绘地理信息局和中国人民解放军空军合作，先后在永定河、黄河、荆江地区、洞庭湖和淮河进行了防洪试验，建立了洪涝灾害监测的准实时全天候系统。这个系统在1991年淮河和长江中下游大洪水的监测中发挥了重要作用。

20世纪90年代后期，随着遥感技术与GIS技术的集成应用，翻开了洪涝灾害灾情评估研究的崭新一页，先后有许多人在从事这方面的研究工作。如李纪人等（2001）的基于遥感与空间展布式社会经济数据库的洪涝灾害遥感监测评估，该方法主要从对洪水的遥感监测角度出发，在基础背景数据库的支持下，实现了对洪涝灾害的灾中评估，评估精度可以以县为单位的受灾总面积，受灾耕地面积，受灾居民地面积，受灾人口等。黄诗峰等（1999）从洪涝灾害风险的角度，初步研究了洪涝灾害评估等方面的问题。陈秀万等（1997）利用遥感和GIS技术对洪涝灾害的损失评估进行了初步的研究，他利用洪水遥感水体提取模型提取受淹范围，并利用统计的社会经济资料，进行了洪灾损失的实时评估。阎俊爱针对城市防洪减灾决策的特点，把专家系统和人工神经网络应用到防洪减灾决策支持系统中，并把其建立在GIS平台上，设计出基于GIS城市智能防洪减灾决策支持系统的总体框架及主要功能。该系统的建立充分利用GIS强大的空间数据分析和管理功能，实现信息的可视化管理，为防洪减灾决策提供快捷、形象直观的动态信息支持。丁志雄从洪涝灾害的承载机理和属性特征出发，阐述基于RS和GIS的洪涝灾害损失评估的基本原理。并且通过对2003年淮河流域洪涝灾害的遥感监测分析和损失评估实例，利用有关灾情统计资料，验证了洪涝灾害损失评估模型的可行性和可靠性。聂蕊通过剖析城市空间对洪涝灾害的影响，并以日本东京为例归纳总结出城市空间应对洪涝灾害的风险评估和设计方法，为我国城市防洪的空间建模提供参照和借鉴。在上述已有研究的基础上，借助经济社会发展预测、洪涝仿真模拟与地理信息系统平台的建立，进一步改进完善洪涝灾情评估模型，也有望为防汛应急指挥决策科学化提供更为可靠的依据。

2007年，中国水利水电科学研究院与太湖流域管理局承担的中英科技合作项目“流域洪水风险情景分析技术研究”中初步分析了太湖流域未来洪水风险问题。中国水利水电科学研究院承担的“上海市洪水风险图编制”“太湖流域洪灾经济损失评估”“上海市洪灾损失评估研究”“洪灾损失评估软件系统开发”、自然科学基金重点项目“涝渍灾害产生机理与减灾方法研究”等基础研究和应用研究工作，积累了大量的基础数据，形成了大量相关的研究成果。太湖流域管理局作为流域管理机构，多年来一直从事太湖流域洪水的研究与防洪减灾工作，并进行相关工程建设，“蓄泄兼筹、以泄为主”的流域防洪骨干工程布局并已付诸实施，取得较好的社会、经济、生态效果。太湖流域管理局也非常关注流域未来防洪战略，相继开展了一些具有针对性的前期项目研究工作，如太湖流域防洪规划、太湖流域海平面上升对流域防洪的影响、风暴潮研究和太湖流域防洪调度系统研制、调度方案的修订完善等课题和项目，这些课题的成果为进一步开展太湖流域洪水风险演变及适应技术集成与应用奠定了基础。相关科研院校，包括北京师范大学水科学研究院在多年的科学研究中，形成了一支高素质的研究队伍，具有一个老、中、青相结合，依托环境模拟与污染控制国家重点实验室以及水沙科学教育部重点实验室，在气候变化对水循环的影响、降雨径流关系分析、分布式水文模型开发与应用、水文水资源系统模拟、地表水与地下水交换及其相互关系、水旱灾害预测与评价、生态需水与水资源配置、水资源演化规律与可再生性维持机理等方面积累了丰富的经验。为了适应国内飞速发展的社会经济形势和国外学科发展的最新进展，中国社会科学院数量经济与技术经济研究所不断调整和拓展学科领域，逐步形成了突出优势、注重基础、兼顾其他的科研布局，积极开展中国经济分析与预测，环境与发展研究等，经济风险成果丰硕。上海台风研究所在热带气旋路径、强度及结构变化的理论研究、热带气旋集合预报技术研究、热带气旋数值模拟、海-陆-气耦合模式开发研究及热带气旋监测信息资料处理等方面，已取得了丰硕的科研成果，为社会发展提供了优质服务。多年来，民政部国家减灾中心承担或参与了来自中华人民共和国科学技术部、中华人民共和国财政部、国防科学技术工业委员会、中华人民共和国民政部等部门的多项国内科研项目，包括“高效能航空SAR遥感测量运行系统——减灾救灾应用示范”、“十一五”科技支撑计划重大项目“中国巨灾应急救援信息系统集成与示范”、重点项目“亚洲巨灾综合风险评估示范系统开发”“综合风险防范救助保障与保险体系示范”“国家重大自然灾害风险管理及预警体系研究”“国家自然灾害综合评估与风险制图”“国家灾害评估业务系统”等，在洪水情景分析方面积累了丰富的经验。

1.4.2 洪水风险情景分析主要研究内容

结合太湖流域洪水风险情景分析，“太湖流域洪水风险演变及适应技术集成与应用”课题主要从7个方面开展关键技术研究（图1.3），分别为：①未来气候变化情景分析与陆地水循环对气候变化的响应；②台风影响下的流域降雨量预测模型；③平原河网地区大尺度水力学模型；④流域防洪工程系统可靠性评估；⑤流域经济社会发展与水灾损失评估；⑥洪水风险情景分析集成平台建设；⑦流域洪水风险演变趋势与应对方略。

课题主要研究内容包括以下几方面。

（1）未来气候变化情景分析与陆地水循环对气候变化的响应。定量分析和评估IPCC AR4所推荐的20余个GCM以及今后AR5所推荐的其他相关GCM在研究区的适用性，筛选研究区适合的GCM、RCM以及统计降尺度技术，生成研究区气候变化情景，并分析其不确定性；提出适合平原河网、城镇化程度高地区特点的分布式水文模型，并依托气候变化情景模拟成果，定量分析和评估未来气候变化对水循环的影响。

（2）台风影响下的流域降雨量预测模型。应用GSI同化技术及云分析，结合雷达、卫星等非常规观测，构建高分辨台风中尺度数值预报业务系统，得到基于精细化台风暴雨

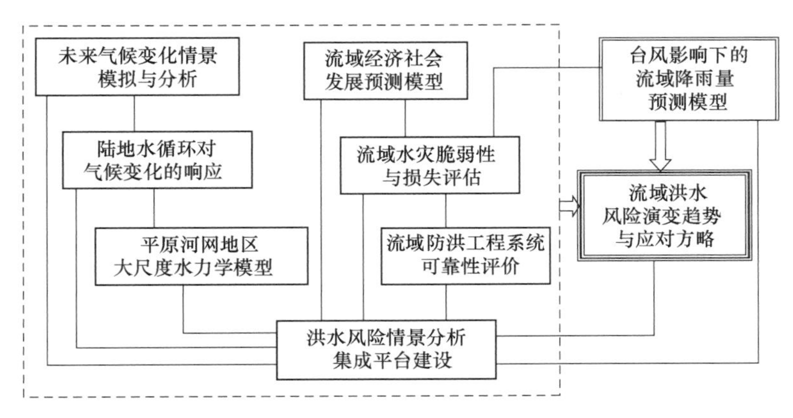

图 1.3 课题总体框架图

预报的太湖流域雨量预测模型，定量评估台风短时强降雨对流域水情变化的影响。

（3）平原河网地区大尺度水力学模型。在现有基础上，研发具有自主知识产权的大尺度水力学模型，更好反映出平原河网区多级圩堤及城镇化过程中流域洪水特性的变化，在气候变化背景下，合理把握降雨分布变化与海平面上升对流域洪水危险性分布的影响。

（4）流域防洪工程系统可靠性评估。对流域防洪工程进行系统调研和分类，针对不同工程类别，研究防洪工程水力荷载和工程结构抗力参数的分布规律，提出防洪工程主要破坏模式的解析或数值表达式及防洪工程系统的可靠性评价方法，进而研究太湖流域防洪工程系统可靠性的演变趋势。

（5）流域经济社会发展与水灾损失评估。依据国际上最新气候变化排放情景，结合太湖流域经济发展及快速城镇化的特征，建立流域不同的社会经济发展情景。研究流域中分类资产的脆弱性，修正分洪水类型、分区域、分受影响资产类别的洪灾损失率关系，进一步考虑流域城市化背景下间接损失的评估方法，评估太湖流域在气候变化与城镇化进程中的洪涝灾害损失状况及发展趋势。

（6）洪水风险情景分析集成平台建设。进一步增强基于 GIS 技术的太湖全流域洪水风险情景分析系统的空间分析功能，为各相关模型的运行并将其研究成果集成为一个有机的整体提供良好的工作平台，以模拟不同气候与经济社会发展情景下流域洪水风险的演变趋势与各种适应性对策的实施效果。

（7）流域洪水风险演变趋势与应对方略。分时段辨识气候变化、快速城镇化背景影响洪水风险变化的驱动因素，为流域洪水风险情景的设置提供依据。建立流域防洪减灾能力评价指标体系，构建流域防洪减灾能力评价模型。提出不同情景下能够有效减轻风险、保障经济社会可持续发展的对策建议。

1.4.3 技术路线与创新点

1. 洪水风险演变及适应技术分析方法和技术路线

（1）分时段深入开展未来洪水风险演变的动因响应分析。太湖流域未来洪水风险的动因响应分析有待由表及里、由浅入深，为情景分析的设计提供更加充分的依据。为此需要分时段开展洪水风险的动因响应分析，由已知推测未来。分析的时段包括1999年、2012年、2030年与2050年等，逐步提高动因响应分析的定量化水平。

（2）改进适用于山区与平原河网地区的分布式水文模型。在未来洪水风险情景分析中，水文分析是连接气候变化对洪水特性影响的纽带，将为大尺度水力学模型在不同气候情景下的运行提供合理的入流与降雨边界条件。要增加实测水文过程对模型有效性的检验，以合理考虑引水及水库调度等因素的影响；发展考虑人类活动影响的平原河网回流计算方法，更好地模拟平原区洪水水文特性的变化，具体包括如下几方面。

1）初步识别太湖流域气候变化动因响应关系，依据IPCC第四次评估报告及最新的第五次评估报告所提供的多GCM模式的情景信息集合，进行适应性评估，筛选适合研究区的GCM模式，提炼出太湖流域未来最为可能与最为不利的气候变化情景。

2）基于筛选的气候模式，分别应用多种统计降尺度方法进行未来气候情景预估，对比分析不同方法的优缺点，评价其在研究区的适用性，并研究在统计降尺度中所建立的统计关系在未来气候变化条件下的适用性问题，发展适用于太湖流域特点的统计降尺度模型，在水文应用的尺度上，对未来的降水、最高气温、最低气温等气候要素进行降尺度，分析其在气候变化情景下的不确定性，为水文风险分析、水资源变化预估等提供决策依据。

3）在未来洪水风险情景分析中，充分考虑太湖流域20世纪90年代几种年型的降雨情景，并为大尺度水力学模型在不同气候情景下的运行提供合理的入流与降雨边界条件。增加实测水文过程对模型有效性的检验，以合理考虑引水及水库调度等因素的影响；发展考虑人类活动影响的平原河网汇流计算方法，更好地模拟平原区洪水水文特性的变化。

（3）将未来社会经济一些关键变量的预估值降尺度到县（区）级水平。目前所有资产评估涉及的指标都只有市级的统计数据。为了满足未来洪水灾害资产损失评估的需求，需在太湖流域选择若干县进行典型调查，得到一些关键指标的县级抽样调查数据，以提高未来洪水情景分析中洪水灾害损失评估的准确度。

（4）完善流域水灾损失评估模型。流域水灾损失评估是未来洪水风险情景分析的一个核心环节。在国内基础信息数据库管理水平与信息共享水平较低的情况下，为了提高水灾损失评估结果的可信度，需在太湖流域开展1999年洪灾以及近年来城市暴雨洪水的典型调查工作，修正分洪水类型、分区域、分受影响资产类别的洪灾损失率关系，进一步考虑流域城市化背景下间接损失的评估方法，为更合理地评估太湖流域的洪灾损失状况提供必要的依据。

（5）研发能够更好满足未来洪水风险分析需求的大尺度水力学模型。洪水淹没情景的仿真模拟是进行未来洪水风险情景分析成败的关键。中英科技合作期间ISIS模型的引进与运用，为开展大尺度水力学模拟提供了重要的技术手段，但是仍然难以满足平原圩区有多个水面高程情况下泛滥洪水或内涝分布的精度要求。为此需要研发具有自主知识产权的大尺度水力学模型，以便更好地体现动因响应情景分析所涉及的重要因素。

（6）研究实用的堤防系统可靠性分析方法。在洪水风险分析中，堤防可靠性分析可为堤防可能决口的位置、时机与数量的判断提供依据。但是可靠性分析对数据的需求较高。为此需要继续调研、收集各类堤防设施的数据，以便对太湖流域的堤防系统进行可靠性分析，结合水力学模型，对既定洪水计算方案下的设施系统可靠性进行分析；进一步研究适合的堤防溃口分析方法。

（7）建成基于 GIS 平台的太湖全流域洪水风险情景分析系统。基于地理信息系统、遥感、数据库等技术，利用流域基础自然地理、地形地貌、防洪工程信息，建立流域洪水风险分析基础平台，进一步增强系统的分析与集成功能，为未来洪水风险情景分析提供强有力的技术平台。在此基础上将太湖流域未来洪水风险情景分析所涉及的气候变化、经济社会发展与水利工程体系建设等信息，各相关工作单元的研究成果集成为一个有机的整体，为未来洪水情景分析提供有实用价值的工具和手段。

2. 洪水风险情景分析创新层次

洪水风险情景分析的创新点涵盖了原始创新、集成创新与引进消化吸收再创新 3 个层次。

（1）原始创新。针对太湖流域快速城镇化与经济社会发展的特点，构建分流域、区域等不同尺度与分时段的洪水灾害系统概念模型；降尺度的经济发展预测方法与损失评估方法；具有自主知识产权、能够更好地反映流域未来洪水风险动因响应关系的大尺度水力学模型等。

（2）集成创新。基于地理信息系统、遥感、数据库等高精技术，综合集成气候变化与海平面成果、水文学、水力学、城镇化与经济社会发展预测、水灾损失评估、堤防工程可靠度评估等各个模型，形成流域未来洪水风险情景预见分析系统。

（3）引进消化吸收再创新。结合我国的国情与太湖流域自身的特点，对于动因响应分析方法的改进，气候温暖化基准期的延伸，分布式水文模型在平原水网区的运用、堤防可靠性评估方法的改造等，都具有引进消化吸收再创新的特点。

太湖流域洪水风险动因响应定性分析

未来洪水风险情景分析涉及洪水灾害系统中众多的自然因素和人为因素，并且这些因素之间并不是简单的因果关系，而是通过多个关联和反馈循环产生作用和反作用的、复杂的动因响应关系。因此，设计流域未来洪水风险情景，必须深入分析流域洪水灾害系统中各影响因素与流域未来洪水风险之间的关系，明确构建洪水情景所需考虑的主要方面和内容。

本章通过构建太湖流域洪水灾害系统的概念性模型，归纳分析太湖流域洪水、社会经济、涉水自然环境以及防洪措施等的特征及其发展变化趋向，提炼出其中重要的影响因素和作用机制，建立起影响太湖流域洪水风险的各种因素之间的动因响应关系，并研究各影响因素在未来的发展变化趋势，判断出这些变化对未来洪水风险的影响程度和不确定性，从而为开展太湖流域未来洪水风险预见研究、构建未来洪水风险情景提供依据与要求，并为构建水文水力学模型、洪灾损失模型等开展定量分析提供支持。

2.1 洪水灾害系统概念模型

2.1.1 洪水灾害系统的构成分析

为了从洪水风险的角度表征洪水灾害系统的特点，在英国未来洪水预见研究中，将洪水灾害系统的构成表述为灾害源（Source）、致灾途径（Pathway）、承灾体（Receptor）以及它们的综合体，并构建了洪水灾害系统 SPR 概念模型。

与英国不同，在我国一般认为灾害系统是由孕灾环境、致灾因子和承灾体三个方面组成的（史培军，1991）。其中，孕灾环境、承灾体与英国研究中的灾害源、承灾体大体相对应。但英方提及的“致灾途径”既包含灾害形成的条件，又包括防洪减灾的措施和手段，与我国传统的研究思路有所差别，不便于理解和接受。另外，由于我国正处于快速发展阶段，在洪水灾害系统的构建中必须考虑孕灾环境的变化以反映暴雨洪水下垫面条件等改变；同时也有必要突出考虑防灾减灾的能力建设以反映防洪工程体系建设与非工程措施不断完善的作用。鉴于以上分析，可以从孕灾环境、致灾因子、承灾体与防灾能力等4方面来反映洪水灾害系统的特点，见图2.1。其中，孕灾环境是指洪灾孕育与产生的外部环境条件，包括自然环境和社会环境，它决定了致灾因子的类型与强度、承灾体可能面对的风险与受到的制约，以及所需防灾体系的构成与规模；致灾因子是指造成洪灾损失的各种灾害事件及其特征指标，如降雨强度、风暴潮水位、洪水的淹没水深与淹没历时等；承灾体是指承受洪水灾害的主体，包括各种物质、非物质资源以及人类本身；防灾能力是指为降低洪灾损失所采取的防洪工程与非工程措施，它可以反映防洪措施影响洪水风险的能力。

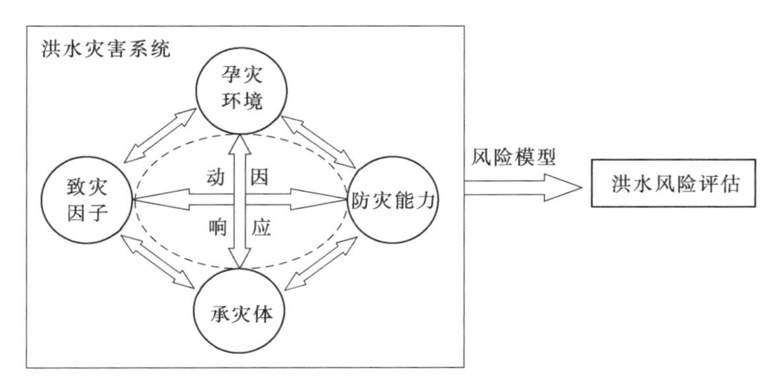

图2.1　洪水灾害系统构成示意图

2.1.2　太湖流域洪水灾害系统概念性模型

通过分析洪水灾害系统的构成以及气候变化、社会经济、防洪体系等影响因素的关系，结合太湖流域近年来城市发展和防洪体系建设的实际情况，构建了太湖流域洪水灾害系统概念性模型。

从图2.2中可以看到，太湖流域三面临水，中心为太湖，西部为山区丘陵，流域内部为平原，河网交错密集，大中城市鳞次栉比，防洪体系建设颇具规模。由于太湖流域特殊的地理位置，决定了该地区向外排泄洪水的能力会受到外江水位、潮位及海平面上升的严重影响，同时也使得沿海地区存在遭受风暴潮袭击的可能。位于流域中心的太湖，其调蓄洪水的能力对于整个流域的防洪抗涝具有举足轻重的作用。而西部山区降雨产生的径流，大部分通过河道汇集后注入太湖，流向下游。其余的部分径流会被水库拦蓄，一方面可以发挥其兴利效益；另一方面可以减轻洪水对太湖的压力。流域内各个城市的城市化水平快速发展，财产和人口的集中增大了洪水风险损失的脆弱性。城市占地面积不断扩大，沿湖围垦导致水域面积缩小，城市修建大包围圈及联圩并圩等模式，严重阻塞河网，降低了河网的通达率，直接导致流域调蓄洪水能力的下降。不仅如此，各地方不断提高本区域的防洪排涝标准，将更多的内涝积水排入河网，导致河道水位上涨，降低了河道的槽蓄和行洪能力，同时也可能会造成防洪标准较低或不设防的区域遭受本不该有的洪灾损失。随着11项骨干工程的建成，太湖流域已具备防御流域性洪水的能力。其中，望虞河工程和太浦河工程对于排泄太湖洪水、降低太湖水位具有至关重要的作用，同时望虞河还担负“引江济太”的重任，将长江水引入太湖，用以缓解太湖流域水资源的紧缺。环湖大堤的建成，可使太湖有能力在汛期调蓄更多的洪水，但增加了湖西地区、浙西地区排水入湖的难度，有可能加大这一区域的洪水风险。湖西和武澄锡引排工程、杭嘉湖南排工程、东苕溪和西苕溪防洪工程及其他骨干工程，对于降低各自分区和全流域的洪水风险洪灾损失发挥了重要作用。此外，流域边界江堤、海塘的建设，可以抵御外来洪水的入侵；沿江沿海闸门和泵站可以增加流域的外排能力，同时提高内河堤防的标准，保证其保护范围内的防洪安全。适当的建闸可以提高区域的防洪标准，也有利于污染治理，但可能会导致流域河网的通达率降低，影响行洪排涝的效率。

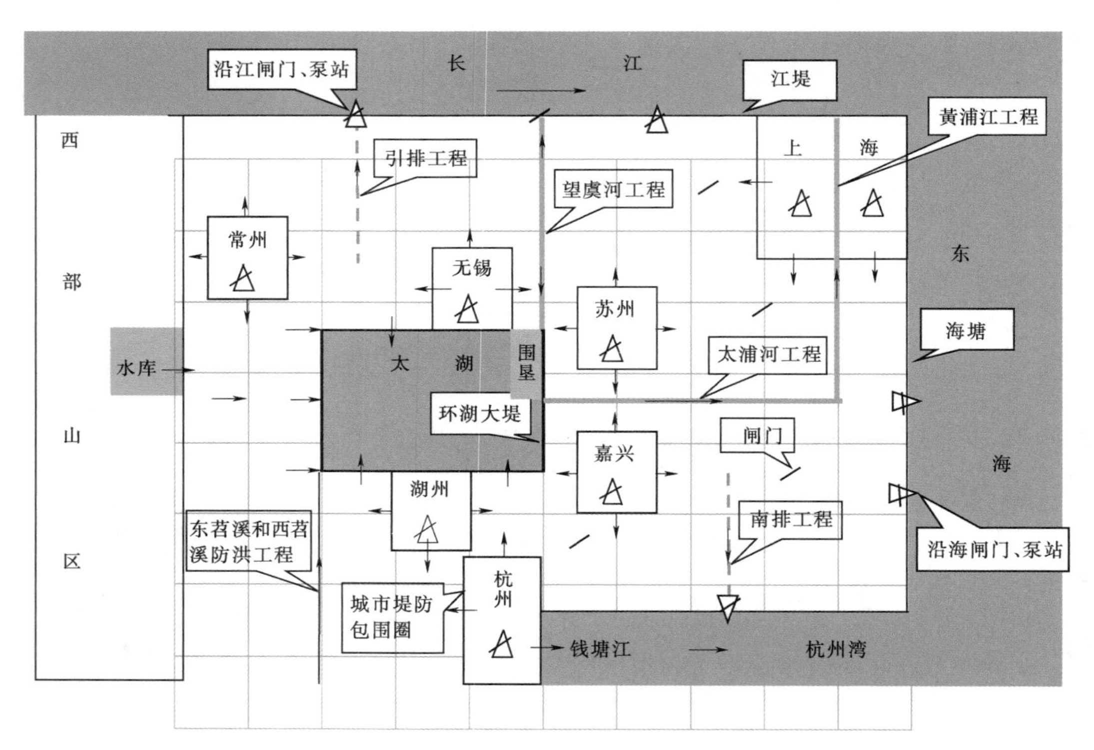

图 2.2 太湖流域洪水灾害系统概念模型

2.1.3 不同尺度的洪水灾害系统概念性模型

1. 流域尺度的洪水灾害系统概念性模型

流域尺度的洪灾系统概念模型是基于太湖流域八大水利分区构建的。由于望虞河、太浦河、黄浦江是太湖流域最主要的外排河道，因此也将它们作为独立的区域考虑。通过分析 1999 年太湖流域洪水运动情势的特点，可以大致获得各分区的洪水运动走向，这样就可以得到太湖流域各水利分区之间的水量交换模式，以及北入长江、南排杭州湾、东出黄浦江的外排洪水的总格局，从而建立起流域尺度的概念模型（图 2.3）。

在图 2.3 所示的流域尺度概念模型中，从宏观角度表明了太湖流域各水利分区之间的洪水运动走势。至于各水利分区的产水情况，可以通过实测资料来研究降雨径流关系，获得各分区的径流系数，从而确定次降雨过程在各分区内的产水量。由于目前掌握的太湖流域调度规则不包括太湖与其他水利分区之间的入湖、出湖水量调度以及各分区之间的水量调度，因此可以假定不同分区之间水量交换系数，即某一水利分区排入另一分区的水量占该分区产水量的比例。再根据降水产生的净雨量，就可以得到不同区域之间交换的洪水总量。

2. 区域尺度的洪水灾害系统概念性模型

除太湖湖区及河道外，其余水利分区均可进一步概化为区域尺度概念模型。在区域尺度概念模型中（图 2.4），分区内的行政单元作为进一步划分的边界，并将各行政单元内的河道（内河）概化为“十”字形，如图 2.4 中虚线所示，即保证区域内的槽蓄总量，并将同方向或方向近似的河道断面进行合并。此外，各行政区域为保证自身利益，在行政边界处修建的水闸会对行洪带来一定的影响，在进行洪水风险量化模拟计算时，可考虑引入河道通达率参数，表征内河水闸对区域调洪的影响。还有某些城市修建防洪保护堤，形成城市大包围圈，完全切断内河行洪通道。由于圩外河道（蓝色模块）的槽蓄量和排洪能力有限，上游地区或经济发达地区如果向河道内排入大量洪水，则会直接影响下游或临近区域的排涝。

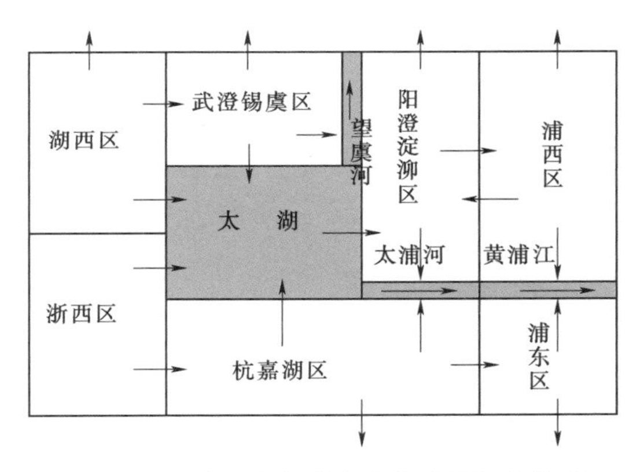

图 2.3 流域尺度的洪水灾害系统概念模型

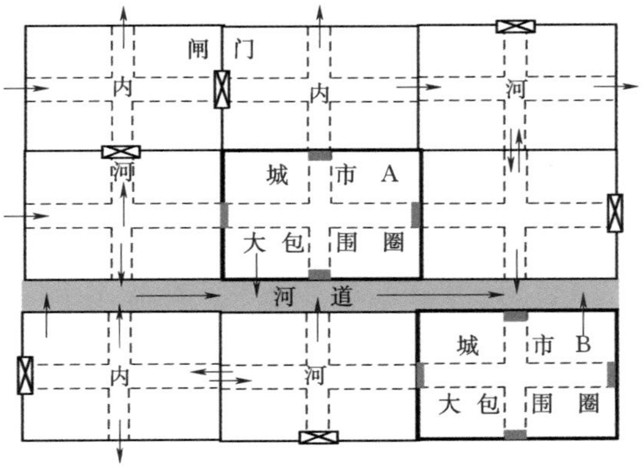

图 2.4 区域尺度的洪水灾害系统概念模型

区域尺度的概念模型表明了水利分区内各行政单元之间的洪水运动关系，显示出圩区和水闸的建设对河道行洪的影响，同时也反映了各行政单元利用公用河道排泄洪水涝水之间的矛盾。

通过流域尺度模型可以得到水利分区间的交换水量，这部分水量则可通过水利分区边界上概化的河道分配到不同的行政单元内，参与区域内的洪水运动，这样就将流域尺度模型与区域尺度模型联系起来。另外，由于湖区及河道为水域面积，可以认为这些分区内降雨全部形成径流，与其他分区的水量交换关系也较为简单，故没有单独建立湖区及河道的概念模型。

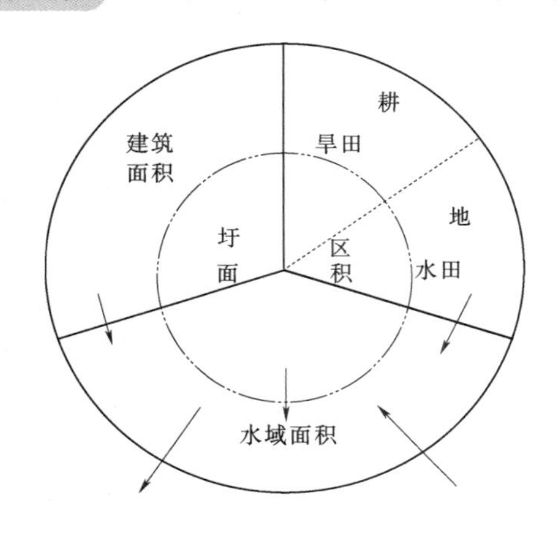

图 2.5 区内尺度的洪水灾害系统概念模型

3. 区内尺度的洪水灾害系统概念性模型

对区域尺度概念模型中的行政单元进一步细化，可以得到区内尺度的概念模型，见图 2.5。首先可将区内的下垫面类型概化为水域面积、建筑面积以及耕地。其中，耕地的类型还可以分为旱田和水田，水域面积包括区内的湖泊、河道等。圩区保护的范围可能包括建筑面积、耕地和水域。

在降雨量一定的情况下，根据区内下垫面类型的不同，可调整区内的产水量。建筑面积和耕地面积产生的径流以及圩区内涝水最终进入区内水域，之后参与区域间的水量交换。在区内尺度模型中，圩区的面积、圩堤的高度和圩内泵站排涝能力则是影响区内洪水运动的主要参数。

2.2 洪水风险动因响应识别

2.2.1 流域洪水风险的动因响应

从广义上来讲，洪水灾害系统中的动因可理解为能够引起系统中其他因素状态发生变化的驱动力，洪水灾害系统中的响应可理解为各因素对动因所表现出来的反应，这样的反应又可分为“被动的反应”和“主动的反应”。被动的反应是指受动体所处的状态在动因的驱动作用下发生的改变，这类反应可称为“状态响应”；主动的反应则是为应对动因及其引起的“状态响应”所采取的措施，这类反应可称为“措施响应”，见图 2.6。

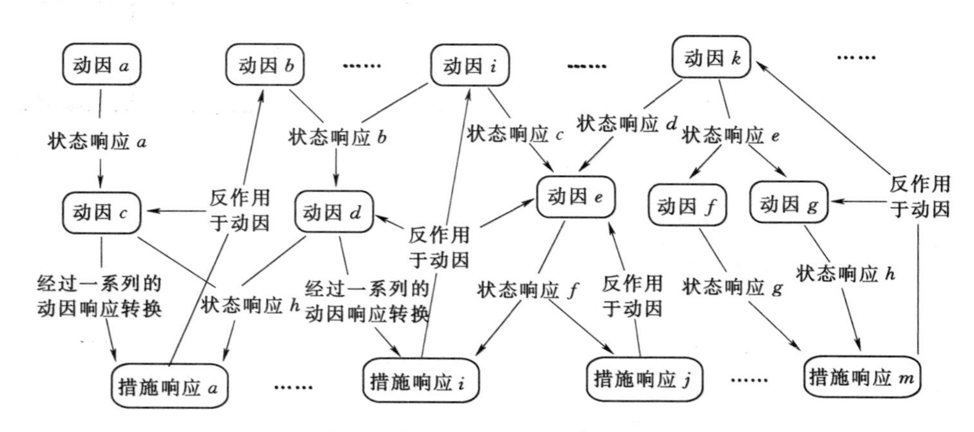

图 2.6 流域洪水灾害系统中动因响应关系示意图

我国社会经济正处于快速发展与变革阶段，洪水灾害系统中各因素的状态以及它们之间的相互作用方式和影响程度都可能会发生较大的变化，并且这些变化的趋势和幅度还存在一定的不确定性，这就需要从更具普适性的角度来理解动因响应的关系；同时为避免动因响应分析工作过于复杂，又需要针对流域洪水风险给出更为具体的动因响应的概念。因此，在流域未来洪水风险情景分析中，将任何能够引起洪水风险增大或转移的事件理解为动因，将为降低洪水风险所采取的措施理解为响应，这些措施包括所有的防洪工程及非工程措施。然而，现实情况下，某些响应也可能会导致洪水风险的增加或转移，而对于某些动因，如能加以正确的引导和管理，则可能有利于降低洪水风险。因此，对于洪水灾害系统中这些具有动因响应双重特征的因素，需分别对待，将其动因的一面视为动因，将其响应的一面视为响应。

2.2.2 太湖流域洪水风险动因响应的识别

识别影响洪水风险的动因响应是分析动因响应关系的前提。太湖流域洪水风险动因响应的识别是基于众多专家判断完成的。根据太湖流域洪水灾害系统的特点，分别从气候变化、社会经济发展、防洪体系建设三个方面提炼出动因响应共 29 项，见表 2.1 和表 2.2。

为了进一步识别太湖流域洪水风险动因响应的关系，针对太湖流域不同城市的动因响应进行了辨识，开展了上海、杭州、嘉兴、湖州、苏州、无锡、常州、镇江的分区域动因响应分析工作，各城市洪水风险动因响应识别情况见表 2.3。

表 2.1　影响太湖流域洪水风险的动因及可能的重要性

动因组	动因		可能的重要性
气候变化	梅雨		高
	暴雨		高
	海平面上升		高
	风暴潮		中/高
	波浪		中/低
	气温变化		中/低
社会经济发展	经济增长		高
	城市化		高
	地面沉降		中/高
	土地利用		中
	利益相关者		中/高
防洪体系建设	堤防建设	内河堤防建设	中
	闸门建设	内河水闸建设	中
	圩区建设	圩区堤防建设	高
		圩区泵站建设	高

表 2.2　　影响太湖流域洪水风险的响应及可能的重要性

响应组	响应		可能的重要性
防洪体系建设	蓄排体系	环湖大堤建设	高
		水库建设	中/高
		沿江、沿海排水口建设	高
		河道整治	中/高
		河口治理	高
		城市蓄排体系建设	中
	堤防建设	江堤建设	高
		海塘建设	高
		内河堤防建设	中
	闸门建设	沿江、沿海闸门建设	高
		内河水闸建设	中
	圩区建设	圩区堤防建设	高
		圩内泵站建设	高
	非工程措施	防洪与水资源调度管理	高
		洪水风险区区划	中
		洪水保险	中/低
		建筑物防洪设计规范	中
		应急管理	高
		城市化	中
		土地利用	中/高

表 2.3　　太湖流域各城市洪水风险动因响应识别

组别	动因响应	类型	不同城市							
			上海	杭州	嘉兴	湖州	苏州	无锡	常州	镇江
气候变化	梅雨	致灾因子	√	√	√	√	√	√	√	√
	暴雨	致灾因子	√	√	√	√	√	√	√	√
	海平面上升	孕灾环境	√	√	√		√			
	风暴潮	致灾因子	√	√	√		√			
	风浪	致灾因子			√	√	√	√		
	气温变化	孕灾环境	√	√	√	√	√	√	√	√

续表

组别	动因响应	类型	不同城市							
			上海	杭州	嘉兴	湖州	苏州	无锡	常州	镇江
社会经济发展	经济增长	承灾体	√	√	√	√	√	√	√	√
	城市化	孕灾环境	√	√	√	√	√	√	√	√
	地面沉降	孕灾环境	√	√	√	√	√	√	√	√
	土地利用方式	孕灾环境	√	√	√	√	√	√	√	√
	利益相关者	承灾体	√	√	√	√	√	√	√	√
防洪体系建设	环湖大堤建设	防灾力			√	√	√	√		
	水库建设	防灾力				√			√	
	外排水口建设	防灾力	√	√	√		√	√	√	
	河道整治	防灾力	√	√	√	√	√	√	√	√
	河口治理	防灾力	√	√	√		√	√	√	
	城市蓄排体系	防灾力	√	√	√	√	√	√	√	√
	江堤建设	防灾力	√	√			√	√	√	√
	海塘建设	防灾力	√	√	√		√			
	内河堤防建设	防灾力	√	√	√	√	√	√	√	√
	沿江（海）闸门建设	防灾力	√	√	√		√	√	√	
	内河水闸建设	防灾力	√	√	√	√	√	√	√	√
	圩区堤防建设	防灾力	√	√	√	√	√	√	√	√
	圩内泵站建设	防灾力	√	√	√	√	√	√	√	√
	防洪与水资源调度管理	防灾力	√	√	√	√	√	√	√	√
	洪水风险区划	防灾力	√	√	√	√	√	√	√	√
	洪水保险	防灾力	√	√	√	√	√	√	√	√
	建筑防洪设计规范	防灾力	√	√	√	√	√	√	√	√
	应急管理	防灾力	√	√	√	√	√	√	√	√

2.3 洪水风险动因响应描述

2.3.1 太湖流域洪水风险动因响应的描述

太湖流域洪水风险的动因响应识别的完成，可以确定影响流域洪水风险的主要因素。为了建立这些因素之间的动因响应关系，分析这些因素影响洪水风险的作用机制，有必要对各个动因响应进行深入细致的描述。

动因响应的描述是按照气候变化、社会经济发展、防洪体系建设三个动因、响应组，逐一描述各动因响应的基本特性，确定影响洪水风险的各动因响应的类型，归纳过去几十年里各动因响应的变化特征，分析太湖流域洪水灾害系统中动因响应之间的相互作用，研究主要动因响应在未来的发展变化趋势，分析这些动因响应影响未来洪水风险的不确定性。同时，还对主要的动因响应进行了参数化处理，以便为未来洪水风险分析模型提供基础的输入信息。关于各动因响应以往的变化特征及未来趋势预测，主要是参考相关文献的研究成果。

2.3.2 洪水灾害系统中各动因响应之间的关系

气候变化会在很大程度上制约或促进社会经济的发展。由于全球气候变暖、水文气象条件恶化，可能会成为社会经济发展的羁绊。气候变化也会影响防洪体系的建设。例如，随着水文数据资料的不断积累增多，会使得设计降雨频率和典型降雨过程等基础数据发生变化，这样就会影响防洪工程设计标准的确定，降低防洪工程所能发挥的防洪效益。反过来，通过防洪工程体系的调蓄，使得洪水等灾害事件原有的自然属性也发生了变化，降低了它们的致灾能力。同时，防洪工程体系的建设又是社会经济发展的有力保证。通过采取防洪非工程措施，可以控制社会经济发展过程中可能导致洪水风险增大的因素，从而起到降低洪水风险的作用。此外，社会经济的发展模式会影响全球气候、局部天气及流域下垫面条件，城市化进程、土地利用方式的转变及地下水超采造成的地面沉降等又会直接影响防洪工程的效益，同时经济的发展和社会的进步也会直接影响水利工程的投资规模、洪水管理的科技水平以及利益相关者所持的态度，进而发挥降低洪水风险的作用。对于气候变化、社会经济发展与防洪体系建设三方面所包含的动因响应之间的相互作用关系，可参见图2.7～图2.10。

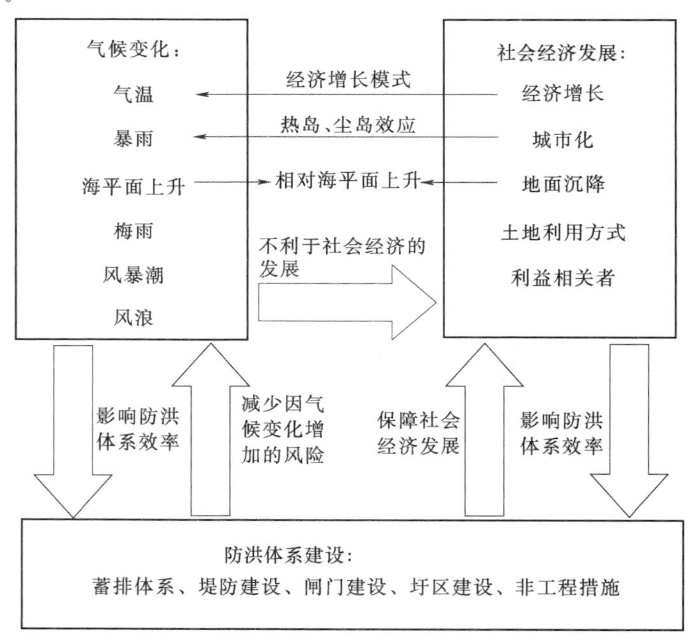

图2.7 气候变化、社会经济发展与防洪体系建设之间的关系

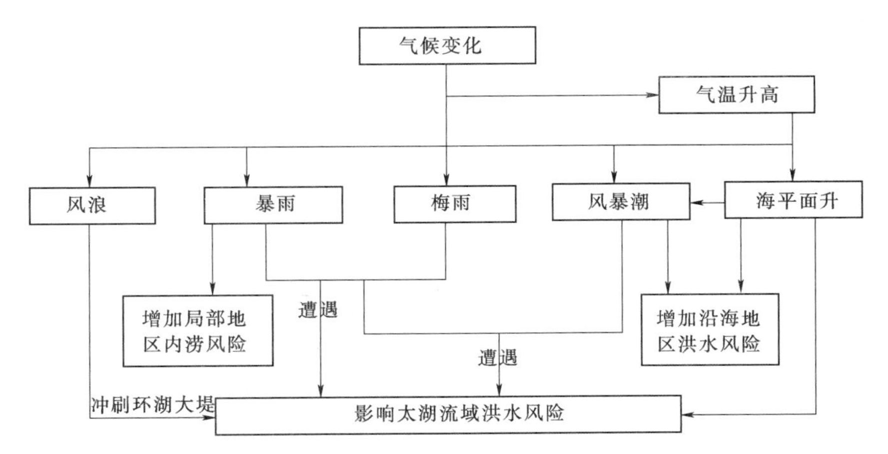

图 2.8　气候变化影响洪水风险的关系示意图

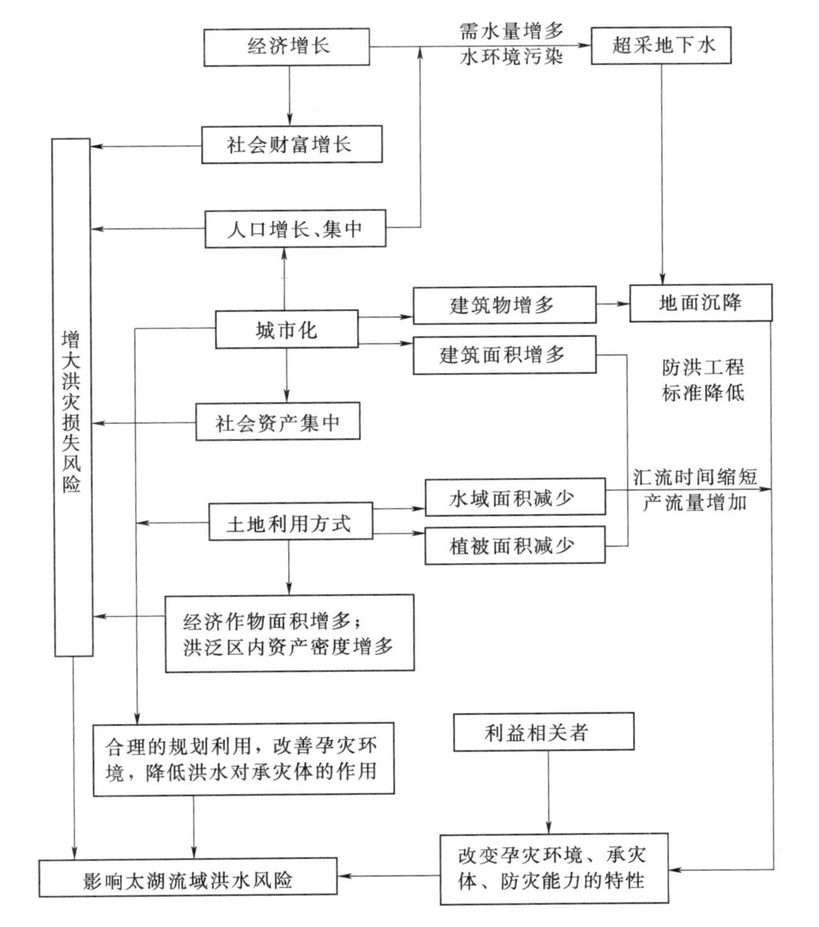

图 2.9　社会经济发展影响洪水风险的关系示意图

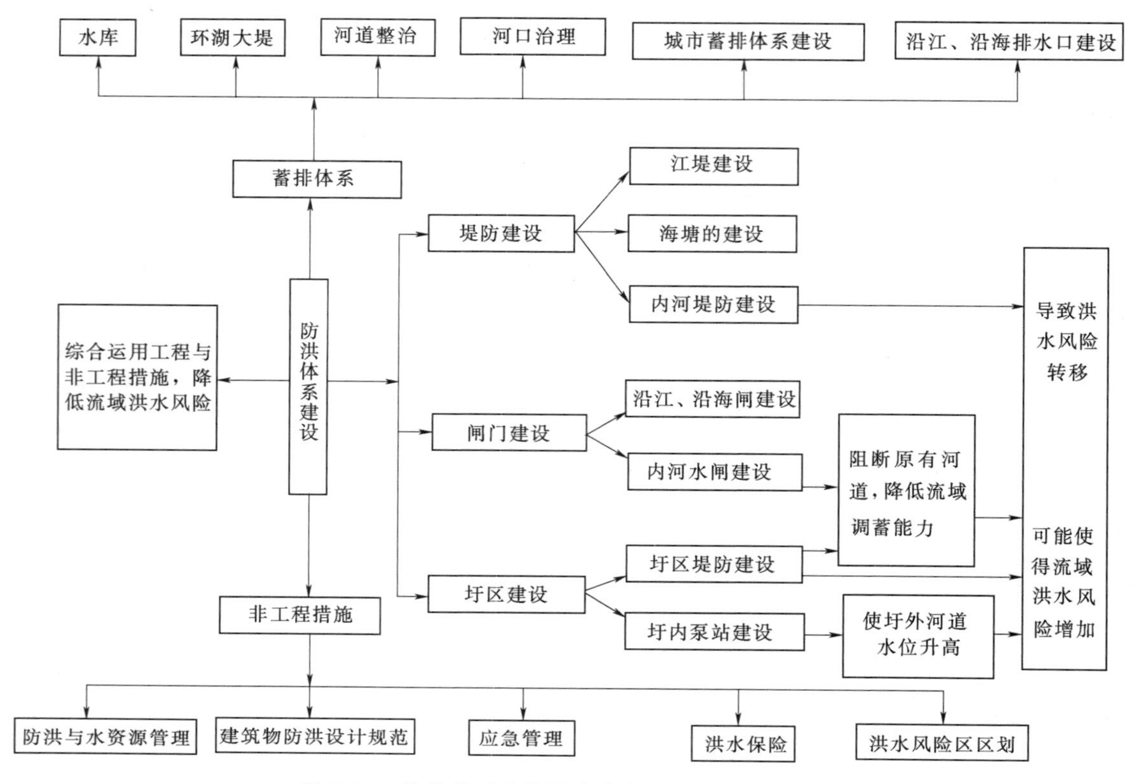

图 2.10　防洪体系建设影响洪水风险的关系示意图

2.4　洪水风险动因响应的重要性分析

根据动因响应深入描述的成果以及专家意见，可以得到现状条件下太湖流域影响洪水风险动因响应重要性的分级排序结果，具体见表 2.4 和表 2.5。

表 2.4　　太湖流域影响洪水风险动因重要性排序表

动因组	动　因	重　要　性							
		上海	杭州	嘉兴	湖州	苏州	无锡	常州	镇江
气候变化	梅雨	高	高	高	高	高	高	高	高
	暴雨	高	高	高	高	高	高	高	高
	海平面上升	高	高	中/低	中/低	高	中/低	中/低	中/低
	风暴潮	中/高	中/高	中/高	中/低	高	中/低	中/低	中/低
	波浪	低	低	中/低	中/低	中/低	中/低	低	低
	气温变化	中/低	中/低	中/低	中/低	中/低	中/低	中/低	中/低

续表

动因组	动因		重要性							
			上海	杭州	嘉兴	湖州	苏州	无锡	常州	镇江
社会经济发展	经济增长		高	高	高	高	高	高	高	高
	城市化		高	高	高	高	高	高	高	高
	地面沉降		中/高	中/高	高	中/高	中/高	中/高	中/高	中/高
	土地利用		中	中	中	中	中	中	中	中
	利益相关者		中/高	中/高	中/高	中/高	中/高	中/高	中/高	中/高
防洪体系建设	堤防建设	内河堤防建设	中	中	中	中	中	中	中	中
	闸门建设	内河水闸建设	中	中	中	中	中	中	中	中
	圩区建设	圩区堤防建设	中/低	中/低	高	高	中/低	高	高	高
		圩内泵站建设	中/低	中/低	高	高	中/低	高	高	高

表 2.5　太湖流域影响洪水风险响应重要性排序表

响应组	响应		重要性							
			上海	杭州	嘉兴	湖州	苏州	无锡	常州	镇江
防洪体系建设	蓄排体系	环湖大堤建设	中	中	高	高	高	高	中	高
		水库建设	低	低	中/高	中/高	低	低	低	中/低
		沿江、沿海排水口建设	高	高	中/高	中	高	中/高	中/高	中
		河道整治	中/高	中/高	中/高	中/高	中/高	中/高	中/高	中/高
		河口治理	高	高	中	中	中/高	中	中	高
		城市蓄排体系建设	高	高	高	高	高	高	高	中
	堤防建设	江堤建设	高	高	低	低	高	中	中	高
		海塘建设	高	高	高	低	高	低	低	低
		内河堤防建设	中	中	中	中	中	中	中	中
	闸门建设	沿江、沿海闸门建设	高	高	高	低	高	中	中	高
		内河水闸建设	中	中	高	低	中	中	中	中
	圩区建设	圩区堤防建设	中/低	中/低	高	高	中	高	高	高
		圩区内泵站建设	中/低	中/低	高	高	中	高	高	高
	非工程措施	防洪与水资源调度管理	高	高	高	高	高	高	高	高
		洪水风险区区划	中	中	中	中	中	中	中	中
		洪水保险	中/低	中/低	中/低	中/低	中/低	中/低	中/低	中/低
		建筑物防洪设计规范	中	中	中	中	中	中	中	中
		应急管理	高	高	高	高	高	高	高	高
		城市化	中	中	中	中	中	中	中	中
		土地利用	中/高	中/高	中/高	中/高	中/高	中/高	中/高	中/高

2.5 影响流域洪水风险响应的可持续性评价

响应的可持续性评价分为正面影响、负面影响和影响程度可忽略三种。其中正面影响程度又分为高、中、低，用符号＋＋＋、＋＋、＋表示；负面影响程度又分为低、中、高，用符号—、——、———表示；可忽略用0表示。可持续评价指标体系是基于中国当前可持续发展的理念，结合太湖流域洪水风险的实际情况，并参照未来洪水情景已有研究成果中的可持续指标体系构建的，具体指标包括：减轻风险效率、区域协调、经济效益、环境影响、预防能力、适应能力。

（1）减轻风险效率是指响应降低洪水风险、内涝风险的效率。

（2）区域协调是指应对措施对策对协调各地区治水矛盾所能发挥的作用以及对社会各层人群和居民的影响。

（3）经济效益是指应对对策的成本投入所能带来的防洪效益及其他兴利效益，并有利于当地各种资源的合理开发利用。

（4）环境影响是指应对措施对生态环境的恢复和破坏，包括对水质和生物的影响等。

（5）预防能力是指预防气候、社会经济变化不确定性可能造成洪水灾害的能力。

（6）适应能力是指应对社会经济变化、气候变化等造成洪水灾害的能力。

经过征求太湖流域防洪专家的意见，对每一项响应措施按上述6项指标分别进行评分，从而得到各响应措施可持续性的综合评价，见表2.6。

表2.6　　太湖流域各响应措施的可持续性综合评价表

响应组	响应措施	综合得分	响应组	响应措施	综合得分
蓄排体系	环湖大堤建设	6＋	非工程措施	防洪与水资源调度管理	5＋
	水库建设	3＋		洪水风险区区划	2＋
	沿江、沿海排水口建设	5＋		洪水保险	2＋
	河道整治	3＋		建筑物防洪设计规范	3＋
	河口治理	＋		应急管理	4＋
	城市蓄排体系建设	3＋	闸门建设	沿江、沿海闸门建设	2＋
堤防建设	江堤建设	3＋		内河水闸建设	＋
	海塘建设	3＋	圩区建设	圩区堤防建设	2＋
	内河堤防建设	2＋		圩内泵站建设	＋

2.6 极端与异常事件

未来洪水风险情景不可能将所有会影响太湖流域洪水风险的可能情况都纳入考虑，特别是一些小概率极端异常事件，而这样的事件一旦发生又会对太湖流域的洪水风险产生重大影响。通过查阅相关资料，可以界定可能影响太湖流域未来洪水风险的极端异常事件见表 2.7。

表 2.7　可能影响太湖流域未来洪水风险的极端异常事件

极端异常事件	描述/原因	洪水风险影响
超强台风	超强台风袭击太湖流域，带来巨大的风暴潮和强降雨	超强台风带来的巨大风暴潮，冲毁或漫过海塘，和与台风带来的强降雨相叠加，造成沿岸地区和内陆大面积毁坏性淹没
特大暴雨	极端气候条件的特大暴雨发生，远远超过本地的降雨排水能力	特大暴雨，远远超过当地的防洪排涝能力，造成相关局部地区灾难性淹没
天文高潮和台风与洪水相遭遇	太湖流域已发生洪水又遭受台风袭击且恰逢天文高潮位时期	天文高潮和台风与内陆洪水相遭遇，造成太湖流域内洪水排泄不畅，且台风带来的强降雨进一步加重洪涝灾害的灾情
水库堤坝溃决	太湖流域浙西和湖西的大型水库发生溃决	水库溃决造成水库下游地区毁灭性的洪涝灾害
环湖大堤和江堤海塘溃决	环湖大堤或江堤海塘发生溃决	太湖环湖大堤或江堤海塘发生溃决造成沿湖、沿江或沿海地区遭受大面积淹没损失
海平面异常升高	全球气候变暖两极冰层崩塌导致海平面异常升高	沿海岸低地永久淹没，增加沿海总体洪水风险
海啸	我国东海岸附近强烈地震引发巨大洪水波，常称“潮波”。陨星撞击海洋引发海啸	高达百米的海浪席卷陆地造成沿岸地区和内陆大面积毁坏性淹没
外来物种入侵	河道和行洪道被外来或变异植物堵塞（例如日本的蓼科杂草以及已在我国生长蔓延的水葫芦等）	植物生长超出了维护和控制能力，大幅度降低泄洪量，在较小的降雨强度下，造成大范围的淹没和内涝
环境健康	洪水使水生寄生虫增加、加重污染物的泄漏、扩散和沉积，导致与洪水有关的环境和公众健康的风险显著增加	洪水的健康风险异常增加，需要针对洪水事件提供新的和大量的保障公共健康的对策措施

2.7　本章小结

本章以太湖流域作为研究对象，开展了太湖洪水风险动因响应定性分析研究，得出如下主要结论：

（1）结合我国的实际情况，从一般意义上分析了流域洪水灾害系统中存在的动因响应关系，并借鉴国际上已有的研究成果，重新理解了动因响应的概念。

（2）分区域识别并分析太湖流域洪水灾害系统中各因素之间的动因响应关系，描述了各动因响应的基本特征和运行机制，归纳过去几十年里各动因响应的变化特征和规律，以及它们之间的作用关系、未来的发展变化趋势和不确定性，确定了影响洪水风险的各动因响应的类型，并对主要的动因响应进行了参数化处理。

（3）对比分析了中英两国对洪水灾害系统认识的异同，并对我国有关洪水灾害系统构成的研究进行了必要的补充和完善。在此基础上，构建了能够反映太湖流域洪水灾害系统特性的概念模型，给出能够反映太湖流域总体的概化图及快速城市化、圩区演变模式的概化图，并从流域、区域、区内3个尺度构建洪水灾害系统概念模型。

（4）综合太湖流域专家的意见，并基于动因响应的深入描述成果，对洪水风险动因响应的重要性和不确定性进行了排序，评价了降低洪水风险的响应的可持续性，确定影响未来洪水风险的重要动因响应。此外，还界定了影响太湖流域未来洪水风险的极端异常事件。

高分辨率区域台风模式关键技术

随着全球气候变暖，强台风发生频次有上升趋势，太湖流域加强防洪减灾能力建设对台风暴雨的预测预报提出了更高的要求。目前，台风业务预报准确率的提高越来越依赖于数值预报技术的发展和改进，近年来台风区域数值预报系统取得了很大进步，并在预报业务中起着重要作用。然而与先进国家相比，目前我国台风业务数值预报系统在多源新型资料同化、台风涡旋初始化和分辨率等方面都存在很大差距。如我国在沿海地区布有高密度的气象观测网，但是数值模式对这些资料的有效使用率很低；我国已成为国际上同时拥有静止气象卫星和极轨气象卫星的少数国家和地区之一，然而风云卫星资料在台风业务模式中尚未得到应用；模式的水平分辨率较粗，不能准确地描述台风内部的精细结构，大大地制约了对强度突变和风雨预报精度的提高等。因此在目前的台风数值预报系统基础上开展相关的关键技术研究，建立新一代高分辨率区域台风数值预报系统，对提高我国台风预报水平意义重大、刻不容缓，是建立以数值天气预报为基础、结合其他方法的综合现代天气预报的重要举措，也是实现我国政府在《国家综合减灾“十二五”规划》等文件中提出的中长期国家综合减灾战略目标的迫切需要。

台风影响下的降雨预测模型研发紧密围绕抑制与减轻未来台风影响下的太湖流域洪水风险与支撑可持续发展的目标，以太湖流域为对象，形成具有自主创新的太湖流域台风降水预测模型。通过相关关键技术的研究、引进、集成、创新与应用，基于 WRF 中尺度模式和 GSI 同化系统，结合卫星等非常规观测，融合华东区域数值预报业务系统的模式后处理等技术，构建高分辨率区域台风数值预报系统。利用高分辨率台风数值预报系统，模拟不同类型台风对太湖流域降水的影响，为流域洪水风险情景分析、动因响应、防灾对策提供依据。

为实现上述目标，主要围绕以下 4 方面开展工作：① 高分辨率区域台风模式的构建；② 资料同化系统和多源观测融合技术；③ 台风涡旋初始化技术；④ 影响太湖流域的台风案例分析。

3.1 高分辨率区域台风模式的构建

3.1.1 台风模式的框架、配置和业务流程

上海台风高分辨率分析和预报系统（Shanghai Tropical Cyclone High Resolution Analysis and Prediction System，SH－THRAPS）主要是由一个非静力的大气模式、非静力中尺度模式（Advanced Research Weather Research and Forecast System，WRF－ARW）和一个三维变分同化系统（Gridpoint Statistical Interpolation System，GSI）构成。

预报区域中心根据台风初始时刻实际中心位置确定，垂直方向取51层，模式的层顶设计为10hPa，水平方向取等距格点网格，采用自动单向移动嵌套方式，模式外区域和内区域的水平分辨率是9km和3km，内外区域的水平格点数是759×759和241×241，时间积分步长是45s和15s。系统每日2时、8时、14时和20时定时检索台风报文资料，一旦发现在责任海区有台风生成，即启动系统预报，预报时效为120h，可提供的预报产品主要包括台风路径、强度和结构预报。

模式物理参数化方案中不采用积云对流参数化方案，微物理方案采用适合高分辨率的汤姆森方案，包括冰、雪、霰等冰相物理过程并增加了雨数浓度。长波辐射方案选用快速辐射传输方案，短波辐射方案选用达西方案。陆面物理方案为偌亚陆面模式。近地层方案为MM5相似方案。边界层方案为延进大学方案。具体物理配置方案见表3.1。

表3.1　　SH－THRAPS物理配置方案设计

参数类型	选择方案	参数类型	选择方案
水平分辨率	9km/3km	短波辐射方案	Dudhia scheme
格点数	759×759和241×241	陆面物理方案	Noah Land Surface Model
微物理方案	Thompson scheme	行星边界层方案	Yousei University scheme
长波辐射方案	RRTM	积云对流参数化方案	None

模式的初始化由数据同化和涡旋初始化这两部分组成。首先，美国国际环境预报中心（NCEP）的全球模式系统（GFS）的分析场用来产生台风模式外区域的初猜场；其次，利用GSI（Gridpoint Statistical Interpolation System）三维变分同化系统对常规和非常规资料进行同化，同化的观测资料数据包括常规观测（常规站、自动站、机场地面、船舶观测、浮标、飞机观测、探空、小球测风）和卫星观测（如AMSU－A，AMSU－B，HIRS辐射率等资料）。资料来源由两部分组成：全球交换的观测数据（GDAS），主要包括卫星观测以及数据相对较少的西太平洋周边国家的常规观测（常规站、船舶观测、浮标和探空等），以及我国丰富的局地观测资料，主要包括常规站、自动站、机场地面、船舶观测、浮标、飞机观测、探空和小球测风等。当台风远离中国大陆时，仅同化GDAS观测数据，来调整初猜场的大尺度形势场；当台风临近中国大陆或登陆前后，同化GDAS观测数据和我国局地观测数据，最后生成新的初猜场作为涡旋初始化的分析场。

目前 SH－THRAPS 的涡旋初始化是引进和改进了 NCEP 的涡旋初始化方案（Liu，2006），主要基于台风观测的强度和模式前 6h 预报的涡旋场或同化后分析涡旋场或 Bogus 涡旋，对涡旋的调整主要包括尺度订正、重定位和强度订正。调整后的涡旋场与同化后的环境场进行合并，形成新的模式初始场。

台风预报的涡旋定位定强是评价台风模式性能的一个重要组成。一般情况下，涡旋定位定强或由模式预报中直接产生或是由模式后处理中独立的涡旋定位模块产生。SH－THRAPS 引进本地化了 GFDL 涡旋定位定强方案，不仅提供了预报台风的定位定强信息，而且还有台风结构信息，即不同大风级别的风圈半径。该技术采用多参数方案（海平面气压、700hPa 和 850hPa 绝对涡度和位势高度、850hPa、700hPa、500hPa 和近地面风速和 400hPa 温度场等），同时考虑了台风生成和消亡的情况，考虑更加全面、定位更加科学精准。

图 3.1 为 SH－THRAPS 的准业务流程。该流程主要由 SH－THRAPS 模式前处理、GSI 同化系统、涡旋初始化、WRF 大气模式、后处理、GFDL 涡旋定位和检验等模块组成。

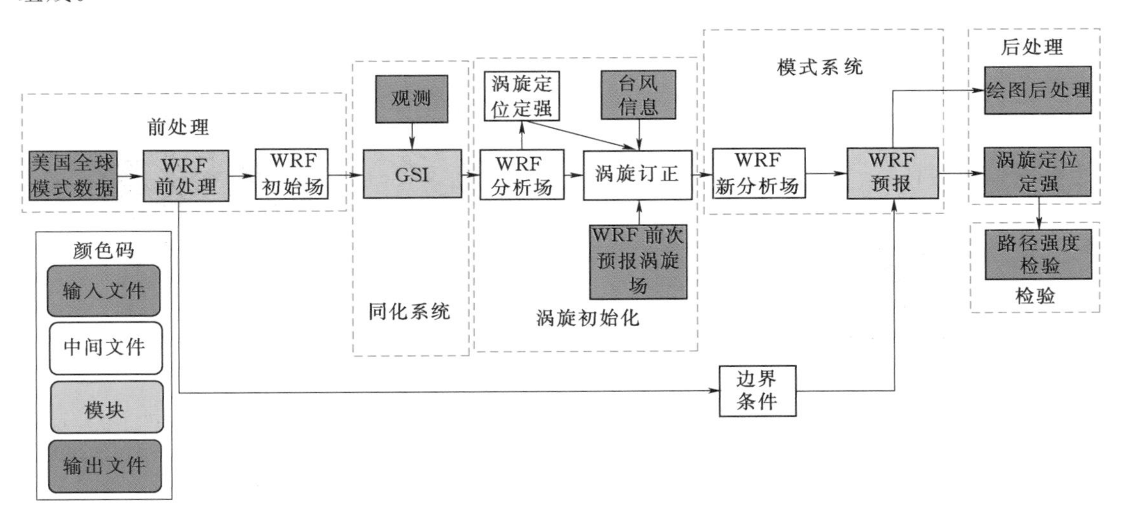

图 3.1 SH－THRAPS 的准业务流程

3.1.2 模式产品和释用

SH－THRAPS 给预报员提供了丰富的台风预报产品，产品主要包括文本格式和图片格式两大类。文本格式产品主要以台风报文形式存在，提供了台风预报时效内的逐 6h 路径、强度和结构预报。图片产品主要以网页形式存在，在上海气象局数值预报业务平台网站的台风模式板块内提供了各种常规和非常规数值预报产品，常规产品主要包括台风路径和强度以及内外区域大风分布、累计降水分布、位势高度和温度场形势场分布等；非常规产品主要包括雷达反射率分布、风切变以及内区域的轴对称径向风、切向风、温度距平分布等，见图 3.2。常规产品可以让预报员便捷快速地获得当前台风的路径、强度以及风雨的预报信息，非常规产品可以让预报员获得更多的精细化结构预报信息，使其能深入地分析台风强度和风雨的演变机制。

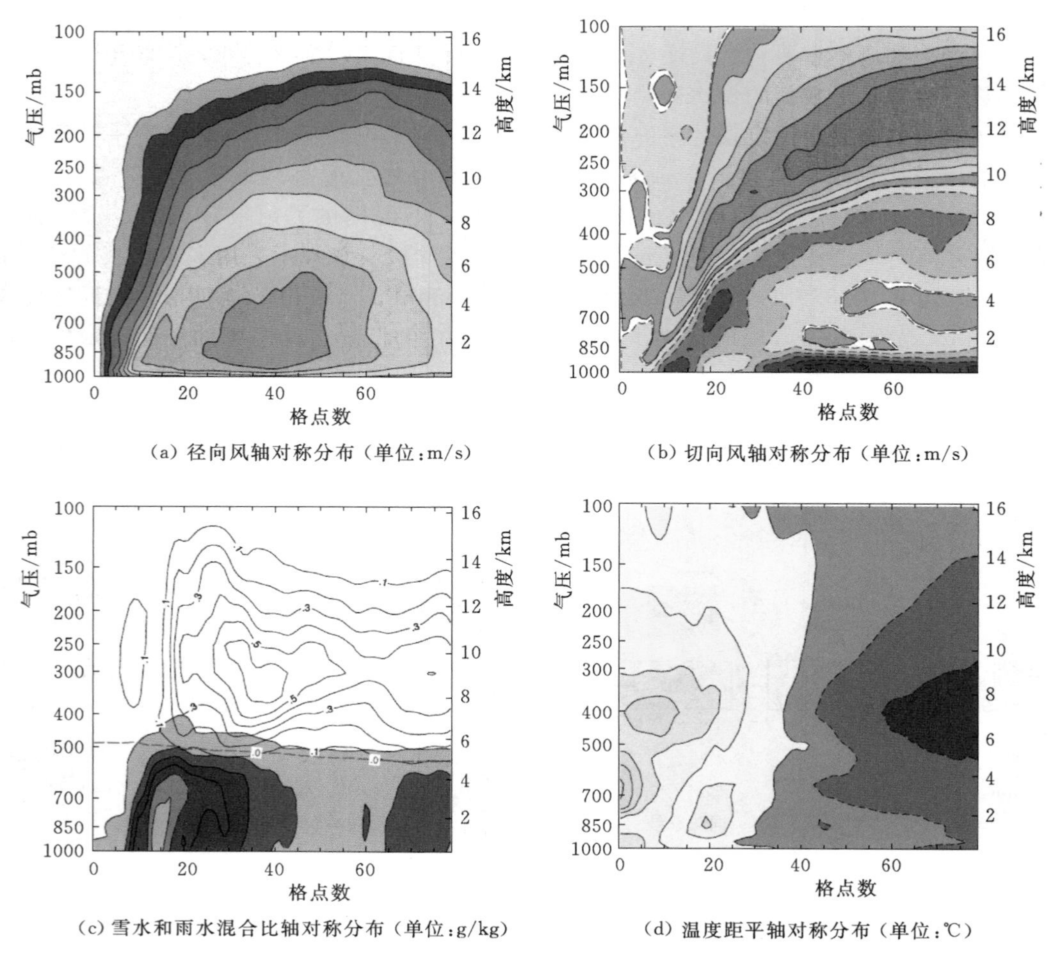

(a) 径向风轴对称分布（单位：m/s） (b) 切向风轴对称分布（单位：m/s）

(c) 雪水和雨水混合比轴对称分布（单位：g/kg） (d) 温度距平轴对称分布（单位：℃）

图 3.2 非常规预报产品

3.2 资料同化系统和多源观测融合技术

3.2.1 同化系统简介

在数值预报中，初始场的质量直接制约着预报的质量。因此，一个有效改进初始场质量的资料同化方法对数值预报而言至关重要。目前，国际上主流的资料同化方法是变分同化、集合卡尔曼滤波同化以及变分和集合相结合的混合变分同化。经过数十年的发展，变分同化由于其计算量小，便于添加约束条件以及可以直接同化卫星辐射率、雷达等非常规观测资料的优势，已经成为许多业务预报中心所采用的主要同化方法。如欧洲中期天气预报中心（ECMWF）、美国国家环境预报中心（NCEP/EMC）等。不过由于三维变分静态背景协方差的缺陷难以有效解决，这些机构都开始寻求更优的同化方案；四维变分的隐式流依赖特征虽然可以一定程度上缓解静态背景误差协方差的问题，但依然存在着伴随模式与计算量的问题；而集合卡尔曼滤波方法中集合成员数量的要求对于计算量来说也是一个问题，且由于不便于添加限制条件，对于业务使用而言也具有一定的不足。混合变分同化以变分同化为基础，同时实现了背景误差协方差的流依赖特征。

GSI以三维变分为主要同化方法。业务应用及科研结果均证实GSI同化系统除了能够同化常规观测资料之外，特别是在同化非常规观测资料（包括NOAA15、NOAA16、NOAA17、NOAA18、NOAA19以及METOP、AQUA等辐射率观测资料、AIRS多通道大气红外辐射资料、雷达径向风资料及GPS RO无线电掩星观测资料等）方面的能力表现尤为突出，可为数值模式提供接近真实情况的初始场，从而进一步提升数值预报模式的准确度。随着系统的不断完善升级和计算资源的优化，GSI将来具备四维变分同化和观测敏感性分析的能力，同时与集合预报系统相结合，可以实现集合-变分混合同化技术。

3.2.2 多源观测资料的应用

在高分辨率区域台风模式实际应用中GSI同化系统同化的多源观测资料包括常规地面观测、机场地面观测、船舶观测、浮标、自动站、飞机观测、探空、小球测风、卫星辐射率（AMSU-A，AMSU-B、MHS、HIRS-3，HIRS-4、ATMS等），见表3.2。

同时，针对GSI同化系统使用的是BUFR（Binary Universal Form of the Representation of Meteorological Data）格式的特性，建立了本地观测资料格式与BUFR格式的转换程序。BUFR码相对传统的字符代码，在数据表示、传输、存储和编解码方面有着显著的优势：具有较强的表示能力的自描述性、扩展性及灵活性；具有数据压缩功能；编解码的简化；可直接用于资料存档。BUFR码数据结构由6段组成，分别为指示段、标示段、选编段、数据要素描述段、数据段和结束段组成。每一个BUFR数据可包括多个数据描述符段，每个数据描述符段包括多个数据子集。通过对BUFR数据结构的了解，建立了常规观测资料格式与prepbufr格式（经过质量控制的BUFR数据）的转换程序，其中本地常规资料包括常规地面站、自动加密站、探空、小球测风、机场地面、船舶观测、飞机观测、浮标等观测资料，实现了GSI同化系统对本地常规观测资料的输入。

表3.2　　观测资料类型

观测资料类型	简　称	获取频率
常规地面观测	SYNOP	1h（10min）
机场地面观测	METAR	1h
船舶观测	SHIP	1h
浮标	BUOY	1h
自动站	AWS	1h（5min）
飞机观测	AMDAR	1h
探空	RAOB	12h
小球测风	PILOT	12h
卫星辐射率	AMSU-A、AMSU-B、MHS、HIRS-3、HIRS-4、ATMS等	6h

3.3 台风涡旋初始化技术

3.3.1 涡旋初始化流程

涡旋初始化基于台风报文的强度和模式前6h预报，主要分为三个步骤。如果前6h预报存在，并且观测的台风强度大于14m/s，则SH－THRAPS定为循环模式，6h预报涡旋从前次的SH－THRAPS中得到，并根据台风观测进行调整，从而初始化当前模式，若观测台风强度小于20m/s，则对GFS涡旋进行调整。如果条件不满足，则SH－THRAPS初始化定为冷启动模式，若观测台风强度小于20m/s，则对GFS涡旋进行调整；否则，利用Bogus涡旋进行调整。循环模式包括了这三个步骤，而冷启动模式仅包括步骤2和步骤3。图3.3是SH－THRAPS涡旋初始化执行流程图。

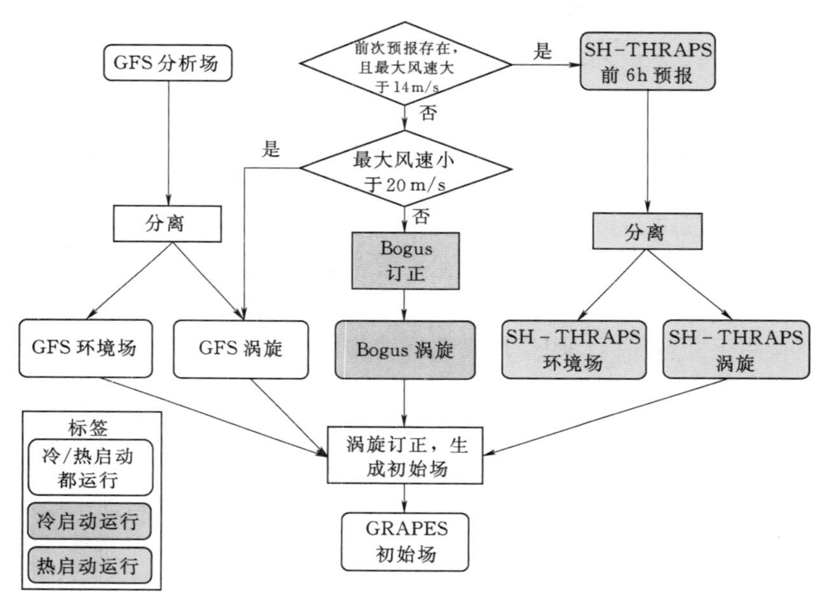

图3.3 SH－THRAPS涡旋初始化执行流程图

步骤1：前6h预报场分为环境场和台风涡旋场，此步骤仅在循环模式中进行。

步骤2：GFS分析场分为环境场和台风涡旋场。

步骤3：根据当前观测对前6h预报的涡旋场或GFS涡旋或Bogus涡旋进行调整，包括重定位，尺度、强度的调整。调整后的涡旋场与GFS环境场进行合并。

对涡旋位置、尺度和结构订正所使用到的台风报文信息包括：台风位置（台风中心经纬度）、台风尺度（地面最大风速半径、34－kt的风速半径和台风最外围半径）、台风强度（地面最大风速和海平面最低气压）

一般而言，使用Bogus涡旋做涡旋初始化不会产生好的强度预报，同时很弱的台风在循环预报中若没有内核区域的数据同化，同样会产生较大的强度预报误差。因此，为了减小冷启动或弱台风的强度预报误差，采用对GFS涡旋进行订正，这样可以有效提高强度预报技巧，尤其在开始的几次循环预报或强度小于 14m/s 的弱台风中。

图 3.4 给出了 1323 号超强台风“菲特”2013 年 10 月 1 日 8 时初始场进行涡旋初始化前后的对比，实况台风近中心最大风速为 21m/s，中心海平面气压为 993hPa，初始化前台风涡旋整体偏弱近中心最大风速 19m/s，中心海平面气压为 996hPa，而经过初始化后台风强度与实况十分吻合，台风内核结构也随之紧缩。从初始化前后的海平面气压差值场［图 3.5（a）］可以看出，台风中心附近出现明显的以台风中心为圆心的负值区，海平面气压明显降低，从垂直剖面的温度差值场上明显看出在 850hPa 和 650hPa 之间出现了明显的增温区，暖心结构的出现与台风强度调整相一致，见图 3.5（b）。

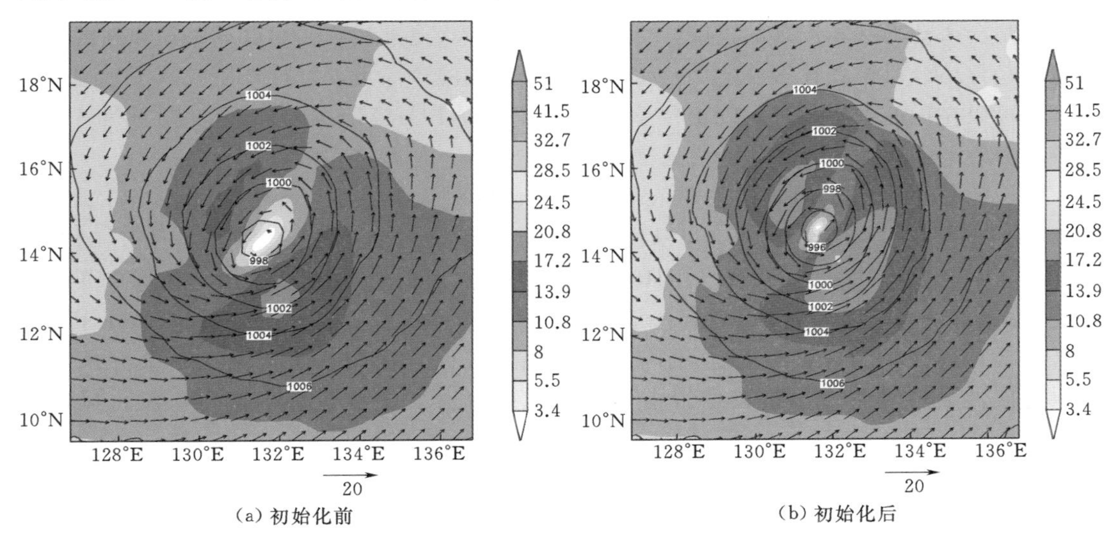

(a) 初始化前　　(b) 初始化后

图 3.4　涡旋初始化前后对比

注：等值线为海平面气压，hPa；阴影为 10m 风速，m/s。

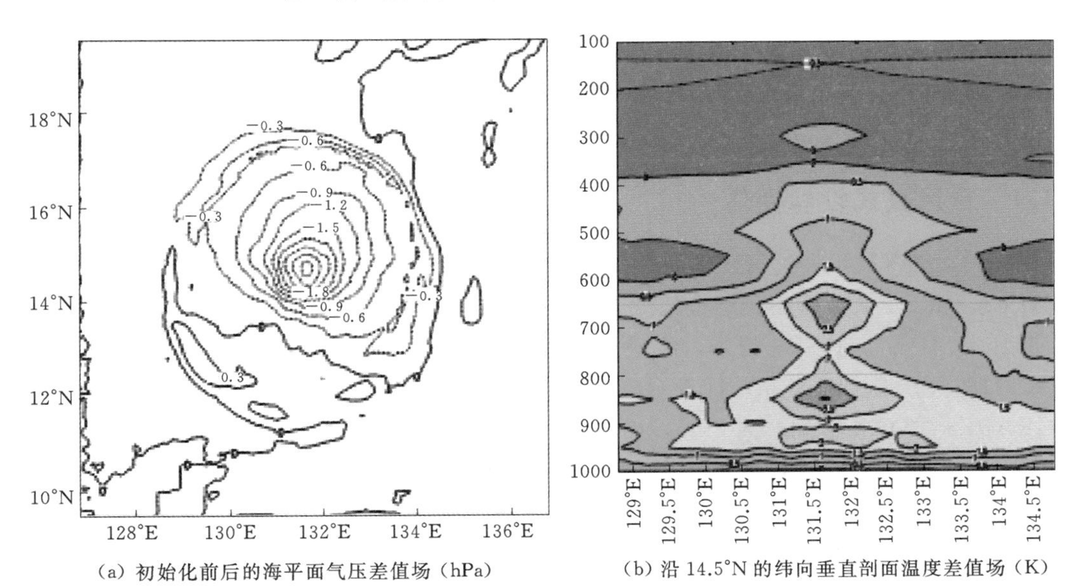

(a) 初始化前后的海平面气压差值场（hPa）　　(b) 沿 14.5°N 的纬向垂直剖面温度差值场（K）

图 3.5　涡旋订正前后海平面气压差值场和沿 14.5°N 的纬向垂直剖面温度差值场

综上所述，该涡旋初始化方案在很大程度上保留了涡旋结构与模式本身的协调性，在不改变背景场涡旋空间结构的情况下，使得涡旋强度逐步向观测数据拟合，既兼顾了涡旋与周围环境场的动力平衡，又考虑了涡旋自身强度与台风观测分析特征数据的接近。在目前业务上没有足够观测资料来对三维空间台风结构进行初始化的情况下，该方案不失为一个有效的解决方案。

3.3.2 台风定位定强技术

目前数值预报已成为台风研究和业务预报的一个重要组成部分。进一步对台风模式技术尤其是台风动力基本原理的理解，可以使模拟或预报更加精确。对台风路径和强度预报的检验是评估台风模式预报性能的一个关键部分。检验产品可以直接从模式预报过程中提供，也可以在后处理中通过涡旋定位系统提供。SH－THRAPS 中引进并改进了 NCEP 的 GFDL 涡旋定位系统，使其作为后处理的一部分。

涡旋定位系统产生的定位主要依赖于多个低层对流层参数：6 个主要参数，3 个次要参数。主要参数包括：10m、850hPa 和 700hPa 相对涡度；海平面最低气压；850hPa 和 700hPa 位势高度。由于 SH－THRAPS 输出变量中不包含相对涡度，因此 GFDL 涡旋定位系统通过 U 风量和 V 风量计算得到相对涡度。然后对这 6 个变量进行 Barnes 分析，若插值返回的位置在距离阈值内，则对该参数位置保留；若反之，则丢弃该参数的位置。然后，对剩余的参数位置求平均值。接着对次要参数进行定位，对台风定位进一步修正。主要是通过对台风的 10m，850hPa 和 700hPa 风场中寻找最小风速位置。为了保证搜索范围尽可能在台风中心附近，范围限制在以前得到的位置平均值为中心、225km 为半径的范围内。然后分别在三层中用 Barnes 分析得到最小风速的位置。如果前 6 个主要参数无法定位时，3 个次要参数定位则不再进行，涡旋定位系统将终止定位。

3.4 影响太湖流域的台风案例分析

3.4.1 台风模式性能评估

在 2014 年台风汛期进行准业务测试运行结果表明（图 3.6），SH－THRAPS 模式较 GRAPES_TCM 在台风路径预报精度上有显著优势，24h 路径误差 66.9km，GRAPES_TCM 为 78.4km，与 GFS 相当，略逊于 ECMWF（65.3km）（54.3km）；48h 路径误差 SH－THRAPS 为 127.5km，优于 GRAPES_TCM，逊于 ECMWF 和 GFS；72h 路径误差 GRAPES_TCM 达到 226.8km，而 SH－THRAPS 为 180.0km，而 GFS 为 166.5km，ECMWF 为 184.6km，SH－THRAPS 的 72h 预报水平与 ECMWF 相当。

3.4.2 影响太湖流域的台风类型评估

对近几年影响太湖流域的登陆福建北上型台风（1013 号超强台风“鲇鱼”）、登陆浙

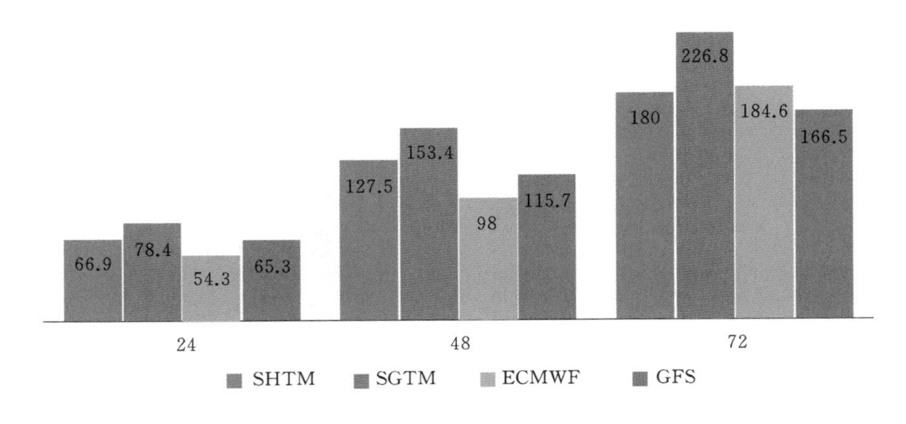

图 3.6 2014 年台风汛期路径预报检验
（SHTM：SH-THRAPS，SGTM：GRAPES，ECMWF：欧洲中心中期模式，GFS：美国全球模式）

江或浙闽交界西行型台风（1211 号超强台风“海葵”）以及我国东部近海北上型台风（1109 号超强台风“梅花”）这 3 种不同类型的典型个例进行试验。

3.4.2.1 登陆福建北上型台风

1013 号超强台风“鲇鱼”为近 20 年来西北太平洋和南海最强台风，也是 2010 年全球范围内最强台风，具有强度突变（迅速增强和减弱），路径异常（进入南海后突然北翘），影响时间长、范围广，降水强度大等特点。在“鲇鱼”登陆前，实施了基于上海气象局集合预报模式系统（SMS-EnWARMS）的目标观测，表 3.3 给出了加密探空站任务，10 月 23 日上海气象局移动观测车到达浙江慈溪进行移动观测。本次外场加密观测试验采用集合发散法，通过集合预报成员发散度识别目标观测时刻初始误差最大区域，在该区域实施目标观测，最大限度地改善分析场（模式初值），进而提高后期关注区域的预报准确率。

表 3.3　　基于 STI-EnWARMS 的目标观测加密探空站任务表

日　期	任　　务	时间频率
10 月 21 日	给定意向敏感区	—
10 月 22 日	杭州、洪家、宝山	8 时、14 时、20 时
10 月 23 日	南京、安庆、衢州、杭州、洪家、宝山	2 时、8 时、14 时、20 时
10 月 24 日	南京、安庆、衢州、杭州、洪家、宝山	2 时、8 时、14 时、20 时

从动力上分析，23 日 2 时台风分析资料的轴对称垂直速度分布来看（图 3.7），同化了适应性观测资料后离台风中心 200km 范围内的上升速度明显增强，且上升高度达 9km 以上，明显超过不同化适应性观测资料；另外从径向速度的轴对称垂直分布看（图 3.8），同化适应性观测资料后，7～9km 高度的径向外流风速明显加大，且边界层径向入流厚度

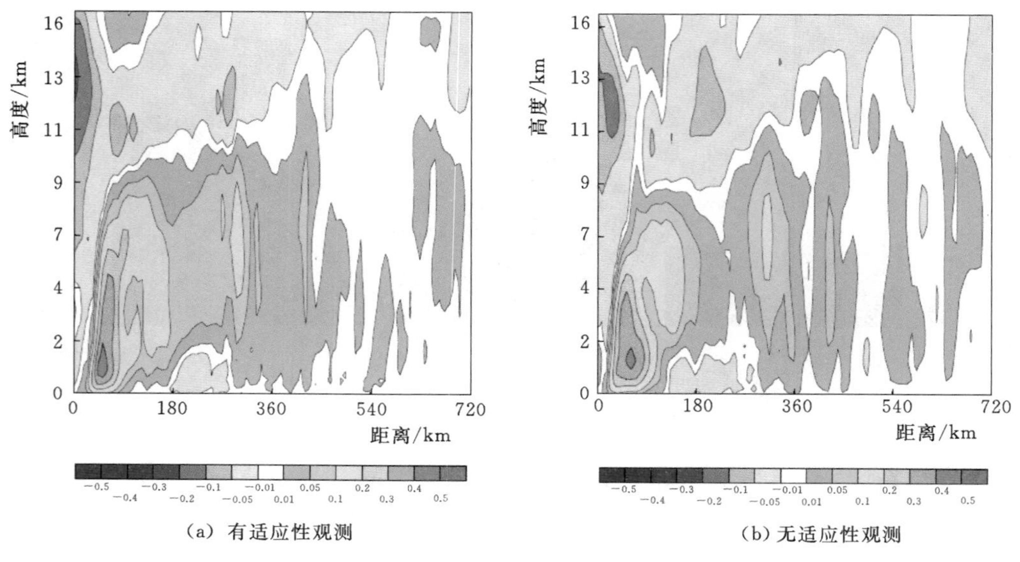

图 3.7 23 日 2 时初始分析场资料轴对称垂直速度对比（单位：m/s）

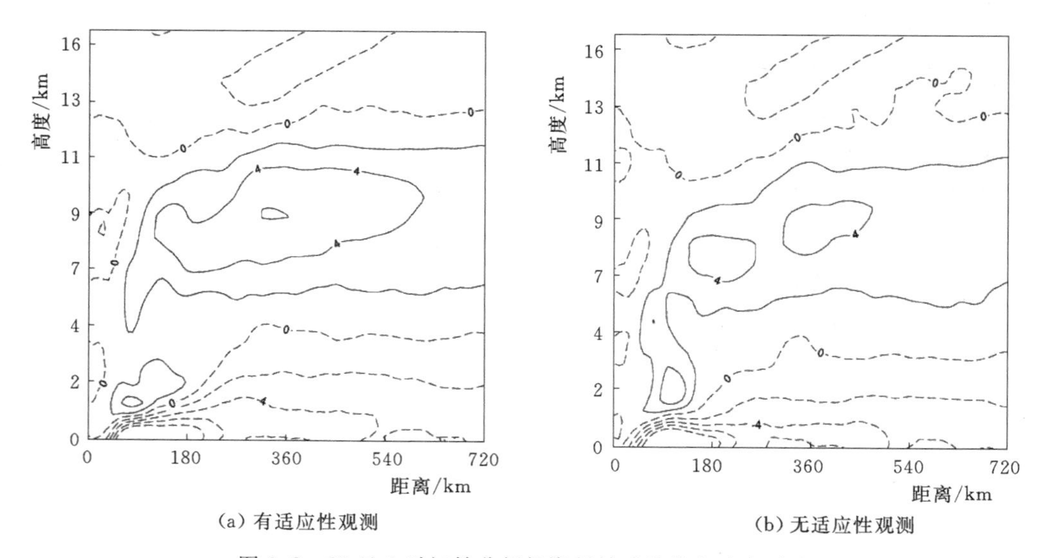

图 3.8 23 日 2 时初始分析场资料轴对称径向速度对比

也有所增加。从热力上分析（图 3.9），加入探空资料后边界层入流水汽明显增多，且内核区的湿区厚度也有所加大。由此可见，强盛的低层入流和高层出流是台风内核对流活跃的原因之一。

从有无适应性观测的 23 日 8 时至 24 日 8 时 24h 累积降水量预报对比来看，两试验都较好地模拟出了在福建中南部沿海的台风本体强降水，但对于浙江东北部和上海等华东沿海的远距离台风暴雨则预报差异较大，尤其在上海，实况中上海普降大到暴雨，上海西南部以大雨为主，而东北部长江入海口和东部沿海以暴雨为主，最大降水出现在浦东北部长江入海口，达 95mm。无适应性观测的试验 24h 累积降水量仅在 50mm 以下，而有适应性

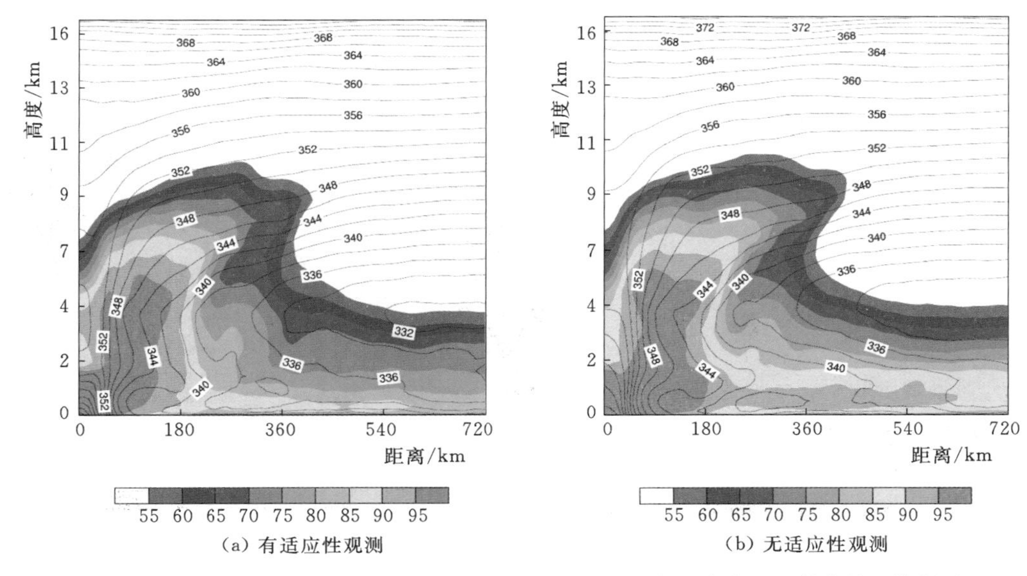

图 3.9 23 日 2 时初始分析场轴对称相对湿度（阴影）和假相当位温（等值线）资料对比

观测的试验降水总量明显增加，在上海东部沿海较好地模拟出了 84mm 的强降水区。由此可见，适应性观测资料能有效改善敏感区的台风强降水分布和强度，基于高分辨率区域台风模式有能力预报台风短时强降水的能力。

3.4.2.2 登陆浙江或浙闽交界西行型台风

登陆浙江或浙闽交界西行型台风——1211 号台风“海葵”于 2012 年 8 月 8 日凌晨 3 时 20 分在象山县鹤浦镇登陆，登陆时中心气压 965hPa，近中心风力 14 级。2012 年 8 月 8—10 日，宁波市出现暴雨到大暴雨，局部特大暴雨。截至 8 日 14 时，全市平均雨量 230mm，其中宁海 301.3mm，象山 283.3mm，有 117 个乡镇超过 100mm，66 个乡镇超过 200mm，32 个乡镇超过 300mm，13 个乡镇超过 400mm，最大为宁海胡陈 540mm。24h 最大雨量宁海深圳镇 418mm。市内主要河流，姚江流域降水 260mm，水量 2.62 亿 m^3；奉化江及甬江干流流域降水 267mm，水量 7.01 亿 m^3；甬江流域降水 221mm，水量 9.63 亿 m^3。降水导致河网水位迅速上涨，泄洪压力巨大。

高分辨率区域台风模式很好地模拟出了台风“海葵”登陆前后（7 日 8 时至 8 日 8 时）的台风本体降水分布和强度，模拟强降水主要集中在浙江东北部沿海，24h 累积雨量达 50～250mm，与实况较为吻合（图 3.10）；8 日 8 时至 9 日 9 时受台风外围雨带影响，强降水主要发生在上海、江苏南部、浙江北部和安徽交界处，该模拟也较好地模拟出了降水的分布和强度。

3.4.2.3 沿我国东部近海北上型台风

1109 号超强台风“梅花”具有强度大、范围广、移速慢、路径多变、影响范围广和时间长等特点，受其影响 8 月 4 日以来，辽宁、上海、江苏、浙江、山东部分地区遭受大风和强降雨袭击，导致 5 省 29 市 183 个县（区、市）360 余万人不同程度受灾。高分辨率区域台风模式很好地模拟出了台风“梅花”经过上海同纬度北上前后（6 日 8 时至 7 日

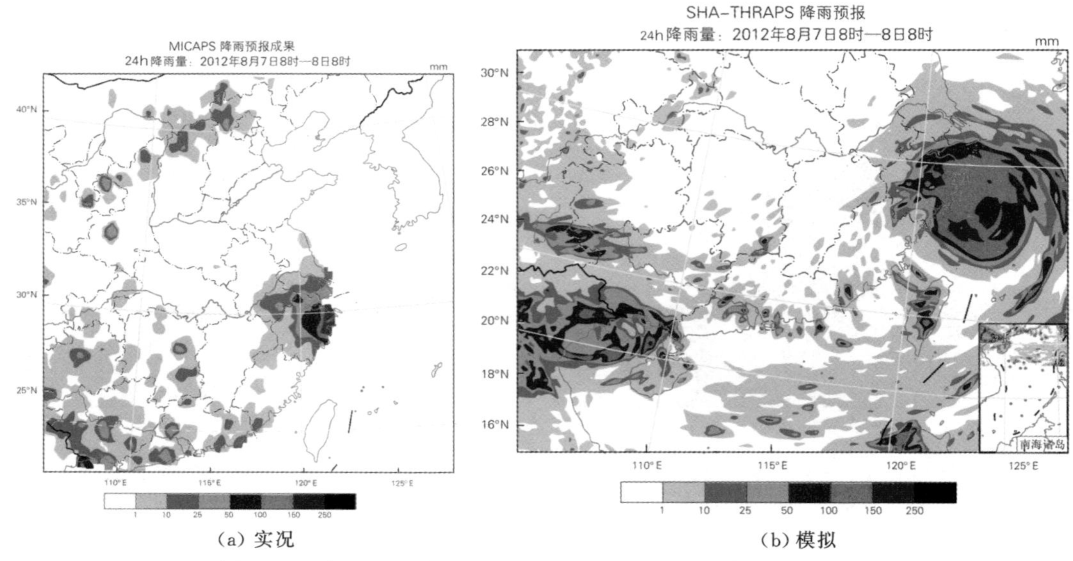

(a) 实况　　(b) 模拟

图 3.10　台风“海葵”7 日 8 时至 8 日 8 时累积降水分布对比

8 时）的台风外围对我国东部沿海的影响，模拟强降水主要集中在浙江东北部沿海，24h 累积雨量达 50～100mm，与实况较为吻合（图 3.11）；7 日 8 时至 8 日 9 时随着“梅花”的近海北上，受台风外围雨带影响，太湖流域降水明显减弱，强降水主要发生在山东半岛东部沿海，该模拟与实况较为相符。

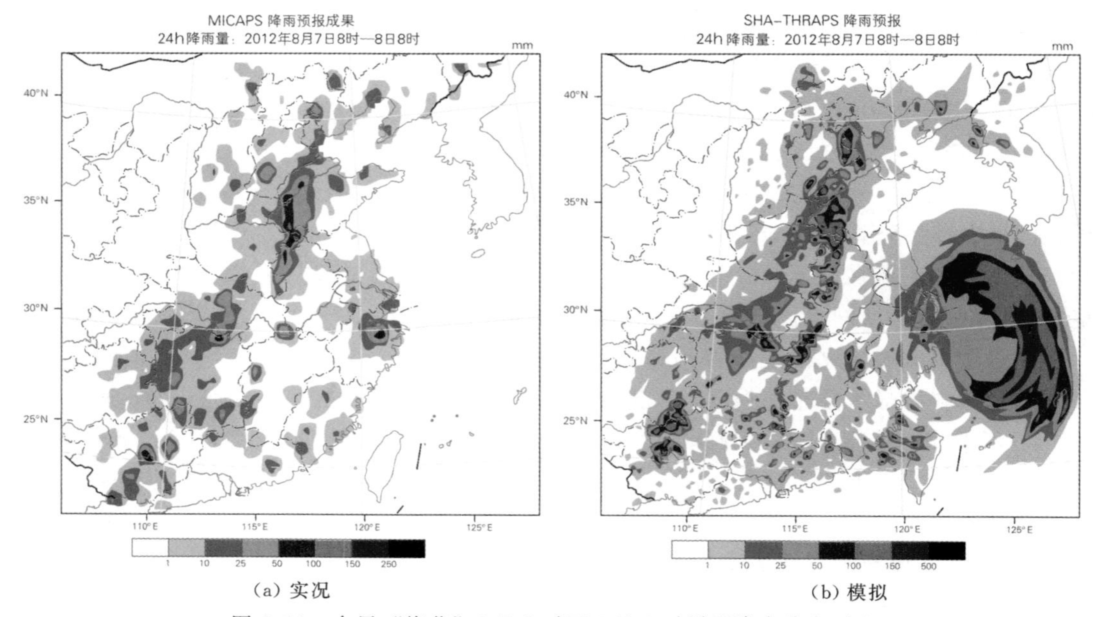

(a) 实况　　(b) 模拟

图 3.11　台风“梅花”6 日 8 时至 7 日 8 时累积降水分布对比

综上所述，利用 GSI 同化系统和 WRF - ARW 中尺度模式，已建立高分辨率区域台风数值预报系统，可有效改善区域模式初始场，改进台风强度和结构的模拟，从而提高对台风引起降水的预报能力；利用多源观测资料尤其是适应性观测资料能进一步提高初始场精度，从而提高预报准确率；高分辨率区域台风预报系统对台风路径和极端降水具有一定的预报能力，尤其对影响太湖流域的台风精细化降水分布预报有较明显的优势，具有良好的实际应用价值。

3.5 本章小结

高分辨率区域台风模式下的流域降雨量预测模型取得如下几方面进展：

（1）利用区域中尺度数值预报模式 WRF 和同化系统 GSI 建立高分辨率区域台风数值预报系统。模式采用自动单向移动嵌套技术，模式外区域和内区域水平分辨率分别为 9km 和 3km，垂直方向为 43 层，模式层顶设计为 10hPa。

（2）针对台风预报的难点引入复杂云分析模块，对同化后的分析场中的水物质进一步调整，特别是利用雷达反射率资料，来构建高精度的模式初始场，从而提高对台风路径和强度的预报，尤其是对台风精细化降水分布的预报。

（3）GSI 同化系统中除了使用常规观测资料以外，增加了雷达反射率和飞机报这两种新的观测。雷达反射率在构建初始场的水物质中起到关键性的作用；飞机报具有高时空分辨率的特性，并且是除探空气球外的唯一垂直高空观测类资料，对大尺度形势场的优化至关重要。

（4）对近几年影响太湖流域的登陆福建北上型台风（0908 号台风“莫拉克”和 1013 号超强台风“鲇鱼”）、登陆浙江或浙闽交界西行型台风（1211 号超强台风“海葵”）以及我国东部近海北上型台风（1109 号超强台风“梅花”）这三种不同类型的 4 个典型个例进行试验。同化的观测资料包括常规观测（常规站、自动站、机场地面、船舶观测、探空、飞机报和小球测风等）和非常规观测（雷达和卫星资料）。

研究结果表明：引入多源观测资料，特别是云分析技术的引进，可有效改善区域模式初始场，改进台风强度和结构的模拟，从而提高对台风降水的预报能力；该高分辨率区域台风预报系统对台风极端降水具有一定的预报能力，尤其对影响太湖流域的台风精细化降水分布预报有较明显的优势。

未来气候变化情景分析与陆地水循环对气候变化的响应研究

运用水文学、气象学、统计学、地理学和地理信息系统等方法，检验 GCM（Global Climate Model）与大尺度水文模型耦合在太湖流域的适应能力，并从大尺度情景分析角度出发，分析气候变化情景下流域内降雨时空分布可能发生的变化，以及流域下垫面变化对产汇流特性的影响，定量评估未来气候变化和城市化对太湖流域水循环的影响，为开展太湖流域洪水风险情景分析提供基础。

4.1 GCM 适用性评估

目前评估气候变化对水循环影响最常用的模式为自上而下的过程，即排放情景强迫下由 GCMs 生成未来气候变化情景，再由降尺度方法得到区域尺度上的降水、气温等变量驱动水文模型。这种方法已在全球广泛应用。但是，Segui 等（2010）指出，在分析气候变化影响的每一步中都存在不确定性，例如，排放情景、GCMs、降尺度方法和水文模型。其中，排放情景、GCMs 和降尺度方法被认为是主要的不确定性来源。而根据 Wilby 等（2006）和 Minville 等（2008）的研究表明，最大的不确定性来源于 GCMs 的选择。目前有许多关于 GCMs 不确定性的研究，但对 GCMs 在某一地区模拟当地气候条件的能力进行定量评价的工作不多见。

对于大气中 CO_2 浓度增加而导致的局地气候变化，不同的 GCMs 预估结果经常有很大不同。且同一个 GCM 在不同研究区域的模拟效果也可能有很大不同。区域尺度内，每种气候模式在模拟区域气候时由于模型参数、空间分辨率和模型结构等特征的不同，其模拟效果有一些不同。由于 GCM 在不同区域的应用存在明显的不确定性，如何合理有效地选择 GCM，降低建立研究区域未来气候情景时产生的不确定性，具有重要的研究意义。

基于 IPCC AR4 提供的多 GCM 以及最新 AR5 所推荐的其他相关 GCM 模式进行定量

分析及适应性评估，筛选适合太湖流域的 GCM 模式。主要研究内容包括对地表变量的评估分析，并将 GCM 高空分层变量纳入评估范畴，综合考虑地表变量和高空变量对 GCM 结果的影响，优选适合太湖流域的 GCM，为气候变化影响评估提供基础。

4.1.1 主要变量适应性评估

用以评价 GCMs 模拟效果的气候变量分为地表变量和分层变量。地表变量包括观测月平均降水量、月最高气温、月最低气温和月平均气温。所有的地表变量数据来源于太湖流域内或周边气象站点 1961—1999 年的数据。为了将地表数据与 GCMs 输出的大尺度网格资料进行比较，气象站点数据应用距离反比插值方法将最近站点数据插值到 2.5°×2.5°网格上。应用的 GCMs 包括 IPCC 第四次评估报告推荐的 20 种（表 4.1）。不同 GCMs 空间分辨率不同，统一将其输出数据插值到 2.5°×2.5°分辨率的网格，以使其与地表数据分辨率相匹配。

表 4.1　　应用的 20 种气候模式简介

气候模式	简称	国家	分辨率
bccr：bcm20	bccr	挪威	1.9°×1.9°
cgcm2.3.2	mri	日本	2.8°×2.8°
cgcm3.1 _ t47	cgcm47	加拿大	2.8°×2.8°
cgcm3.1 _ T63	cgcm63		1.9°×1.9°
cnrm：cm3	cnrm	法国	1.9°×1.9°
csiro：mk30	csiro30	澳大利亚	1.9°×1.9°
csiro：mk35	csiro35		1.9°×1.9°
echam4	echam4	德国	2.8°×2.8°
echam5	echam5		1.9°×1.9°
fgoals：g10	fgoals	中国	2.8°×2.8°
gfdl：cm20	gfdl20	美国	2.0°×2.5°
gfdl：cm21	gfdl21		2.0°×2.5°
giss：aom	giss _ aom	美国	3.0°×4.0°
giss:eh	giss _ eh		4.0°×5.0°
giss:er	giss _ er		4.0°×5.0°
HadGEM1	HadGEM1	英国	1.3°×1.9°
inm：cm30	inm	俄罗斯	4.0°×5.0°
ipsl：cm4	ipsl	法国	2.5°×3.75°
miroc3.2 _ hires	miroc _ h	日本	1.1°×1.1°
miroc3.2 _ medres	miroc _ m		2.8°×2.8°

利用秩打分方法（Rank Score）进行评价，具体方法描述如下：对每个变量的各个统计量分别进行秩打分，根据气候模式表现的差异赋予 0～10 不同的值，此数值以下简称为 *RS* 值。*RS* 值计算为

$$RS_i=\frac{x_i-x_{\min}}{x_{\max}-x_{\min}}\times 10 \tag{4.1}$$

式中：x_i 为GCMs与实测数据的第 i 个统计量的相对误差；$x_{\min}$ 为各模式相对误差的最小值；$x_{\max}$ 为各模式相对误差的最大值。

统计量的相对误差越低，那么相对应的秩评分也越低。某个气候变量的评分通过将此气候变量所有统计量的 RS 值平均得到，且所有统计量的权重相等。采用的统计量包括变异系数（CV）、标准化均方根误差（NRMSE）、时间和空间相关系数、非参数 Mann-Kendall 检验、经验正交函数（EOF）和概率密度系数（PDF）。

4.1.1.1 地表变量

地表变量包括降雨量、平均气温、最高和最低气温。地表变量的评价基于GCMs模拟值与气象站点插值后的2.5°×2.5°网格值相比较。图4.1（a）（b）两图表示太湖流域20种GCMs模拟降雨与地表气温的评价分数。得分越低表示气候模式的模拟能力越好。以降水量评分结果为例，气候模式CSIRO30的评分为2.89，而GISS-EH为5.97，故表明气候模式CSIRO30对降雨的模拟要好于气候模式GISS-EH的模拟。20种GCMs对太湖流域降雨模拟的评分差异较大，最低评分为2.89，最高评分为5.97。但相对降雨模拟的评分而言，不同气候模式对地表气温模拟的评分相差并不大，基本分布在8.17～8.19。结果表明：20种GCMs对太湖流域平均气温模拟效果相差无几，而对降雨量模拟

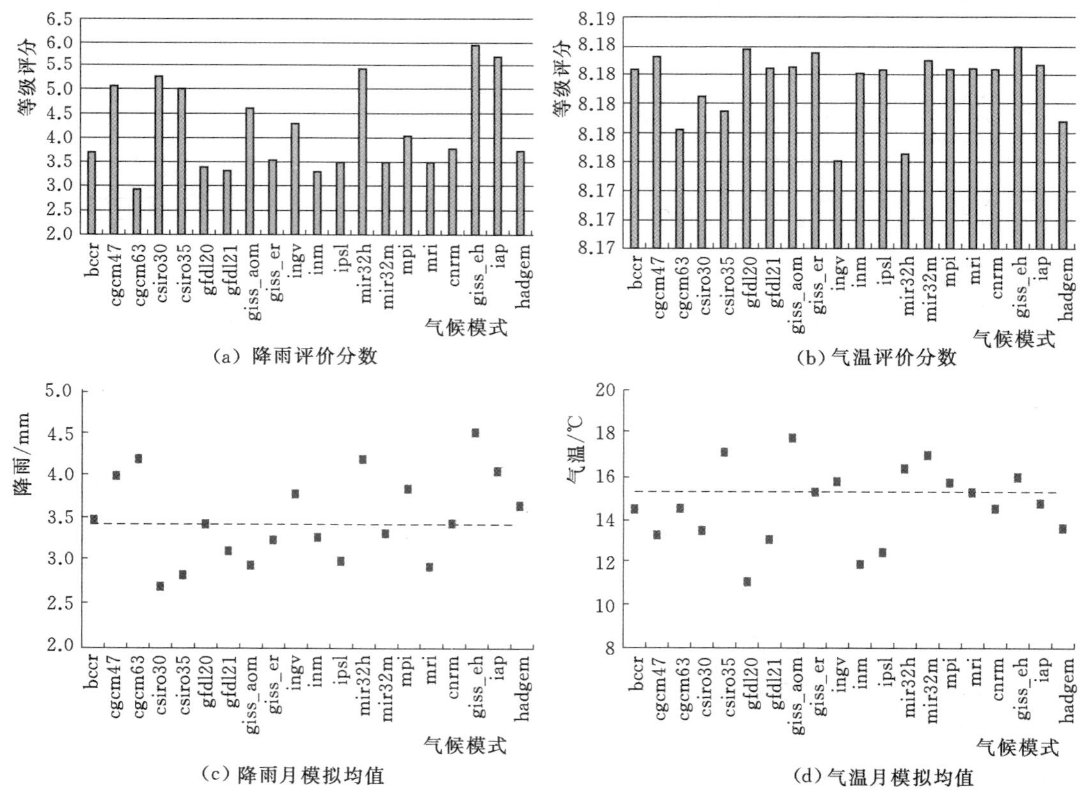

(a) 降雨评价分数　(b) 气温评价分数

(c) 降雨月模拟均值　(d) 气温月模拟均值

图4.1 太湖流域20种GCMs模拟降水与地表气温的评价分数和月模拟均值

的效果却相差甚远。

图 4.1 中的（c）与（d）两图表明 20 种 GCMs 模拟平均气温和降雨与站点实测值的比较，图中虚线表示站点实测值。虽然评分结果表明 20 种 GCMs 对气温的模拟几乎在同一水平上，而其模拟气温均值与实测值有一定差异。主要因为在评分时均值只是作为 10 项评分指标之一，同时还评价了其他统计量作为评分指标的得分情况。因此，*RS* 评分是一项评价模式模拟能力的综合评价结果。

太湖流域各地表变量 *RS* 评分以及地表变量综合评分等详细结果见表 4.2。

表 4.2　太湖流域各地表变量 *RS* 评分以及地表变量综合评分

GCMs	地表变量				综合评分
	降雨/mm	平均气温/℃	最高气温/℃	最低气温/℃	
BCCR	3.72	8.18	8.17	8.19	7.07
CGCM47	5.09	8.18	8.18	8.19	7.41
CGCM63	5.28	8.18	8.17	8.18	7.45
CSIRO30	2.89	8.18	8.17	8.19	6.86
CSIRO35	5.00	8.18	8.17	8.19	7.38
GFDL20	3.40	8.18	8.18	8.19	6.99
GFDL21	3.32	8.18	8.18	8.19	6.97
GISSAOM	4.63	8.18	8.18	8.19	7.30
GISSER	3.56	8.18	8.18	8.19	7.03
INGV	4.31	8.18	8.17	8.18	7.21
INM	3.30	8.18	8.18	8.19	6.96
IPSL	3.50	8.18	8.17	8.18	7.01
MIROC_h	5.45	8.18	8.17	8.18	7.49
MRIOC_m	3.52	8.18	8.18	8.19	7.02
MPI	4.06	8.18	8.18	8.19	7.15
MRI	3.47	8.18	8.18	8.19	7.01
CNRM	3.79	8.18	8.18	8.18	7.08
GISS_EH	5.97	8.18	8.18	8.19	7.63
IAP	5.71	8.18	8.18	8.19	7.56
HadGEM1	3.75	8.18	8.17	8.19	7.07

4.1.1.2　高空分层变量

评价高空分层变量的目的是描述 GCMs 模拟大气环流场的能力。而且在气候变化研究中，降尺度过程中环流场高空分层变量作为预报因子，对降尺度结果具有重要作用，很大程度上影响未来气候的变化。因此，为降低气候变化研究的不确定性，GCMs 评估中除了评价地表气候变量，对环流场高空分层变量的模拟亦十分重要。选取的环流场高空分层变量包括：500hPa、700hPa 和 850hPa 气压层的相对湿度、温度、纬向风速、经向风速以及位势高度。各个变量要素的评价结果如下。

1. 相对湿度

采用了两种不同的再分析资料作为实测值，分别与 GCMs 模拟的高空变量进行比较。两种再分析资料为 NCEP 和 ERA－40 再分析资料。此方法基于一个前提：在研究区域内，再分析资料作为实测值有较高的可信度。图 4.2 表明，所有选取的 GCMs 对 500hPa、700hPa 与 850hPa 气压层的相对湿度模拟的评分结果，与 NCEP 和 ERA－40 再分析资料相比，都呈现很强的一致性。虽然不同的 GCMs 对 3 个不同气压层模拟值的 *RS* 评分差异显著，然而同一个 GCM 对 3 个不同气压层模拟值的 *RS* 评分都很接近。所有 GCMs 对更高气压层的相对湿度模拟的 *RS* 评分值较低，表明 GCMs 对更高气压层相对湿度的模拟比较低气压层模拟更好。

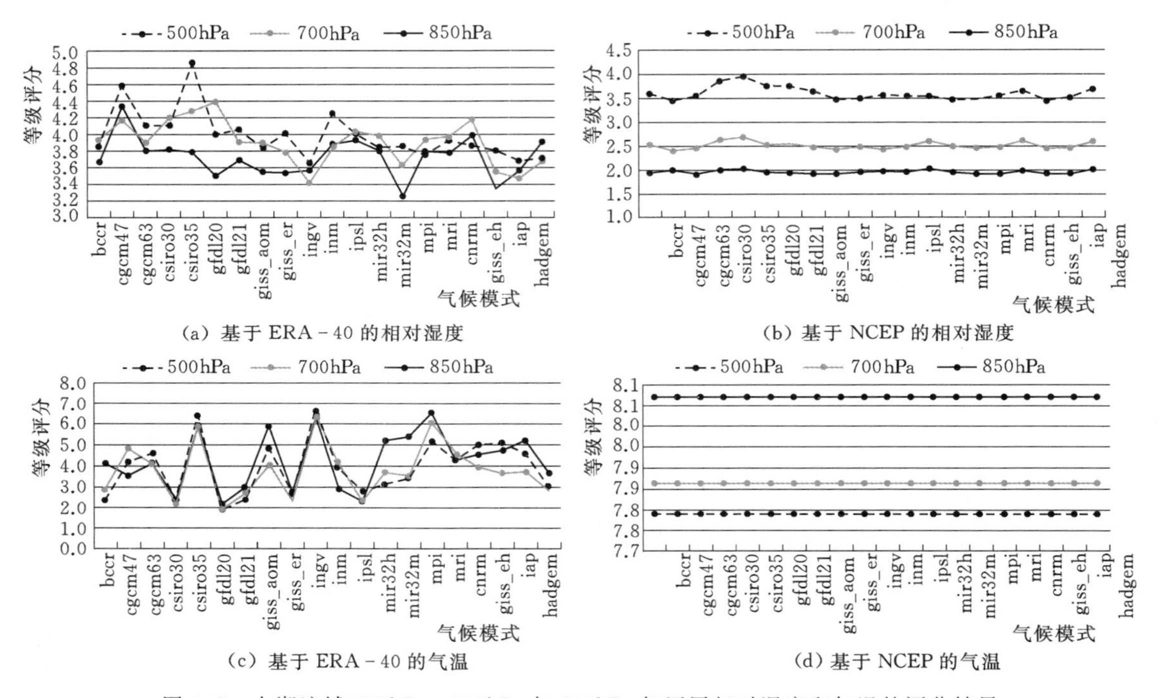

(a) 基于 ERA－40 的相对湿度

(b) 基于 NCEP 的相对湿度

(c) 基于 ERA－40 的气温

(d) 基于 NCEP 的气温

图 4.2 太湖流域 500hPa、700hPa 与 850hPa 气压层相对湿度和气温的评分结果

以 NCEP 再分析资料为基准的情况下，所有选取的 GCMs 模拟相对湿度的能力大同小异。而以 ERA－40 再分析资料为基准的情况下，INGV 气候模式 3 个气压层的 *RS* 评分均值最低，表明其模拟表现最好；MIROC32－m 模式在 850hPa 下模拟要好于其他所有模式，而其他两个气压层模拟 INGV 表现好于其他模式。

2. 气温

GCMs 对气温和相对湿度的模拟情况相似，在 3 个气压层上的 *RS* 评分同样表现出较强的一致性，而且当以 NCEP 再分析资料为基准的情况下，也都表现出同样好的模拟能力（图 4.2）。但是，对相对湿度模拟表现好的 GCMs 在对气温模拟时，不一定能表现出同样的模拟能力。例如，INGV 模拟气温的 *RS* 评分很高，而相对湿度模拟却是最低的。以 ERA－40 为比较基准的情况下，除了 INGV，其他模式在模拟气温和相对湿度时，同样表现出不一致性。另外，从图 4.2 可看出 CSIRO30、GDFL20、BCCR、GISS-ER 以及 IPSL 对气温模拟要优于其他模式。

3. 风速及位势高度

图 4.3 为 3 个气压层的纬向风速、径向风速以及位势高度模拟的 *RS* 评分。可看出，以 ERA-40 为基准时，对纬向风速的模拟差异很大（最高为 9，最低不足 2）；而当以 NCEP 为基准时，对纬向风速的模拟差异较大。无论以 ERA-40 还是以 NCEP 为基准，对纬向风速的模拟，在 3 个气压层上都表现出较强的一致性，但对径向风速并未表现出明显的一致性，差异显著。

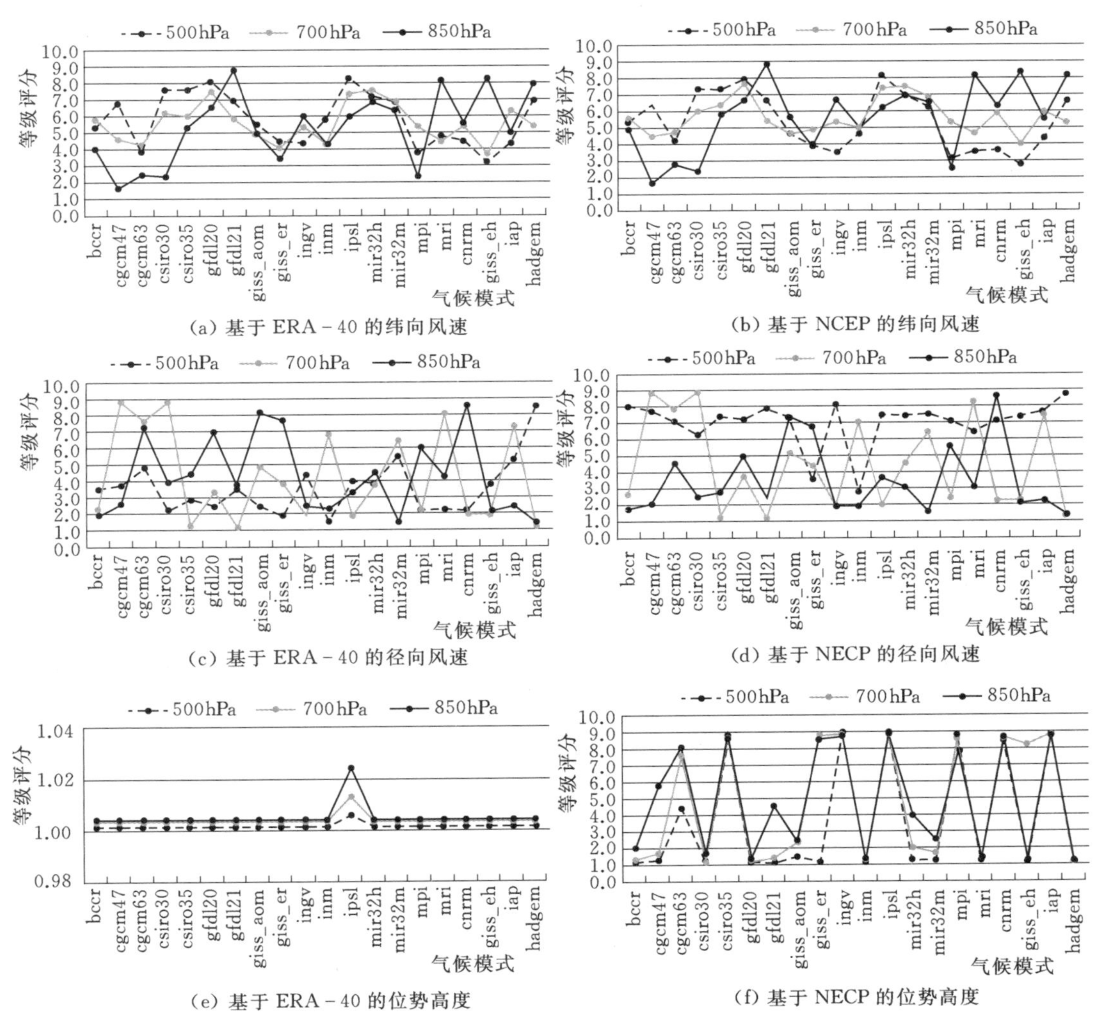

图 4.3 太湖流域 3 个气压层上风速和位势高度 *RS* 评分结果

与 ERA-40 相比，在 3 个气压层上对位势高度模拟的 *RS* 评分均为 1，表明所有模式对位势高度模拟较好。而与 NCEP 相比，结果表明模拟结果较差。不同气压层的位势高度模拟较为接近。各变量的详细评分见表4.3（以ERA-40为基准值）和表4.4（以NCEP为基准值）。

表4.3 太湖流域各高空分层变量 *RS* 评分和综合评分（以ERA-40为基准值）

GCMs	高空分层变量					综合评分
	相对湿度/%	气温/℃	纬向风速/(m/s)	径向风速/(m/s)	位势高度/gpm	
BCCR	3.81	3.12	5.01	2.56	1.00	3.10
CGCM47	4.35	4.18	4.29	5.05	1.00	3.77
CGCM63	3.93	4.26	3.47	6.55	1.00	3.84
CSIRO30	4.04	2.31	5.35	4.98	1.00	3.54
CSIRO35	4.30	6.03	6.30	2.82	1.00	4.09
GFDL20	3.96	2.03	7.35	4.28	1.00	3.72
GFDL21	3.88	2.69	7.16	2.82	1.00	3.51
GISSAOM	3.76	4.95	5.12	5.14	1.00	3.99
GISS_ER	3.77	2.61	3.94	4.45	1.00	3.15
INGV	3.54	6.42	5.18	2.90	1.00	3.81
INM	4.01	3.67	4.79	3.53	1.00	3.40
IPSL	3.99	2.52	7.14	3.05	1.01	3.54
MIROC_h	3.88	4.02	7.17	4.01	1.00	4.02
MRIOC_m	3.57	4.11	6.68	4.46	1.00	3.96
MPI	3.83	5.89	3.78	3.46	1.00	3.59
MRI	3.89	4.43	5.76	4.87	1.00	3.99
CNRM	4.01	4.50	5.15	4.24	1.00	3.78
GISS_EH	3.56	4.46	4.98	2.59	1.00	3.32
IAP	3.57	4.50	5.21	5.00	1.00	3.86
HadGEM1	3.76	3.17	6.71	3.73	1.00	3.67

表4.4 太湖流域各高空分层变量 *RS* 评分和综合评分（以NCEP为基准值）

GCMs	高空分层变量					综合评分
	相对湿度/%	气温/℃	纬向风速/(m/s)	径向风速/(m/s)	位势高度/gpm	
BCCR	2.68	7.91	5.31	4.07	1.47	4.29
CGCM47	2.62	7.91	4.19	6.20	2.86	4.76
CGCM63	2.63	7.91	3.90	6.44	6.63	5.50
CSIRO30	2.82	7.91	5.24	5.85	1.33	4.63
CSIRO35	2.88	7.91	6.52	3.75	8.61	5.93
GFDL20	2.73	7.91	7.42	5.25	1.20	4.90
GFDL21	2.74	7.91	6.95	3.78	2.32	4.74
GISSAOM	2.67	7.91	4.98	6.60	2.07	4.85

续表

GCMs	高空分层变量					综合评分
	相对湿度 /%	气温 /℃	纬向风速 /(m/s)	径向风速 /(m/s)	位势高度 /gpm	
GISS _ ER	2.61	7.91	4.24	4.85	6.20	5.16
INGV	2.64	7.91	5.19	3.99	8.81	5.71
INM	2.65	7.91	4.92	3.87	1.19	4.11
IPSL	2.66	7.91	7.26	4.31	8.79	6.19
MIROC _ h	2.72	7.91	7.17	4.98	2.36	5.03
MRIOC _ m	2.64	7.91	6.60	5.11	1.76	4.80
MPI	2.61	7.91	3.67	4.99	8.43	5.52
MRI	2.65	7.91	5.49	5.88	1.33	4.65
CNRM	2.74	7.91	5.30	5.93	8.57	6.09
GISS _ EH	2.60	7.91	5.05	3.85	3.57	4.60
IAP	2.62	7.91	5.25	5.74	8.81	6.07
HadGEM1	2.76	7.91	6.69	3.77	1.17	4.46

4.1.2 多种 GCMs 综合评判

大气环流模式的综合评判需要考虑模型对所有气候要素模拟的能力，这里同时考虑了 2 个地表变量和 15 个高空分层变量（表 4.5）。评分越低，模拟气候的能力越强。图 4.4 表示了 GCMs 在太湖流域的适用性。结果表明，以 ERA－40 为高空分层资料的基准值时，来自挪威 Bjerknes 气候研究中心的 BCCR 和美国 GISS _ ER 表现最好。

表 4.5　　太湖流域 *RS* 综合评分

GCMs	地表变量		分层变量	综合评分
	降雨量	气温		
BCCR	3.72	8.18	3.10	3.72
CGCM47	5.09	8.18	3.78	5.09
CGCM63	5.28	8.18	3.84	5.28
CSIRO30	2.89	8.18	3.54	2.89
CSIRO35	5.00	8.18	4.09	5.00
GFDL20	3.40	8.18	3.73	3.40
GFDL21	3.32	8.18	3.51	3.32
GISSAOM	4.63	8.18	4.00	4.63
GISS _ ER	3.56	8.18	3.16	3.56
INGV	4.31	8.18	3.81	4.31
INM	3.30	8.18	3.40	3.30
IPSL	3.50	8.18	3.54	3.50
MIROC _ h	5.45	8.18	4.02	5.45

续表

GCMs	地表变量		分层变量	综合评分
	降雨量	气温		
MRIOC _ m	3.52	8.18	3.97	3.52
MPI	4.06	8.18	3.59	4.06
MRI	3.47	8.18	3.99	3.47
CNRM	3.79	8.18	3.78	3.79
GISS _ EH	5.97	8.18	3.32	5.97
IAP	5.71	8.18	3.86	5.71
HadGEM1	3.75	8.18	3.67	3.75

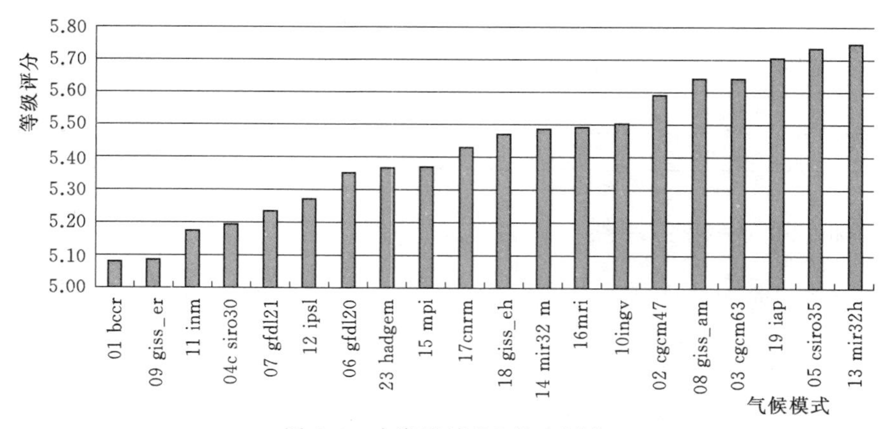

图 4.4　太湖流域 *RS* 综合评分

4.2　统计降尺度分析

4.2.1　多种统计降尺度方法

统计降尺度方法利用多年大气环流的观测资料建立大尺度气候要素和区域气候要素之间的统计关系，并用独立的观测资料检验这种关系的合理性，再把这种关系应用与 GCMs 中输出大尺度气候关系来预估区域未来的气候变化情景。一般的统计降尺度方法基于 3 个假设：大尺度气候场和区域气候观测场之间具有显著的统计关系；大尺度气候场能被 GCM 很好地模拟；在变化的气候情景下，建立的统计关系是有效的。

1. SDSM（Statistical Down Scaling Model）模型

SDSM 是一个综合的降尺度工具，它集合了天气发生器和多元回归两种降尺度技术，天气发生器体现了模型的随机性特点，而多元回归则体现了模型的确定性成分。SDSM 主要包括两个方面的内容：①建立预报量（降雨、气温等站点观测序列）与预报因子（大气环流因子）之间的统计关系，SDSM 多元回归方程通过有效对偶单纯形法建立，以此确定模型；②根据确定好的模型生成站点气象要素未来日序列。

SDSM 对降雨的模拟分为两个步骤：降雨概率及降水量模拟。对非零降雨量的概率计算公式为

$$O_i=\alpha_0+\alpha_{O_{i-1}}O_{i-1}+\alpha_{SH}SH_i+\alpha_{mpsl}mslp_i+\alpha_H H_i \tag{4.2}$$

式中：α 为线性最小二乘回归的估计量；SH 为绝对湿度；$mslp_i$ 为平均海平面气压；H 为 500hPa 气压高度。降雨是否发生取决于服从均匀分布的随机量 r（$0\leqslant r\leqslant 1$），对于给定的站点及日期，当 $r\leqslant O_i$ 时，该站点当日确定为湿日，即产生降水。

当发生降水时，降雨量计算公式为

$$R_i=\exp(\beta_0+\beta_{SH}SH_i+\beta_{mpls}mslp_i+\beta_H H_i+\varepsilon_i) \tag{4.3}$$

式中：β 为线性最小二乘回归的估计量；ε_i 为随机/模型误差。降雨期望值为

$$E(R_i)=\varphi c_R\exp(\beta_0+\beta_{SH}SH_i+\beta_{mpls}mslp_i+\beta_H H_i+\varepsilon_i) \tag{4.4}$$

式中：φ 为随机换算系数，其均值为 1，用来提高预测降雨量与实测降雨量的方差；c_R 为由修正系数推导的经验值；ε_i 为服从偏态分布。

由于气温为连续变量，SDSM 在模拟过程中采用直接模拟气温值的方法，而降雨使用有条件模型模拟。

SDSM 模型主要包括 7 个模块：质量控制和数据转换、筛选预报因子、模型率定、天气发生器、数据分析、图表分析以及未来气候情景的生成。模型流程如图 4.5 所示。

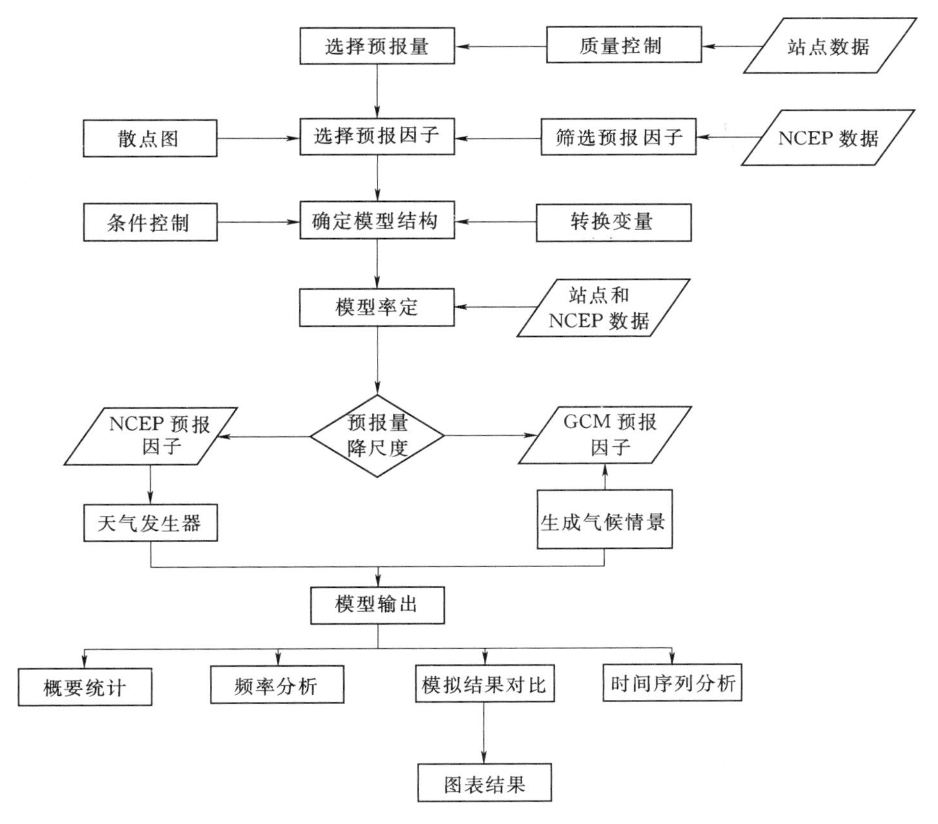

图 4.5　SDSM 模型流程示意图

2. ASD（Automated Statistical Downscaling）模型

自动统计降尺度模型ASD是Masoud Hessami等基于Matlab环境开发的统计降尺度方法。该方法是一种基于回归分析的统计降尺度模型，模型界面友好，操作简单，应用广泛。模型原理构架见图4.6。

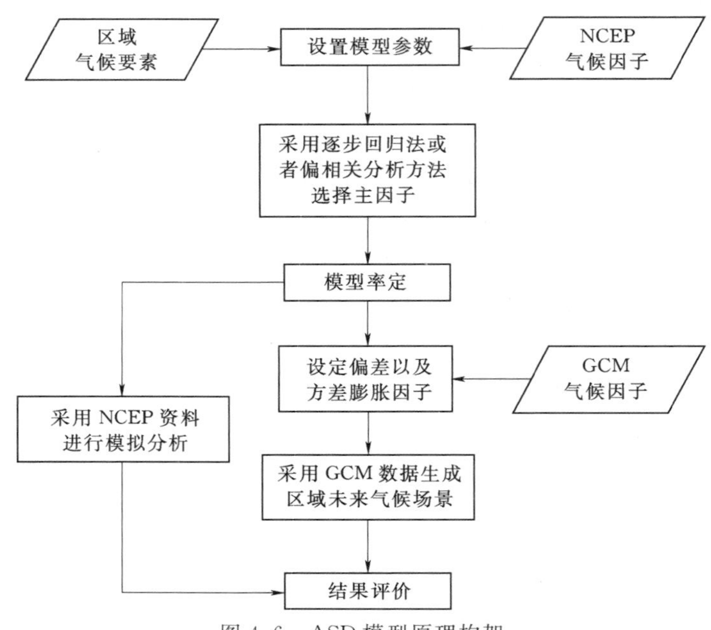

图4.6 ASD模型原理构架

ASD模型可以在有条件和无条件下模拟气象变量。通常对于气温采用无条件模拟，对降雨因子采用有条件模拟，即先模拟降雨发生的概率

$$O_i = \alpha_0 + \sum_{j=1}^{n} \alpha_j p_{ij} \tag{4.5}$$

$$R_j^{0.25} = \beta_0 + \sum_{j=1}^{n} \beta_j p_{ij} + e_j \tag{4.6}$$

$$e_j = \sqrt{\frac{VIF}{12}} z_j Se + b \tag{4.7}$$

式中：O_i为日降雨概率；R_j为日降雨量；p_{ij}为气候因子；n为选择的气候因子的数目；α和β为模型参数；e_j为模型误差，并假设其服从高斯分布；z_j为一正态分布的随机数；Se为模拟值的标准差；b为模型偏差；VIF为方差膨胀因子。

当采用NCEP再分析资料来率定模型时，VIF和b分别取12和0；使用GCM资料生成未来气候情景时，b和VIF的计算公式为

$$b = M_{obs} - M_d \tag{4.8}$$

$$VIF = \frac{12(V_{obs} - V_d)}{Se^2} \tag{4.9}$$

式中：V_{obs}为率定期观测值的方差；V_d为率定期模型输出中确定性部分的方差；Se为标准差；M_{obs}为率定期观测值的平均值；M_d为率定期模型输出中确定性部分的平均值。

ASD 模型采用向后逐步回归方法和偏相关分析方法来提取主因子。基于回归方程的降尺度模型常使用多元线性回归方法建立回归方程，但由于预报因子的非正交性使得回归系数的最小二乘估计值不稳定。因此，与其他降尺度方法不同，ASD 提供了一种可以减轻气候因子非正交影响的岭回归方法。对线性模型 $y=Xb+e$，岭回归系数计算公式为

$$b=(X^{\mathrm{T}}X+kI)^{-1}X^{\mathrm{T}}y \tag{4.10}$$

式中：I 为单位矩阵；k 为岭参数（当 $k=0$ 时，即为最小二乘估计），主因子在计算之前需标准化。

4.2.2 统计降尺度方法分析与比较

4.2.2.1 数据准备

降尺度研究中需要 3 类数据。

（1）气象站点实测气温和降雨数据。选用太湖流域内及周边 6 个国家气象站 1961—2005 年日平均气温、日最高气温、日最低气温以及日降雨实测数据。数据均来自中国气象局气象信息中心（http：//data.cma.gov.cn）。根据模型需要，将实测数据序列分为两个部分：率定期（1961—1990 年）和验证期（1991—2005 年）。

（2）NCEP（National Centers for Environment Prediction）再分析资料。NCEP 资料是美国国家环境预报中心（http：//www.esrl.noaa.gov/）提供的再分析数据，在气候变化研究中常作为实测数据使用。研究选取 NCEP 再分析资料日尺度序列资料，其空间分辨率为 2.5°×2.5°，选用时段为 1961—2005 年。

（3）GCMs 提供的当前和未来时段气候数据。选取 CMIP5 中 MPI-ESM-LR 模式的大尺度气候数据。根据辐射强迫值对未来时段（2006—2100 年）典型浓度路径 CMIP5 设置了 4 种 RCP（Representative Concentration Pathway）排放情景：RCP26、RCP45、RCP60、RCP85，即分别代表到 2100 年的辐射强迫值为：2.6W/m^2、4.5W/m^2、6W/m^2 和 8.5W/m^2。各 RCP 排放情景见图 4.7。

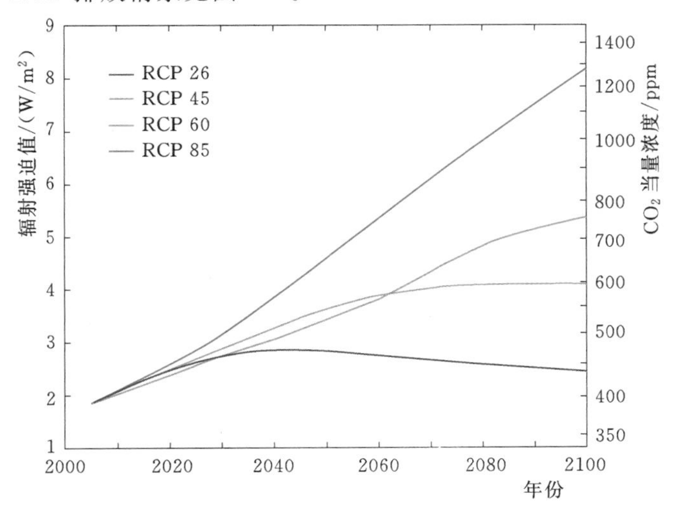

图 4.7 RCP 排放情景

4.2.2.2 预报因子的选择

NCEP 再分析数据分辨率为 2.5°×2.5°，MPI－ESM－LR 数据为 1.875°×1.86525°，因此，使用反距离权重插值法（IDW）将大尺度气候数据插值到 2.5°×2.5°网格上。未来时段划分为 2021—2040 年、2041—2060 年、2061—2080 年 3 个时段。NCEP 和 GCMs 选用的预报因子见表 4.6。

表 4.6 NCEP 和 GCMs 预报因子

编号	预报因子	缩写	编号	预报因子	缩写
1	500hPa 绝对湿度	hus500	6	地表纬向风速	uas
2	850hPa 绝对湿度	hus850	7	500hPa 位势高度	zg500
3	海平面气压	psl	8	700hPa 位势高度	zg700
4	500hPa 气温	ta500	9	850hPa 位势高度	zg850
5	850hPa 气温	ta850			

1. SDSM 模型预报因子的选择

SDSM 预报因子的选择是一个迭代的过程，在一定程度上由用户根据偏相关分析、季节相关性分析以及散点图等主观判断预报因子对预报量是否敏感，并以此选择预报因子。从而，各个站点与预报量所选择的预报因子数量可能不同。

表 4.7 为太湖流域 SDSM 模型各站点气温和降雨量的预报因子以及各站点率定期模型的解释方差（R^2）。各个站点对平均气温、最高气温和最低气温的预报因子的选择比较一致，平均气温选中的预报因子为：海平面气压（编号为 3）、850hPa 气温（编号为 5）、地表纬向风速（编号为 6），大部分站点选中了 500hPa 气温（编号为 4）。最高气温选中的预报因子有 500hPa 气温（编号为 4）、地表纬向风速（编号为 6），被大部分站点选中的因子有 850hPa 气温（编号为 5）、850hPa 位势高度（编号为 9）。最低气温选中的预报因子有海平面气压（编号为 3）、850hPa 气温（编号为 5）、地表纬向风速（编号为 6）。率定期气温模拟的模型解释方差为 0.61～0.76，其中平均气温和最低气温均在 0.70 以上。对最高气温的模拟效果稍差，在 0.70 及以下。各站点降雨量的预报因子选择稍有差异，被所有站点选择的预报因子只有 500hPa 气温（编号为 4），被大多数站点选中的预报因子为 500hPa 绝对湿度（编号为 1）。率定期对降雨的模拟效果较差，其解释方差为 0.01～0.03。

表 4.7 太湖流域 SDSM 模型各站点气温和降雨量的预报因子以及各站点率定期模型的解释方差

站点	平均气温		最高气温		最低气温		降雨量	
	预报因子	R^2	预报因子	R^2	预报因子	R^2	预报因子	R^2
常州	3，4，5，6，9	0.75	3，4，6，9	0.70	3，4，5，6	0.73	1，2，4，5	0.03
溧阳	3，4，6，9	0.75	4，5，6，9	0.61	3，4，5，6，9	0.74	2，4，5	0.03
吴县	3，4，5，6	0.75	4，5，6，9	0.70	3，5，6，7	0.76	1，4，7	0.01
平湖	3，4，5，6	0.73	4，5，6	0.67	1，3，5，6	0.70	1，4，9	0.01
杭州	3，5，6，9	0.73	1，3，4，6，9	0.68	3，5，6，9	0.72	1，4，5，9	0.02
龙华	3，4，5，6，9	0.74	4，5，6，9	0.69	3，4，5，6	0.72	4，5，9	0.03

2. ASD 模型预报因子的选择

ASD 模型提供了两种不同的预报因子选择方法：逐步回归法和偏相关系数法。逐步回归方法在模型开始运行时将所有输入的因子进行运算，在运算过程中逐步剔除相关系数最小的因子，保留相关系数较大的因子作为最终的预报因子。偏相关分析是分析除其他预报因子外两个因子（预报量和预报因子）之间的相关系数。这里选择逐步回归法，各站点选择的预报因子及率定期方差（R^2）见表 4.8。在平均气温模拟中均被站点选择的预报因子有（3）、（6）、500hPa 位势高度（编号为 7）。最高气温模拟中预报因子选择了（3）、（6）、（7），常州站、溧阳站、杭州站和平湖站均选择了（3）、（5）、（6）、（7）和（9）。最低气温模拟均被站点选择的预报因子有（3）、（6）、（7）。所有气温特征值模拟过程中均被选中的预报因子有（3）、（6）、（7），说明这 3 个预报因子能较好地代表气温特征，模拟气温值。率定期气温模型的解释方差均在 0.81 以上，平均气温和最低气温在 0.84 以上，平均气温为 0.87～0.89，最高气温为 0.81～0.85，效果较好。而各站点在模拟降雨量时选择的预报因子差异较大，大部分站点选择的预报因子为（6），没有共同选择的预报因子，且其率定期解释方差也较小，分布范围为 0.12～0.16。

表 4.8　太湖流域 ASD 模型气温和降雨量的预报因子及各站点率定期的解释方差

站点	平均气温		最高气温		最低气温		降雨量	
	预报因子	R^2	预报因子	R^2	预报因子	R^2	预报因子	R^2
常州	3，5，6，7，9	0.89	3，5，6，7，9	0.84	3，5，6，7，9	0.88	2，5	0.12
溧阳	3，5，6，7，9	0.89	3，5，6，7，9	0.82	3，5，6，7，9	0.88	5，6	0.12
吴县	2，3，4，6，7	0.89	2，3，4，6，7	0.84	2，3，4，6，7	0.89	3，4，6	0.14
平湖	2，3，4，6，7	0.88	2，3，4，6，7	0.85	3，4，6，7，8	0.86	3，5，6，8	0.13
杭州	2，3，4，6，7	0.87	3，4，6，7，9	0.81	2，3，4，6，7	0.87	3，5，6，8	0.12
龙华	3，4，5，6，7	0.89	3，5，6，7，9	0.82	3，4，5，6，7	0.84	1，3，4，6	0.16

从预报因子的选择来看，SDSM 模型和 ASD 模型在模拟气温时选择的预报因子大同小异，率定期效果较好；但是模拟降雨量选择的预报因子则差异较大，率定期效果较差。在降尺度研究中，降水的模拟仍是难点。

4.2.2.3　模型率定和验证

率定和验证以溧阳站平均气温、最高气温、最低气温和降雨量为例。

1. SDSM 模型率定和验证

图 4.8 以溧阳站为例，列出了模型分别在率定期和验证期的实测和模拟值对比柱状图。可以看出，率定期模型的模拟结果与实际温度的分布较为一致，验证期降雨模拟值相对率定期偏大，气温模拟值相对较小。

表 4.9 列出了研究区各站点在率定期和验证期对各预报量的绝对误差。率定期各站点平均气温、最高气温、最低气温绝对误差分别为－0.02～0.004、－0.003～0.033、－0.007～0.007，结果较为理想。验证期各站点平均气温、最高气温、最低气温绝对误差分别为－0.03～0.21、0.02～0.07、－0.07～0.06，误差较小，说明模型在率定期参数可较好地模拟各气温统计量，可用来模拟生成未来气候情景下的气温情景。相对气温统计值的

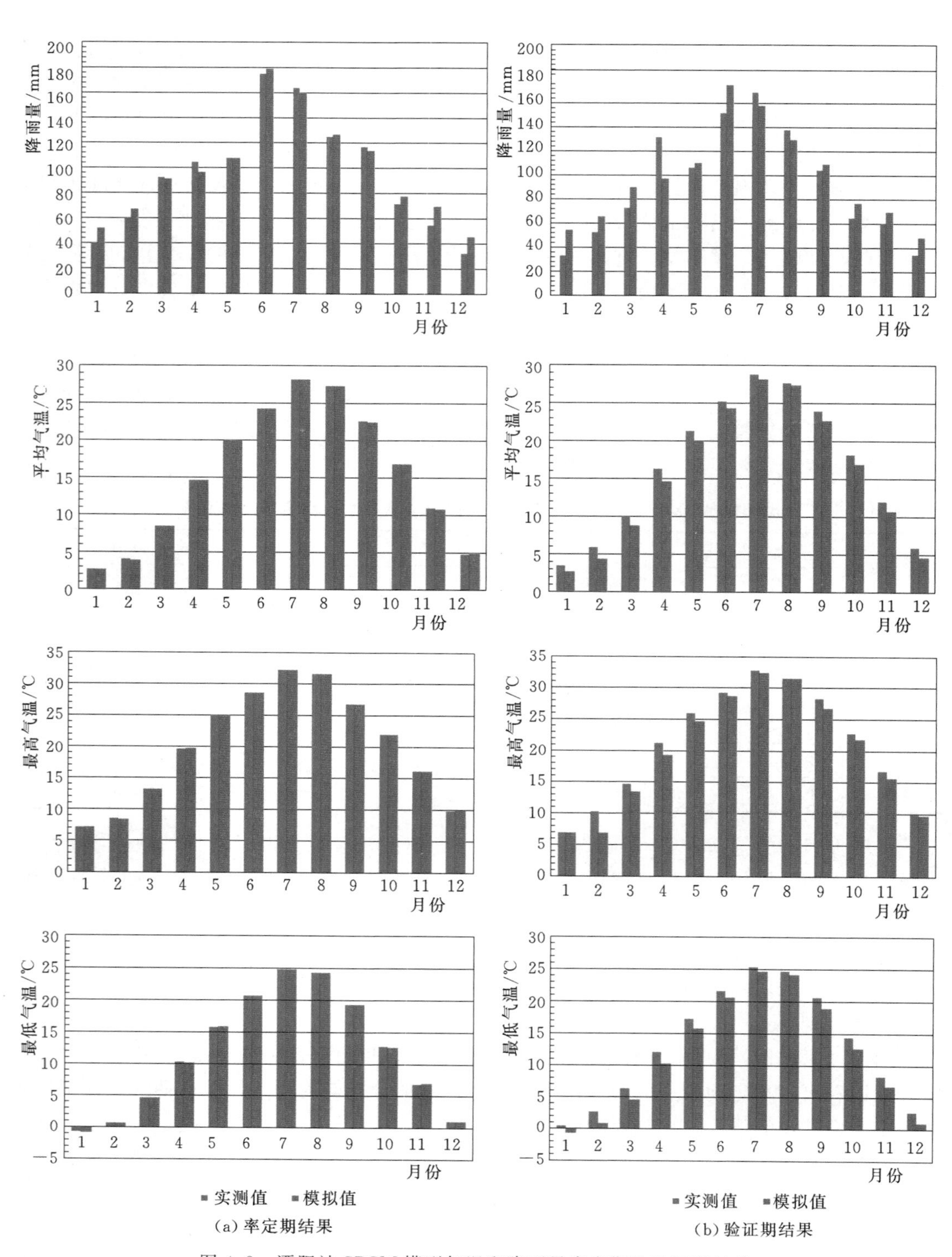

(a) 率定期结果

(b) 验证期结果

图 4.8 溧阳站 SDSM 模型气温和降雨量率定期和验证期结果

模拟而言，降雨的模拟效果欠佳。SDSM 在率定期和验证期的模拟值除杭州站外均大于实测值，绝对误差（年统计值）在率定期和验证期分别为－88.67～79.16mm、54.74～202.21mm，相对误差分别为－6%～7%、4%～16%。

表 4.9 SDSM 模型率定期和验证期各站点气温和降雨量的绝对误差

站点	平均气温/℃		最高气温/℃		最低气温/℃		降雨量/mm	
	率定期	验证期	率定期	验证期	率定期	验证期	率定期	验证期
常州	－0.003	0.08	0.002	0.03	－0.002	－0.005	68.56	74.70
溧阳	－0.02	0.02	0.033	0.07	－0.007	－0.02	46.07	64.42
吴县东山	－0.002	0.06	0.0003	0.02	0.0008	－0.07	38.03	99.91
平湖	－0.02	0.21	－0.003	0.03	－0.006	0.06	79.16	202.21
杭州	0.001	－0.03	－0.002	0.04	0.007	－0.009	－88.67	54.74
龙华	0.004	－0.009	0.006	0.05	0.0006	－0.007	29.42	128.26

2. ASD 模型率定和验证

图 4.9 为溧阳站平均气温的率定期和验证期结果，(a) 为月平均气温模拟值与实测值在率定期和验证期对比图，(b) 为模拟值与实测值的标准差箱线图在率定期和验证期的对比图，率定期月平均气温的均方根误差（RMSE）为 0.009，验证期均方根误差为 1.24，率定期标准差（STD）的均方根误差为 0.008，验证期为 0.27。模型对月平均气温的模拟在夏季（6—8 月）的模拟效果较好，在月值上较为平均，夏季波动最小，从而模型对平均气温的模拟效果较好。

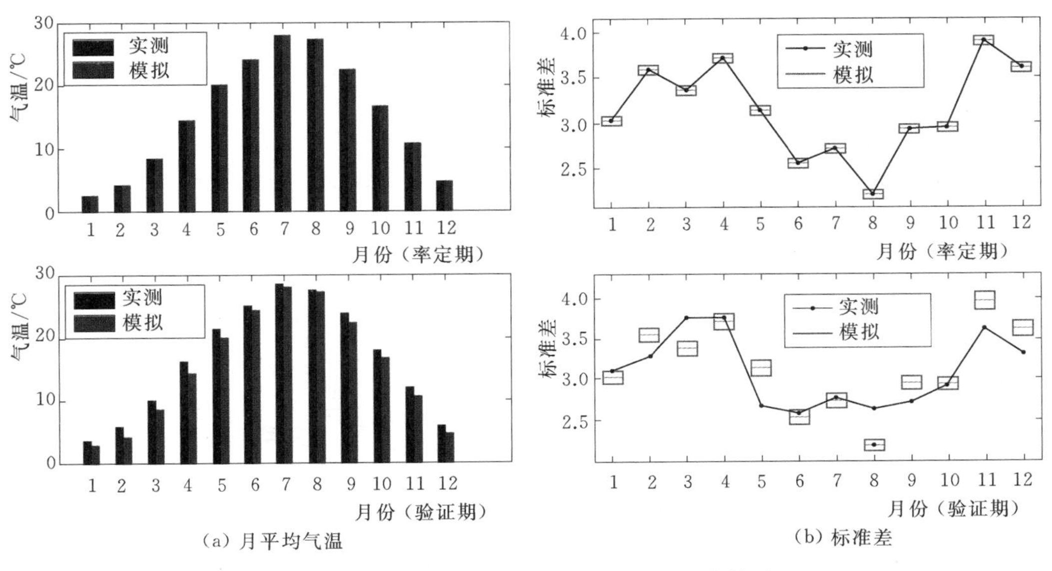

图 4.9 溧阳站平均气温的率定期和验证期结果

图 4.10 为溧阳站最高气温的率定期和验证期结果，(a) 为最高气温模拟值与实测值在率定期和验证期的对比图，(b) 为模拟值与实测值的标准差箱线图在率定期和验证期

的对比图，率定期最高气温的均方根误差为 0.015，验证期为 1.05；标准差在率定期均方根误差为 0.013，验证期为 0.36；最高气温模拟值的月分布情况与平均气温类似，模型在夏季和秋季（9—11 月）的模拟值波动均较小，而夏季最小。

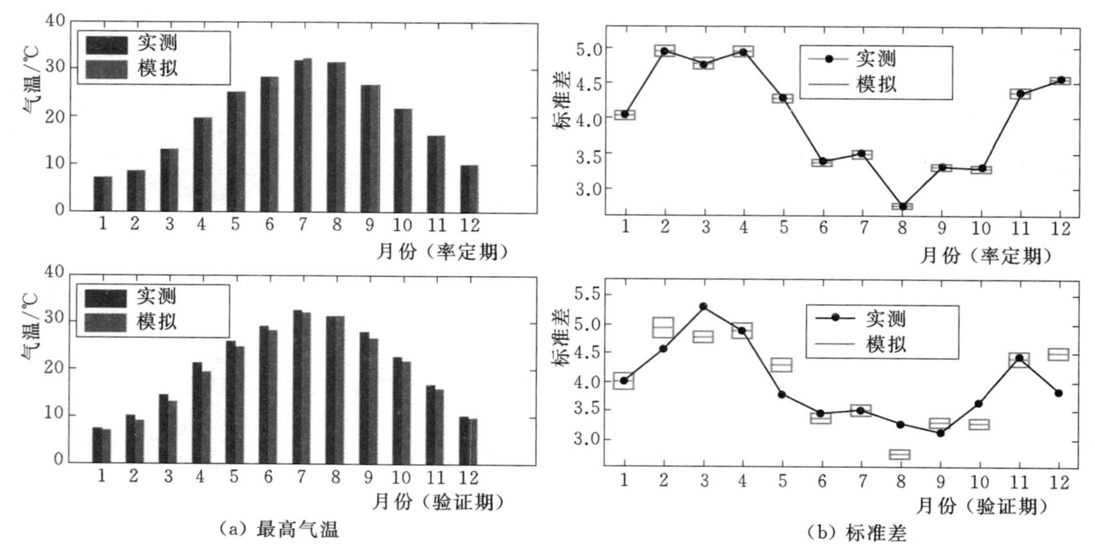

图 4.10　溧阳站最高气温的率定期和验证期结果

图 4.11 为溧阳站最低气温的率定期和验证期结果，(a) 为最低气温模拟值与实测值在率定期和验证期对比图，(b) 为模拟值与实测值的标准差箱线图在率定期和验证期的对比图，率定期最低气温的均方根误差为 0.011，验证期为 1.52；标准差在率定期均方根误差为 0.013，验证期为 0.32。最低气温同样在夏季模拟效果最好，模型在春季（4—6 月）和夏季的模拟值波动均较小，而夏季最小。

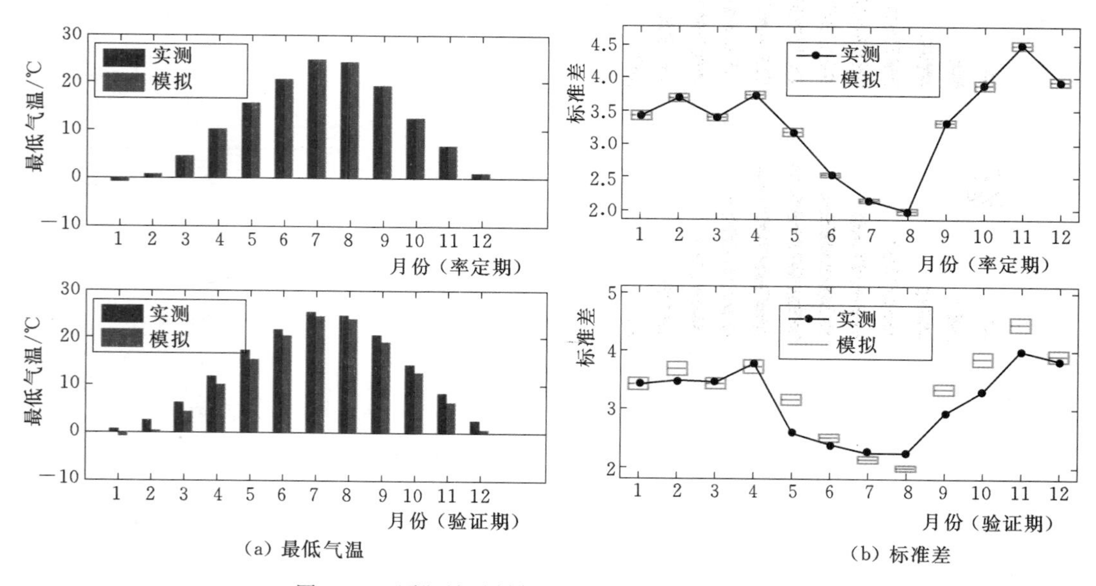

图 4.11　溧阳站最低气温的率定期和验证期结果

图 4.12 为溧阳站降雨量的率定期和验证期结果，分别为日降雨量均值（MEAN）、标准差（STD）、湿日百分比（Wet - day）和连续干日天数（CDD）在率定期和验证期的箱线对比图。率定期日降雨量均值、标准差、湿日百分比和连续干日天数的均方根误差分别为 0.21、0.14、0.10 和 1.33，验证期分别为 0.25、0.24、1.93 和 3.10。降雨均值在夏季的模拟较差，标准差箱线图在夏季的波动值也最为剧烈，此结果与气温的模拟结果正好相反。湿日百分比模拟值的波动范围在月分布上偏于平均，连续干日天数模拟值在冬季波动稍大于其他月份，但总体效果较好。

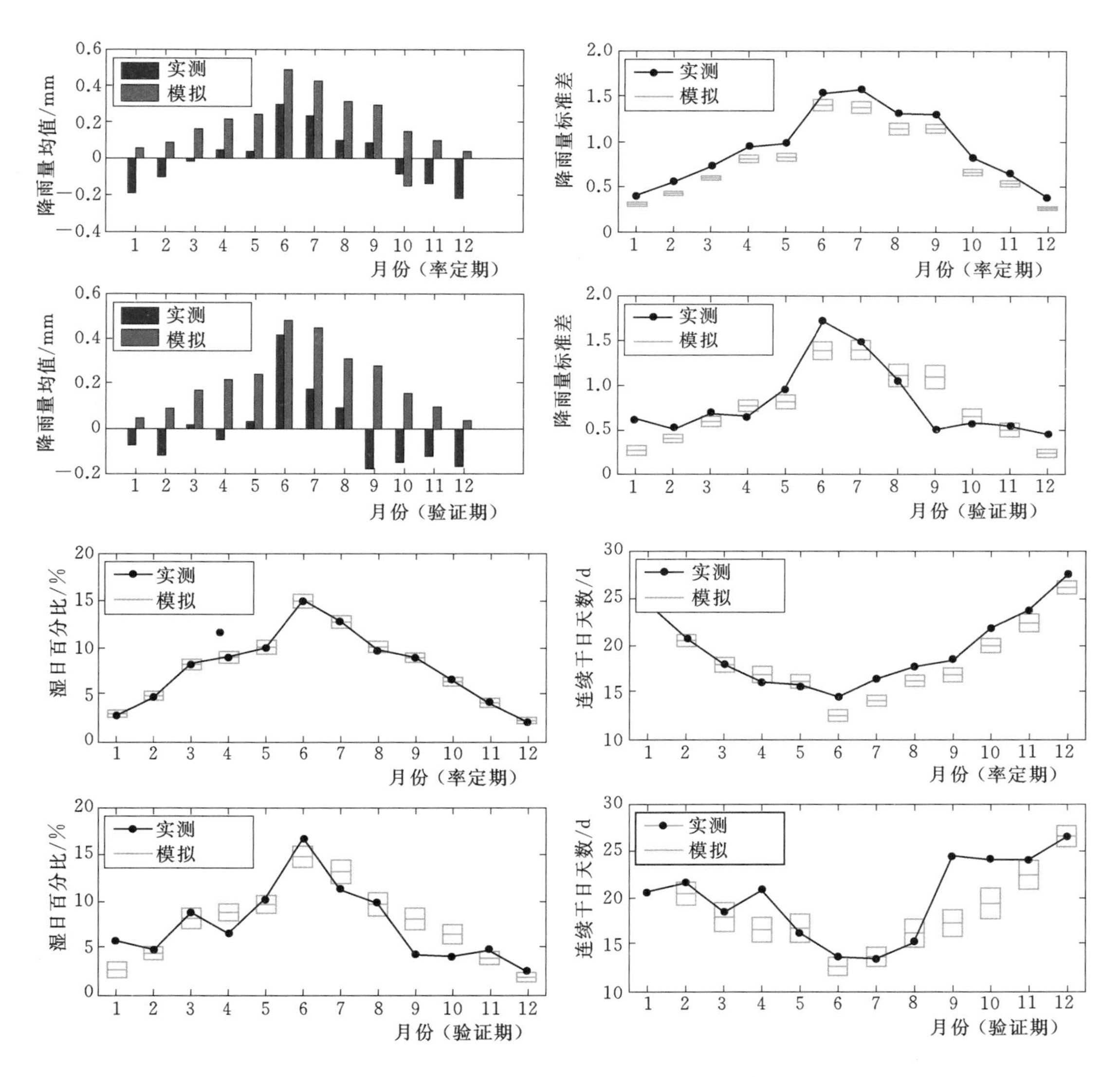

图 4.12　溧阳站降雨量的率定期和验证期结果

总体上看，ASD 模型对太湖流域平均气温、最高气温和最低气温的误差小、模拟效果较好；对日降雨量的模拟较气温值模拟稍差。

4.2.2.4 未来气温和降雨变化预测分析

1. SDSM生成未来气温和降水变化

图4.13为两种气候情景下SDSM模拟的未来3个时段的降雨量、平均气温、最高气温和最低气温值。RCP45和RCP85情景下，未来时段降雨量变幅基本一致，在4月、5月、6月、9月和12月减少，其他月份增加，并且多数月的降雨量变幅较大。RCP45情景下未来3个时段降雨量较基准期的变幅分别为−39.85～47.09mm、−40.20～46.04mm、−41.73～46.11mm，RCP85情景变幅分别为−39.12～47.70mm、−45.78～46.92mm、−46.42～42.97mm。两种情景下降雨量增加最多的月份均为2月，减少量最多的均为9月。未来3个时段RCP45和RCP85情景下平均气温、最高气温和最低气温的模拟值变化趋势一致，但趋势不显著。RCP45情景下，平均气温在2021—2040年、2041—2060年、2061—2080年时段相比基准期的变化幅度为−1.1～2.26℃、−1.24～2.08℃、−1.45～2.2℃，最高气温分别为−2.66～2.95℃、−2.49～2.28℃、−2.34～2.94℃，最低气温分别为−1.9～2.04℃、−1.9～2.07℃、−1.9～1.97℃。RCP85情景下，平均气温在2021—2040年、2041—2060年、2061—2080年时段相比基准期的变化幅度为−1.12～2.34℃、−1.39～2.29℃、−1.28～2.05℃，最高气温分别为−2.66～2.95℃、−2.78～3.09℃、−2.59～2.69℃，最低气温分别为−1.72～2.11℃、−1.76～2.19℃、−1.98～1.86℃。最高气温的变化在两种情景下变幅较大，其次为最低气温，平均气温变幅最小。RCP45和RCP85情景下，冬季（12月至翌年2月）和春季（3—5月），3个气温统计值较基准期均有所上升，夏季（6—8月）和秋季（9—11月）有所下降，但7月和11月气温值均稍有上升。

图4.14对比了RCP45和RCP85两种情景下未来时段（2021—2080年）降雨量、平均气温、最高气温和最低气温的模拟值以及其相对基准期的增幅。在RCP45和RCP85情景下降雨量的变化趋势保持一致，变化幅度差异较小，较基准期变幅分别为−40.59～46.68mm、−43.77～45.86mm，变化无明显的季节性。两种情景预测的未来气温趋势基本一致，RCP45情景下大部分气温月值高于RCP85情景，月增幅的年均值也大于RCP85情景。两种情景下气温变化不显著，但总体稍有上升趋势。在月值统计中，RCP45情景下平均气温变化为−1.19～2.23℃，最高气温变化为−2.50～2.86℃，最低气温变化为−0.89～2.02℃。RCP85情景下平均气温增幅与RCP45情景相当，平均气温变化为−1.19～2.22℃，最高气温变化为−2.62～2.94℃，最低气温变化为−1.82～2.05℃。从季节（冬季12月至翌年2月，春季3—5月，夏季6—8月，秋季9—11月）来看，未来时段两种情景下气温的变化趋势较为一致，总体表现为冬、春季温度呈现增高趋势，夏、秋季呈现降低趋势，但平均气温、最高气温和最低气温的7月模拟值在两种情景下较基准期均增加，最高气温在2月较基准期降低。SDSM模型对未来气温的模拟，在年内的分布有着基本相似的变化趋势，即：冬、春季呈现升高的趋势，夏、秋季呈现降低的趋势。

表4.10列出了RCP45和RCP85情景下各站点的日平均气温、最高气温、最低气温和降雨量模拟值与基准期的偏差。大部分站点的气温与基准期相比均呈现上升的趋势，而

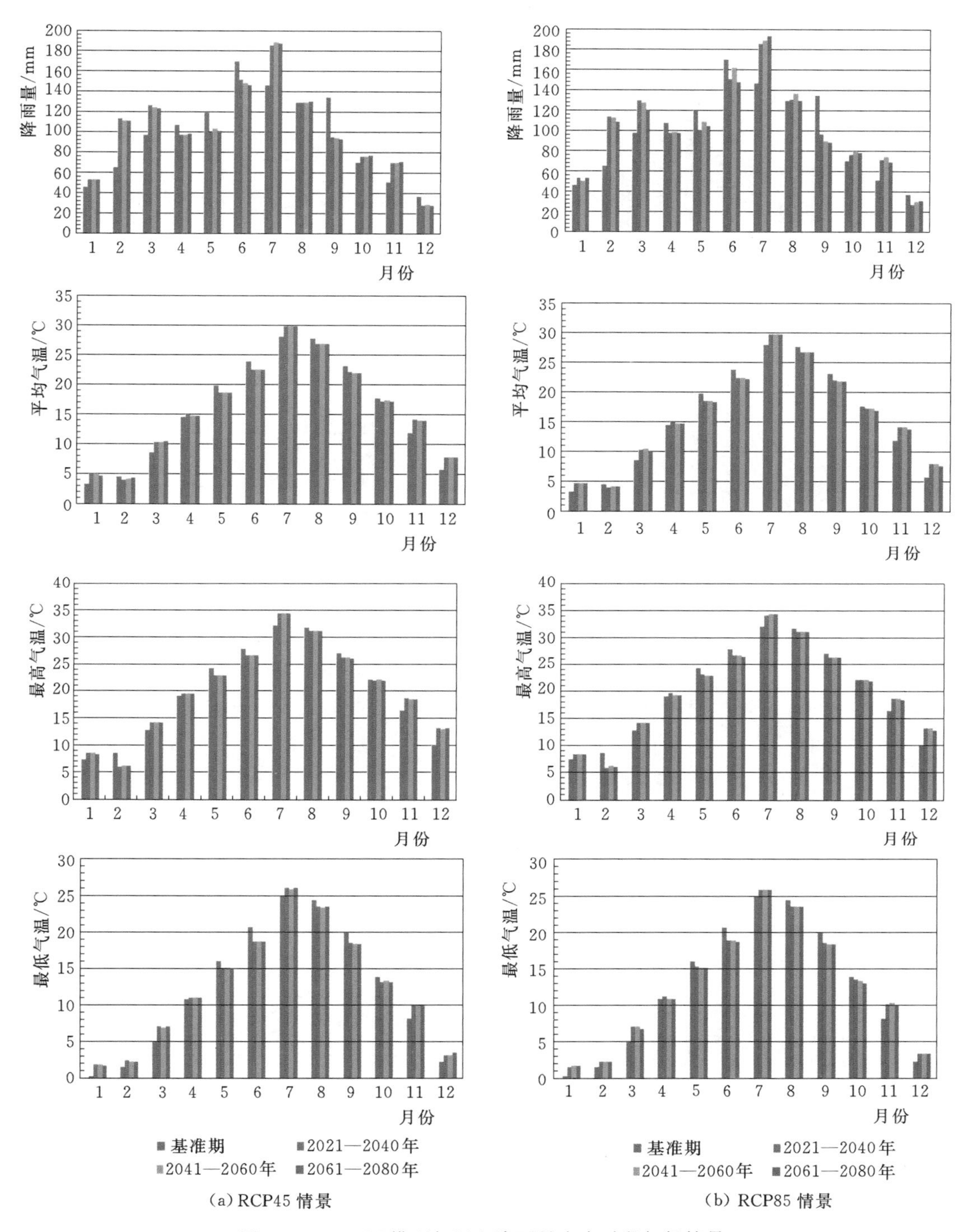

(a) RCP45 情景　　(b) RCP85 情景

图 4.13　SDSM 模型气温和降雨量未来时段气候情景

平湖站最高气温在两种情景下均下降，平均气温和最低气温的增幅稍大，最高气温的增幅最小。在所有站点中，平湖站平均气温上升幅度最大，RCP45 和 RCP85 情景下变化幅度

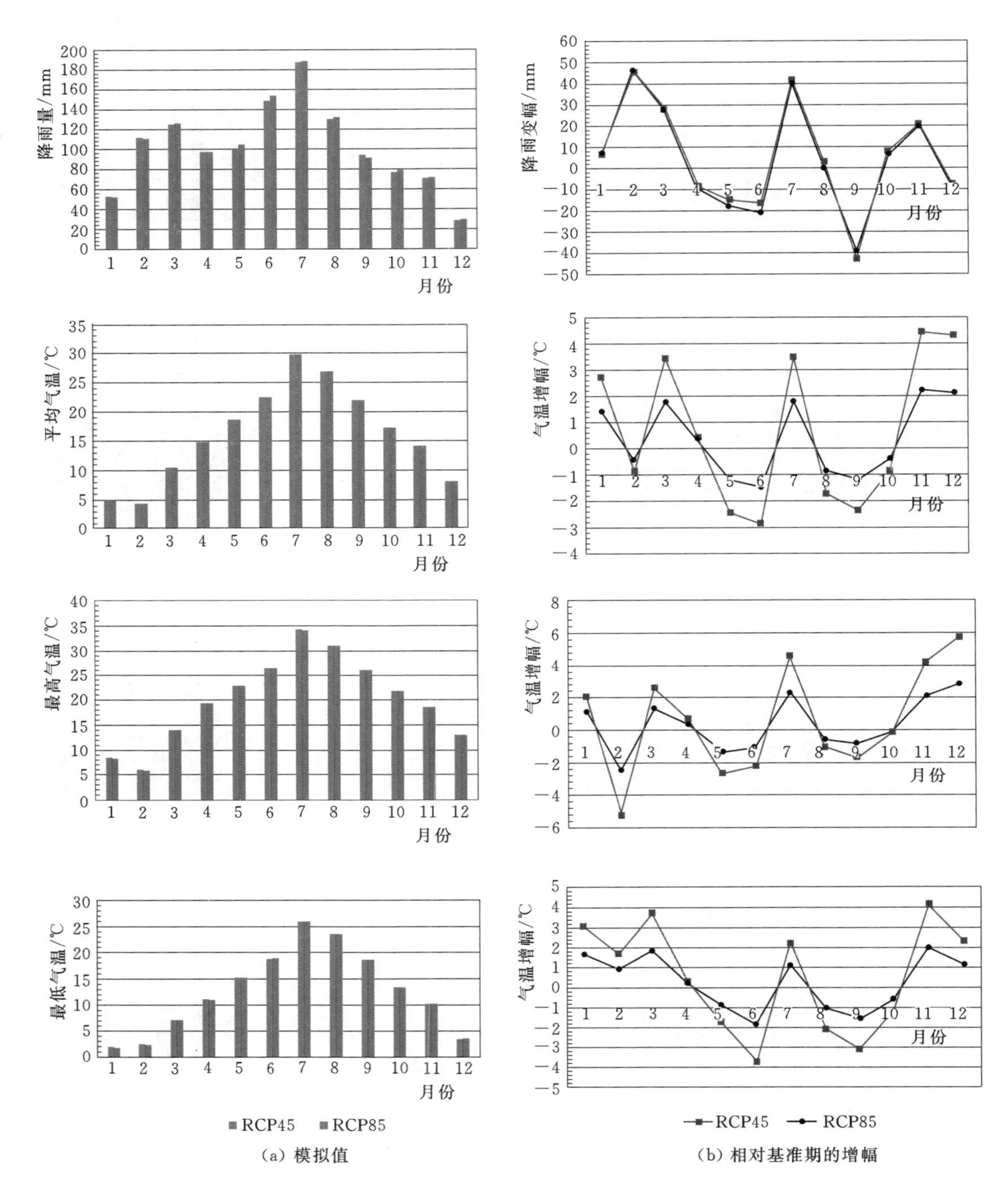

(a) 模拟值

(b) 相对基准期的增幅

图 4.14 SDSM模型太湖流域未来气候情景及其相较基准期的增幅

分别为0.68℃、0.98℃；在所有站点中，除平湖站最高气温降低外，其他站点增幅较为接近，RCP45情景下气温增幅为0.29～0.47℃，RCP85情景下为0.29～0.40℃；所有站点的最高气温均表现为上升的趋势，其中吴县东山站和平湖站增幅较大，RCP45 和 RCP85 情景下气温增幅分别为 1.62℃和 0.96℃。RCP45 情景下，除吴县东山站和上海龙华站，其他站点降雨量在未来时段均呈现增加的趋势，降雨增加量差异较大；RCP85 情景下，除平湖和杭州站外，其他站点降雨量均呈现增加的趋势，降雨增加量差异较大；两种未来气候情景下的降雨增加最大值均出现在常州站，其增加量均在 222mm 以上，溧阳站其次，增加量在 116mm 以上。从整体上看，SDSM 模型对未来气温情景的模拟均呈现较为一致的上升趋势，而降水变化较为复杂，不同站点表现出不同的变化趋势，并且差异较大。

表 4.10 SDSM 模型模拟太湖流域未来气温和降雨较基准期的变化情景

站点	平均气温/℃			最高气温/℃			最低气温/℃			降雨量/mm		
	实测	RCP45	RCP85	实测	RCP45	RCP85	实测	RCP45	RCP85	实测	RCP45	RCP85
常州	15.49	0.45	0.43	19.89	0.39	0.40	11.97	0.39	0.38	1078.25	222.03	222.8
溧阳	15.35	0.35	0.33	19.96	0.40	0.38	11.62	0.17	0.16	1153.77	116.17	116.26
吴县东山	15.92	0.31	0.30	19.79	0.38	0.36	11.62	1.62	1.62	1119.78	−12.39	76.39
平湖	15.35	0.68	0.98	19.96	−0.19	−0.19	11.62	0.96	0.96	1181.92	14.19	−75.08
杭州	16.21	0.46	0.11	20.63	0.29	0.29	12.86	0.30	0.29	1389.63	33.26	−17.54
龙华	15.76	0.52	0.45	19.85	0.47	0.38	12.46	0.47	0.41	1129.01	−64.29	48.78

2. ASD 生成未来气温和降雨变化

应用 MPI - ESM - LR 模式输出的 RCP45 和 RCP85 情景，利用验证过的 ASD 模型，生成未来时段平均气温、最高气温和最低气温的日序列，建立未来时段的气候情景，同时对太湖流域未来的气候情景进行分析。

图 4.15 比较了太湖流域基准期（1961—2005 年）和未来 3 个时段两种排放情景下降雨量、平均气温、最高气温和最低气温模拟情景。与基准期相比，RCP45 情景下 2021—2040 年、2041—2060 年、2061—2080 年 3 个时段平均气温变化分别为 0.09℃、0.04℃和 0.05℃，最高气温变化分别为 0.09℃、0.04℃和 0.07℃，最低气温变化分别为 0.11℃、0.03℃和 0.04℃，RCP85 情景下，未来 3 个时段平均气温变化分别为 0.13℃、0.07℃和 −0.09℃，最高气温变化分别为 0.11℃、0.07℃和 −0.08℃，最低气温变化分别为 0.29℃、0.14℃和 −0.20℃。RCP45 气候情景下，未来 3 个时段平均气温、最高气温和最低气温呈现一致的增温趋势，但增幅较小，平均气温增幅为 0.04～0.09℃，最高气温增幅为 0.04～0.09℃，最低气温增幅为 0.03～0.11℃；RCP85 情景下 2021—2040 年、2041—2060 年两个时段 3 种气温统计值均呈现一致的增温趋势，且增温幅度稍大于 RCP45 情景，而 2061—2080 年时段内平均气温、最高气温和最低气温均表现出降温的态势，降温幅度较小。相对于气温的变化，未来时段降雨的变化较为显著。RCP45 情景下，未来 3 个时段降雨的变幅分别为 −76.79～28.56mm、−74.31～29.23mm、−75.62～25.27mm，6 月、7 月、8 月、9 月、10 月以及 12 月减少，且主要在 7 月、8 月、9 月减少较多；RCP85 情景下，未来 3 个时段变幅分别为 −82.45～19.39mm、−78.07～21.93mm、−78.50～21.58mm，6—10 月以及 12 月减少，且主要在 7—9 月以及 12 月减少较多。

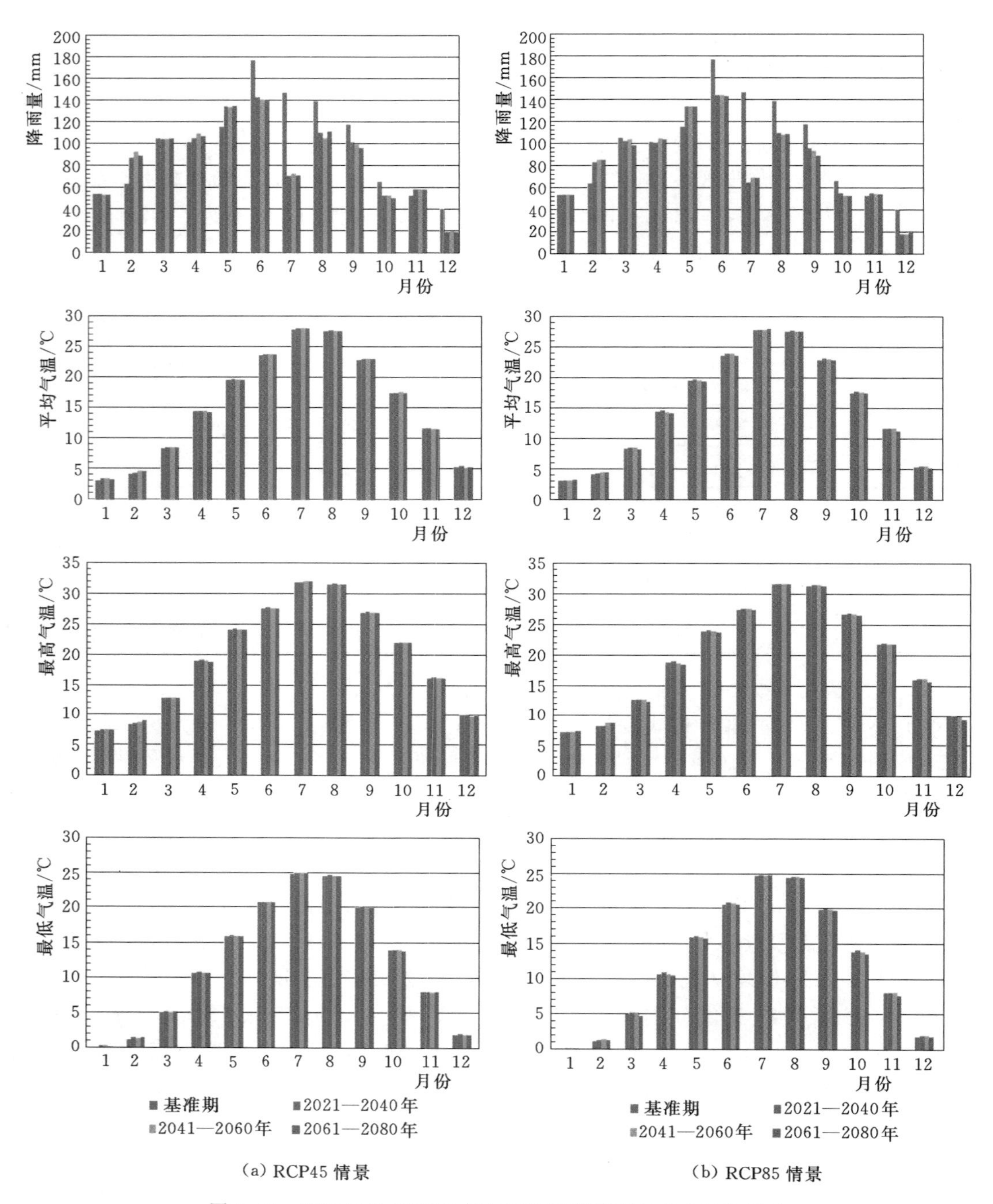

(a) RCP45 情景

(b) RCP85 情景

图 4.15 RCP45 和 RCP85 情景下气温和降雨量未来时段情景

图 4.16 对比了 RCP45 和 RCP85 两种情景下未来时段（2021—2080 年）降雨量、平均气温、最高气温和最低气温的平均模拟值以及其相对基准期的增幅。RCP45 和 RCP85 情景下平均气温、最高气温和最低气温均呈现较为一致的特征，即：气温变化不显著，但总体稍有上升趋势。RCP45 情景下平均气温变化范围为−0.08～0.32℃，最高气温变化

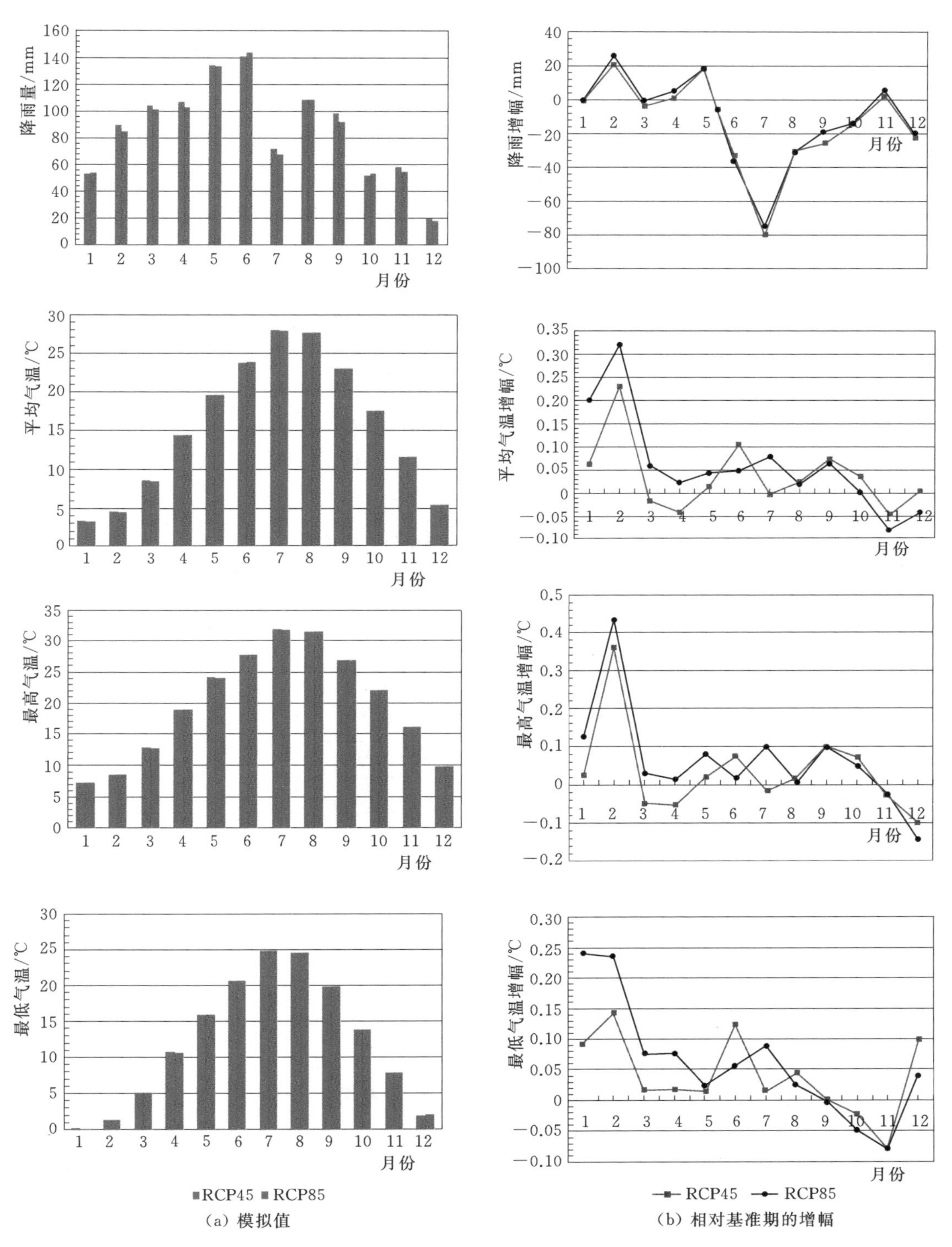

(a) 模拟值

(b) 相对基准期的增幅

图 4.16 ASD 模型太湖流域未来气候情景及其相较基准期的增幅

范围为－0.14～0.44℃，最低气温变化范围为－0.08～0.24℃。相比RCP45情景，RCP85情景下平均气温增幅较小，平均气温变化范围为－0.05～0.23℃，最高气温变化范围为－0.10～0.36℃，最低气温变化范围为－0.08～0.14℃。从季节（冬季12月至翌年2月，春季3—5月，夏季6—8月，秋季9—11月）上来看，未来时段两种情景下气温的变化趋势较为一致，总体表现为冬季温度呈现增高趋势，春、夏、秋季变化较小。降雨量在RCP45和RCP85情景下的变化趋势一致，总体上均呈现减少的趋势，降雨量变幅分别为－75.57～26.02mm、－79.67～20.96mm。从季节上来看，两种情景在冬、春季降雨量增加，12月除外；在夏、秋季降雨量减少，11月除外，并且降雨量减少幅度远大于增加幅度。

从表4.11中可看出，ASD模型在太湖流域所有站点模拟的未来气温值在RCP45和RCP85情景下均呈现上升的趋势，平均气温、最高气温的气温增幅在所有站点中均在0.12℃及以下，最低气温的气温增幅除吴县东山站在RCP45和RCP85情景下分别达到1.35℃和1.33℃外，其他站点在两种情景下气温增幅较小，均在0.13℃及以下。SDSM和ASD模型模拟的未来气温情景均呈现上升的趋势，但SDSM模拟的气温上升趋势较ASD更为明显。

表4.11　ASD模型模拟太湖流域未来气温和降雨量与基准期的变化情景

站点	平均气温/℃			最高气温/℃			最低气温/℃			降雨量/mm		
	实测值	RCP45	RCP85	实测值	RCP45	RCP85	实测值	RCP45	RCP85	实测值	RCP45	RCP85
常州	15.49	0.10	0.08	19.89	0.07	0.06	11.97	0.13	0.10	1078.25	－98.39	－208.64
溧阳	15.35	0.04	0.04	19.96	0.08	0.04	11.62	0.04	0.04	1153.77	－173.28	－177.00
吴县东山	15.92	0.03	0.01	19.79	0.03	0.02	11.62	1.35	1.33	1119.78	－106.83	－100.56
平湖	15.35	0.04	0.04	19.96	0.08	0.04	11.62	0.04	0.04	1181.92	－122.42	－131.24
杭州	16.21	0.06	0.05	20.63	0.06	0.04	12.86	0.04	0.03	1389.63	－214.17	－223.75
龙华	15.76	0.12	0.04	19.85	0.11	0.02	12.46	0.13	0.05	1129.01	－63.28	－79.69

4.2.3　针对极端降雨的统计降尺度模型构建

将不确定性估计与降尺度结合起来，基于多模式气候情景模拟结果，在水文应用的时空尺度上，开发针对降雨、气温等要素的统计降尺度模型。针对极端降水的统计降尺度模型构建，采用STNSRP（Spatial－Temporal Neyman－Scott Rectangular Pulses）模型。

4.2.3.1　模型简介

STNSRP模型主要包含3个模块，即模拟、拟合及分析，见图4.17。模拟模块主要是基于模型初始参数生成降雨时间序列；拟合模块则是通过优化算法率定模型参数，从而使得模拟生成的降雨序列的统计特征与实测值吻合；分析模块是为模型获取各站点观测或模拟的不同时间尺度的降雨统计量。模型运行包含4个步骤：分析模块获取实测降雨的统计量；拟合模块率定模型；运行模拟模块，生成降雨序列；再次运行分析模块，验证模型模拟的结果。

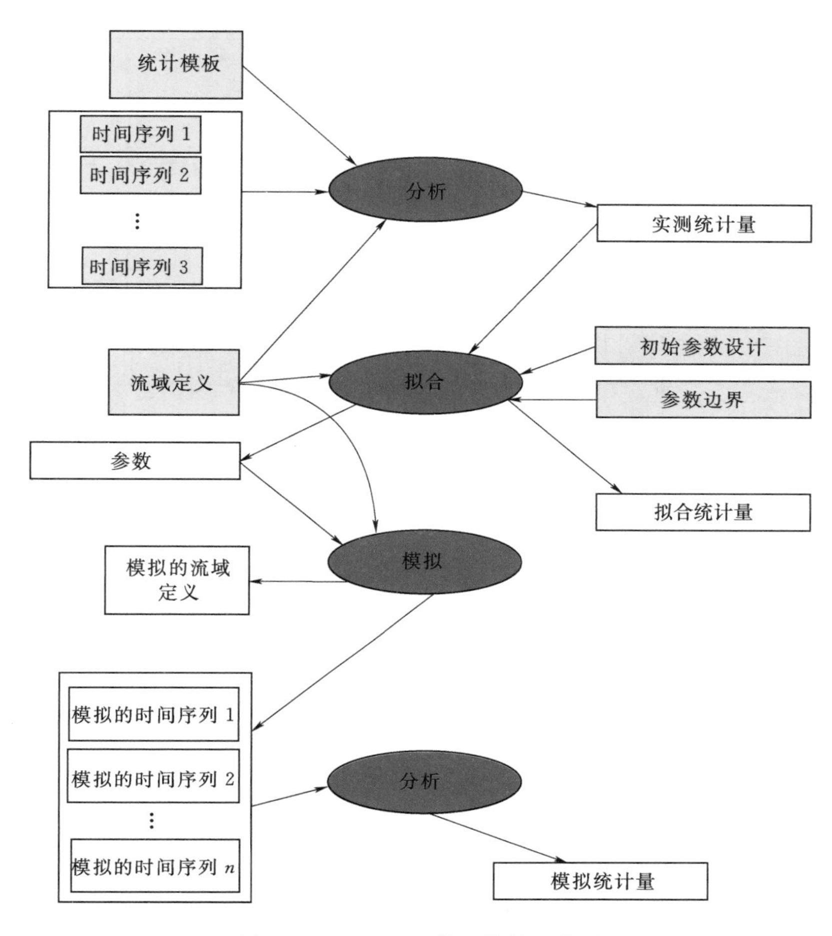

图 4.17 STNSRP 模型结构示意图

蓝色椭圆代表模型模块；矩形框代表数据文件，其中黄底的矩形框表示运行模型需要用户输入的数据

4.2.3.2 STNSRP 模型原理与参数

STNSRP 模型原理及模型参数见图 4.18 和表 4.12，具体描述如下。

表 4.12 STNSRP 模型参数列表

参数	定 义	单位
λ^{-1}	相邻风暴源之间的平均时间	h
β^{-1}	暴雨之后降水单元的平均时间	h
η^{-1}	降雨单元的平均时间	h
ν	每场暴雨的平均降水单元数	—
ε^{-1}	降雨单元的平均降雨强度	mm/h
γ^{-1}	降雨单元的平均半径	km
ρ	降雨单元中心的平均密度	km^{-2}
Φ	尺度因子向量 Φ_m，每个雨量计一个，m	—

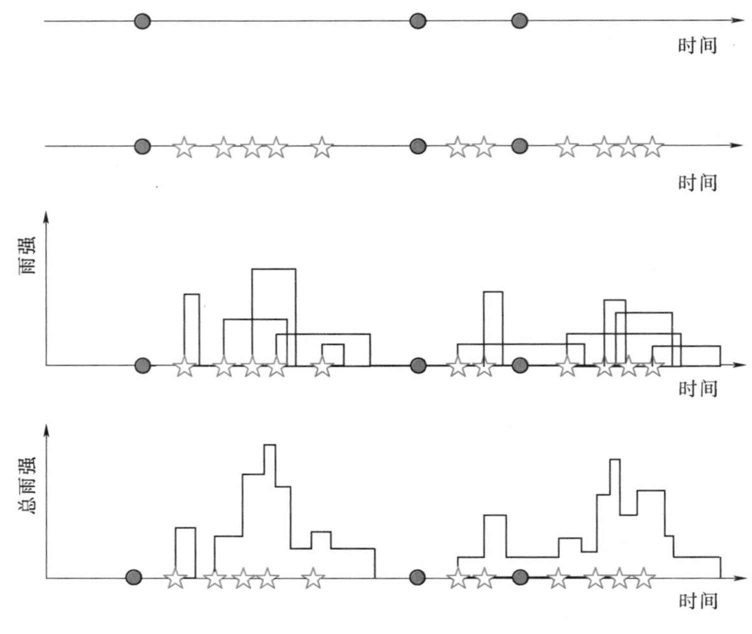

图 4.18 STNSRP 模型原理图

(1) 降雨事件起始点（图 4.18 中的红圈）按照泊松过程随机发生，相邻两个降雨事件的时间间隔用参数 $\lambda-1$ 表示。

(2) 每个降雨事件内部生成随机数量、空间上服从泊松分布的降雨单元（图 4.18 中的五角星），个数用参数 ν 表示，降水单元假设为圆形，空间分布密度用 ρ 表示，半径服从指数分布用 $\gamma-1$ 表示，降雨单元之间的时间间隔独立且服从指数分布，每个降雨事件促发的降雨单元之间平均时间间隔用参数 $\beta-1$ 表示。

(3) 同一降水事件内部的降雨单元的历时和雨强相互独立，且服从指数分布，降雨单元的平均历时和平均雨强分别用参数 $\eta-1$ 和 $\varepsilon-1$ 表示。

(4) 为考虑各站点地形因素的影响，引入尺度因子（scale factor）Φ，取值为各站点平均降雨量的分位数。

(5) 每个降雨事件的雨强等于其内部生成的所有降雨单元在其生命周期内的雨强之和。

表 4.12 所列 8 个参数，对于单站点模型，采用 5 个参数即可，包括 λ、β、η、ν、ε；对于多站点模型，包括 7 个参数，即 λ、β、η、ε、γ、ρ 和 Φ。STNSRP 模型参数见表 4.13。

表 4.13　　STNSRP 模型参数

参数	下限	上限	单位	参数	下限	上限	单位
λ	0.001	0.05	1/h	ε	0.01	4	h/mm
β	0.02	0.5	1/h	γ	0.2	500	1/km
η	0.1	12	1/h	ρ	0.0	2.0	km^{-2}
ν	0.1	30.0	—				

STNSRP 模型中提供以下（表 4.14）统计量供选择，对单站点模型（5 参数）和多站点模型（7 参数）进行参数率定。

表 4.14　STNSRP 模型中的统计量

缩写	统　计　量	单位
mean	降雨均值	mm
var	方差	mm^2
covar	协方差（单站点为自协方差-auto covariance，多站点为互协方差-cross covariance）	mm^2
corr	相关系数，单站点为自相关系数，多站点为互相关系数（cross correlation）	—
pdry	干日概率（当日降雨量小于指定降水阈值）	—
pdd	相邻干日事件的转换概率	—
pww	相邻湿日事件转换概率	—
skew	偏态系数	—

在对各统计量进行拟合时，需要对各统计量设置拟合权重（fitting weight），表 4.15 是各统计量权重的经验取值。

表 4.15　STNSRP 模型中各统计量拟合权重

统计量	阈值/mm	步长/h	权　重	
			单站点	多站点
mean	—	24	6	5
pdry	1.0	24	7	6
var	—	24	1	2
corr	—	24	6	3
skew	—	24	1	2
pdry	0.1	1	7	5
var	—	1	1	3
skew	—	1	1	3
xcorr	—	24	—	2

4.2.3.3　模型率定与验证

选取太湖流域 6 个气象站的日降雨量序列（1960 年 1 月 1 日至 2012 年 12 月 31 日）。

1. 单站点模型

单站点模型包括 5 个参数，即 λ、β、η、ν、ε，因此至少需选 5 个统计量进行参数率定。选取 6 个站点 1971—2000 年的日降雨数据进行参数率定，初始值见表 4.17，选取常州站和杭州站模拟结果进行具体分析，常州站降雨统计结果见表 4.16。

表 4.16　　常州站降雨统计量结果

统计量	1 月	2 月	3 月	4 月	5 月	6 月	7 月	8 月	9 月	10 月	11 月	12 月
mean	1.09	1.90	2.30	3.14	3.38	5.25	5.84	3.52	3.80	2.14	1.88	0.96
var	11.16	20.81	27.61	56.20	83.31	161.73	244.03	101.13	143.30	49.10	43.68	10.89
pdry	0.82	0.74	0.72	0.69	0.73	0.70	0.69	0.74	0.74	0.81	0.82	0.87
corr	0.14	0.21	0.14	0.04	0.13	0.18	0.16	0.05	0.10	0.26	0.19	0.28
skew	5.67	3.46	3.48	3.87	4.50	3.39	4.51	4.27	5.98	5.75	6.34	5.37

表 4.17　　单站点模型参数初始值

参　数	初始值	单　位	参　数	初始值	单　位
λ	0.01	1/h	ν	5	—
β	0.1	1/h	ε	1.0	h/mm
η	2.0	1/h			

图 4.19 为常州站模型参数拟合结果。5 个参数拟合值均落在设置的参数区间内，说明选取的初值及各参数上下限适用于常州站。$\lambda-1$ 表示相邻降雨事件的平均时间间隔，7 月、8 月、9 月 3 个月 λ 值呈现连续增加趋势且在全年 12 个月中是数值最大的 3 个月，说明这 3 个月相邻降雨事件时间间隔 $\lambda-1$ 最短，即降雨频发，这与太湖流域梅雨、暴雨季节一致；$\varepsilon-1$ 表示降雨强度，6 月的 $\varepsilon-1$ 值最大（除 4 月），7—9 月数值非常接近且在全年中较大，进一步说明模型拟合的降雨强度符合太湖流域降雨特性。

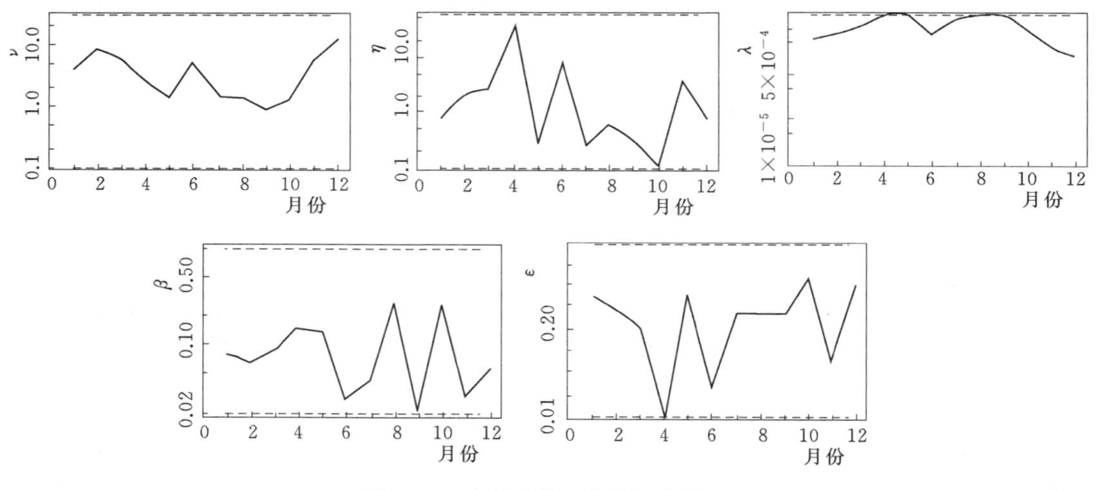

图 4.19　常州站模型参数拟合结果

基于拟合的模型参数，模拟生成常州站 30 年日降雨数据，对比分析 1971—2000 年实测数据，结果见图 4.20。基于拟合参数生成的 30 年日降雨数据的 5 个统计量与实测、拟合的统计量较为吻合，构建的模型可较好地反映常州站降雨统计特性。

杭州站降雨统计量结果见表 4.18。图 4.21 为杭州站模型参数拟合结果。5 个参数拟合值均落在设置的参数区间内，说明选取的初值及各参数上下限适用于杭州站。与常州站

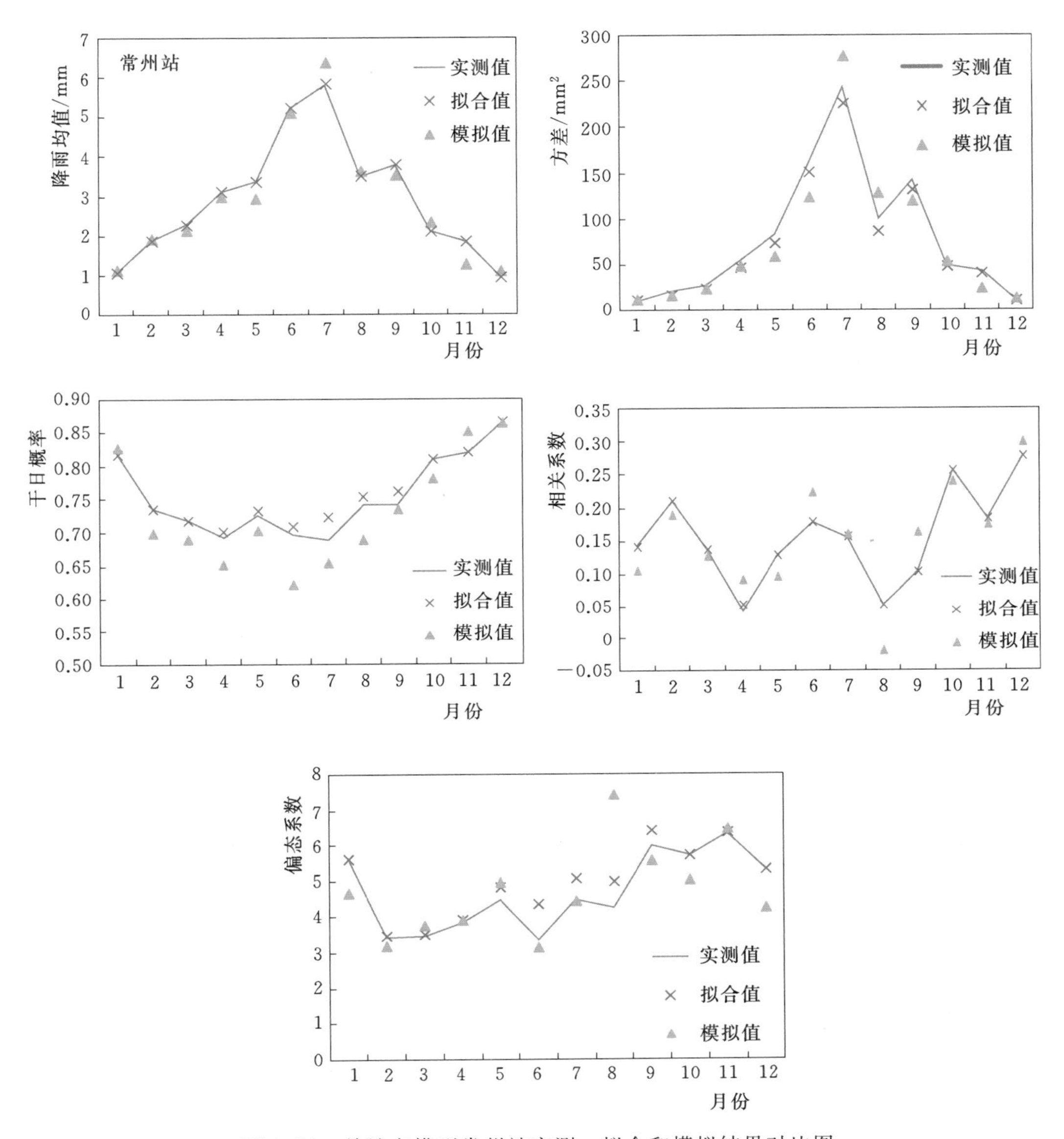

图 4.20 单站点模型常州站实测、拟合和模拟结果对比图

表 4.18 **杭州站降雨统计量结果**

统计量	1月	2月	3月	4月	5月	6月	7月	8月	9月	10月	11月	12月
mean	2.37	2.99	4.47	4.23	4.74	7.72	5.15	5.04	4.86	2.82	2.02	1.53
var	30.20	40.22	65.09	71.29	102.19	262.44	174.15	171.09	143.29	64.26	39.76	20.96
pdry	0.72	0.66	0.57	0.62	0.64	0.58	0.68	0.67	0.68	0.76	0.79	0.82
corr	0.23	0.31	0.21	0.16	0.11	0.26	0.19	0.12	0.26	0.38	0.27	0.36
skew	3.72	3.24	2.60	3.50	3.23	3.31	4.11	4.47	3.85	4.44	5.30	4.66

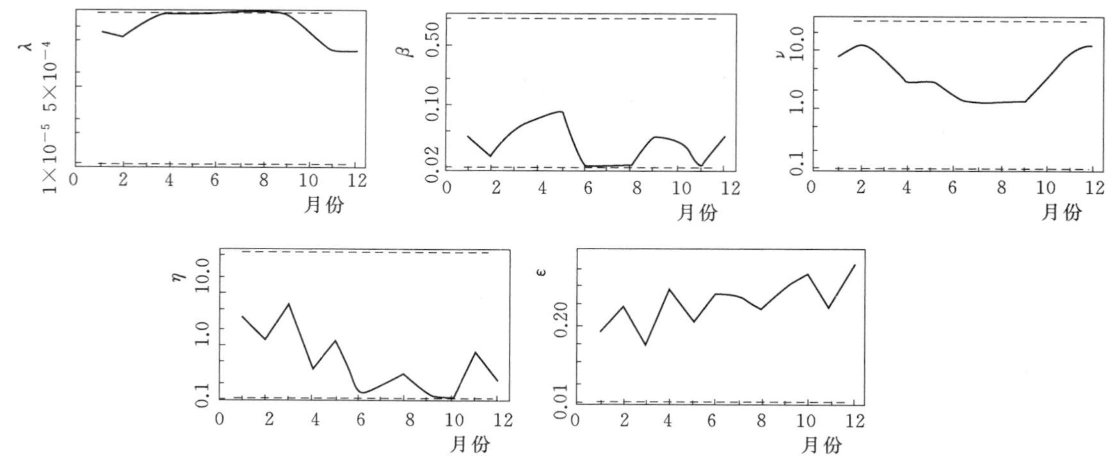

图 4.21 杭州站模型参数拟合结果

类似，分别选取表征降雨历时和降雨强度的参数来说明模型拟合效果。$\lambda-1$ 表示相邻降雨事件的平均时间间隔，6 月、7 月、8 月、9 月这 4 个月 λ 值是全年 12 个月中数值最大的 4 个月，说明这 4 个月相邻降雨事件时间间隔 $\lambda-1$ 最短，即降雨频发，这与太湖流域梅雨、暴雨季节一致；$\varepsilon-1$ 表示降水强度，5 月和 8 月的 $\varepsilon-1$ 值最大，说明模型拟合的降水强度符合太湖流域降雨特性，即暴雨主要集中在夏季。

基于拟合的模型参数，模拟生成杭州站 30 年日降雨数据，对比分析 1971—2000 年实测数据，结果见图 4.22。基于拟合参数生成的 30 年日降雨数据的 5 个统计量与实测、拟合的统计量较为吻合，构建的模型可以较好地反映杭州站降雨统计特性。

其他 4 个站点的模拟结果与常州、杭州两站类似，均能较好地模拟降雨过程，特别是对强降雨事件的模拟，展现了良好的模拟能力，说明基于点过程的 Neyman Scott 方法较传统的方法可更好地反映降雨变化特性。

2. 多站点模型

基于单站点的降雨模型难以反映不同站点之间降雨的空间相关性，因此在 STNSRP 模型中引入空间分布参数 γ、ρ 和 Φ，充分考虑降雨空间相关特性，对流域内各站点进行联合预估，在此基础上，可通过空间插值获取缺资料站点的尺度因子 Φ，并在保证该站点降雨统计特性符合所处区域的前提下，对缺资料站点进行降雨模拟，提高模拟精度，多站点模型参数初始值见表 4.19。

表 4.19　　多站点模型参数初始值

参　数	初始值	单　位	参　数	初始值	单　位
λ	0.0005	1/h	ε	0.1	h/mm
β	0.1	1/h	γ	1.0	1/km
η	0.03	1/h	ρ	1.0	km^{-2}

太湖流域山区和平原区特征差别较大，降雨特性差异显著，STNSPR 模型中用于反映多站点地形因素对降雨影响的尺度因子 Φ 若取值单一，会影响模拟效果，因此，通过

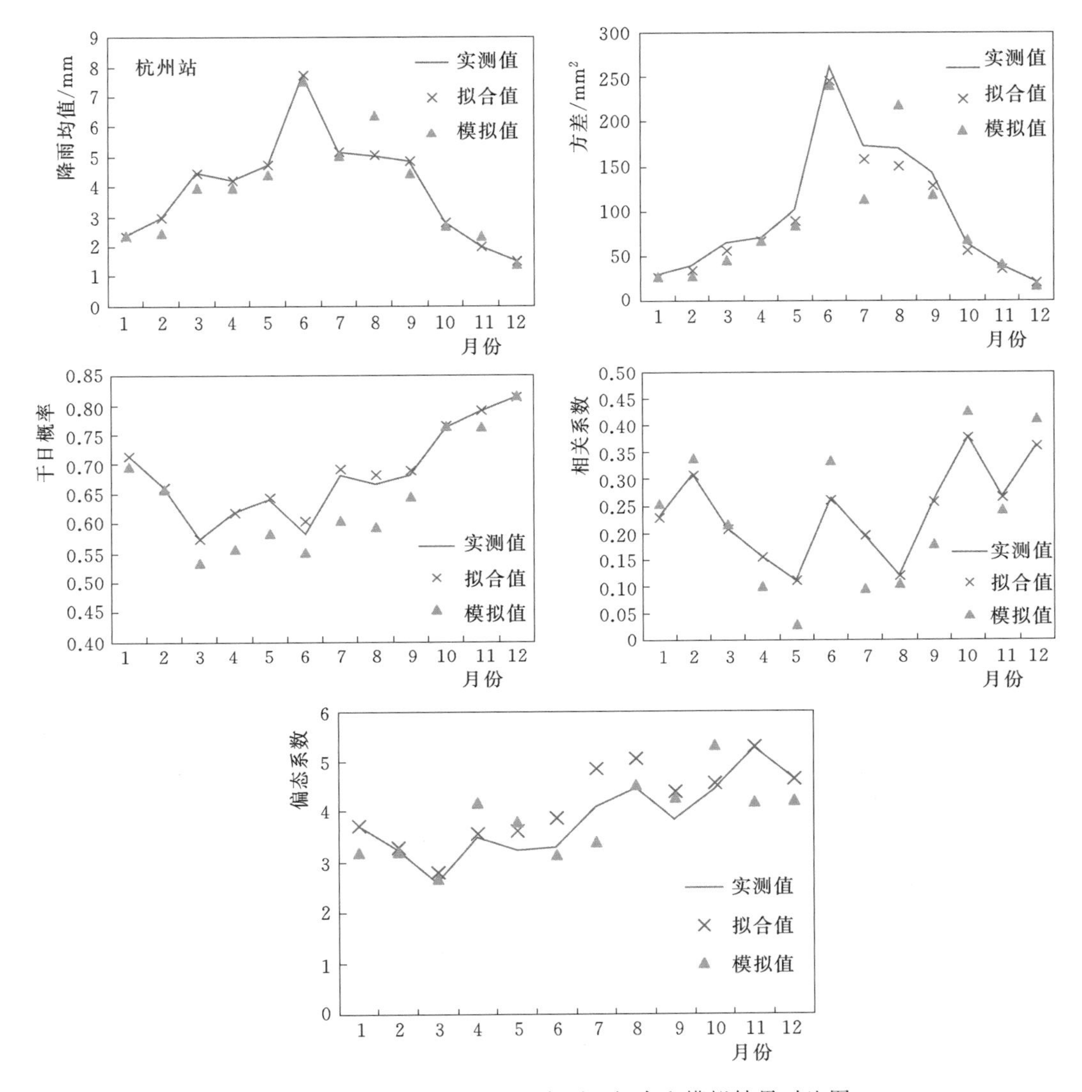

图 4.22 单站点模型杭州站实测、拟合和模拟结果对比图

修正模型，将各站点 Φ 设置为降雨均值的函数，随时间变化，年内取值见表 4.20。各参数拟合结果见图 4.24。

表 4.20 各站点尺度因子 Φ 取值

站点	1月	2月	3月	4月	5月	6月	7月	8月	9月	10月	11月	12月
常州	0.48	0.64	0.96	0.91	1.11	2.11	1.85	1.25	1.03	0.74	0.59	0.32
杭州	0.79	1.00	1.49	1.41	1.58	2.57	1.72	1.68	1.62	0.94	0.67	0.51
平湖	0.65	0.82	1.21	1.17	1.31	2.00	1.59	1.67	1.52	0.78	0.55	0.45
上海龙华	0.56	0.65	1.03	0.97	1.09	1.97	1.49	1.90	1.45	0.70	0.52	0.37
吴县东山	0.61	0.74	1.17	0.97	1.13	2.14	1.68	1.57	1.07	0.75	0.54	0.39
溧阳	0.54	0.71	1.12	1.01	1.15	2.17	1.72	1.36	1.21	0.79	0.61	0.36

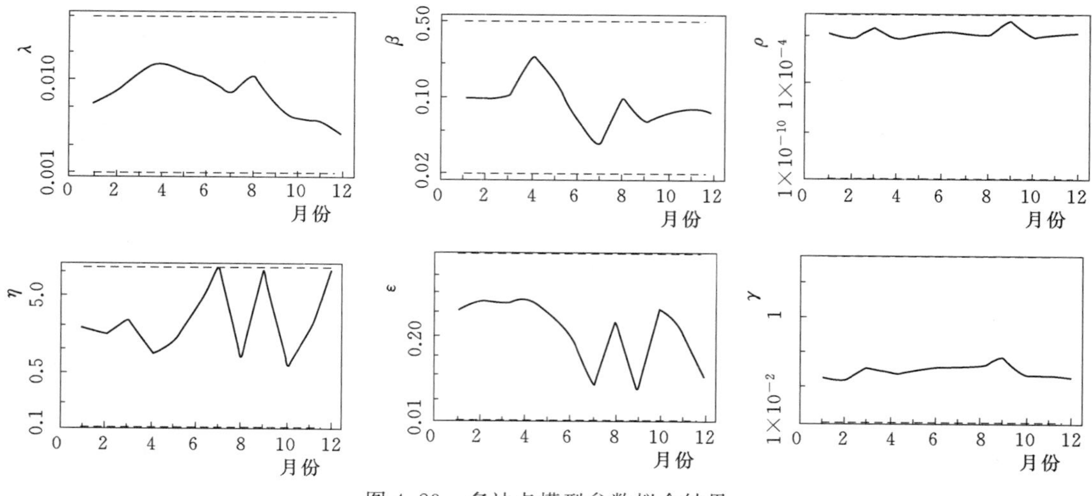

图 4.23 多站点模型参数拟合结果

可看出，其余6个参数拟合值均落在设置的参数区间内，说明选取的初值及各参数上下限适用于太湖流域，拟合的参数可以对太湖流域内多站点进行联合预估。以常州站为例来说明多站点模型的模拟效果。基于拟合的多站点模型参数，模拟生成常州站30年降雨日值数据，对比分析1971—2000年实测数据，结果见图4.24。基于拟合参数生成的30年日降雨数据的5个统计量与实测、拟合的统计量基本吻合，方差和偏态系数较实测值偏小，但年内变化过程与实测值保持一致，其他5个站点模拟结果与常州站类似，说明构建的多站点STSNRP模型可较好地反映太湖流域降雨特性。

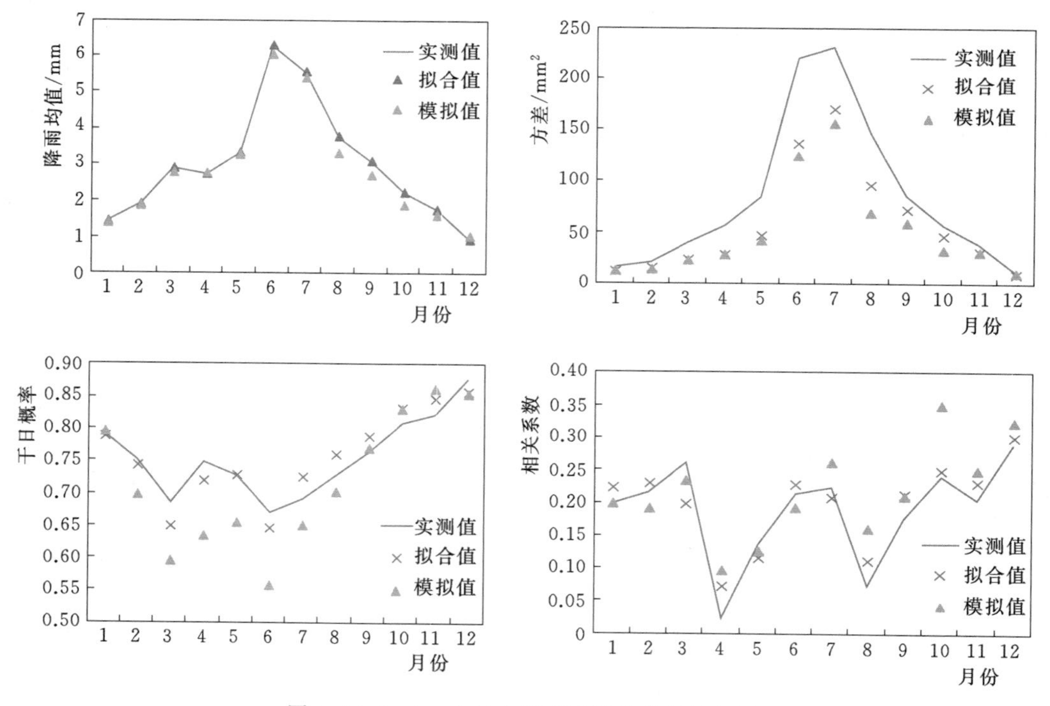

图 4.24（一） 多站点模型模拟的常州站结果

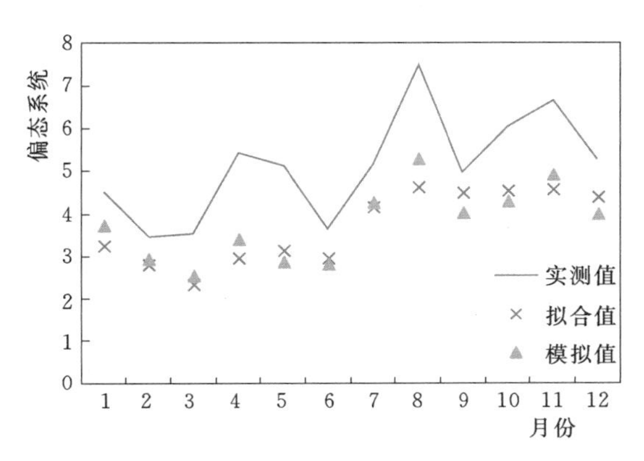

图 4.24（二） 多站点模型模拟的常州站结果

虽然单站点模型的模拟效果要略好于多站点模型，尤其是方差和湿日概率，但其对数据的完整性要求较高，在缺资料地区无法使用，而多站点模型可通过各站点间的空间相关性，更好地反映出流域内降雨的时空分布特征，也可通过对 Φ 值的空间插值，模拟生成缺资料站点降雨序列，优势明显。

4.3 未来降雨时空变化及下垫面变化对产汇流的影响

4.3.1 气候变化情景下流域降雨时空变化

采用英国 HadleCM3 气候模式提供的基准期和未来时期的气候情景，根据 STNSRP 多站点的模拟结果分析太湖流域 2021—2040 年降雨时空变化。表 4.21 是 2021—2040 年降雨相对于基准期（1971—2000 年）的变化。同样，B2 的变化量级也小于 A2 的变化量，A2 情景下 2021—2040 年的降雨相对于基准时段增加了 6.39%，B2 情景下则只增加了 3.31%。

表 4.21　A2、B2 情景下 2021—2040 年降雨相对于基准期的变化

情景	增量/(mm/d)	变化百分比/%
A2	0.2	6.39
B2	0.1	3.31

基于 STNSRP 多站点模型模拟的 1971—2000 年逐日降雨，利用皮尔逊Ⅲ型概率分布曲线计算了各站点 10 天、30 天、60 天、90 天降雨的 2 年、10 年、20 年、50 年、100 年、200 年、500 年、1000 年重现期，结果见表 4.22 和表 4.23。STNSRP 模型基于 1971—2000 年降雨所估算的重现期降雨值分布形势与实测的结果相近，但多数测站略高于基于实测值的估算结果，这是由于所采用的 GCM 模式降雨极端值高于实测值引起。

表 4.22　对应于各持续期各重现期的 SRES A2 情景下 2021—2040 年极端降雨值

站名	历时/d	不同重现期的极端降雨值/mm							
		1000a	500a	200a	100a	50a	20a	10a	2a
常州	10	529.18	502.84	466.54	437.69	407.42	363.11	327.19	209.60
	30	531.50	522.50	509.91	501.04	488.47	462.91	450.34	346.66
	60	782.70	763.22	735.58	714.44	687.25	636.39	605.80	456.67
	90	1048.48	1012.58	961.18	919.66	875.12	813.93	759.52	557.56
溧阳	10	548.51	515.40	470.50	435.49	399.42	329.99	303.27	204.32
	30	725.93	684.55	629.24	587.02	541.85	462.70	424.92	305.34
	60	1183.65	1107.05	1004.11	924.71	843.82	721.30	641.55	419.73
	90	1423.75	1333.86	1214.05	1121.97	1028.65	906.82	807.83	555.63
吴县东山	10	437.05	413.61	381.83	357.04	331.46	298.17	269.62	187.46
	30	612.29	586.05	549.98	522.57	491.20	452.23	415.57	296.82
	60	1011.28	955.36	879.96	820.13	759.82	671.09	603.48	408.72
	90	1160.72	1102.31	1022.81	960.60	896.08	801.94	730.02	522.94
上海龙华	10	456.42	432.92	400.78	376.41	349.29	306.18	281.16	198.84
	30	709.24	674.66	627.17	590.35	549.96	469.81	436.49	314.98
	60	932.76	884.48	818.94	767.57	714.28	646.28	583.07	402.30
	90	1244.10	1179.54	1091.92	1023.23	952.04	856.37	772.06	534.51
杭州	10	703.52	662.66	609.93	568.58	523.91	456.13	404.95	242.60
	30	1199.60	1140.62	1057.99	991.18	919.27	805.42	717.64	419.05
	60	1588.83	1496.59	1370.03	1270.30	1166.11	1008.16	894.21	553.15
	90	1680.70	1595.75	1479.28	1387.38	1290.63	1152.40	1039.57	700.64
平湖	10	746.71	687.29	608.46	549.31	487.88	408.16	346.48	196.35
	30	697.07	670.50	633.32	604.87	570.52	501.20	472.09	344.46
	60	942.73	899.65	840.46	793.44	743.87	673.46	615.92	433.06
	90	1117.70	1070.14	1004.68	952.77	898.05	823.54	757.58	554.59

表 4.23　对应于各持续期各重现期的 SRES B2 情景下 2021—2040 年极端降雨值

站名	历时/d	不同重现期的极端降雨值/mm							
		1000a	500a	200a	100a	50a	20a	10a	2a
常州	10	838.01	784.31	710.57	652.41	591.70	507.66	437.00	225.51
	30	742.66	715.00	676.33	645.08	611.27	558.25	518.45	339.62
	60	934.95	897.17	844.58	802.02	756.34	685.66	632.91	437.00
	90	1197.42	1145.93	1072.99	1014.51	951.93	868.37	794.03	540.12
溧阳	10	676.57	622.49	550.65	496.17	441.41	350.69	308.87	189.45
	30	732.23	690.83	634.74	591.92	546.16	469.60	432.19	311.82
	60	1166.90	1090.03	987.06	907.79	827.24	712.52	635.14	418.34
	90	1359.17	1284.90	1184.38	1106.01	1024.95	916.76	829.72	575.26

续表

站名	历时/d	不同重现期的极端降雨值/mm							
		1000a	500a	200a	100a	50a	20a	10a	2a
吴县东山	10	591.97	545.36	483.64	436.74	389.67	330.41	282.67	172.82
	30	757.58	718.09	663.97	622.69	576.34	516.68	465.24	302.40
	60	1012.30	959.64	887.82	830.13	771.73	695.07	626.81	419.47
	90	1210.52	1155.75	1080.24	1020.09	956.54	871.68	796.81	559.26
上海龙华	10	778.39	717.32	635.50	572.73	509.10	423.01	347.89	177.90
	30	1000.71	935.24	847.11	779.66	707.76	593.36	529.39	324.25
	60	1080.10	1022.02	942.49	880.98	814.35	740.35	660.84	422.97
	90	1604.40	1504.68	1369.72	1264.65	1156.08	1019.71	896.12	549.33
杭州	10	594.87	562.79	518.73	484.40	447.55	401.70	358.52	230.17
	30	1154.28	1087.86	996.07	922.85	845.47	742.91	655.21	395.43
	60	1557.38	1446.48	1297.44	1182.57	1065.38	914.95	798.49	505.21
	90	1786.59	1679.00	1533.28	1420.06	1303.44	1166.89	1036.05	696.03
平湖	10	1357.63	1200.87	1000.67	853.96	714.23	546.97	420.23	169.79
	30	1036.78	974.20	893.01	828.37	759.98	669.69	586.43	335.68
	60	1130.86	1069.58	985.69	919.81	850.71	768.98	688.51	442.62
	90	1435.45	1359.03	1254.37	1174.62	1085.85	984.46	882.35	574.74

根据式（4.11）计算了各站点重现期降雨变化百分率：

$$p=100(r_{\text{fut}}-r_{\text{bs}})/r_{\text{bs}} \tag{4.11}$$

式中：p 为变化百分率；r_{fut} 为基于 2021—2040 年模拟降水预估的重现期降雨值；r_{bs} 为基于 Bs 模拟降雨预估的重现期降雨值。

根据式（4.12）计算各站点未来重现期降水量：

$$r=r_{\text{bs,o}}+r_{\text{bs,o}}p/100 \tag{4.12}$$

式中：r 为未来重现期降雨；p 为变化百分率；$r_{\text{bs,o}}$ 为基于 1971—2000 年观测降雨估算的重现期降雨值。

4.3.2 流域分布式水文模型构建

4.3.2.1 植被参数

采用马里兰大学开发的全球 1km 土地覆盖分类数据，共有 14 种类型（表 4.24），选取其中的第 1～第 11 种植被类型，而对于水、城市与建筑类型，由于在西苕溪流域内所占比例很小，不予考虑。首先将全球 1km 的土地覆盖类型分布图进行投影转换，并根据设定的研究区分辨率大小，即 5km×5km，设定网格的长 L 和宽 W，然后按照类型对网格内的植被进行分类统计：$\sum_{i=1}^{11} V_i = LW$，其中 $i = 1, \cdots, 11$，V_i 为第 i 类植被在网格内所占的面积。模型需要输入每种植被类型对应的参数，包括最小气孔阻抗、结构阻抗、叶面指数、糙率、零平面位移、反照率、根区深度及其在每层土壤所占的比例等。根据每种植被在网格内所占的面积比例及该植被 1—12 月叶面积指数，通过编程生成 VIC 模型的植被参数文件。

VIC 模型采用的植被分类数据库及相应参数主要由 LDAS（Land Data Assimilation System）确定。

表 4.24　马里兰大学开发的全球 1km 土地覆盖分类数据

分类号	覆盖类型	中文描述
0	Water	水
1	Evergreen needleleaf forest	常绿针叶林
2	Evergreen broadleaf forest	常绿阔叶林
3	Deciduous needleleaf forest	落叶针叶林
4	Deciduous broadleaf forest	落叶阔叶林
5	Mixed forest	混交林
6	Woodland	林地
7	Wooded grasslands	林地草原
8	Closed shrublands	密灌丛
9	Open shrublands	灌丛
10	Grasslands	草原
11	Crop land	耕地
12	Bare ground	裸地
13	Urban and built - up	城市和建筑

4.3.2.2 土壤参数

表 4.25 给出了西苕溪流域按照中国土壤分类的土壤参数以及重新划分的对应质地类型。西苕溪流域主要有 3 类土壤：砂壤土（Sandy loam）、壤土（Loam）、黏壤土（Clay loam），这一分类结果与流域内红壤、黄棕壤和水稻土 3 种主要土壤类型的特征相符。与上述植被参数的获取方法相似，只选取网格内所占面积比例最大的一类土壤及其对应的参数生成该网格的土壤参数文件。

表 4.25　中美土壤对比分类及参数

分类号	中国分类	质　地	黏土	粉壤土	砂	美国分类
10	淋溶土	黄褐土、黄棕壤	15.65	20.45	63.89	砂壤土
15	初育土	紫色土、石灰土、粗骨土	21.52	32.29	46.19	壤土
19	人为土	水稻土	26.54	40.58	32.87	壤土
21	铁铝土	黄壤、红壤	33.03	34.03	32.94	黏壤土

4.3.2.3 气象数据

模型需要输入的气象数据包括日降雨量（P）、日最高气温（T_{max}）和日最低气温（T_{min}），涉及1990—2000年的降雨及气温的日序列资料。

4.3.2.4 模型率定及验证

模型模拟结果见表4.26和图4.25，模型率定期和验证期，模型对总体水量平衡的模拟效果较好，横塘村水文站多年平均年径流量的相对误差均控制在±5%以内，分别为1%和3%。日尺度上率定期的R^2和Ens均为0.76，验证期分别为0.85和0.82，月尺度的模拟效果更好，率定期的R^2和Ens分别达到0.83和0.81，验证期的R^2和Ens更是分别高达0.92和0.86。模拟的峰现时间与实测吻合较好，峰值偏小，能够较好地模拟控制站点的实测流量过程。结果表明，VIC模型模拟的横塘村水文站流量过程与实测流量过程较为一致，模型在西苕溪流域具有一定的适应性。

表4.26 VIC模型率定和验证结果

分析时段	相对误差 E_r/%	N-S效率系数 Ens		确定性系数 R^2	
	年	月	日	月	日
率定期（1990—1997年）	1	0.81	0.76	0.83	0.76
验证期（1998—2000年）	3	0.86	0.82	0.92	0.85

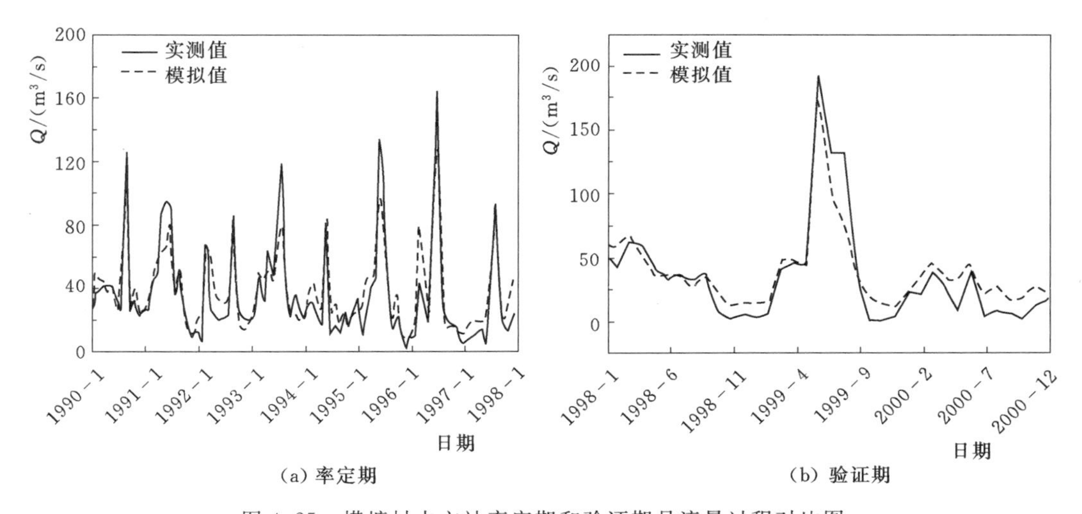

图4.25 横塘村水文站率定期和验证期月流量过程对比图

4.3.2.5 上游山区水文模拟

为实现山区-平原区水文水动力学耦合模拟，需要为水动力学模型提供上游山区入流，结合VIC模型以及太湖流域上游山区河网自身特征，太湖流域管理局提供的19个节点地理位置及1999年6—8月流量资料，基于1km×1km网格，将上游山区划分为9个子流域，最终通过比例系数将各子流域流量分配到19个节点上，为平原区水力学模型提供山区边界入流。

基于1km×1km网格，在9个子流域连续运行VIC模型，模拟上游山区1999年6—

8月的流量过程，根据比例系数分配到19个节点上，并与太湖流域管理局提供的数据进行比较，评估VIC模型在上游山区的适用性。模拟的流量过程与太湖流域管理局提供的流量过程对比见图4.26，可看出，VIC模型模拟的峰值与太湖流域管理局的结果基本吻合，峰现时间二者有较小偏差，但均出现在6月底7月初，时间上符合1999年洪水实际情况。

此外，流域暴雨产水量是进行洪水风险情景分析的一项重要指标，而太湖上游山区的产水量无疑对平原区乃至整个流域的产水量有重要影响，因此，有必要对模型模拟的总产水量进行分析，具体结果见图4.27及表4.27。模拟结果无论峰现时间还是峰值都与1999年实际情况基本吻合，表4.27显示3个月径流总量相对误差均控制在±12%以内，湖西山区为9%，浙西山区为−11%；而模型的 $N-S$ 效率系数分别为0.81和0.72，这对于大尺度水文模型来说，结果较为满意，因此，VIC模型在太湖上游山区具有较好的适应性，可为平原区水动力学模型提供所需的19个山区边界入流。

表4.27　分区水量模拟误差

分区	径流总量/亿 m^3			日流量/(m^3/s)
	VIC	TBA	相对误差/%	$N-S$ 效率系数 Ens
湖西山区	12.84	11.74	9	0.81
浙西山区	35.60	40.08	−11	0.72

4.3.3 下垫面变化对流域产汇流的影响

4.3.3.1 L-THIA模型

L-THIA（Long-Term Hydrologic Impact Assessment）模型是美国普渡大学开发的长期水文影响模型，利用GIS技术评估过去或未来土地利用的长期平均影响，侧重提供土地利用情景对水文过程的影响研究。模型的核心是SCS-CN方法，通过 CN 值对土地利用类型进行量化，用定量的指标来反映下垫面条件对产汇流的影响。SCS-CN是美国农业部水土保持局提出来的一种经验理论方法，其径流计算公式根据大量经验得来，并对模型做了简化，其计算公式为

$$\frac{F}{S}=\frac{Q}{P_e} \tag{4.13}$$

$$P_e=P-I_a \tag{4.14}$$

式中：F 为实际蓄水量；S 为潜在最大蓄水量；Q 为实际地表径流量；P_e 为潜在最大径流量；P 为降雨量；I_a 为降雨初损值，由径流产生前植物截留、填洼蓄水和初渗构成。

式（4.14）是在假定流域潜在最大径流量为降雨量减去降雨初损的基础上建立的。根据水量平衡原理，对于某一次降雨有

$$p=F+Q+I_a \tag{4.15}$$

由式（4.13）～式（4.15）可得出

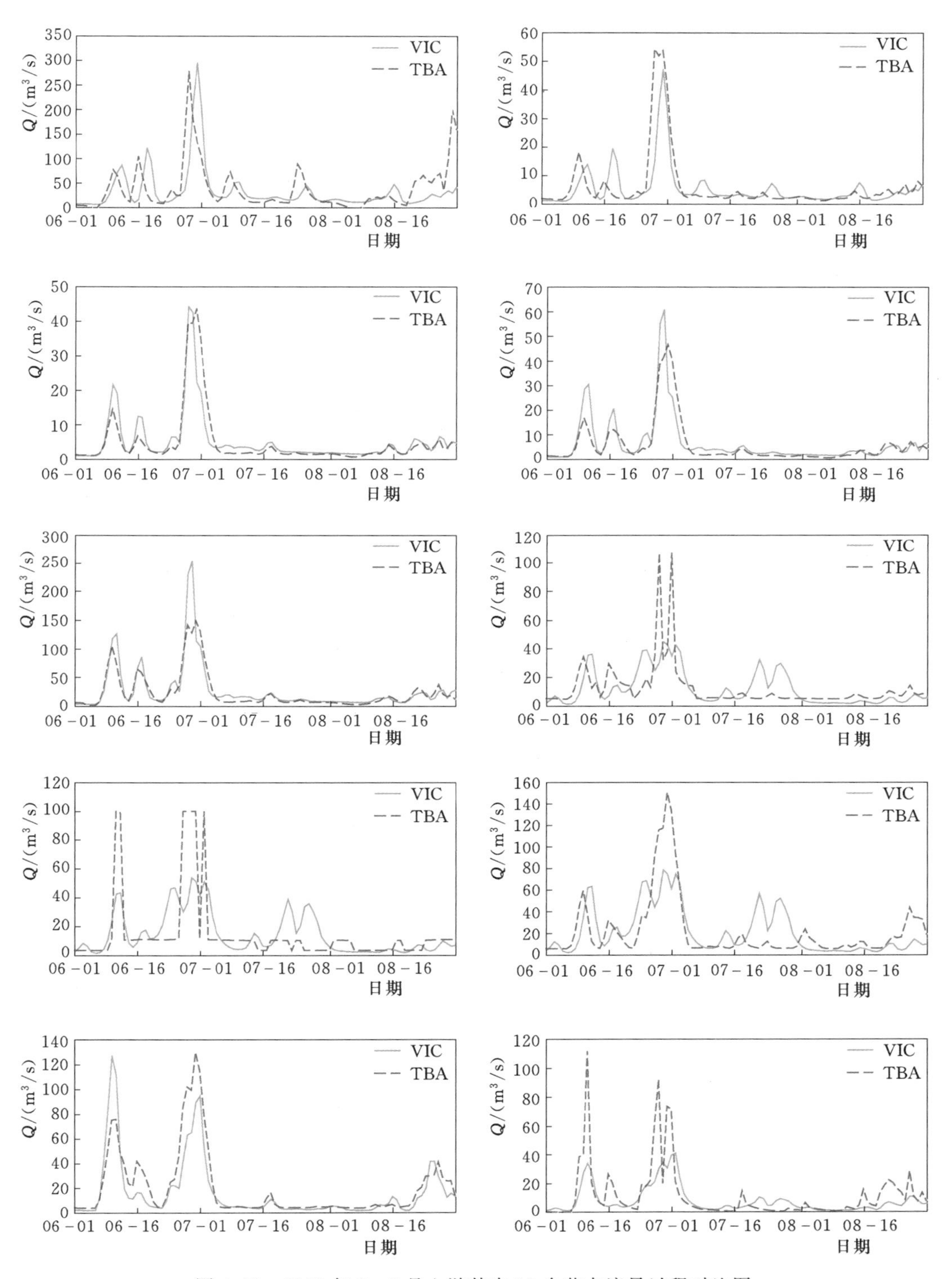

图 4.26 1999 年 6—8 月上游其中 10 个节点流量过程对比图

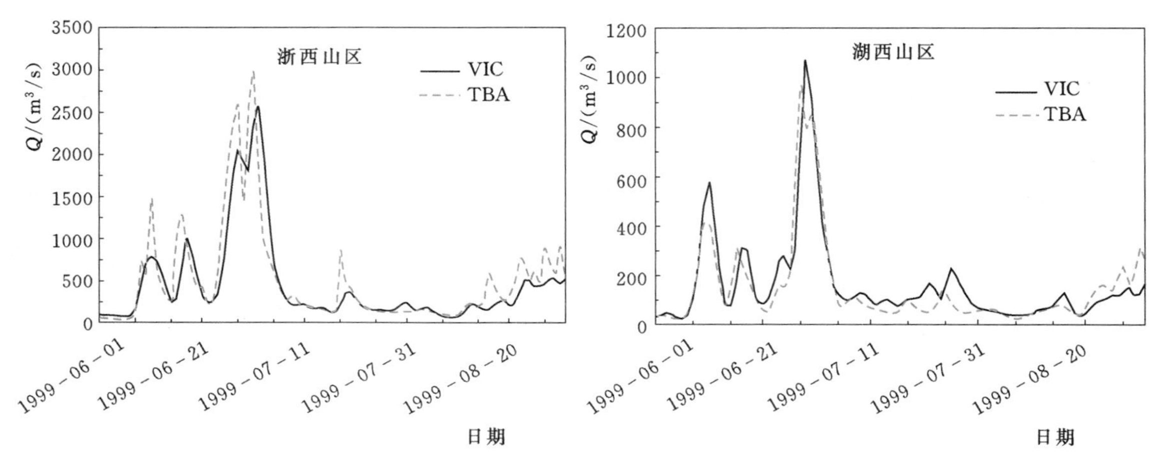

图 4.27 1999 年 6—8 月分区径流量过程

$$Q=\frac{(P-I_a)^2}{(P-I_a)+S} \tag{4.16}$$

降雨径流开始前的初损变量 I_a 是一个难以推求的物理量，模型开发者依据大量资料分析，得到降雨初损与潜在最大蓄水量之间的经验关系为

$$I_a=0.2S \tag{4.17}$$

将式（4.17）代入式（4.16）可以得到

$$Q=\frac{(P-0.2S)^2}{P+0.8S} \tag{4.18}$$

式（4.18）为径流、降雨和流域最大蓄水量之间的关系，流域最大蓄水量 S 是与下垫面变化关系密切的变量，无法直接观测得到。美国农业部通过研究提出一个可以直接反应降雨前流域特征的综合无因次参数 CN（Curve Number），CN 值和流域降雨前期土壤湿润状况、坡度、植被、土壤类型和土地利用状况相关，可以代表下垫面性质。模型建立了 CN 值和 S 之间的函数关系，即

$$S=\frac{25400}{CN}-254 \tag{4.19}$$

最初版本的 L-THIA 模型在 ArcView 界面下运行，功能较少，改进的 L-THIA 模型在 ArcGIS 软件平台下运行，对原有模型增加了流域划分模块，考虑多站点降水输入，模拟日、月、年 3 种时间尺度的平均径流，并且将土地利用分类进一步细化，将 8 种土地利用类型细分为 60 种。

4.3.3.2 数据准备

1. 降雨数据

常州、吴县东山、溧阳、平湖、杭州和龙华 6 个气象站点 1991—2012 年日降雨数据以及 SDSM 降尺度模型生成的 2021—2040 年降雨数据。

2. 土地利用数据

土地利用类型数据由MODIS遥感数据经ArcGIS空间叠加处理而来，并对其进行重分类以满足L-THIA模型要求，空间分辨率为500m×500m。将太湖流域土地利用类型重新分类为水体、永久冰面、高密度发达区、裸地/荒地、林地、灌木丛、草地、耕地、滩涂等9类，其分类及编号见表4.28。

3. 土壤数据

土壤数据来源于中国科学院南京土壤研究所全国土壤数据库。L-THIA模型土壤类型划分与我国土壤划分有所不同，需对土壤类型进行重分类。结果见表4.29。

表4.28 太湖流域土地利用重分类

编号	土地利用类型	编号	土地利用类型
11	水体	51、52	灌木丛
12	永久冰面	71、72	草地
24	高密度发达区	82	耕地
31	裸地/荒地	93	滩涂
41、42、43	林地		

表4.29 太湖流域L-THIA模型土壤类型重分类

水文土壤分类	L-THIA模型土壤分类	我国土壤分类
A	沙、壤土沙或砂壤土	淋溶土
B	粉壤土或壤土	初育土、水成土、人为土
D	黏壤土、粉质黏壤土、砂黏土、粉质黏土或黏土	铁铝土

L-THIA模型的核心参数为*CN*值，它反映了流域下垫面状况，影响整个流域的产流，参考国内该地区研究成果，建立太湖流域*CN*值，见表4.30。

表4.30 太湖流域*CN*值表

土地利用类型	水文土壤类型			
	A	B	C	D
水体	100	100	100	100
永久冰面	0	0	0	0
高密度发达区	90	93	94	95
裸地/荒地	72	82	88	90
林地	45	66	75	83
灌木丛	50	73	79	82
草地	68	79	86	89
耕地	67	78	85	89
滩涂	100	100	100	100

4.3.3.3 土地利用变化分析

利用 500m 分辨率的 MODIS 遥感数据分析太湖流域土地利用变化情况。经重分类将太湖流域土地利用整合分为：水体、永久冰面、高密度发达区、裸地/荒地、林地、灌木丛、草地、耕地、滩涂等 9 种类型。利用 ArcGIS 软件对 2001 年、2010 年两个时段土地利用图进行空间叠加，建立两时段的土地利用转移矩阵，结果见表 4.31，其最后一列为 2010 年土地利用类型的统计结果，最后一行为 2001 年土地利用类型的统计结果，矩阵各行对应的数据为 2001 年某一土地利用类型到 2010 年向其他土地利用类型的转变量。

表 4.31 2001—2010 年土地利用变化转移矩阵 单位：km^2

土地利用类型	水体	永久冰面	高密度发达区	裸地/荒地	林地	灌木丛	草地	耕地	滩涂	2010 年合计
水体	2581.00	1.25	0.00	43.50	44.75	1.25	10.00	10.00	15.25	2707.00
永久冰面	0.00	0.00	0.00	0.00	0.25	0.00	0.00	0.00	0.00	0.25
高密度发达区	0.25	0.00	2918.50	0.00	0.00	0.00	0.00	0.00	3.25	2922.00
裸地/荒地	102.00	0.75	0.00	26.75	22.75	0.75	4.50	5.50	12.00	175.00
林地	143.75	6.00	0.00	74.75	3401.25	53.00	531.75	1094.00	300.50	5605.00
灌木丛	3.00	0.50	0.00	27.25	43.50	21.25	70.75	108.50	10.25	285.00
草地	54.50	6.50	0.00	97.25	993.50	67.25	740.50	1316.50	191.75	3467.75
耕地	17.50	18.75	0.00	375.00	938.25	165.75	1429.75	19645.50	307.25	22897.75
滩涂	36.50	0.50	0.25	11.50	206.50	11.50	45.75	108.75	142.50	563.75
2001 年合计	2938.50	34.25	2918.75	656.00	5650.75	320.75	2833.00	22288.75	982.75	38623.50

注 此处统计面积与太湖面积有偏差，可能由不同比例尺地图统计造成，并且在数字化时边界也有偏差。

由表 4.31 可知，研究区土地利用类型以耕地为主，林地、水体、高密度发达区和草地在流域所占比例较大，其他土地利用类型较少。单从土地利用类型的总面积来看，从 2001 年到 2010 年面积减少的土地利用类型有：水体、裸地/荒地和滩涂，其减少的面积分别为 231.5km^2、481km^2和 419km^2，面积减少的土地利用类型主要为草地和耕地，其减少的面积分别为 634.75km^2和 609km^2。从 2001 年到 2010 年耕地面积由 22897.75km^2减少到 22288.75km^2，占全流域面积的比例从 59.3%减少到 57.7%，且主要转变为草地、林地、裸地/荒地及滩涂，转变面积分别为 1429.75km^2、938.25km^2、375.00km^2、307.25km^2；草地面积由 8.9%减少到 7.33%，主要转变为耕地、滩涂及林地，转变面积分别为 1316.50km^2、191.75km^2和 993.50km^2；裸地/荒地面积由 0.5%增加到 1.7%；滩涂面积由 1.4%增加到 2.5%，水体面积由 7%增加到 7.6%。耕地转变为草地、林地、裸地/荒地及滩涂的同时，林地、草地、滩涂也转变为耕地，转变量分别为 1094.00km^2、1316.50km^2和 108.75km^2，因此耕地在 2001—2010 年总面积减少，并主要转变为裸地/荒地、滩涂和草地，转变量分别为 307.25km^2、299.25km^2和 113.00km^2。草地主要转变为耕地、林地和滩涂，同时耕地、林地和滩涂也向草地转变，草地总面积减少，转变为林地和滩涂，转变量分别为 461.75km^2和 191.75km^2。滩涂的总面积增加主要由耕地、林地和草地转变而来，面积分别为 299.25km²、94.00km² 和 146km²。裸地/荒地面积的增加主要由耕地和草地转变而来，转变量分别为 307.25km² 和 92.75km²。水体面积的增加主要由裸地/荒地和林地转变而来，转变面积分别为 78.50km² 和 99.00km²。

在太湖流域土地利用变化分析中，耕地、草地、水体、裸地/荒地以及滩涂的面积转变较其他土地利用类型之间的相互转变更为强烈，其以上 5 种土地利用的转换中，林地的转变较为活跃，部分草地转换为林地，同时也有部分林地转变为水体，在空间分布上有变化，但其流域的总面积基本保持不变。2001—2010 年土地利用变化中，其他土地利用类型在空间分布上有变化，但总面积变化较小或基本保持不变。

4.3.4 流域水文过程对气候变化的响应

4.3.4.1 基准期径流深模拟

选取挪威 Bjerknes 气候研究中心的气候模式 BCCR，采用 ASD 统计降尺度模型，模拟 A1B 情景下基准期（1961—1990 年）日降水、日最高气温和最低气温的气象数据系列，并插值生成太湖流域 5km×5km 网格的数据。根据已建立的太湖流域 VIC 模型土壤和植被参数文件，驱动模型在流域的 1452 个网格上连续运行，输出每个网格 1961—1990 年的日径流深数据系列。由图 4.28 可知，太湖流域基准期模拟的平均降雨量在 1400mm 以上，空间分布变化特征明显，浙西山区的平均降雨量最大，可达到 2200mm；随纬度由南向北，降雨量表现出逐渐减少的趋势。根据 VIC 模型在基准期径流深的模拟结果，研究区多年平均径流深在 388～1648mm 范围内变化，并且在空间分布上流域内各网格的径流深与降雨量表现出较好的相关性。山区多年平均径流深远大于平原区，这也正与太湖流域蒸发量的空间分布特征相反，即东部大于西部，平原高于山丘区。

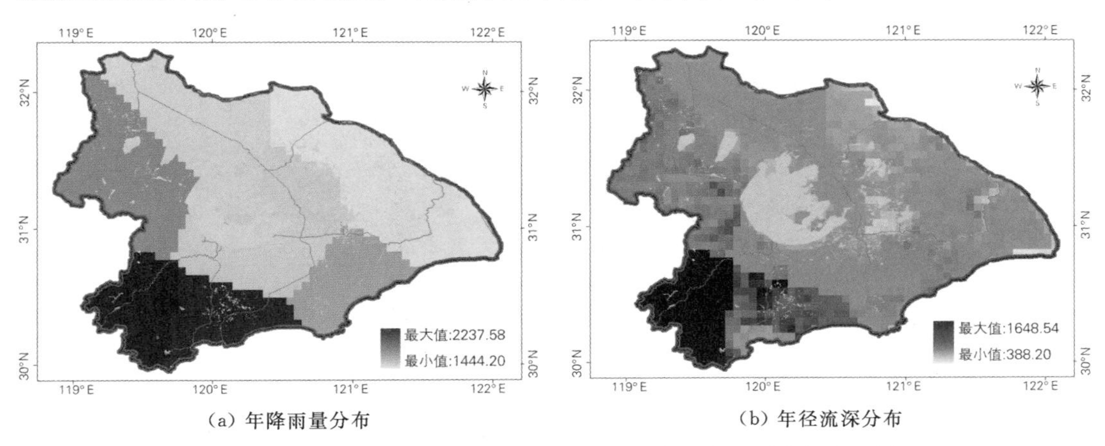

(a) 年降雨量分布 (b) 年径流深分布

图 4.28 A1B 情景下基准期（1961—1990 年）多年平均年降雨量及年径流深空间分布

图 4.29 为基准期太湖流域各网格多年平均月径流深的空间分布。其中，1 月径流变化范围为 9～69mm；2 月为 29～124mm；3 月为 31～225mm；4 月为 31～201mm；5 月为 37～192mm；6 月为 31～192mm；7 月为 31～149mm；8 月为 29～137mm；9 月为 22～150mm；10 月为 20～141mm；11 月为 18～104mm；12 月为 9～87mm。明显地，浙西山

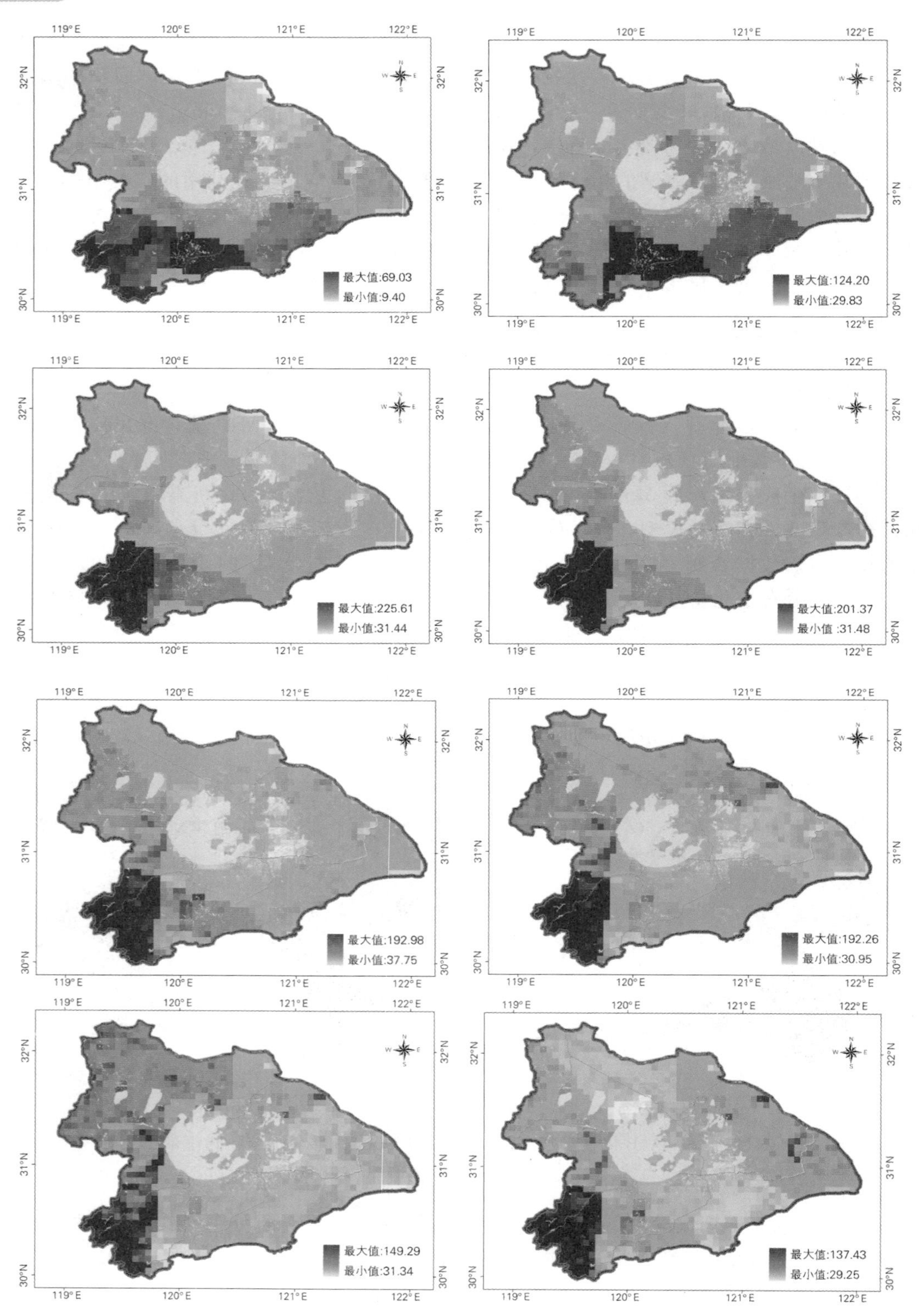

图4.29（一） A1B情景下基准期（1961—1990年）多年平均月径流深的空间分布

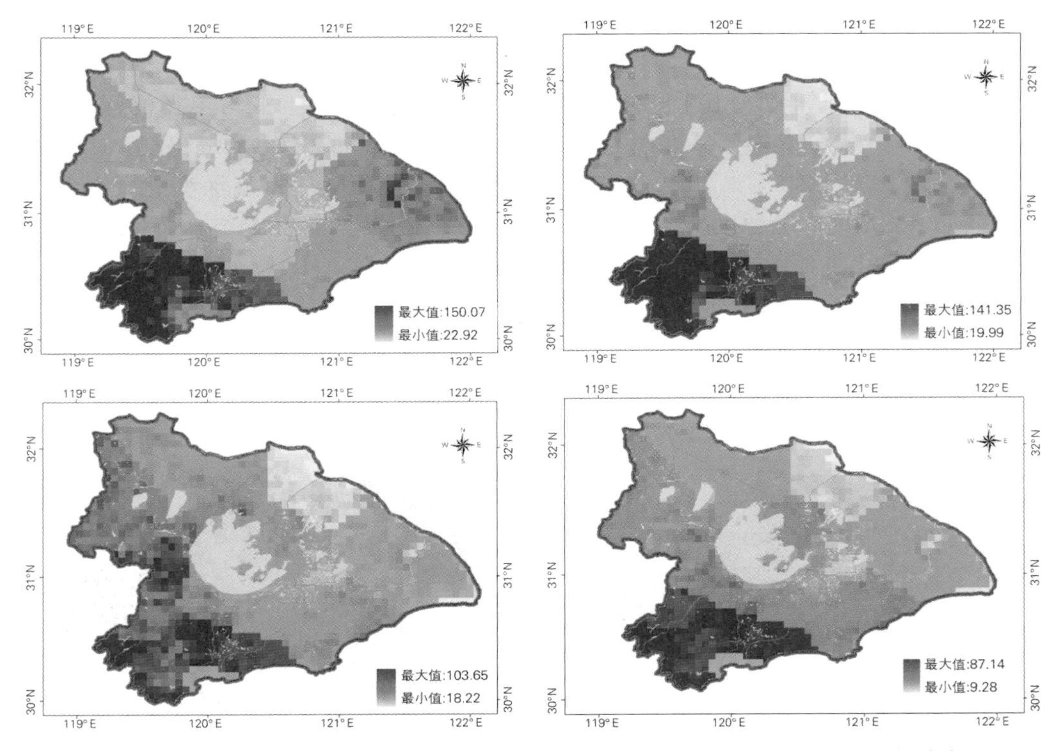

图 4.29（二） A1B 情景下基准期（1961—1990 年）多年平均月径流深的空间分布

区的径流在全年范围都较大，在 4 月最大达到 201mm。湖西区降雨的变化则比较大，4—7 月径流深较大，而在其他月份较小。而上海一带的浦东、浦西区在汛期较大，其余月份径流深均较小。

4.3.4.2 未来气候情景径流深模拟

与基准期径流深模拟所使用的方法与步骤一样，根据 ASD 模型生成的未来时期（2046—2065 年和 2081—2100 年）日降雨、日最高气温和最低气温的气象数据系列，建立 VIC 模型所需气候强迫数据，模拟未来两个时期的日径流深。图 4.30 为太湖流域在

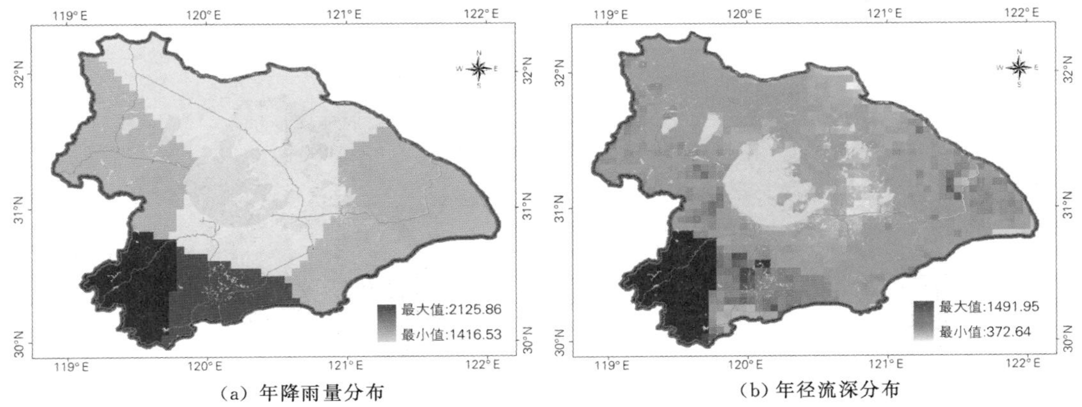

(a) 年降雨量分布　　(b) 年径流深分布

图 4.30　A1B 情景下 2046—2065 年多年平均年降雨量及年径流深空间分布

A1B 情景下模拟的 2046—2065 年多年平均年降雨量及年径流深。2046—2065 年多年平均年降雨量 1416～2126mm 相比基准期的多年平均年降雨量 1444～2238mm 小幅减少。降水量的空间分布与基准期时保持一致。未来时期内研究区多年平均年径流深在 372～1492mm 范围内变化，相对于基准期的多年平均年径流深 388～1649mm 出现小幅减少。

太湖流域 2046—2065 年各网格相对基准期的多年平均月径流深变化的情况见图 4.31。可见，流域大部分地区未来时期年内平均月径流深呈现减少趋势，而各月的减少幅度不一。相对基准期而言，1 月径流深变化为－26～5mm，2 月为－0.2～39mm，3 月为－56～10mm，4 月为－18～16mm，5 月为－6～38mm，6 月为－11～11mm，7 月为－17～23mm，8 月为－20～6mm，9 月为－18～32mm，10 月为－69～0.2mm，11 月为－42～6mm，12 月为－38～4mm。

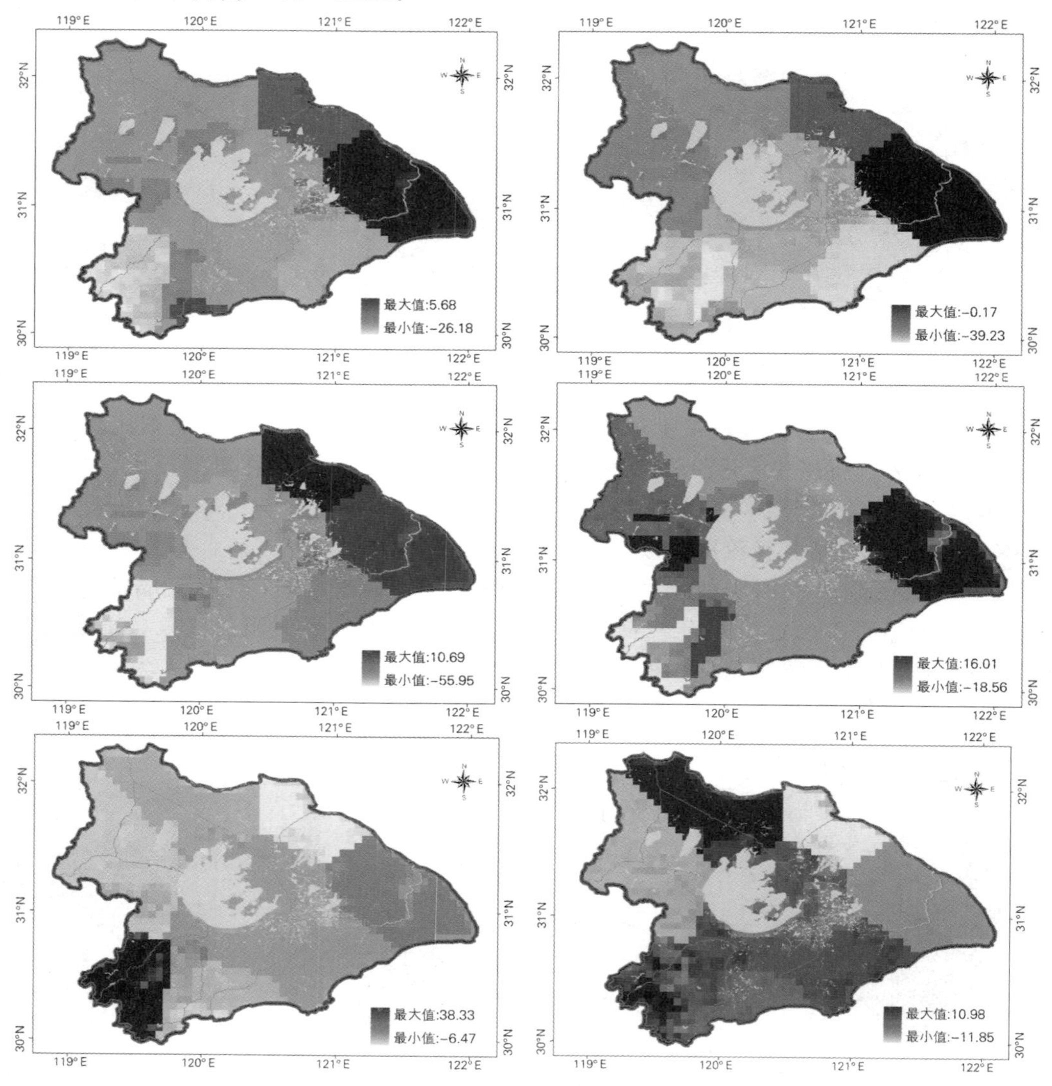

图 4.31（一） A1B 情景下 2046—2065 年多年平均月径流深变化的空间分布

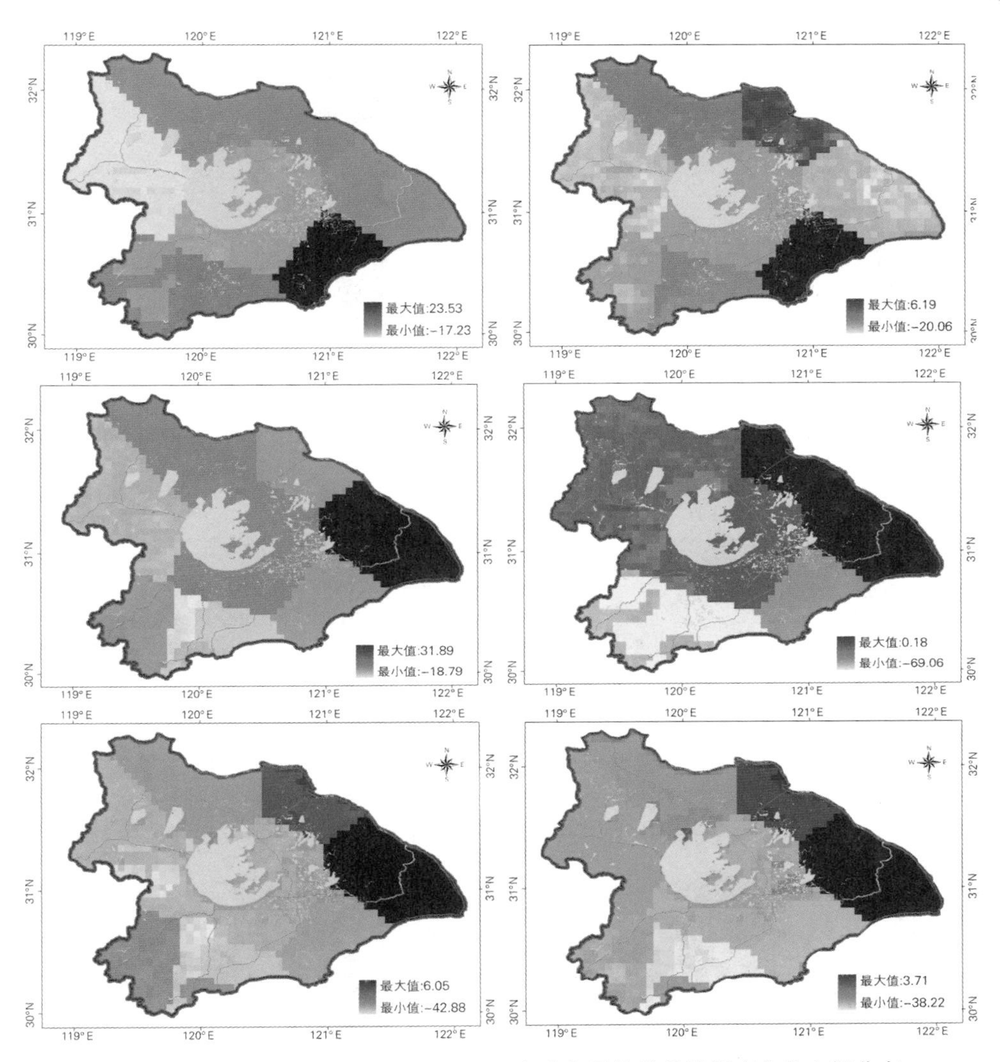

图 4.31（二） A1B 情景下 2046—2065 年多年平均月径流深变化的空间分布

图 4.32 为太湖流域在 A1B 情景下模拟的 2081—2100 年多年平均年降雨量以及年径流深的模拟结果。2081—2100 年多年平均年降雨量在 1433～2226mm 范围内变化，相比基准期的多年平均年降雨量略微减少。降雨量的空间分布与基准期时保持一致。未来时期内研究区多年平均年径流深在 384～1598mm 范围内变化，相对于基准期的多年平均年径流深同样出现小幅减少。2081—2100 年的年降雨量以及年径流深相对于 2046—2081 年都有一定的增加。

太湖流域 2081—2100 年各网格相对基准期的多年平均月径流深变化情况见图 4.33。可见，流域大部分地区未来时期年内平均月径流深呈现减少趋势，而各月的减少幅度不一。相对基准期而言，1 月径流深变化为－21～10mm，2 月为－31～－2mm，3 月为－16～20mm，4 月为－5～37mm，5 月为－5～30mm，6 月为－10～25mm，7 月为－6～12mm，8 月为－24～6mm，9 月为－30～18mm，10 月为－6～6mm，11 月为－46～6mm，12 月为－33～－0.2mm。

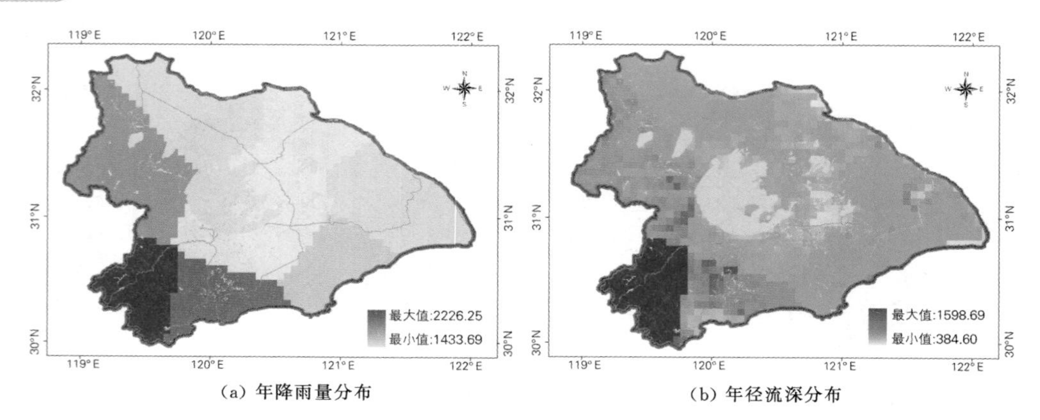

(a) 年降雨量分布　　　　(b) 年径流深分布

图 4.32　A1B 情景下 2081—2100 年多年平均年降雨量及年径流深的空间分布

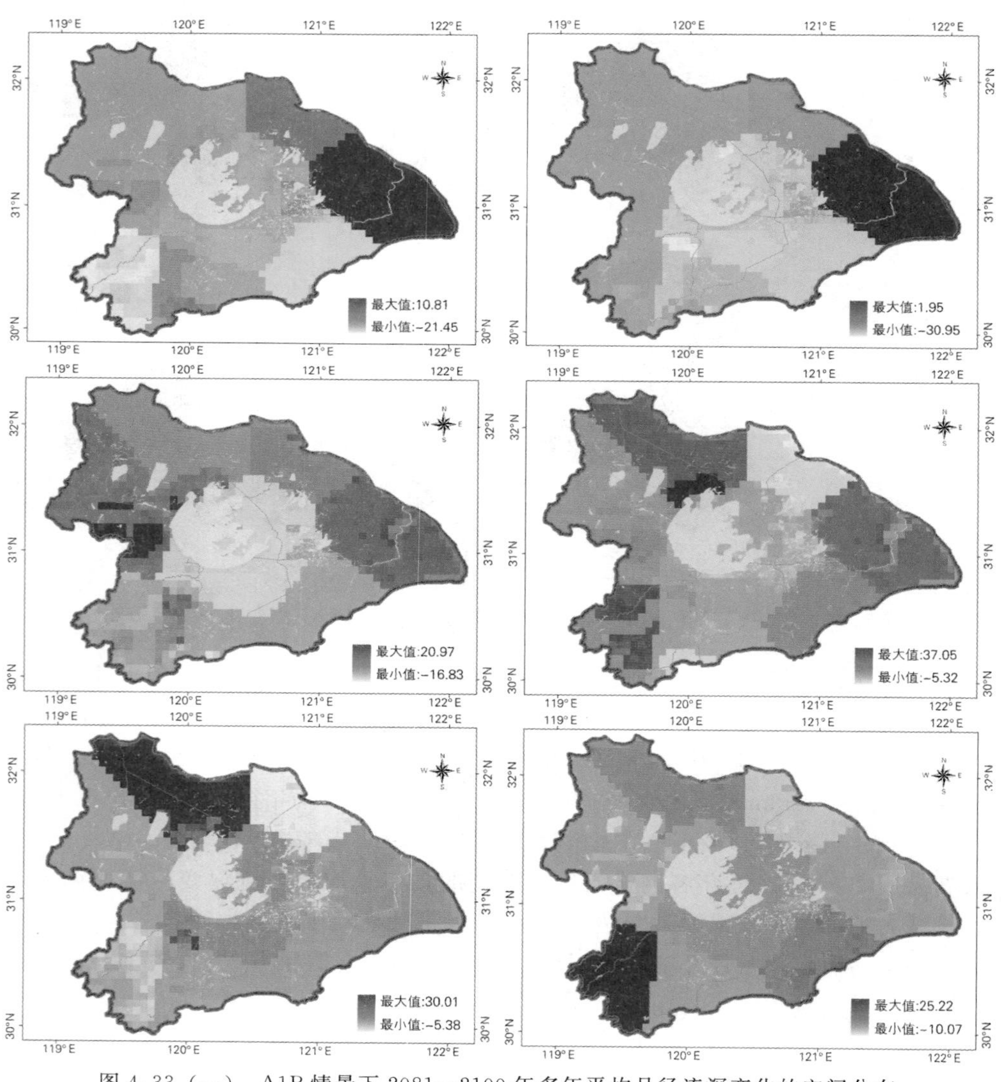

图 4.33（一）　A1B 情景下 2081—2100 年多年平均月径流深变化的空间分布

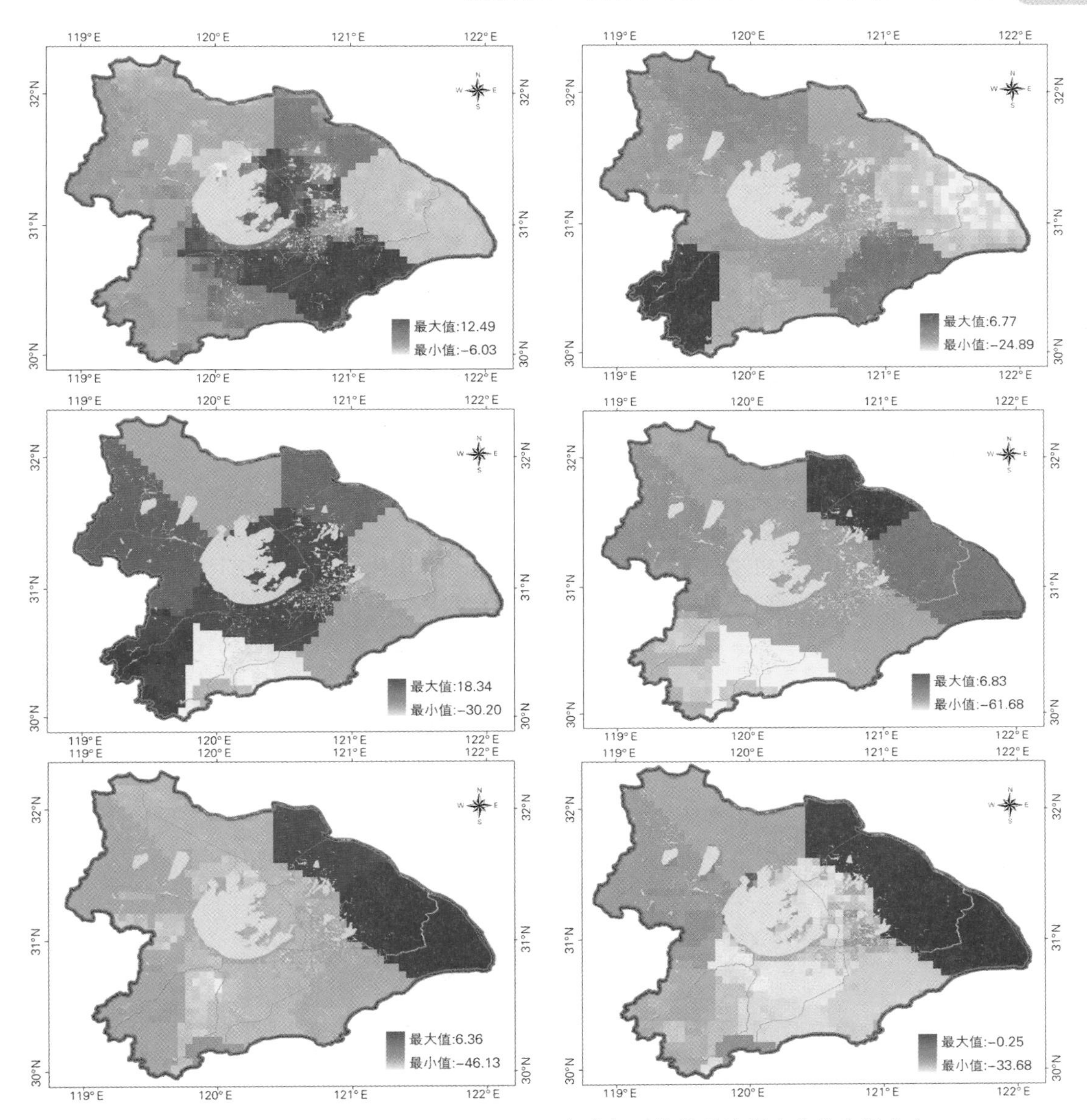

图 4.33（二） A1B 情景下 2081—2100 年多年平均月径流深变化的空间分布

4.4 气候变化和人类活动对流域水文过程影响的定量化甄别

结合气候变化情景下流域内降雨量时空分布变化及下垫面变化对产汇流的影响规律，基于未来气候变化情景，定量分析和评估未来气候变化对太湖流域陆地水循环的影响。

4.4.1 双累积曲线法对西苕溪降雨、径流过程变点检测

在 5%显著性水平下，采用 Mann - Kendall、Pettitt、滑动 T 检验、Yamamoto、差

积曲线-秩检验联合识别法等分析和比较了1972—2010年流域降雨和径流的变点。图4.34表明，西苕溪流域径流的变点发生在1999年。

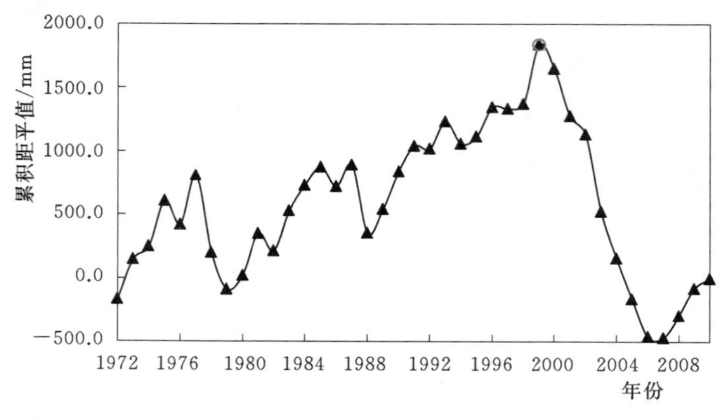

图4.34 累积距平值

流域降雨的差积曲线初步选定1999年为变异点，而其秩检验得到统计量$|U|=4.93>1.96$，差积曲线-秩检验联合识别法确定1999年为变异点，见图4.35～图4.37。

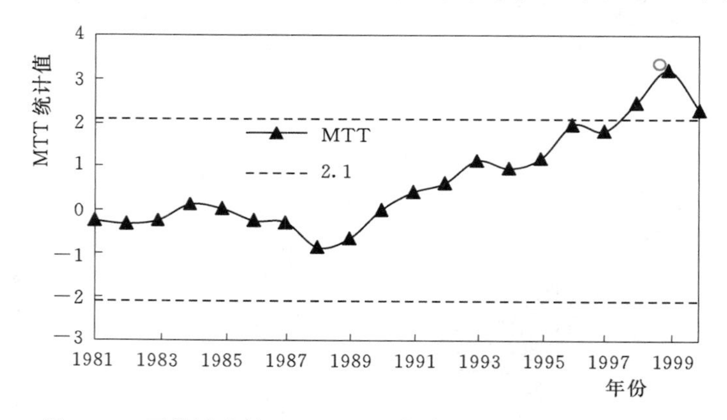

图4.35 西苕溪流域1972—2010年降雨滑动T检验统计曲线

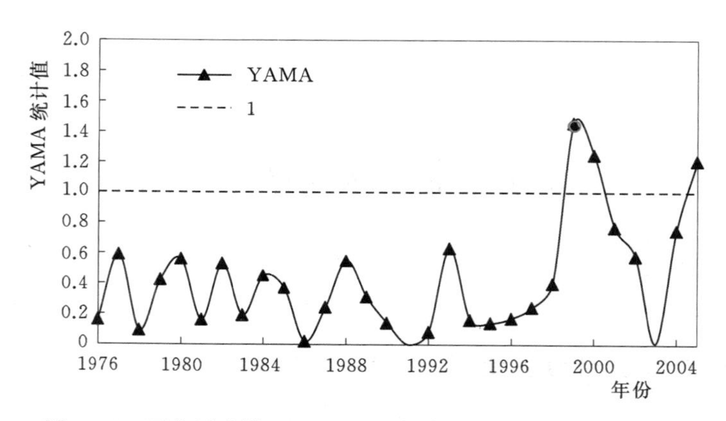

图4.36 西苕溪流域1972—2010年降雨Yamamoto统计曲线

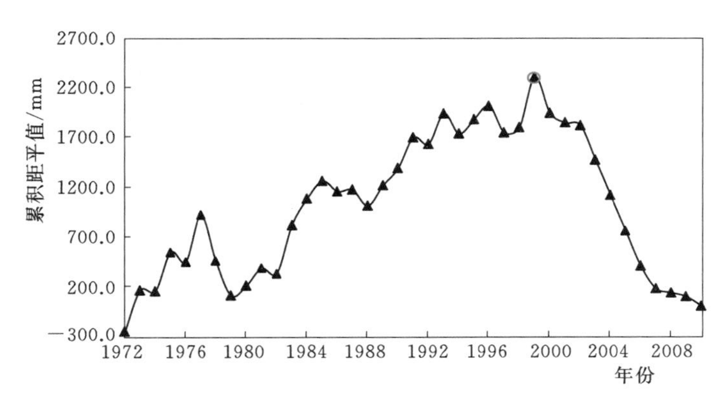

图 4.37 西苕溪流域 1972—2010 年径流差积曲线

同样地，1999 年的秩检验统计值$|U|=4.93>1.96$，即差积曲线-秩检验联合识别法检测出径流在 1999 年发生突变，见图 4.38～图 4.40。

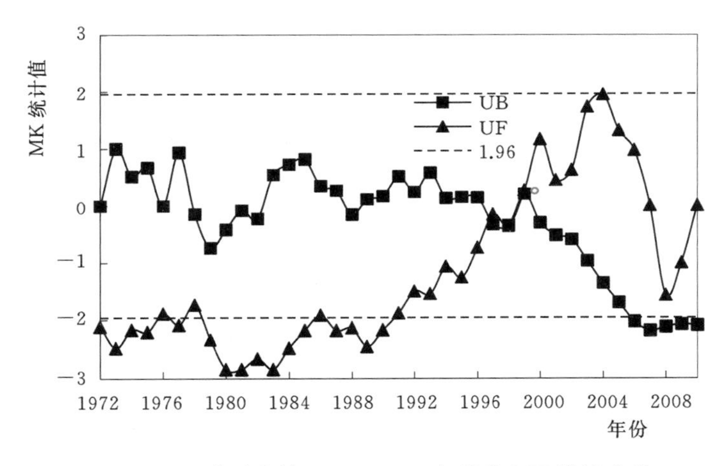

图 4.38 西苕溪流域 1972—2010 年径流 MK 统计曲线

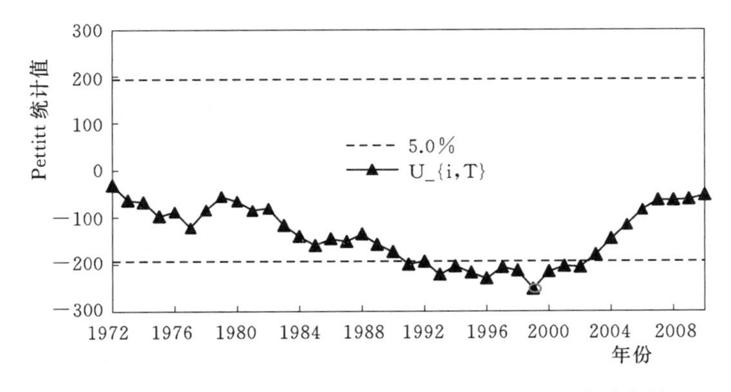

图 4.39 西苕溪流域 1972—2010 年径流 Pettitt 统计曲线

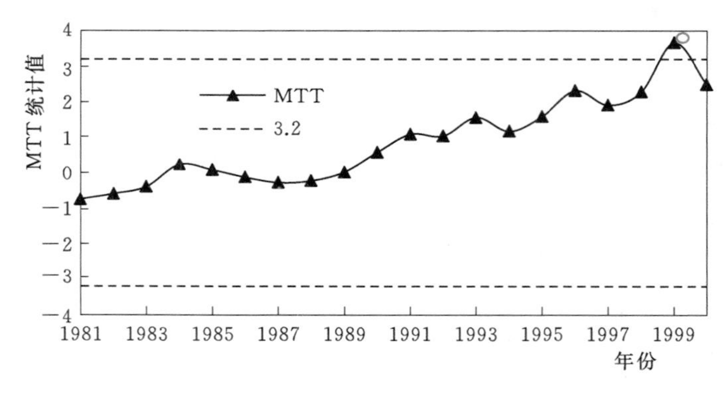

图 4.40 西苕溪流域1972—2010年径流MTT统计曲线

4.4.2 敏感系数法对西苕溪流域水文过程影响的定量评价

应用敏感性系数法、双曲线累积法定量分析太湖西苕溪流域气候变化与人类活动影响对径流变化的贡献率，其中气候变化主要考虑降雨以及潜在蒸散发。

敏感性系数法（$\Delta R^{clim}=\beta\Delta P+\gamma\Delta E_0$）估算气候变化对径流影响的贡献率为28%，人类活动影响的贡献率为72%，见表4.32。

表4.32 敏感性系数法评价气候变化与人类活动对西苕溪流域水文的影响

因子	第一期均值/mm	第二期均值/mm	差值/mm	敏感系数	气候变化对径流影响的贡献率/%	人类活动对径流影响的贡献率/%
降雨	1672.98	1552.44	−120.54	1.04	28	72
潜在蒸发	838.45	720.86	−117.59	−0.57		
径流实测值	859.24	655.16	−204.08	—		
径流计算值	—	—	−57.69	—		

双累积曲线法将累积径流量与累积降雨、累积潜在蒸散发进行多元回归，得到回归方程：$\sum R=0.68\sum P-0.34\sum E_0+19.55$，其$R^2$值为1，见图4.41。估算气候变化对径流影响的贡献率为21%，人类活动影响的贡献率为79%，见表4.33。

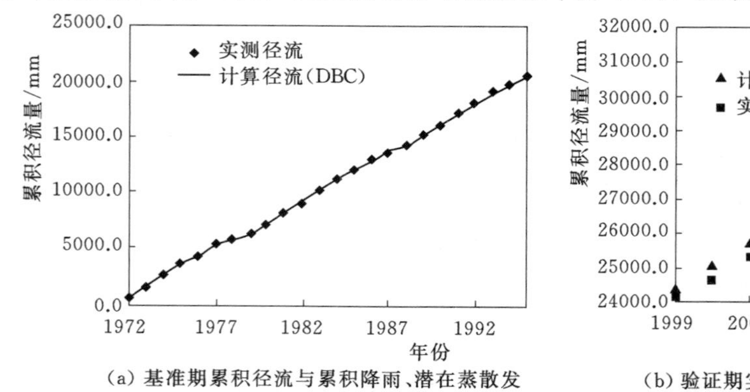

(a) 基准期累积径流与累积降雨、潜在蒸散发　　(b) 验证期实测径流与计算回归曲线径流对比

图 4.41 西苕溪流域双累积曲线法气候变化与人类活动影响分析图

表 4.33　　双累积曲线法评价气候变化与人类活动对西苕溪流域水文的影响

时　间	实测径流变化量/mm	模拟径流变化量/mm	总变化量/mm	气候变化对径流影响的贡献率/%	人类活动对径流影响的贡献率/%
1972—1995 年	859.2	858.6	—	21	79
1996—2010 年	655.2	817.2	162.0		

综合这两种方法，可知气候变化对径流影响的贡献率为 21%～28%，人类活动对径流影响的贡献率为 72%～79%。

4.4.3　太湖流域陆地水循环对气候变化的响应

将全流域及各水资源分区水文要素变化规律及变点检测进行分析。

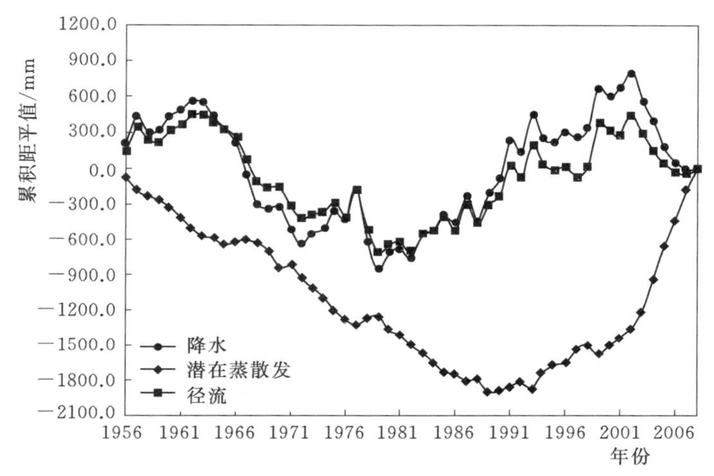

图 4.42　流域降雨、潜在蒸散发与径流累积距平值的变化

结果表明，降雨与径流序列的变化趋势趋于一致；累积距平曲线总体趋势为先减小后增大；降雨与径流累积距平最小值分别发生在 1979 年和 1982 年。各水资源区的降雨和潜在蒸散发累积距平序列显示出一致的变化趋势，其中潜在蒸散发累积距平序列均先减小后增大，降雨序列总体趋于相似的变化（图 4.42）。应用 Mann - Kendall 法检测流域降雨与径流序列，降雨与径流序列变点分别发生在 1979 年和 1982 年；该检测结果与相应的累积距平曲线的极值相吻合，可确定降雨与径流序列的变点分别为 1979 年和 1982 年。降雨变化主要受气候变化影响，径流变化受气候变化与人类活动双重影响，这里以径流变点为分界点将水文序列分为基准期和变化期。

全流域及各水资源分区气候变化与人类活动对径流变化影响的贡献率分析，见表 4.34 和表 4.35。

结果表明：双累积曲线法和敏感性系数法结果偏差为 3.4mm，相对误差为 7.2%，可相互验证结果的可靠性；气候变化与人类活动对太湖流域径流变化的影响贡献率分别为 29%～37%和 63%～71%，以人类活动影响为主，其中 2002—2008 年人类活动影响更显著。人类活动对武阳区径流变化的影响最大，湖西及湖区影响相对最小，各水资源分区的径流变化均以人类活动影响为主。

表 4.34 双累积曲线法评估

年份	实测径流/mm	模拟径流/mm	径流总变量/mm	人类活动变量/mm	人类活动贡献率/%	气候变化变量/mm	气候变化贡献率/%
1956—1981	405.9	398.6	46.7	33.0	70.6	13.7	29.4
1982—2008	452.6	412.3					

表 4.35 敏感性系数法评估

年份	降雨/mm	潜在蒸散发/mm	径流/mm	气候变化变量/mm	气候变化贡献率/%	人类活动变量/mm	人类活动贡献率/%
1964—1979	1173.3	815.9	405.9	17.1	36.6	29.6	63.4
1980—2008	1224.8	922.8	452.6				
变化量	51.4	106.9	46.7				
β/γ	0.76	−0.53	—				

4.5 本章小结

（1）大气环流模式的综合评分考虑了模式对多气候要素的模拟能力，优选出了对太湖流域较为适用的环流模式，从而一定程度上降低了由于气候模式选择不当而产生的不确定性。地表变量评分结果表明：参与评价的20种GCMs对太湖流域平均气温模拟效果相差无几，然而对此流域降雨模拟的效果却相差甚远。在综合评价结果中，同时考虑地表和高空分层变量并且使用ERA-40再分析资料作为高空分层资料的基准值进行比较。综合评价结果表明：来自挪威Bjerknes气候研究中心的气候模式BCCR表现最好，其次为GISS_ER模式。

（2）基于NSRP原理，充分考虑降雨的空间相关结构，发展多站点降尺度模型，使降尺度结果尤其是极端降雨在区域上符合实际的空间特征，降低未来气候变化情景的不确定性。引入反映多站点地形因素对降水影响的尺度因子Φ并设置为站点降雨均值的函数，可以同时反映降雨空间和时间上的变化，模拟效果较为满意。采用英国HadleCM3气候模式结果，将1971—2000年设为基准期，采用多站点模型生成太湖流域未来30年（2021—2050年）降水情景，结果表明，A2情景下21世纪30年代的降雨相对于气候基准期增加了6.39%，B2情景下增加较小，仅为3.31%。

（3）由ASD降尺度模型生成了A1B未来降水和气温情景，以此驱动基于5km×5km网格分辨率的VIC模型对研究区径流过程进行模拟，预测未来气候情景下的径流时空变化特征。2046—2065年各网格相对基准期的多年平均月径流深变化，较基准期径流深减少幅度最大的地区是浙西区与杭嘉湖区；而其他地区相对较小，尤其是上海地区在多数月份都呈现径流深增加的趋势。2081—2100年各网格相对基准期的多年平均月径流深变化，较基准期而言浙西区的径流深虽有减少的趋势，不过相比2046—2065年减少幅度有所缓解。相比之下，流域内春季径流深减少幅度最大的是阳澄淀泖区；而在冬季杭嘉湖区的径流减少幅度较大；与前一时期相似的是上海周边地区，在多数月份都呈现径流深增加的趋势。

(4) 综合双累积曲线法和敏感性系数法，得出气候变化对太湖流域径流变化的贡献率为21%～28%，人类活动为72%～79%，其中2002—2008年人类活动影响更为显著。人类活动对武阳区径流变化的影响最大，对湖西及湖区影响相对最小，各水资源分区的径流变化均以人类活动影响为主。

平原河网地区大尺度水力学模型

为了使太湖洪水风险研究更加具备科学性，结果更有参考价值与指导意义，需要在定性研究的基础上进一步开展量化研究，从而较准确地把握气候变化、海平面上升、外排能力变化、下垫面改变等因素对于太湖流域洪水的具体影响幅度。大尺度水力学模拟研究的目标是：建立全流域范围的水力学洪水模拟模型，以期评估流域范围的洪水风险分布在若干种典型情景下的变化。模型满足的要求如下。

（1）重点关注流域整体的洪水风险的时间和空间变化趋势，而非局部河道或者圩垸的具体细节。

（2）能够反映区域之间防洪安全的互相影响。

（3）能够反映气候变化、社会经济、水利工程等变化对洪水风险的影响。

（4）能够反映太湖流域泄洪与排涝的协调关系的影响。

（5）输出结果的形式便于直观反映洪水风险特征与分布，以利于决策、规划人员查看分析。

（6）具备大范围调整基础参数信息的能力。

技术路线见图 5.1。

太湖流域内的河道普遍与平原区域存在水量交换（比如圩区抽排、取水口取水等），使用概念型的模型予以考虑，基于较大的尺度将平原区划分成 198 个单元，降低了基础数据、边界条件、工程调度数据的要求，见图 5.2。

单元与河网、圩区的关系见图 5.3。

按单元内防洪标准分布结合高程分布和土地利用类型分布，洪水淹没由未受保护区或低标准保护区向高标准保护区逐级推进。一维和二维模型通过河道的漫溢、洪水单元的抽排和汇流进行关联及耦合。单元与主干河网的交互见图 5.4。

对于同一单元内不同保护标准的圩区，淹没的范围以及先后顺序通过图 5.5 的概化来体现。

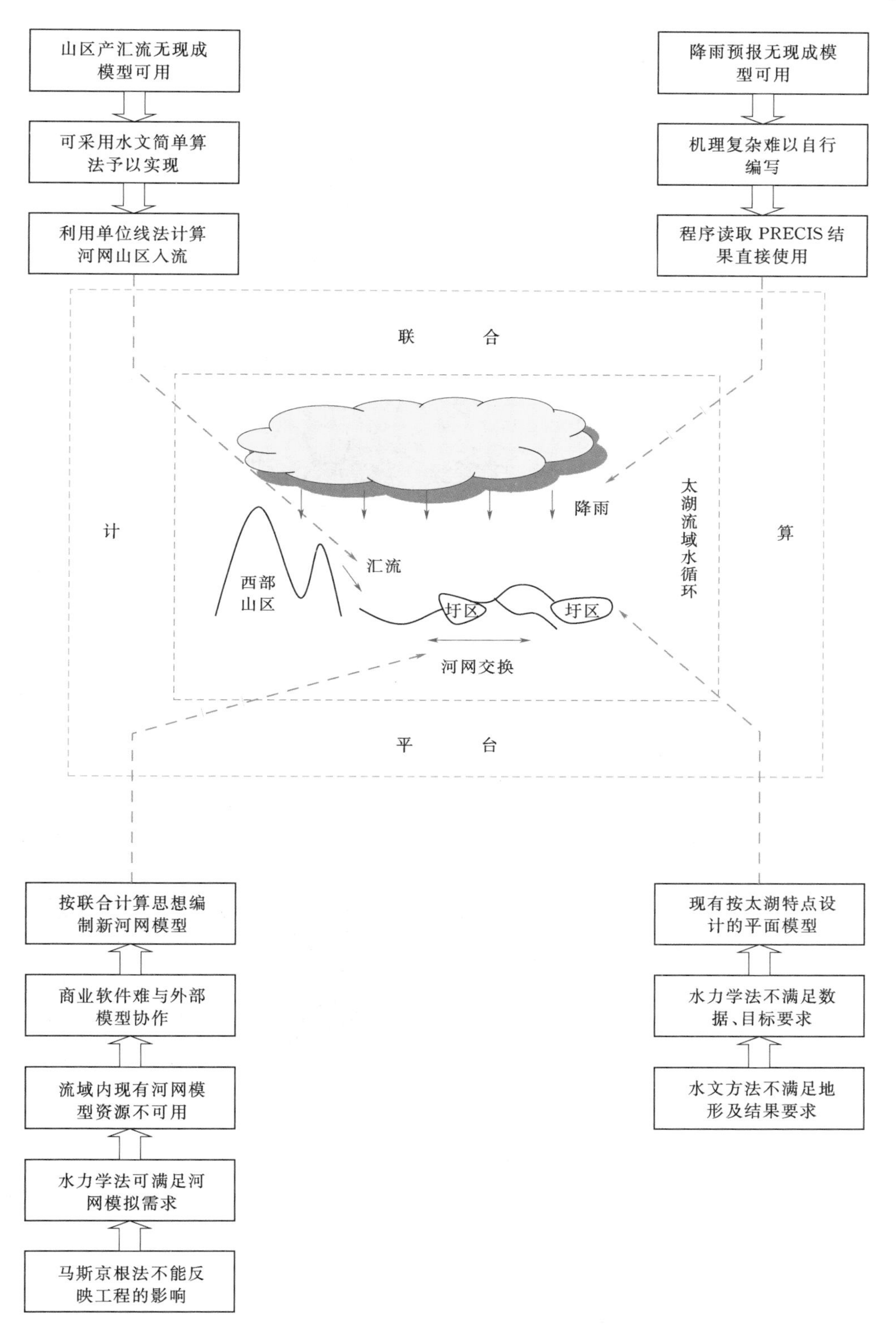

山区产汇流无现成模型可用
可采用水文简单算法予以实现
利用单位线法计算河网山区入流
降雨预报无现成模型可用
机理复杂难以自行编写
程序读取PRECIS结果直接使用
联　合
计
算
平　台
降雨
汇流
西部山区
圩区
圩区
河网交换
太湖流域水循环
按联合计算思想编制新河网模型
商业软件难与外部模型协作
流域内现有河网模型资源不可用
水力学法可满足河网模拟需求
马斯京根法不能反映工程的影响
现有按太湖特点设计的平面模型
水力学法不满足数据、目标要求
水文方法不满足地形及结果要求

图5.1　技术路线

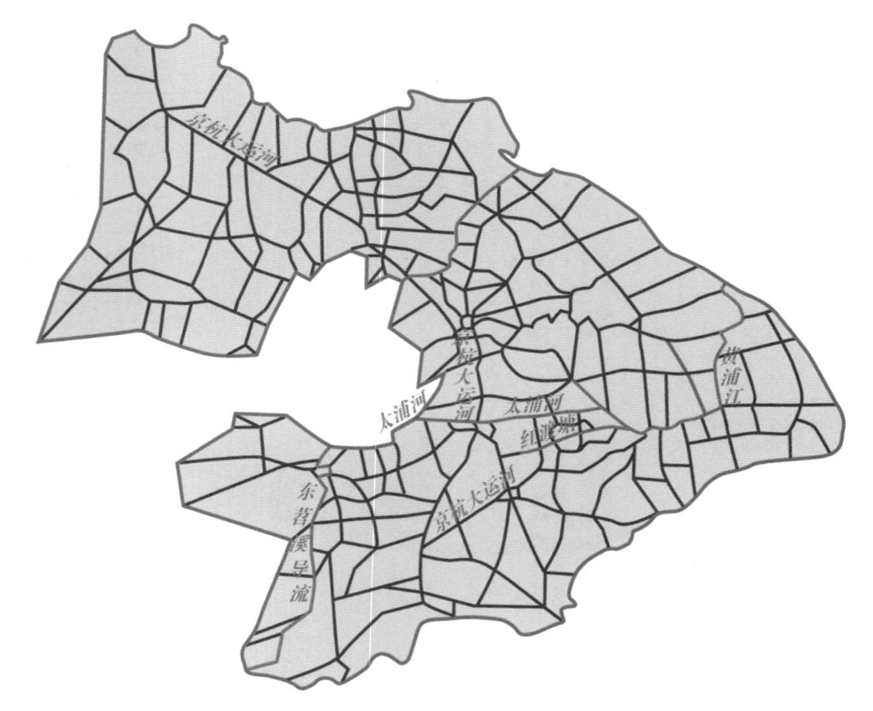

图 5.2 单元划分

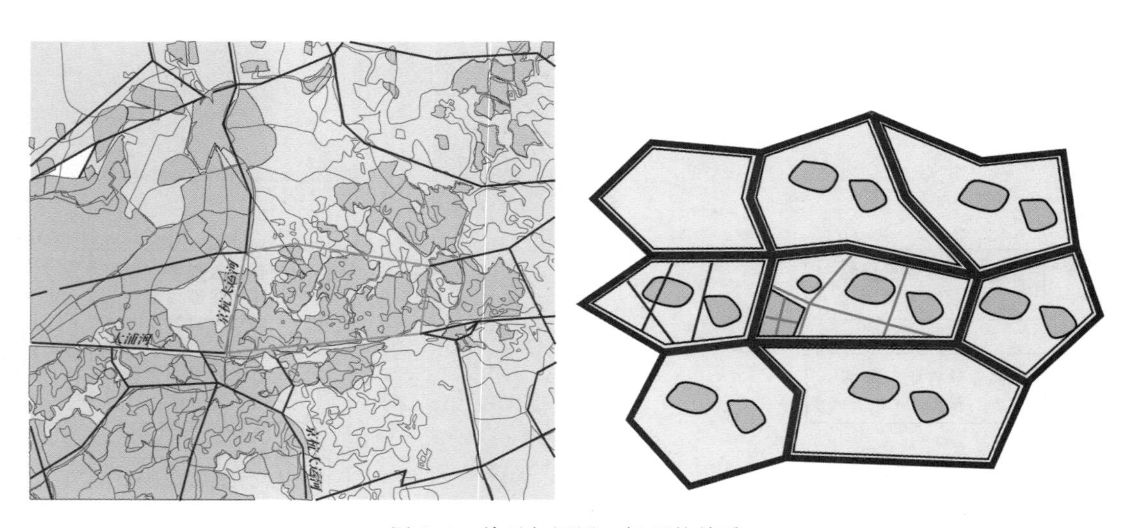

图 5.3 单元与河网、圩区的关系

在此基础上，河网水动力学模型与之通过多模型联合计算平台进行交互，同步进行计算，每个时间步长互相交换圩区抽排水量与河网漫溢水量，直至计算结束，从而反映太湖流域河网与圩区之间的洪水运动现象的影响。

对于流域模型，因为其涉及学科领域多，一般需要通过多个数值模型联合计算完成。联合计算的技术需求日渐强烈，但是研究方面则相对滞后，已有的方法或多或少地存在不

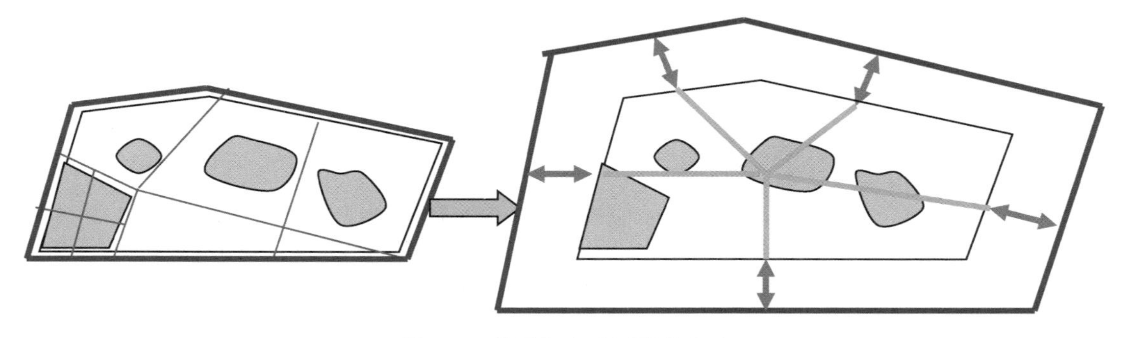

图 5.4　单元与主干河网的交互

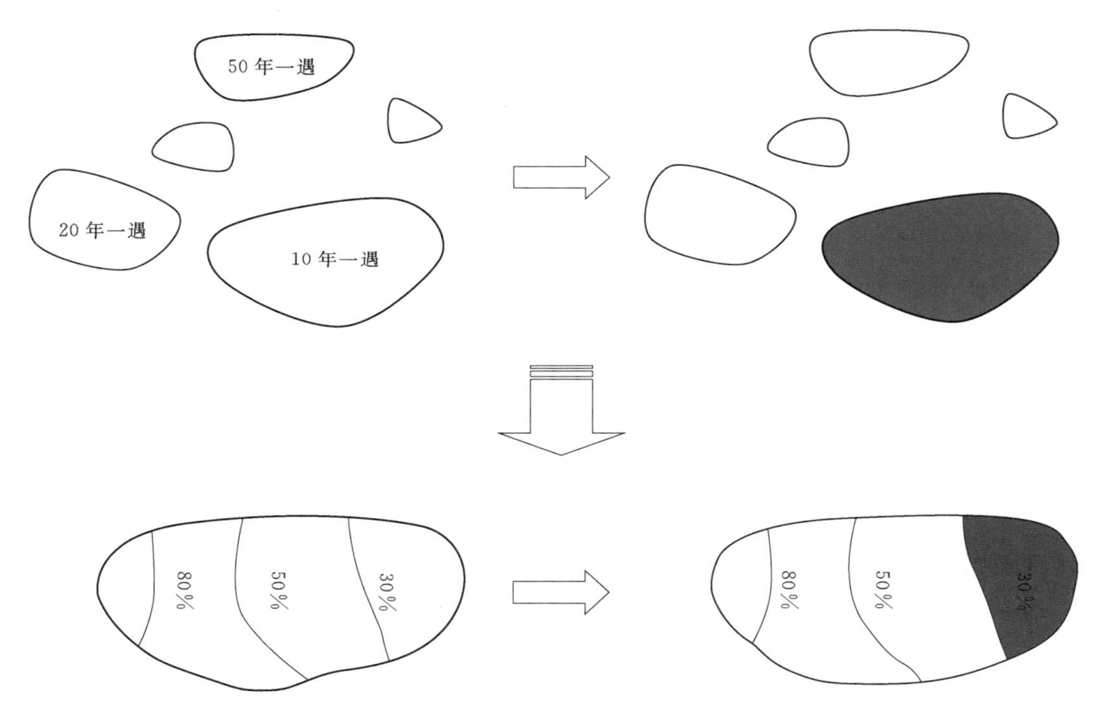

图 5.5　单元内不同保护标准圩区的概化

足，因此自主研发了多模型联合计算技术。该技术拥有如下特点。

(1) 架构开放，可最大限度地利用现有模型资源。只要满足无用户界面（无需人工干预即可完成计算流程）是基于 DOS 或者 Windows 的编译型（非脚本语言）时序计算类数模即可加入本平台体系。对数值计算细节的差异（基本方程、显/隐格式、求解方法、单元划分方式）不敏感，模型是采用何种语言编写没有影响，对早期程序的支持也比较好。

(2) 数模加入平台所需的修改工作量很小，容易实现。如果数模作者想将其模型加入到平台体系中，只需要对源程序做少量添加即可，所添加代码的逻辑也很简单（双层或单层循环）。以典型的 Fortran 编制的河网水动力学计算数模为例，只需添加 15 行左右代码即可。

（3）加入平台的数模在编写时没有过多限制，只需按照专业逻辑与原有习惯自由编写即可。平台对于所加入的 EXE 类数模没有特殊的限制（程序结构、运行方式、编程思想、接口等各方面），数模作者可以专注于解决专业领域内的问题，自由发挥专业特长。

（4）模型间数据交换方式灵活，用户可以按照自身的特定需求定制交换，定制方式简单直观，这大大拓宽了技术的应用面。

（5）技术使得真正意义上的模型库能够实现，可以将大型的计算任务分散到不同的地方，由熟悉当地具体情况的人员完成局部分块；或者将全计算域按照特点划分成若干块，分别由适合具体特点的数模来计算，最后集中到一起拼接形成目标模型。比如同一条河道根据流态、宽窄、有无横向流动等特征在中间分成若干段，由不同河道模型模拟，最终衔接完成全河段计算。

（6）平台核心功能执行效率较高。经实际测试，平台执行联合计算任务的时间只比各参与数模分别耗时之和多出 5%以内，执行效率比较令人满意。

（7）功能调用便捷灵活。平台的核心功能通过双接口对外发布，支持自动化，通过 VB Script 或者其他脚本都可以使用，只需编辑纯文本的 VB Script 文件输入 10 行左右代码，双击运行即可实现联合计算目标。

现阶段本技术是基于 C/S 方式运行，下一步目标是将其改造为 B/S 架构，通过网络方式进行发布使用，在这种方式下，建立数值模拟计算中心，广大用户通过 Web 方式使用就成为了可能。

5.1　自主河网模型

5.1.1　方程与数值计算

河网模型采用圣维南方程作为控制方程，包括连续方程与动量方程。

连续方程：

$$\frac{\partial A}{\partial t}+\frac{\partial Q}{\partial x}=q \tag{5.1}$$

动量方程：

$$\frac{\partial Q}{\partial t}+\frac{\partial}{\partial x}\left(\alpha\frac{Q^2}{A}\right)+gA\left(\frac{\partial y}{\partial x}\right)+gAS_f-u\cdot q=0 \tag{5.2}$$

式中：A 为河道过水面积，m^2；Q 为流量，m^3/s；u 为侧向来流在河道方向的流速，m/s；t 为时间，s；x 为沿水流方向的水平坐标；q 为河道的侧向来流量，m^3/s；α 为动量修正系数；g 为重力加速度；y 为水位，m；S_f 为摩阻坡降。

对基本方程在时间与空间上进行离散，见图 5.6。

河网水力学计算比较常见的有四点普林斯曼隐格式，但是隐格式有 3 个较大的弱点：求解复杂、处理边界条件以及添加水利工程时都比较麻烦。

隐格式在最后是通过建立系数矩阵求解，在河道干床的情况下系数矩阵就会出问题，导致干床情况下数值计算无法保持稳定，需要通过窄缝法等变通方法进行近似处理。太湖

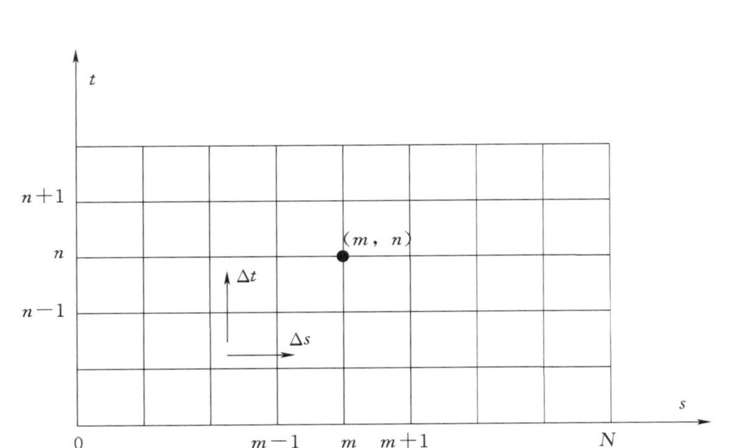

图 5.6 基本方程离散

流域的河网异常复杂，干床的情况并非不可能，所以隐格式难以完全适应。

隐格式的系数矩阵在建立过程中，各个断面的系数都会互相传递影响，而河道上的横断闸门会切断这种联系，所以导致隐格式算法不能很好地处理河道横断闸，必须将横断闸隔离放在一个单独河段中来处理（著名商用软件 ISIS 也是这样）。即使河道在横断闸处并未分岔，仍是一个连续的单河段也必须这样，这导致了模型无法很好地按照实际情况反映河网，也带来了包括拓扑表达以及系数矩阵建立联解时的很多不必要的计算开销。在太湖流域，河道上的横断闸随处可见，这对于隐格式是一个很大的麻烦。

鉴于隐格式有上述 3 个明显的弱点，对于太湖流域的河道具体情况不是很适用，本研究不予选用，转而选择了显格式来编制河网模型。显格式算法具有模型编制简洁、程序易读、易于修改等优点，虽然受制于显格式计算收敛条件的约束，时间步长不能设置太大，相对于隐格式来说模型计算时间较长，但这一点在计算机硬件日新月异飞速发展的今天，已经不成其为太大的问题。

以 Y 表达水位（z）或者流量（Q）等待求量，Y_{mn} 代表 n 时层 m 断面的函数值，则 Y 对时间的偏微商表示为

$$\frac{\partial Y}{\partial t} \approx \frac{Y_m^{n+1} - \left[\alpha Y_m^n + \frac{1-\alpha}{2}(Y_{m+1}^n + Y_{m-1}^n)\right]}{\Delta t} \tag{5.3}$$

其中，$\left[\alpha Y_m^n + \frac{1-\alpha}{2}(Y_{m+1}^n + Y_{m-1}^n)\right]$ 为已知时间层上相邻 3 点的加权平均（图 5.7）；α 为加权系数，取值 0.1。

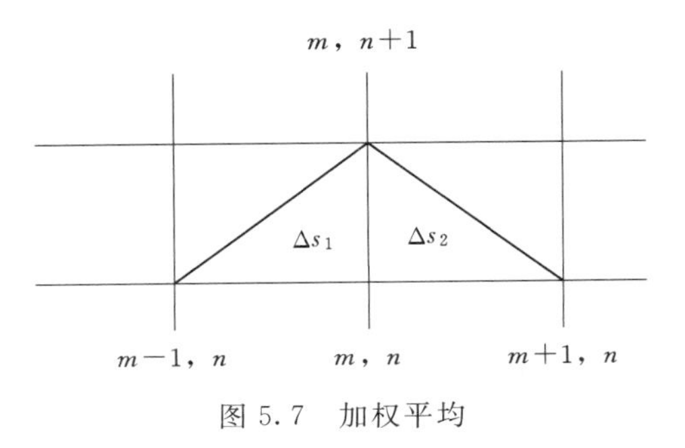

图 5.7 加权平均

Y 对距离的偏微商表示为中心偏差商，即

$$\frac{\partial Y}{\partial s} \approx \frac{Y_{m+1}^n - Y_{m-1}^n}{\Delta s_1 + \Delta s_2} \tag{5.4}$$

将上述各项代入式（5.2）整理可得

$$Q_m^{n+1}=\alpha Q_m^n+\frac{1-\alpha}{2}(Q_{m+1}^n+Q_{m-1}^n)-\left(\frac{Q}{A}\right)_m^n\frac{\Delta t}{\Delta s}(Q_{m+1}^n-Q_{m-1}^n)$$
$$-gA\ \frac{\Delta t}{2\Delta s}(z_{m+1}^n-z_{m-1}^n)+\left(\frac{Q^2}{A^2}\right)_m^n\frac{\Delta t}{2\Delta s}(A_{m+1}^n-A_{m-1}^n)-g\Delta t\left(\frac{|Q|Q}{AC^2R}\right)_m^n \tag{5.5}$$

根据库朗条件可推导其稳定条件为

$$\Delta t\leqslant\frac{\Delta s}{\left|v\pm g\sqrt{\dfrac{A}{B}}\right|_{\max}} \tag{5.6}$$

模型采用LAX格式的积分形式，对流量和水位变量采取在断面上布置流量断面中间布置水位的方式（图5.8），通过差分法求得流量后，采用有限体积法对连续方程进行处理求解水位，物理意义清晰明了。

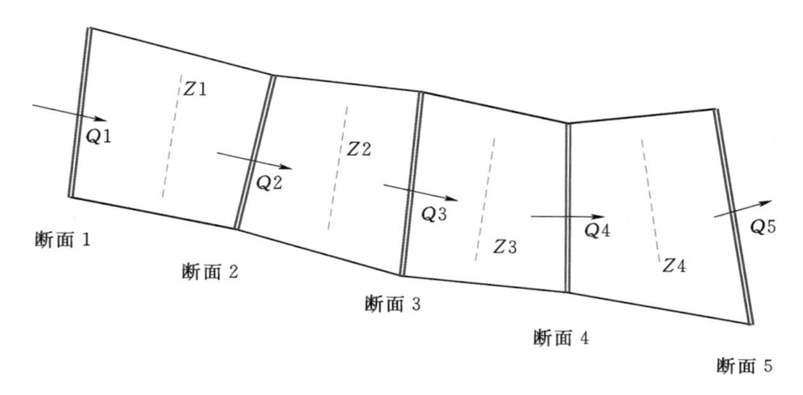

图5.8　变量布置

将式（5.1）对断面间的控制体进行积分可得

$$\int_x\left(\frac{\partial A}{\partial t}+\frac{\partial Q}{\partial x}\right)\mathrm{d}x=\int_x q\,\mathrm{d}x \tag{5.7}$$

式（5.7）化简为

$$\int_x\frac{\partial A}{\partial t}\mathrm{d}x+\Delta Q=\int_x q\,\mathrm{d}x \tag{5.8}$$

离散化为

$$\frac{\Delta A}{\Delta t}x+\Delta Q=qx \tag{5.9}$$

式（5.9）的 ΔA 可写作

$$\Delta A=\frac{A_m^{n+1}+A_{m+1}^{n+1}}{2}-\frac{A_m^n+A_{m+1}^n}{2} \tag{5.10}$$

这样结合断面的具体形状数据即可求得各个 Z 值的变化量，也就得到了下一个时间步长的各个水位值。

求解的顺序见图5.9。

如此逐个时间步长循环即可推进计算直到结束。

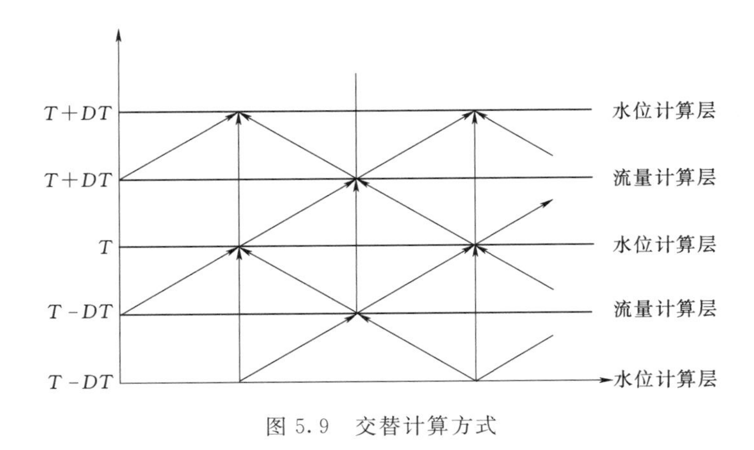

图 5.9 交替计算方式

5.1.2 复杂网状拓扑的描述方法

用什么样的逻辑去组织对象，也就是选用什么样的数据结构去描述河网，是对于模型来说至关重要的问题，这会影响到模型的如下 3 个方面。

（1）是否能够胜任对象的计算。如果数据结构过于简单而对象比较复杂，则无法如实的反映。

（2）计算效率高低。河网数值计算过程中必定涉及每个时间步长对所有对象的完整遍历分析，数据结构选用的合适与否直接影响遍历的效率。这种每个步长计算都进行的操作，即使执行速度有轻微的变化，通过数量巨大的步长数所累积起来，对模型的执行效率和运算耗时就有很大的影响。

（3）模型的拓展性好坏。太湖流域处于社会经济高速发展的时期，无论是地面河网形态结构还是水利工程设施包括地表水体都始终处于变化的状态，数据结构如果选用不当，则可能无法如实反映这些变化或是难于实现所需的修改。

数据结构分类见图 5.10。

数据结构总体上分为线性与非线性两大类：

（1）线性数据结构包括表、栈、队列、串几种。线性结构是研究数据元素之间的一对一关系。在这种结构中，除第一个和最后一个元素外，任何一个元素都有唯一的一个直接前驱和直接后继。

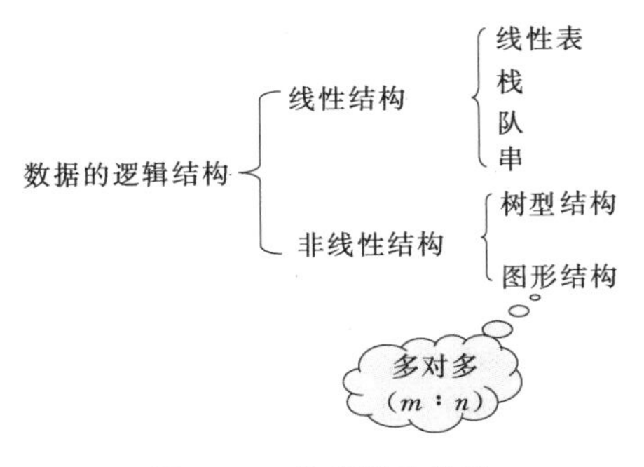

图 5.10 数据结构分类

（2）非线性数据结构中包括树与图两种。树结构是研究数据元素之间的一对多的关系。在这种结构中，每个元素对下（层）可以有 0 个或多个元素相联系，对上（层）只有唯一的一个元素相关，数据元素之间有明显的层次关系。图（Graph）是一种比线性表和树更为复杂的数据结构。图结构是研究数据元素之间的多对多的关系。在这种结构中，任意两个元素之间可能存在关系。即节点之间的关系可以是任意的，图中任意元素之间都可能相关。

太湖流域河道总长约12万km，分布密度达到3.24km/km²，而平原区密度则更加高达4km/km²，如按照长方分割，河间距大约330m，是全国河道密度最高的地区。流域水系十分复杂，平原河道形成网格，槽内水流流向往复不定，上游下游难以界定区分。

如此复杂的拓扑关系，线性数据结构完全不可能进行描述。在非线性数据结构中，树型结构是以分支关系定义的层次结构，被现阶段的大量河网模型所采用。其立足于层次化的逐级归属关系来描述对象，见图5.11。

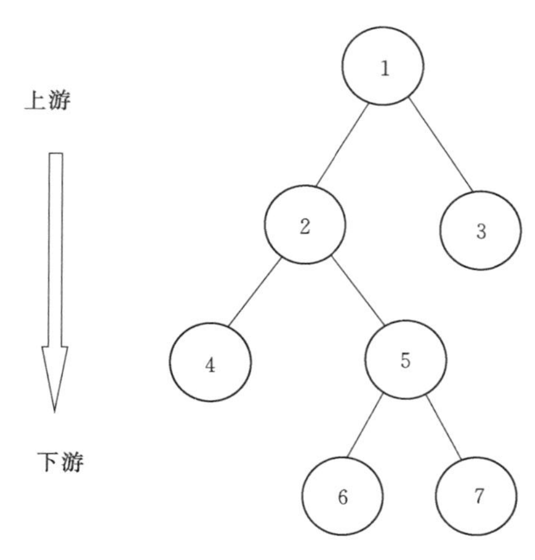

图5.11　树型结构

树型结构可以很好地适应河道地形坡降较大的情况，从上游边界站点向下逐级描述支流、主干直至下游边界站点。但是这完全无法适应太湖流域的情况，太湖河网平均坡降为万分之一到万分之二，局部地区更是低至十万分之几；河网的北、东、南3个方向很大一部分都属于平原感潮河道，受沿江、沿海潮汐影响以及降雨时空分布影响，往复流动，不分上下游，难定主支流，且存在大量的环形回路。所以树型结构的首末之分、层级归属前提都不成立，不能用来描述太湖流域河网。

在上述数据结构都不能胜任的情况下，只有采用图结构来描述太湖河网。图是最为复杂的数据结构，但也是描述能力最为强大的，可实现任意广度、任意深度、任意复杂度的关系描述。

图（Graph）是一种非线性数据结构，图中的每个元素既可有多个直接前驱，也可有多个直接后继。一个图（G）定义为一个偶对（V，E），记为$G=(V, E)$。其中：V为顶点（Vertex）的非空有限集合，记为$V(G)$；E为无序集$V\&V$的一个子集，记为$E(G)$，其元素是图的弧（Arc）。

将顶点集合为空的图称为空图。其形式化定义为

$$G=(V,E)$$

$$V=\{v|v \quad \text{data object}\}$$

$$E=\{<v,w>|\ v,w \quad V \wedge P(v,w)\}$$

其中，$P(v, w)$为从顶点v到顶点w有一条直接通路。

弧（Arc）：表示两个顶点v和w之间存在一个关系，用顶点偶对$<v, w>$表示。通常根据图的顶点偶对将图分为有向图和无向图。

有向图（Digraph）：若图G的关系集合到$E(G)$中，顶点偶对$<v, w>$的v和w之间是有序的，称图G是有向图。

在有向图中，若$<v, w>E(G)$，表示从顶点v到顶点w有一条弧。其中：v为弧尾（tail）或始点（initial node），w为弧头（head）或终点（terminal node）。

图5.12中，有向图G_1可以表达如下：

$G_1=(V_1, E_1)$

$V_1=\{a,b,c,d,e\}$

$E_1=\{<a,b>,<a,c>,<a,e>,<c,d>,<c,e>,<d,a>,<d,b>,<e,d>\}$

图的存储结构比较复杂，其复杂性主要表现在：

（1）任意顶点之间可能存在联系，无法以数据元素在存储区中的物理位置来表示元素之间的关系。

（2）图中顶点的度不一样，有的可能相差很大，若按度数最大的顶点设计结构，则会浪费很多存储单元，反之按每个顶点自己的度设计不同的结构，又会影响操作。

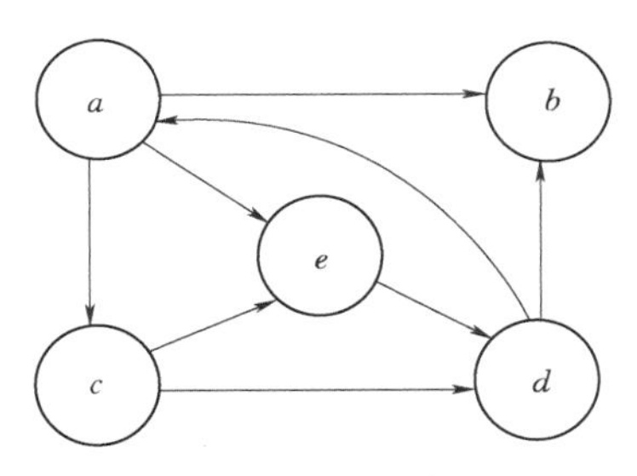

图 5.12　有向图 G_1

图的常用的存储结构有：邻接矩阵、邻接链表、十字链表、邻接多重表和边表。对于满足条件 $E<N\log N$ 的图称为稀疏图，而稀疏图最适合的存储结构就是邻接链表法，太湖流域河网的特点完全满足这个条件。

其基本思想为对图的每个顶点建立一个单链表，存储该顶点所有邻接顶点及其相关信息（图 5.13），每一个单链表设一个表头节点，第 i 个单链表表示依附于顶点 V_i 的边（对有向图是以顶点 V_i 为头或尾的弧）。链表中的节点称为表节点，每个节点由 3 个域组成。其中邻接点域（adjvex）指示与顶点 V_i 邻接的顶点在图中的位置（顶点编号），链域（nextarc）指向下一个与顶点 V_i 邻接的表节点，数据域（info）存储和边或弧相关的信息。每个链表设一个表头节点（称为顶点节点），由两个域组成。链域（firstarc）指向链表中的第一个节点，而数据域（data）则存储顶点名或其他的信息。

表节点：	adjvex	info	nextarc

顶点节点：	data	firstare

图 5.13　邻接链表节点结构

在图的邻接链表表示中，所有顶点节点用一个向量以顺序结构形式存储，可以随机访问任意顶点的链表，该向量称为表头向量，向量的下标指示顶点的序号，见图 5.14。

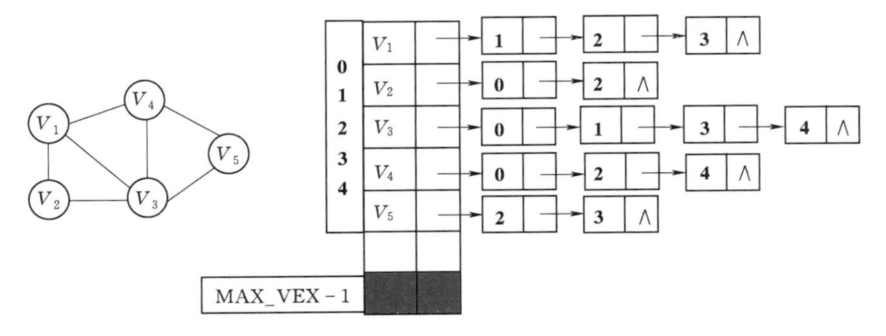

图 5.14　无向图及其邻接链表

邻接链表法的特点是：

（1）表头向量中每个分量就是一个单链表的头节点，分量个数就是图中的顶点数目。

（2）在边或弧稀疏的条件下，用邻接表表示比用邻接矩阵表示节省存储空间。

（3）在无向图，顶点 V_i 的度是第 i 个链表的节点数。

（4）对有向图可以建立正邻接表或逆邻接表。正邻接表是以顶点 V_i 为出度（即为弧的起点）而建立的邻接表；逆邻接表是以顶点 V_i 为入度（即为弧的终点）而建立的邻接表。

（5）在有向图中，第 i 个链表中的节点数是顶点 V_i 的出（或入）度；求入（或出）度，须遍历整个邻接表。

（6）在邻接表上容易找出任一顶点的第一个邻接点和下一个邻接点。

5.1.3　太湖流域平原河网

在河网的基础数据方面，因条件所限，不可能自主获得所需河道、工程、水雨情数据，所以采用方案为在已有模型的数据基础上进行转换。

现有模型包括河海大学开发的太湖流域模型（以下称作 HOHY2）以及使用英国 ISIS 平台构建的模型。HOHY2 模型根据太湖流域地势平坦的特点，将河道概化为棱柱形的平底河段，断面皆为梯形，在河网复杂度方面根据输水能力与调蓄能力相等的原则作了大量的概化。另外，对于山丘、圩区以及众多的湖泊也作了合并及简化处理。具体的概化处理原则包括：

（1）高程在 10m 以上的山丘区采用水文学方法计算，因此无需概化处理山丘区的河道、湖泊或水库。

（2）圩区内河网、塘坝起到内部调蓄作用，在降水产流中予以考虑，因此圩内河网、湖泊也无需概化。

（3）所有河网、湖泊处理后需满足与天然状态下输水、调蓄能力近似的要求。

（4）小湖泊或塘坝作面上调蓄水面处理。

（5）中型湖泊概化成 0 维调蓄节点。

（6）较大湖泊用网格概化作二维计算。

（7）主要河道不作合并。

（8）次要小河道可多合一。

（9）基本不起输水作用的微小河道作为陆域调蓄水面处理。

在此基础上 HOHY2 模型将整个太湖流域概化为 1483 条河段，总共 4274 个横断面，1116 个节点（包括 23 个流量边界节点、43 个潮位边界节点、39 个水位边界节点、76 个调蓄节点、168 个防洪控制建筑物）。

HOHY2 虽然数据比较完整，但是无法获得其完整的数据，可予以利用的只有后来以 HOHY2 模型为基础开发的基于 ISIS 平台的模型。ISIS 版本的模型在 HOHY2 河网概化方案之上作了进一步简化，将其中不适合于 ISIS 平台表达的局部细节作合并处理，最后得到 2394 个河道横断面，设 25 个流量边界，42 个水位边界，1 个降雨边界。由河道交叉分布情况将河网外的区域划分为 198 个洪泛区蓄水单元，以容纳从河道出槽的洪水，使用 GIS 分析流域 DEM 数据得到洪泛区蓄水单元的水位-库容关系曲线。洪泛区蓄水单元与河网之间通过排涝概化和溢流单元（1504 个）交换水量，以描述人工排涝和河道漫溢以及溃口现象。另外，防洪控制建筑包含111个闸门以及对应的抽水泵站。

这些对象的拓扑分布见图5.15。

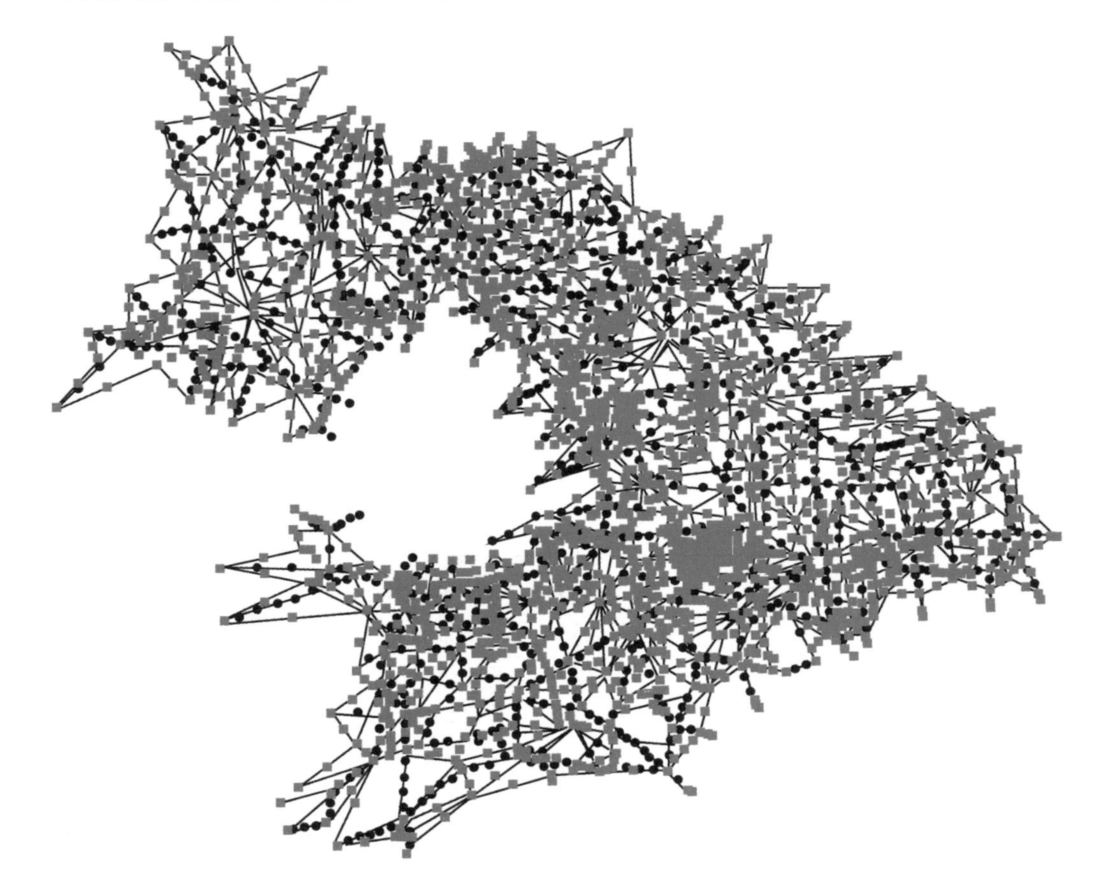

图5.15 河网拓扑连接图

太湖流域的东、南、西、北4个方向分别有不同的特点，需要根据具体情况采用对应的边界条件。根据流域地形特征，太湖流域可划分为4区，即：西部山丘区、中部低平原区、沿江滨海高平原区以及太湖湖区。根据1999年重新量算各分区面积见表5.1。

表5.1 太湖流域各类地形面积表

地形分类	高程（吴淞基面）/m	地形分区	面积/km^2	所处省（直辖市）
西部山丘区	>12m	浙西山丘区	4728	浙江
		湖西山丘区	2610	江苏
中部低平原区	<5m	苏南区	6724	江苏
		浙西与杭嘉湖区	8160	浙江、江苏、上海
		黄浦江区	4466	浙江
沿江滨海高平原区	5～12m	沿江滨海区	7015	江苏、浙江、上海

续表

地形分类	高程（吴淞基面）/m	地形分区	面积/km²	所处省（直辖市）
太湖湖区		湖泊及环湖区	3192	江苏、浙江
合计			36895	

注 各类面积为1999年重新量算结果。

若按地形的地面高程计算，不同高程地形所占面积分布见表5.2。

表5.2 不同高程地形所占面积分布表

地面高程/m	分布面积/km²	比例/%
<2	6200	16.8
2～3	13890	37.6
3～4	2280	6.2
4～5	2750	7.5
>5	11766	31.9
合计	36886	100

通过表5.1可以看到，整个太湖流域大致分为如下几个区域。

(1) 西部山丘区。按照大潮流域习惯的划分，将地面高程12m以上定为低山丘陵区，位于流域的西部，其总面积为7338km²。包括位于江苏境内的茅山低山丘陵岗地区、宜溧低山丘陵区及浙江省境内的西苕溪河谷平原区、天目山山地丘陵区。这一地区是太湖的水源地，荆溪、苕溪、合溪河流等都发源于此处。

(2) 中部低平原区。总面积为19350km²，总的地形特点是水网密集、地形坦荡。高程均低于5m，可划分为3块：①苏南低平原区，主要含湖西姚、滆湖周围的姚滆低平原，在姚滆区以东无锡市北郊，以运河为轴心的低地的武澄锡低平原，以及阳澄湖、淀泖湖群周围低地的阳澄淀泖低平原；②杭嘉湖至浙西低平原，沿苕溪导流港以东，沿大运河两侧的杭嘉湖平原，高程为2.5～5.0m，东西长110km，南北宽60km，是流域中最大的一块低平原，与杭嘉湖区相邻，在该区西边长兴地区的浙西低平原地面高程为4～5m，受山洪和太湖洪水双重威胁；③黄浦江沿岸低平原，含按黄浦江东西岸划分的浦东和浦西区，该区地势较低，一般为2.5～3.5m。由于平原区地区人口稠密，开发历史悠久，水高田低，长期以来修建了不同大小的圩区。到目前为止圩区面积14542km²，占流域面积的39%。

(3) 沿江滨海高平原区。沿江高平原西起镇江市东部、东至常熟市，东西长135km，南北宽30～50km，西端高程为6～12m，东端高程为5m左右，是长江泥沙沉积作用形成，面积为7015km²。滨海高平原西起杭州，东达乍浦，为一条狭长、不连续高地，高地长约100km，地面高程为6～7m，东端高程为5m左右，滨海高平原的规模远小于沿江平原，它是由长江南岸沙嘴及杭州湾泥沙会合淤积而成，沿江滨海高平原和西部山丘区构成了太湖碟形盆地的高周边。

(4) 太湖湖区。含湖面、岛屿及湖区区间，太湖位于流域碟形洼地的中心，太湖很浅，湖底平坦，湖底平均高程仅 1.1m，太湖湖区面积 3192km^2（占太湖流域面积的 8.6%），包括太湖湖面面积 2338.1km^2、湖中岛屿面积 89.7km^{2}及湖滨低地面积 764km^2。

由太湖流域地形特点可见，太湖流域西部为山丘区，坡陡流急，需采用实测流量过程或者水文模型计算山区产汇流过程作为流域西部的边界条件。太湖流域北部紧邻长江，海潮从长江入海口上溯，潮差逐渐减小。模型中河网北部有出口排至长江，可采用潮位过程作为北部边界节点的水位边界条件。太湖流域东部和南部排入东海，采用东海相应各潮位站的潮水位作为模型河网东、南部边界节点的水位边界条件。太湖流域总共分为 16 个降雨分区，其划分见图 5.16。

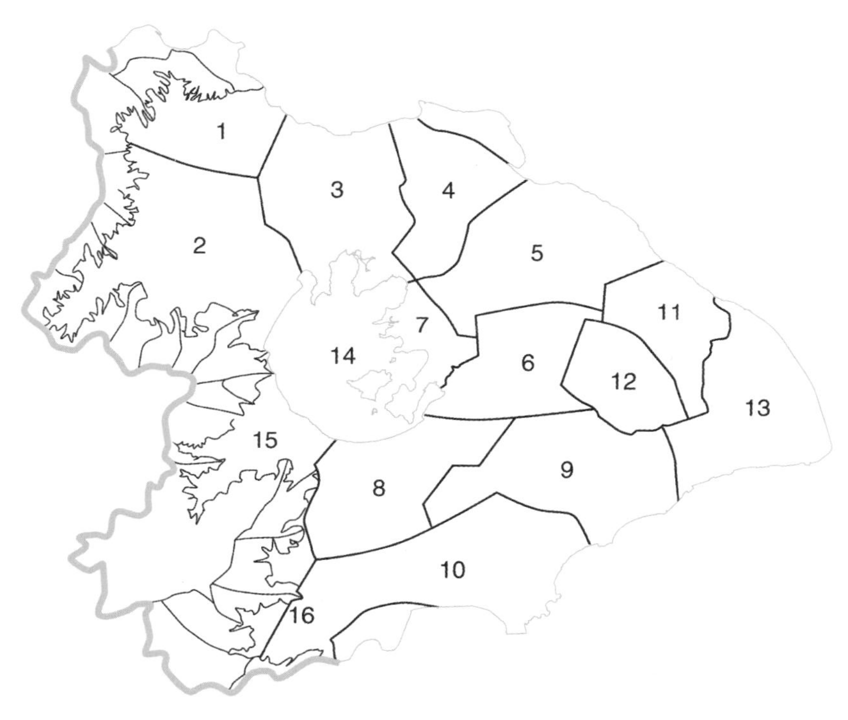

图 5.16 太湖流域降雨分区

上述 16 个降雨分区中，太湖单独划分为第 14 区。河网模型中将太湖作为河道外水体进行处理，水体上方的降雨也需要作为边界条件予以给出，即采用 1999 年实际降雨过程作为边界条件。

5.2 平原区域洪水分析模型

5.2.1 河网概化

平原河网区大尺度洪水分析模型中计算单元（即网格）的选择非常关键，既要具有明确的物理意义，是可以进行独立的水文或水力学计算的区域，同时还必须具有大的网格尺度，避免精细水力学模型的不适用性，所以需要根据研究区域的具体情况确定网格的划分原则。对于太湖流域平原区，本研究的河网概化来自在该区域应用已久的HOHY2河网模型，河网围成的多边形即为计算单元，见图5.17，流域被概化为905条河段和215个河网外多边形。在河网内按一维非恒定流进行模拟，河网外建立大尺度的二维水力学模型。

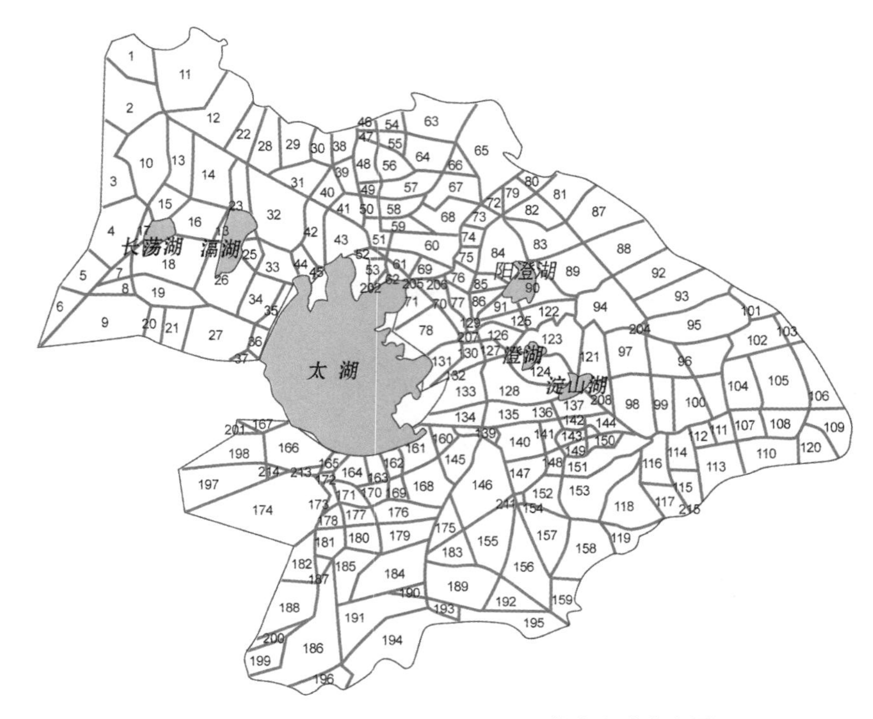

图5.17　太湖流域概化河网及河网外多边形分布图

流域中起输水作用的主干河网已被概化在河网一维非恒定流模型中，对于每个河网外多边形，还分布有不同保护标准的圩区和由次要河流和湖泊组成的水域，见图5.18，在模型中将圩区外未受保护区中的水域概化为河网外多边形的蓄水面（称为圩外蓄水面），该蓄水面与主干河网相连通，具有确定的水位-蓄水量关系。圩内的河网、塘坝起到对圩区内部水量的调蓄作用，影响圩内外的水量交换，在模型中概化为圩内蓄水面，每个圩区具有各自的蓄水面水位-蓄水量关系。圩内和圩外除蓄水面以外的区域分别称为圩内陆域面和圩外陆域面。

5.2.2　模型原理

在每个河网外多边形中，降雨形成的净雨量由水文方法模拟。这里所述的模型的原理是指对净雨形成淹没的模拟。太湖流域大尺度二维水力学模型是基于净雨形成淹没的物理过程建立的。该过程由如下5个子过程组成［假设任一计算单元的径流深（即净雨量）R首先均匀分布于该单元，然后才开始汇流］。

1. 圩内的积水

圩区内由于净雨可能形成积水，并根据抽排能力将一定的积水从圩内排出，排出的水

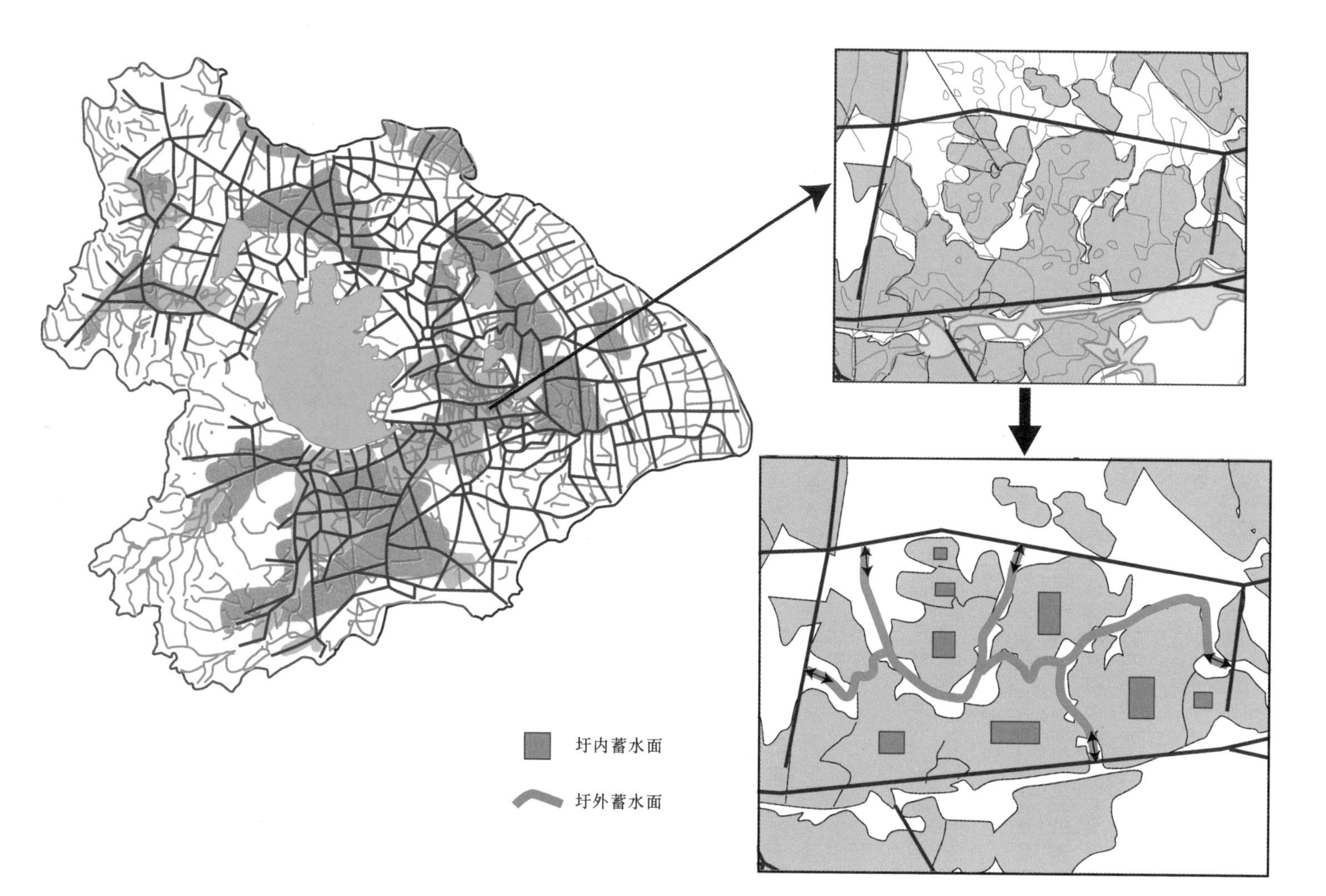

图 5.18 河网外多边形中圩内和圩外蓄水面的概化

量分布于圩外蓄水面和相邻的主干河网内。

由于圩区面积相对于整个计算单元较小，所以忽略圩区内的汇流过程，直接将净雨加到圩内蓄水面上，圩内的产水量集中到圩内蓄水面后，引起圩内水面蓄水深的变化为

$$h_{dr}^{T}=h_{dr}^{T-DT}+\frac{W_{ldr}^{T-DT}}{A_{rvdr}}+\frac{R}{f_{rvdr}} \tag{5.11}$$

式中：h_{dr}^{T-DT}、h_{dr}^{T}分别为圩内时段初、末蓄水面水深，mm；W_{ldr}^{T-DT}为上一时刻圩区内的积水量；A_{rvdr}为圩内蓄水面面积；R为净雨量；f_{rvdr}为圩内的水面率。

在正常运用状态下，圩区内水面的水位可以通过防洪排涝设施控制在一定范围之内，一般水位的变幅为0.4m，初始水位按0.2m计算。当水深超过0.4m时，开启圩区排涝动力将多余的水量R_E排入圩外蓄水面和主干河网。在某一计算步长内，当排涝动力能排出的水量不低于多余的水量时，涝水可全部排出；否则，按排涝动力的大小排水，剩余水量与蓄水面内的水量之和为圩内在时段末的积水量W_{ldr}。计算公式分别见式（5.12）～式（5.14）：

$$R_E=W_{ldr}^{T-DT}+RA_{dr}-W_{ldrcr} \tag{5.12}$$

式中：A_{dr}为圩区的总面积；W_{ldrcr}为圩内水面最大调蓄水深（即0.4m）对应的蓄水量；R_E为圩区内的实际积水量与圩区正常运用状态下蓄水面最大蓄水量W_{ldrcr}之差。

$$W_{pdr}=P_{dr}(Z_C,T)DT \tag{5.13}$$

式中：W_{pdr}为圩区排出的水量；P_{dr}为圩区的抽排能力；Z_C为圩区的抽排控制水位，即当圩外的主干河网水位达到一定值Z_C时，会限制圩区向圩外的排水，在计算圩内积水量时，需考虑此限制水位；DT为计算时间步长。

$$W_{ldr}=R_E+W_{ldrcr}-W_{pdr} \tag{5.14}$$

当水深未超过0.4m时，圩内向外排出的水量为0，圩内的积水量为

$$W_{ldr}=h_{dr}^{T}A_{rvdr} \tag{5.15}$$

不同的圩区其排出的水量分布的位置有所区别，有些就近排到圩外的河道中，有些排到主干河网中，或两者皆有。由于无法获得各圩区排涝动力所排出的水量的具体分布情况，而且，未来洪水预见关注的也并非某一具体圩区的风险，而是整个区域风险的分布，所以本文采用一种简化的方法，即将圩区内排出的水量按水面面积比例分布于圩外蓄水面和相邻的主干河网内，计算公式为

$$W_{pdr1}=W_{pdr}A_{rvoutdr}/(A_{rvoutdr}+A_{mrv}) \tag{5.16}$$

$$W_{pdr2}=W_{pdr}A_{mrv}/(A_{rvoutdr}+A_{mrv}) \tag{5.17}$$

式中：W_{pdr1}为圩区排入圩外蓄水面的水量；$A_{rvoutdr}$为圩外蓄水面的面积；A_{mrv}为主干河网的水面面积；W_{pdr2}为圩区排入主干河网的水量。

对于一些有堤防及闸控制的主干河道，如东苕溪导流东侧、望虞河、太浦河、黄浦江等，与其相邻的河网外多边形中的圩区排出的水量不会分布在这些河道中。当分布于圩外蓄水面的水量超过其自身最大蓄水量时，多余的水量成为圩外陆域面上的积水量；当主干河网的水位超过了其限制水位Z_C时，多余的水量也成为圩外陆域面上的积水量。

2. 圩外的坡面汇流

采用《太湖流域模型》一书中推荐的0.4，0.4，0.2汇流过程（即产流当天40%产

水量汇流入河网，第二天和第三天分别为40%和20%），将圩外未受保护区除蓄水面以外的产水量分布于主干河网和圩外蓄水面上，在某一天内汇流水量按计算时段均匀分配。计算公式为

$$W_{con}=(0.4R^{T}+0.4R^{T-1d}+0.2R^{T-2d})(A_{outdr}-A_{rvoutdr})DT/86400 \tag{5.18}$$

$$W_{con1}=W_{con}A_{rvoutdr}/(A_{rvoutdr}+A_{mrv}) \tag{5.19}$$

$$W_{con2}=W_{con}A_{mrv}/(A_{rvoutdr}+A_{mrv}) \tag{5.20}$$

式中：W_{con}为圩外未受保护区的坡面汇流水量；W_{con1}为圩外未受保护区的汇流水量中分布于圩外蓄水面的部分；W_{con2}为圩外未受保护区的汇流水量中分布于主干河网的部分；R^{T}、R^{T-1d}、R^{T-2d}分别为当前计算时段对应的当天、前一天和前两天的净雨量。

3. 圩外的河道汇流

根据圩外调蓄水面的水位与计算单元周围的主干河网内的水位进行对比，按非恒定流计算在一个时间步长内由圩外蓄水面流入主干河网中的水量。定义圩外蓄水面与主干河网的连通率α，该参数既可反映其自然连通率，还可以反映流域河网中建闸对水体连通的影响。圩外调蓄水面与相邻的主干河网之间的水流交换按堰流公式计算，当出流为自由出流时：

$$q_{ex}=m\alpha L\sqrt{2g}H_{0}^{3/2} \tag{5.21}$$

当出流为淹没出流时：

$$q_{ex}=\varphi_{m}\alpha Lh_{s}\sqrt{2g(Z_{rvoutdr}-Z_{mrv})} \tag{5.22}$$

式中：q_{ex}为圩外未受保护区蓄水面汇入主干河网的流量；m为自由出流系数；α为圩外未受保护区蓄水面与主干河网的连通率；L为主干河段长；H_{0}为圩外蓄水面水位$Z_{rvoutdr}$与主干河段河底高程Z_{d}之差；φ_{m}为淹没出流系数；h_{s}为主干河网水位Z_{mrv}与主干河段河底高程Z_{d}之差。

圩外蓄水面流入主干河网的水量$W_{coninrv}$为

$$W_{coninrv}=q_{ex}DT \tag{5.23}$$

河网外多边形圩区内外进入主干河网的总水量W_{ex}为

$$W_{ex}=W_{pdr2}+W_{con2}+W_{coninrv} \tag{5.24}$$

4. 确定单元积水量

综合主干河网的漫溢水量和溃决水量确定每个计算单元中的积水量

每个河网外多边形的积水量W_{fc}为

$$W_{fc}^{T}=W_{fc}^{T-DT}+RA_{fc}+W_{spill}-W_{ex} \tag{5.25}$$

式中：W_{fc}为某一河网外多边形的积水量；A_{fc}为河网外多边形的总面积；W_{spill}为主干河网漫溢或溃决出的水量。

5. 确定积水量在该河网外多边形中的空间分布

在河网外多边形的积水量W_{fc}中，一部分是圩区内由于排涝能力不足而内涝的水量，在确定积水量的空间分布时，需扣除这部分水量，即实际进行空间展布的水量为

$$W_{fctemp}=W_{fc}-W_{ldr} \tag{5.26}$$

在上述5个子过程中，子过程5需要考虑太湖流域平原区众多圩区对积水量分布的影

响，模型中假定在河网外多边形内，当已知洪涝水量时，这些水量的最终状态是按照保护标准的高低分布的，即未受保护区和保护标准较低的区域首先受淹，当这些区域不能完全容纳淹没水量时，才淹没防洪标准较高的圩区。在未受保护区和各圩区内，水量将优先分布于蓄水面，再分布于陆域面。受资料条件的限制，该研究采用圩堤顶高程作为判断保护标准高低的参数。对于保护标准相同或很接近的圩区，在实际洪涝灾害发生时，尤其是流域性的超标准大洪水发生时，并不是同时受淹，而是存在一种风险临时转移的现象，即当某一圩区先受淹时，可在一定时段内保证其他标准相同的圩区的安全。为了确定标准相同的圩区的淹没顺序，引入“淹没推进顺序”参数作为评价指标，该指标受多种因素的影响，包括圩区本身的空间位置和运行状态、流域总体的防洪排涝调度方案和区域间的利益协调等，该研究以最易获得的参数——“圩区距最近的主干河网的距离”来确定该指标，即对于保护标准相同的圩区，与河网距离较近的圩区先受淹。在应用时，可根据实际情况确定圩区的淹没推进顺序，还可人为调整其顺序。另外，由于研究区域内圩区数量庞大、缺乏圩堤的详细工程状况，该研究只考虑漫堤而未考虑因自然破圩而产生的洪涝情况。基于上述原则，淹没水量在河网外多边形中的分布顺序见图5.19。

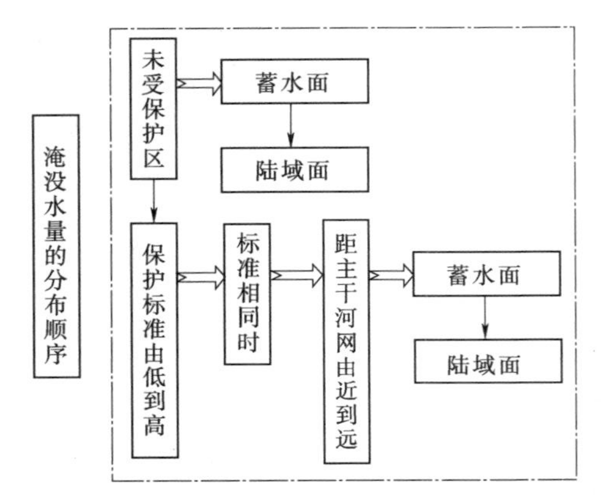

图5.19　淹没水量在河网外多边形中的分布顺序

在每个计算时段末，都可根据以上步骤得到模拟区域内每个河网外多边形中圩区内外各处的水位，水位与DEM数据相减即为水深分布。综合每个计算时段的水位和水深值可得到最大水位和最大水深分布。

模型的逻辑结构见图5.20。

5.2.3　模型建立

按照5.2.2中所述5个子过程，太湖流域大尺度二维水力学模型在二维计算单元内进行独立的汇流计算，并通过水量或流量的交换与一维河网模型耦合，从而模拟整个流域平原区的洪涝分布变化。

模型的输入文件可以分为以下6类。

（1）计算方案描述文件。该文件中为计算方案名称、时间步长、计算总时长、输出时间间隔、其他输入文件名称和位置的设置。

（2）下垫面条件的描述文件。这些文件包括：

1）DEM数据。太湖流域的DEM数据，栅格尺寸为500m×500m。

2）土地利用分布。太湖流域的土地利用分布，栅格尺寸与DEM数据相同。

3）圩区位置及编号。根据每个圩区的编号将圩区空间位置分布的矢量图转换为500m×500m的栅格图层，以便与DEM和土地利用数据在空间位置上相对应。

4）圩区堤顶高程信息。根据堤顶高程值将圩区空间位置分布的矢量图转换为500m×500m的栅格图层。

5）河网外多边形位置分布。按河网外多边形的编号将河网外多边形位置分布的矢量图转换为 500m×500m 的栅格图层。

6）主干河网与河网外多边形之间的拓扑关系。描述与每个河网外多边形相邻的河段编号、与每个河段相邻的河网外多边形编号及河底高、长度、水面面积、两岸的排涝限制水位、两岸与圩外蓄水面的连通率。

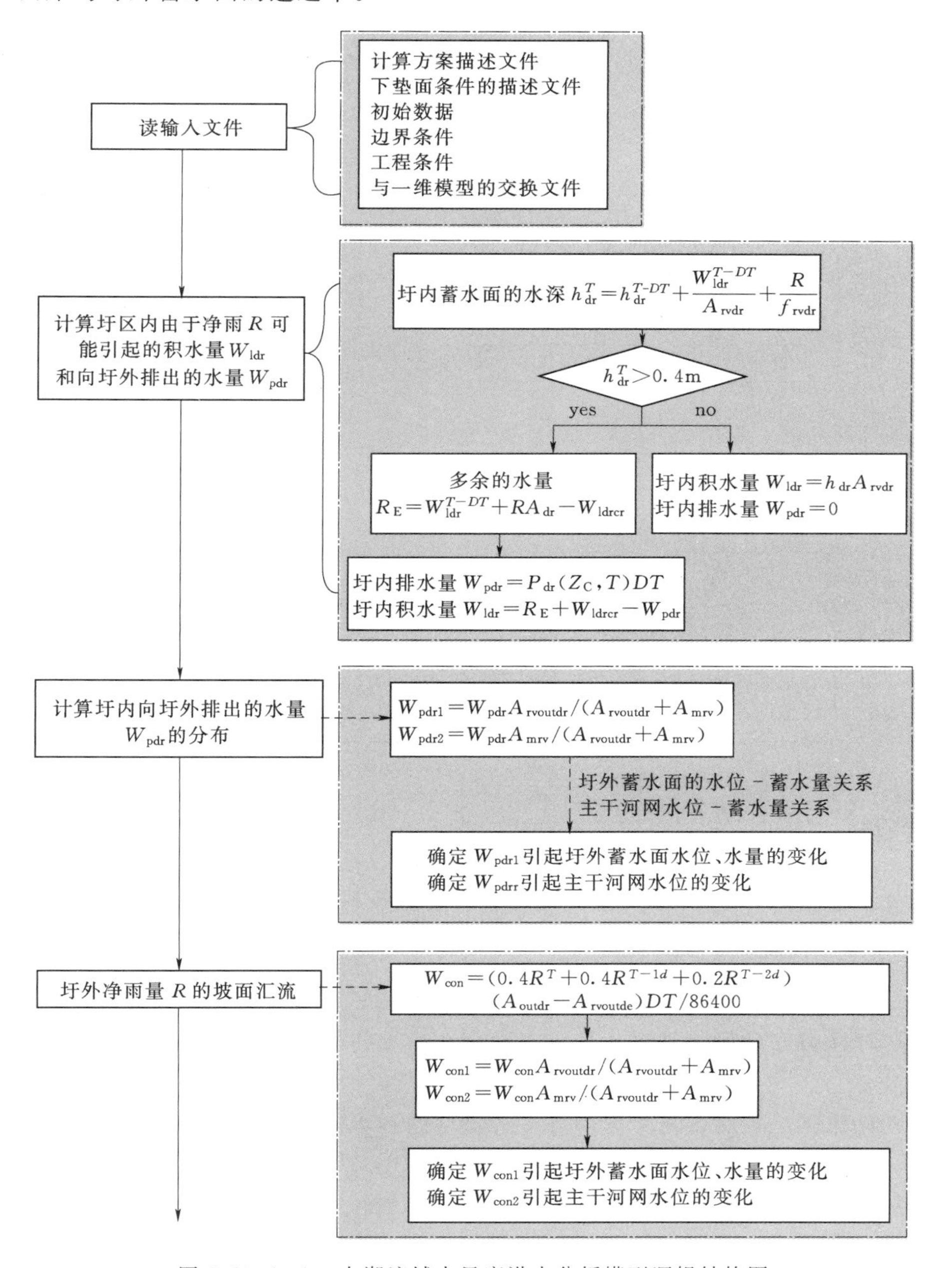

图 5.20（一） 太湖流域大尺度洪水分析模型逻辑结构图

注：Max(Z_{fc0})，Max(Z_{dr1})，…，Max(Z_{drm}) 分别为计算单元内未受保护区和各等级防洪保护区内的最高水位。

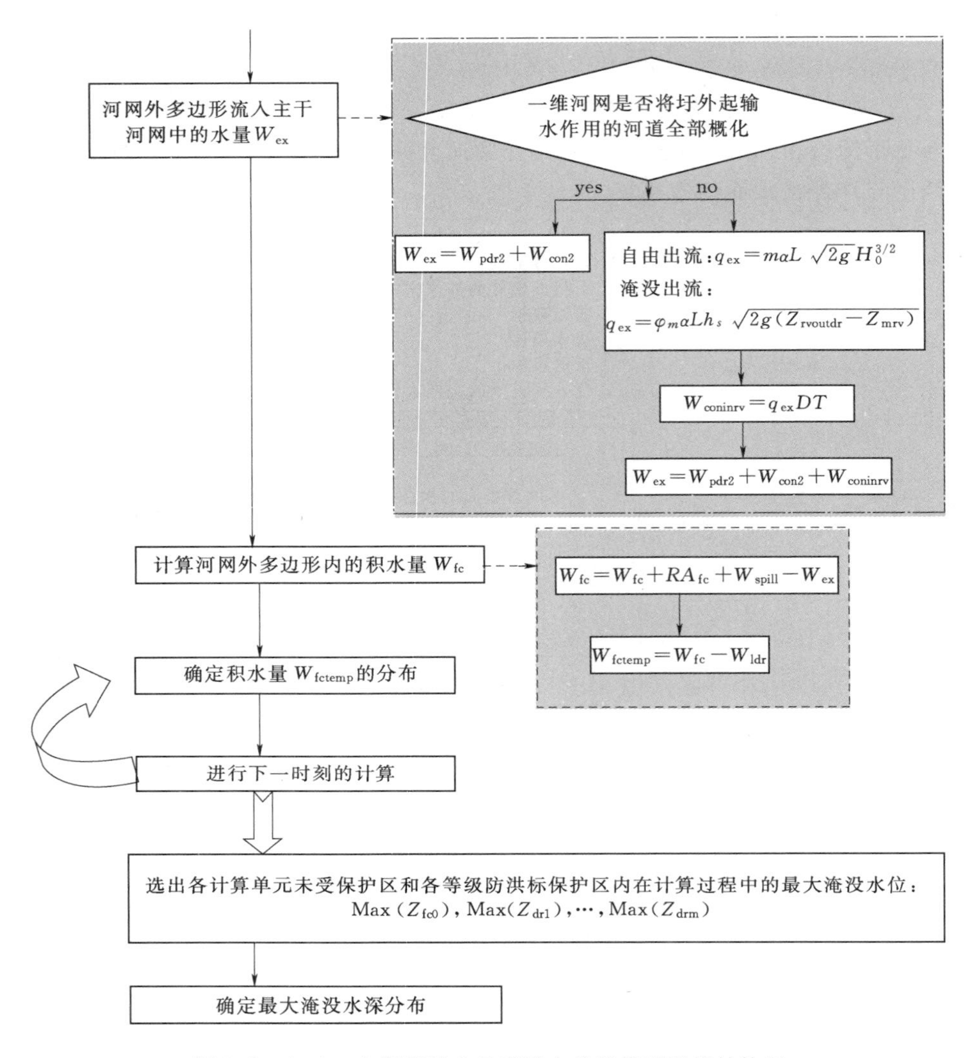

图5.20（二） 太湖流域大尺度洪水分析模型逻辑结构图

注：Max(Z_{fc0})，Max(Z_{dr1})，…，Max(Z_{drm}) 分别为计算单元内未受保护区和各等级防洪保护区内的最高水位。

7）每个河网外多边形的水位-蓄水量-蓄水面面积关系。该文件是根据DEM数据、土地利用、圩区分布和河网外多边形分布数据在模型初始运行时生成的。计算方法在下文介绍。

（3）初始数据。包含了每个河网外多边形圩内蓄水面的初始水深及圩外蓄水面的初始水位数据。

（4）边界条件。对于大尺度二维模型，其边界条件是指降雨边界条件，即由水文模型计算的平原区各分区日净雨过程。其他边界条件如上游山区入流、沿海和沿江边界条件都反映在一维水力学模型中。

（5）工程条件。该文件中包含的是每个圩区的基本信息，包括圩区编号、面积、所属河网外多边形编号、堤顶高程、距离最近主干河网的距离、排涝动力等。流域中的其他工程条件，如重要闸门、泵站等都反映在一维水力学模型中。

（6）与一维模型的交换文件。在每个计算步长开始时，大尺度二维模型与一维模型交换的数据包括各河网外多边形蓄水面的实时水位、各河段漫溢的水量及有可能发生溃决的河段及其溃决水量。

另外，大尺度二维水力学模型中的参数与变量和小尺度模型相比有很大差异，如在小尺度水力学模型中为唯一值的参数——网格地面高程、网格水位和网格水深，在大尺度模型中由于计算单元面积很大，这些参数成为具有空间分布的值，模型中用水位-蓄水量关系来表征这种空间分布。模型中涉及的主要参数与变量见表5.3。

表5.3　太湖流域大尺度洪水分析模型中的主要参数与变量

参　　数	变　　量
河网外多边形总面积、圩外总面积	河网外多边形的净雨量
河网外多边形圩外蓄水面面积	河网外多边形的总积水量
河网外多边形的水位-蓄水量关系	河网外多边形圩外蓄水面的水位
与河网外多边形相邻的主干河网的水面面积	河网外多边形圩外陆域面的水位
圩外蓄水面与主干河网的连通率	河网外多边形的淹没水深（各栅格）
圩外蓄水面与主干河网间的淹没出流系数	河网外多边形流入主干河网的总水量
圩外蓄水面与主干河网间的自由出流系数	圩外蓄水面的水位、水量
圩外蓄水面的水位-蓄水量关系	圩外陆域面的水位、积水量
圩外蓄水面的初始水位	圩外坡面汇流水量
圩外蓄水面自身的最高水位	圩外河道汇流水量
圩外蓄水面自身的最大蓄水量	圩外蓄水面与主干河网之间的流量
圩区面积	圩外的最高水位、最大水深（各栅格）
圩区水面面积、水面率	圩内蓄水面水深
圩区堤顶高程	圩区的排涝动力
圩区距主干河网的距离	圩内的积水量
圩区淹没推进顺序	圩内的排水量
圩内蓄水面初始水深	圩内水位
圩内蓄水面最大调蓄水深	圩内最高水位、最大水深（各栅格）
圩内蓄水面最大调蓄水深对应的蓄水量	主干河网的水位、水深
圩区自身的最大蓄水量	主干河网的漫溢水量
主干河网的排涝限制水位	主干河网的溃决水量
主干河网的河底高程、河段长度	

采用Fortran语言将5.2.2中所述模型的原理用程序实现。在大尺度洪水分析模型模拟的5个子过程中，建立河网外多边形的水位-蓄水量关系并利用该关系对计算的积水量进行空间展布是该模型最关键的模块。其建立和推求的方法如下。

（1）DEM排序。根据图5.21，建立水位-蓄水量关系时需先将各河网外多边形内的

DEM数据按圩内、圩外分组；当某多边形中有多个圩区时，再按圩区堤顶高程由低到高排序；当堤顶高程相同时，按距河网距离的远近排序；最后分别针对圩外未受保护区、各个排序后的圩区将其内部的DEM数据按高程由低到高排序。利用排序后的高程数据可依次建立未受保护区、各级保护标准圩区内的水位-蓄水量关系。当已知某一河网外多边形内的淹没水量时，根据水位-蓄水量关系即可迅速判断此多边形中不同保护标准区域内的水位和水深分布。

在进行DEM排序之前，需要准备的其他基础图层包括河网外多边形分布图、圩区分布图、土地利用分布图。其中，土地利用分布图用于区分蓄水面和陆域面。为了与DEM数据相匹配，需将所有矢量数据按照其某一属性转为与DEM分辨率一致的栅格图层，这些属性包括河网外多边形编号、圩区编号和圩区堤顶高程。另外，针对每个不同的圩区编号，还附有其所属河网外多边形的编号和该圩区边界与最近的主干河网之间的距离。

对DEM数据排序后，每个栅格的高程值将按考虑的优先级由小到大存储于文件中，排序后的某河网外多边形内DEM数据在文件中的排列方式见图5.21。

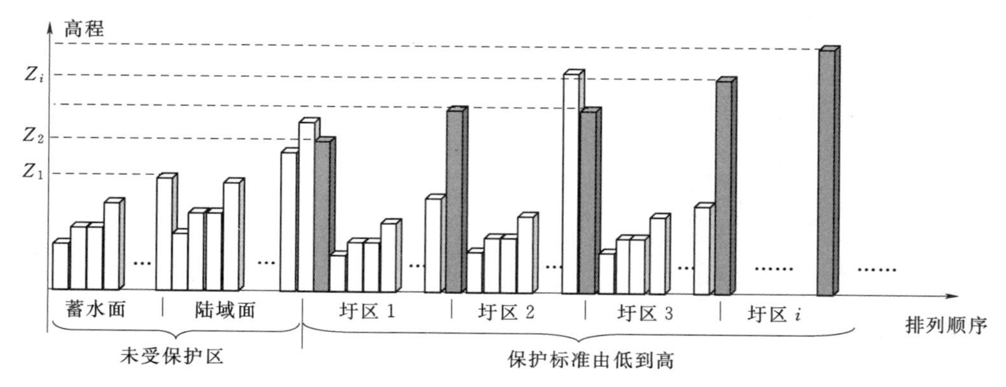

图5.21 排序后的某河网外多边形内DEM排列方式图

注：Z_1、Z_2分别为未受保护区蓄水面和陆域面的最高水位；Z_i为圩区i的最高水位，即其堤顶高程。

(2) 建立水位-蓄水量关系。由图5.21可知，各河网外多边形的水位-蓄水量关系为一分段函数关系，即分为未受保护区蓄水面、陆域面和各圩区内的关系，假设某一河网外多边形内有n个圩区，则其水位-蓄水量关系分为$n+2$段。建立各段水位-蓄水量关系的方法如下。

1) 建立圩外蓄水面的水位-蓄水量关系。①确定水位最小值和最大值。在排序后的河网外多边形DEM数据文件中，可以读取到该多边形未受保护区蓄水面栅格组中的最低高程和最高高程，即为该段关系中水位的最小值和可能的最大值。②按拟定的间隔将最大值与最小值之间的水位值离散，作为自变量。③计算每个水位对应的水量值。各水位对应的水量值为所有高程小于等于这一水位值的栅格的水深与面积之积求和。未受保护区蓄水面栅格的最高高程对应的水量为未受保护区蓄水面正常状态下的最大蓄水量W_1，该高程为洪水仅存在于未受保护区蓄水面时的最高水位Z_1。

2) 建立未受保护区陆域面的水位-蓄水量关系。建立的步骤与蓄水面类似，不同之处在于每个水位对应的蓄水量需统一加上未受保护区蓄水面的最大蓄水量W_1及蓄水面上高于Z_1部分对应的水量。当洪水仅存在于未受保护区时，未受保护区陆域面的最大蓄水量为第一级保护标准的圩区堤顶高程对应的水量 W_2，其堤顶高程为未受保护区陆域面的最高水位 Z_2。

3）第一级防洪标准圩区堤顶高程以下的水位-蓄水量关系。建立的步骤与蓄水面类似，不同之处在于每个水位对应的蓄水量需统一加上未受保护区陆域面的最大蓄水量 W_2。另外，由于受 DEM 和土地利用数据精度的限制，无法准确反映圩内蓄水面的地形变化，所以假定圩内蓄水面在正常状态下允许的水深变幅最大为 0.4m，即当圩内产水量使蓄水面的水深变化不超过 0.4m 时，不会形成涝水，也不需要开启排涝动力，圩内蓄水面自身的最大蓄水量为蓄水面栅格总面积与 0.4m 的乘积。第一级防洪标准圩区的最大蓄水量 W_{i1} 为区内自身的最大蓄水量与未受保护区陆域面的最大蓄水量 W_2 之和，其堤顶高程为最高水位 Z_2。

4）第一级防洪标准圩区堤顶高程以上、第二级以下的水位-蓄水量关系。建立的步骤与 3）类似，依此类推，直到最后一级防洪标准圩区内的水位-蓄水量关系建立。

5）建立超过第 n 级防洪标准圩区堤顶高程的水位-蓄水量关系。高程的上限为与该河网外多边形相邻的主干河网的最低堤顶高程，即假定各河网外多边形内的淹没水量不会越过河网流入其他多边形中。图 5.22 为某河网外多边形的水位-蓄水量关系曲线。

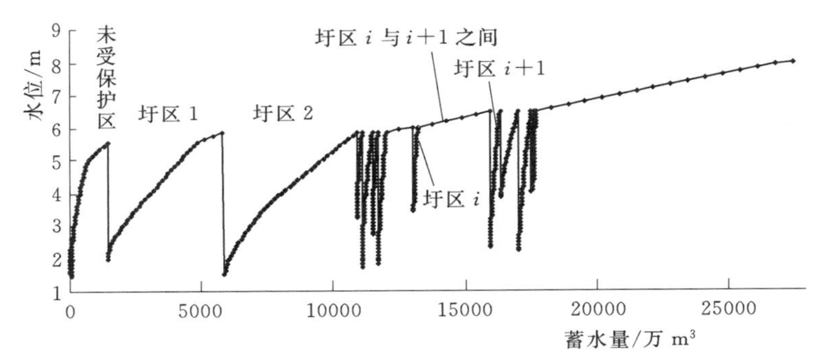

图 5.22 某河网外多边形的水位-蓄水量关系曲线

（3）推求淹没水量对应的水深分布。当已知某河网外多边形的淹没水量时，针对三种不同的情形，利用水位-蓄水量关系推求水位的方法有所差别。

1）淹没水量是由主干河网中的洪水出槽（漫溢或溃堤）引起。此时，可直接根据各河网外多边形的水位-蓄水量关系推求任一水量对应的未受保护区及不同圩区内的水位分布，再利用水位与地面高程数据（DEM）相减即可得河网外多边形中的淹没水深分布。

2）淹没水量是由圩区排涝动力不足引起。当已知各圩区内的滞涝水量时，需分别利用每个圩区的水位-蓄水量关系推求其水位。

3）淹没水量由前述两因素共同引起。当已知各圩区内的滞涝水量 W_{ldr} 和主干河网中的出槽水量 W_{spill} 时，需从未受保护区到高标准保护区依次进行铺水，当某圩区内存在滞涝水量时，需先将该水量铺于对应的圩区后再在其上铺出槽的水量，直到将 W_{spill} 铺完，对应的水位分布即为该河网外多边形的淹没水位分布。对于人工破圩的情况，需单独计算破圩后进入圩区的水量，再进行水量分布。

5.2.4 模型输出

（1）按设定时间间隔输出的各河网外多边形的淹没水深过程，见图 5.23。

名称	修改日期	类型	大小
WaterDepth1.TXT	2013/10/15 11:49	文本文档	2,791 KB
WaterDepth2.TXT	2013/10/15 11:36	文本文档	2,791 KB
WaterDepth3.TXT	2013/10/15 11:36	文本文档	2,791 KB
WaterDepth4.TXT	2013/10/15 11:36	文本文档	2,791 KB
WaterDepth5.TXT	2013/10/15 11:36	文本文档	2,791 KB
WaterDepth6.TXT	2013/10/15 11:36	文本文档	2,791 KB
WaterDepth7.TXT	2013/10/15 11:36	文本文档	2,791 KB
WaterDepth8.TXT	2013/10/15 11:36	文本文档	2,791 KB
WaterDepth9.TXT	2013/10/15 11:36	文本文档	2,791 KB
WaterDepth10.TXT	2013/10/15 11:36	文本文档	2,791 KB
WaterDepth11.TXT	2013/10/15 11:36	文本文档	2,791 KB
WaterDepth12.TXT	2013/10/15 11:36	文本文档	2,791 KB
WaterDepth13.TXT	2013/10/15 11:36	文本文档	2,791 KB
WaterDepth14.TXT	2013/10/15 11:36	文本文档	2,791 KB
WaterDepth15.TXT	2013/10/15 11:36	文本文档	2,791 KB
WaterDepth16.TXT	2013/10/15 11:36	文本文档	2,791 KB
WaterDepth17.TXT	2013/10/15 11:36	文本文档	2,791 KB
WaterDepth18.TXT	2013/10/15 11:36	文本文档	2,791 KB
WaterDepth19.TXT	2013/10/15 11:37	文本文档	2,791 KB
WaterDepth20.TXT	2013/10/15 11:37	文本文档	2,791 KB
WaterDepth21.TXT	2013/10/15 11:37	文本文档	2,791 KB
WaterDepth22.TXT	2013/10/15 11:37	文本文档	2,791 KB

图 5.23　淹没水深过程文件

（2）各河网外多边形的淹没范围和最大淹没水深分布。

这些文件均以栅格格式输出，空间分辨率与 DEM 栅格尺寸相同，可利用 ArcGIS 软件直接查看和显示，见图 5.24，并与洪水风险情景分析集成平台建设进行了模型输出文件格式的规范，协助实现流域淹没过程的同步动态展示。

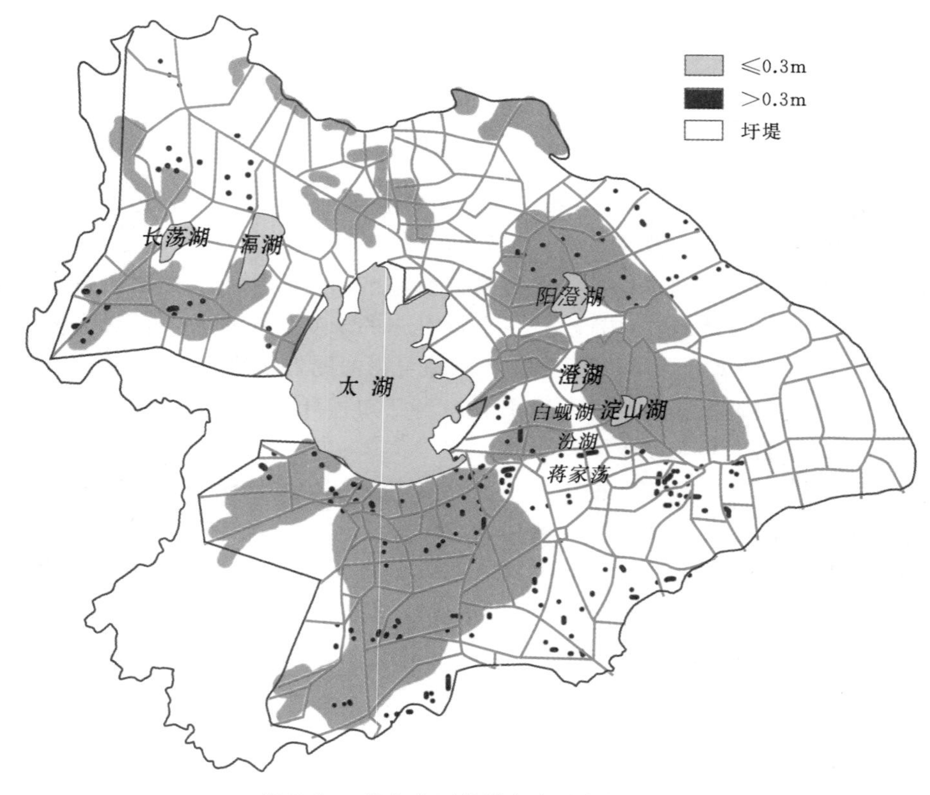

图 5.24　某方案下的最大淹没水深分布

5.3 情景模拟分析

5.3.1 自主研发模型特点

河网水动力学模型经过实际项目应用以及在该研究中用于计算太湖流域河网的检验，证明其具备较好的稳定性、速度与适应能力，现阶段河网模型支持的对象见图5.25。

总的来说，现阶段本河网模型已具备以下特点。

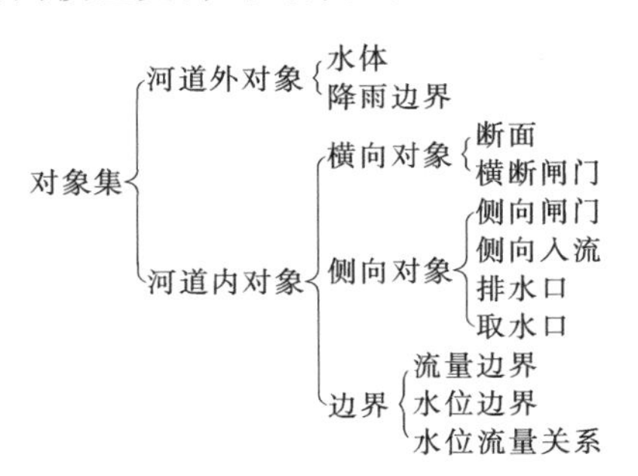

图5.25 模型支持的对象

(1) 能够计算几何任意上复杂的河网结构，包括任意内部环状回路的拓扑连接在内，这很大程度上提升了其应用面。

(2) 能反映感潮河段与环状河道内的往复流，这增强了本模型在沿江、沿海区域与平原地区的应用性。

(3) 能够很好地处理干床和干湿交替的情况，无需采取任何额外的处理措施（诸如隐格式里的窄缝法），这在河道水利与防洪设施比较复杂或河网不同河段的河底高程相差较大的情况下，对数模计算程序是一项比较重要的考量因素。

(4) 能够处理拦河闸门，不必将横断闸门单独放置到一个河段中，并且同一河段中有多个闸门也能顺利计算。

(5) 对基础数据的容错能力较强，可处理随意断面形状，即使断面描述数据点的横坐标值不保持递增或者内部出现交叉都能很好处理。

(6) 稳定性与速度较好，完成全太湖流域河网（共计905个河段，768个节点，249个边界条件，4776个河道断面，109个横断闸门，1个河道外水体）3个月洪水期的计算在普通PC上运行只需要大约30min，比现在流行的英国ISIS商业软件平台快。

(7) 扩充性较好。模型编写时对此进行了充分考虑，其可维护性与扩充性都比较好，后续添加支持的计算对象类型比较容易实现。

在现有支持的计算对象种类下，模型可以用于完成大部分情况下（网状拓扑、感潮河道、往复流、拦河闸、干床、旁侧入流、大型水面）的河网洪水演进模拟，这使得模型具备了较大的应用面。为了模型在河道工程设施复杂区域以及下游边界无资料地区更好完成小范围的精细计算，下一步将添加对下述5种对象的支持。

(1) 自流边界。基于边界处为某比降的均匀流的设定进行计算。流量计算采用曼宁公式：

$$Q=\frac{AR^{\frac{1}{6}}\sqrt{Ri}}{n} \tag{5.27}$$

式中：Q为流量；A为过水面积；R为湿周；i为比降；n为糙率。

比降可以采用下面几种设定方式：

1）设定其等于边界附近的河道底部坡降，在这种方式下，比降为固定值。

2）设定其等于边界附近的水面坡降，在这种方式下，其值等于在当前时间步长下计算得到的边界附近的水面坡降，为随着计算时间推进而持续变化的值。

3）设定其等于用户指定的固定数值。

4）设定其数值变化符合用户指定的数值-时间序列过程线。

5）设定其数值大小满足临界流条件（也就是流动的佛劳德数等于1）。

$$Fr=\sqrt{\frac{b}{g}}\frac{Q}{A^{3/2}}=\pm 1 \tag{5.28}$$

式中：b 为水面宽度；g 为重力加速度；Q 为流量；A 为过水面积。

（2）潮位边界。通过设定潮水的关键参数（潮型、潮差等）而直接自动算出潮位线供计算使用。

（3）水文边界。给定面积、下渗、雨强等参数后，通过简化的水文计算给出边界处的大概流量。

（4）水库边界。设定工程参数和水库调度规则（由指定语法表达）后，模型自动估算下泄流量以纳入计算。

（5）增强的水位-流量关系边界。现阶段的水位-流量关系边界只支持幂函数形式的表达，也就是 $Q=a(z-c)^b$ 的模式，改进后的水位-流量关系边界将支持多种关系形式，包括：

1）多项式拟合。如 $Q=a_1(z-b_1)^{c1}+a_2(z-b_2)^{c2}+\cdots$

$$\begin{cases} Q=f_1(z) & z<\cdots \\ Q=f_2(z) & z<\cdots \\ Q=f_3(z) & z<\cdots \\ \cdots \end{cases}$$

2）分段函数拟合。如流量-水位对应数据列表，也就是较随意的对应关系（但必须保证一个水位值只对应一个流量值）。

另外，现阶段正在进行工程调度规则的语言表达与解释执行，即将可以通过类似于下面形式的语法实施工程控制：

```
IF（某处水位或流量>某值）THEN
        闸门开度=某值
ELSE
        闸门开度=原值+增量
END IF
```

5.3.2 模型率定

通过对1999年实况洪水进行计算，在流域内比较重要的几个站点：太湖、常州、无锡、苏州作验证，各个站点水位的本模型计算值、ISIS平台计算值与实测值比较见图5.26～图5.29。

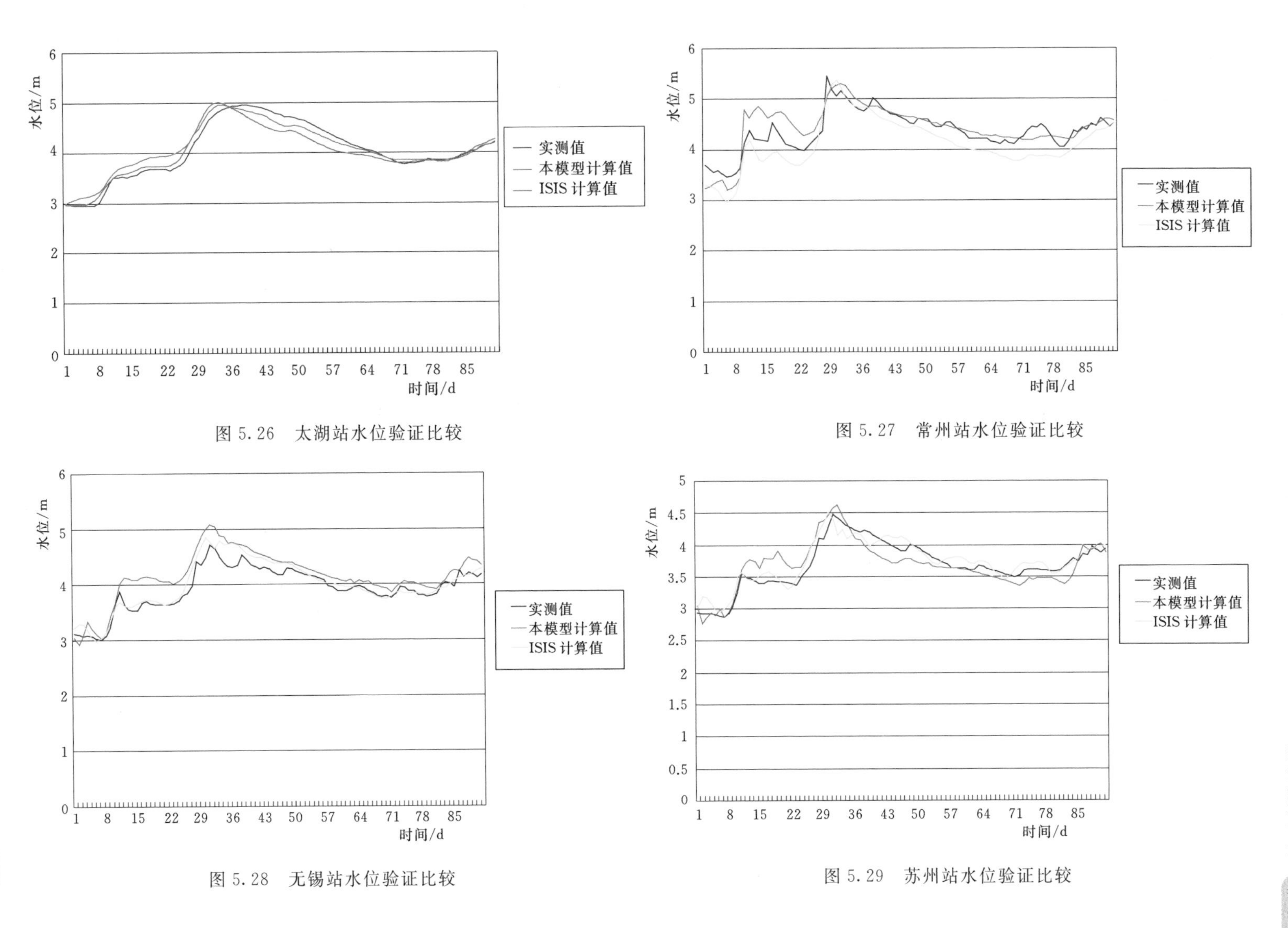

图 5.26 太湖站水位验证比较

图 5.27 常州站水位验证比较

图 5.28 无锡站水位验证比较

图 5.29 苏州站水位验证比较

对于平面上的淹没情况，1999年洪水实际淹没范围见图5.30。

图5.30 1999年洪水实际淹没范围

本模型计算结果见图5.31。

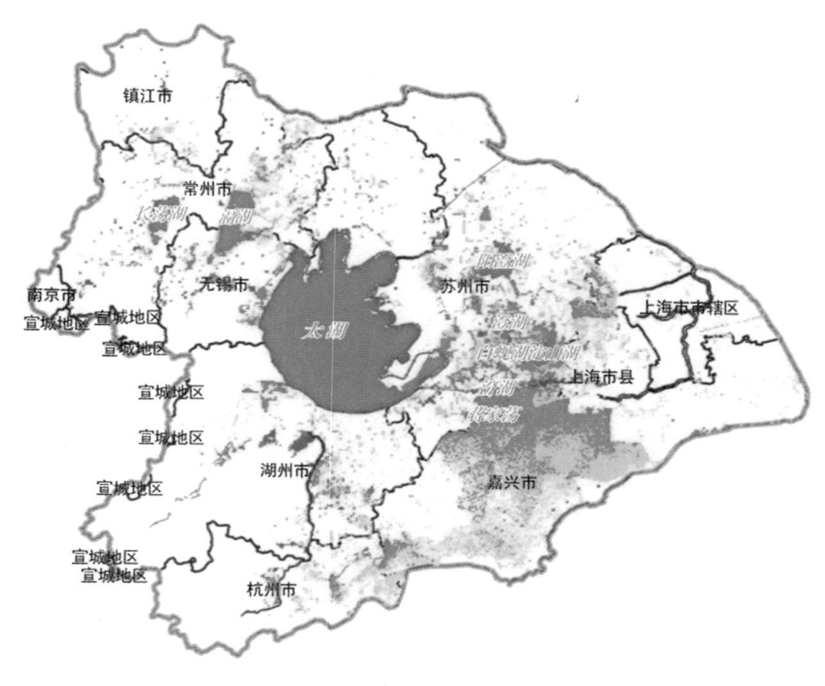

图5.31 计算淹没范围

两者叠加后结果见图 5.32。

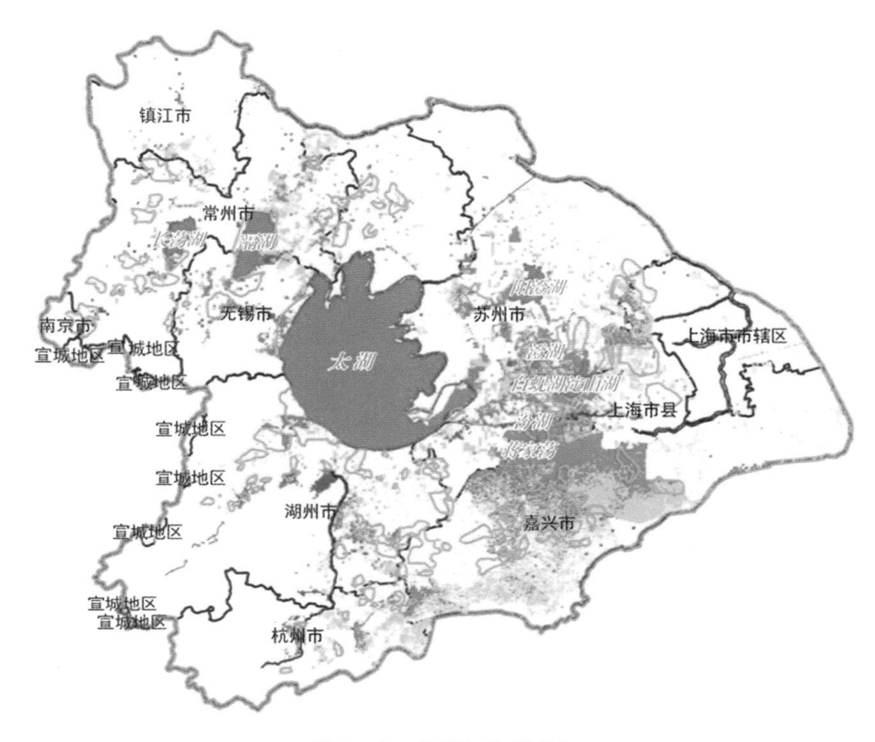

图 5.32 实况与计算叠加

通过 1999 年洪水的实际演算比较得出如下结论：

(1) 通过模型计算得到的太湖水位过程线比较贴合实际数据。

(2) 全流域的洪涝淹没模拟结果与 1999 年实际灾害情况比较符合，体现了治太骨干工程建成后分散成灾的特征，计算淹没范围分布与实况也比较接近。

(3) 太湖流域地势平坦，河道流动与坡降的相关关系较小，流向复杂不定，本模型能够反映这一现象。

(4) 模型能够反映太湖流域洪水的总体运动特征与趋势，在局部地点的细节上难以严密吻合，但该项目研究的目标也正是在于前者，而非关注局部地点某一时刻的详细过程。

(5) 概化后的河网已经相当抽象，与实际河道并非一一对应关系，分析洪水风险时应主要通过结果中水位的整体情况来进行。

5.3.3 未来洪水情景导入

鉴于模型中基本参数与各种边界条件数据的量很大，在模拟未来洪水情景时涉及众多数据的修改，为了便捷的导入未来洪水情景，模型设计了参数批量导入与修改的功能，可以利用各种外部工具编辑修改，生成指定格式的输入文件后供模型导入使用。

5.4　本章小结

通过多模型联合计算技术连接多个数模进行太湖流域洪水模拟，由计算结果可以得到如下结论：

（1）太湖流域的洪涝灾害基本都是由于降雨总量过多或强度太大造成的。流域在汛期的降水量猛增，6月梅雨季节尤为明显，而7—9月台风季节时段内暴雨强度集中，河道排泄能力不足以应对，湖泊和陆面水域又无法全部容纳，积滞的水量抬高河道水位并向两岸泛滥，平原洼地被淹没的情况难以避免。因此，太湖流域发生洪涝灾害是与降雨量多少以及降雨集中程度密切相关的，即使降雨量增幅在7%都会对全流域洪水产生重大影响，抬高太湖最高水位30多cm，并加重流域淹没情况。

（2）从模拟结果的淹没图可以看到，嘉兴北部地区目前是太湖流域受洪涝威胁最为严重的地区之一，这是因为嘉兴北部地区地处下游，圩区标准不及周边邻区，排涝模数也较低［0.70～0.75$m^3/(s \cdot km^2)$］，同时地势较低。可考虑开挖新的南排河道，专门排泄嘉兴地区的涝水，并能单独入海，以减轻该地区洪涝灾害的威胁。

（3）流域外排能力对洪灾轻重有直接影响，海平面上升30cm将抬升太湖水位约20cm，并加重淹没程度；反之，如果边界口门的抽排能力提高30%，将可以降低太湖水位约10cm，减轻淹没程度。因此，在考虑未来流域防洪规划时，应提前估计到海平面上升等缓变因素的累积效应，采取增强边界口门外排能力的措施予以补偿调节。

（4）流域须对未来的建设用地扩张进行规划与限制，否则绿地与植被减少造成的产流系数增长与汇流时间缩短会对太湖高水位产生显著影响，同时大幅加重淹没情况。

（5）流域排涝动力不能无限制地增长。结果表明，如果全流域的排涝模数在现有基础上再普遍增加0.5$m^3/(s \cdot km^2)$，虽然平原受淹区域明显减少，但将抬高太湖最高水位约0.8m，各地河道水位也大幅壅高，对防洪形成极大压力。

（6）经过历代的围垦改造，目前太湖流域圩区鳞次栉比，状如蜂窝。面积超过11100km^2，约占流域总面积的30%。模拟结果中，即使是低洼地区，只要圩堤防洪标准较高，且有足够排涝动力的圩区，均未受淹。圩区排涝能力逐渐增加，导致洪水期外河水位猛涨。因此，圩区建设有利有弊，应兴利避害，作好圩区防洪除涝的规划与建设，是太湖流域洪水治理的关键之一。在全流域排水出路尚未根本解决的情况下，应制定圩区规划，规定分片圩区建设标准。以限制圩区建设中相互攀比、无序竞争等不良倾向，同时协调好流域防洪、地区排涝和圩区抽排之间的关系。

该研究中，由于河网基础数据、土地利用数据、社会经济以及工程信息等不太充足，只拟定了6个计算方案予以模拟分析。下一步计划收集补充更多数据，尽可能对多种因素对于太湖流域洪水风险分布的影响进行量化分析，同时纳入洪灾损失评估，使得研究成果更加充实。

第 6 章

流域洪水风险评估中的堤防工程可靠性分析

太湖流域地势低洼，河道、湖泊众多，陆地多受堤防的保护。仅环湖大堤、东苕溪导流东大堤、太浦河、望虞河、黄浦江等主要河流堤防就有上千公里，次要堤防数量更是巨大。此外，还有杭嘉湖海塘、长江入海口防潮堤等，流域内防洪工程型式多样且数量巨大。对于这样的一个大尺度防洪系统，给洪水风险评价提出了挑战，尤其是在数据获取和整理、数值计算和结果展示等方面。分析中将会涉及大量的工程和不同的边界条件，数据需求和分析工作量会巨大，因此必须做一些简化并提炼出一些代表性堤防。

6.1 堤防工程可靠性分析方法现状

6.1.1 堤防工程可靠性分析的意义

据第一次全国水利普查公报（2012 年）统计资料显示，全国共有水库 98002 座，堤防总长度为 413679km，5 级及以上堤防长度为 275495km。水库大坝、堤防等工程作为江河湖泊防洪体系的重要组成部分。特别是堤防，受投资和修筑方式的影响，工程实际情况复杂，运行条件多变，线路长，投资巨大，影响面广，受自然和社会的不确定因素影响众多，工程一旦失事，将会给国家和人民生命财产安全造成极其严重的损失。因此，对堤防工程安全与否作出评价具有重要的意义。

堤防工程安全评价是堤防设计和堤防除险加固的重要组成部分，是对所研究堤段防洪能力的综合检验和评价。同时堤防工程是一定环境中受水文和水力条件作用的岩土工程结构，风险是所有岩土工程中先天固有的，风险是作为考虑和评价工程实践中诸多不确定和无法预测因素而导致工程失事的重要手段。传统定值分析方法很难考虑到堤防工程实际运行中存在的不确定性，不足以确切地表征工程的安全度。将以概率论和可靠性分析为基础的风险分析方法引入堤防工程安全评价实践中具有重要意义。由于堤防在设计、施工、运行和管理过程中存在众多的不确定性因素，传统定值安全评价方法很难考虑到这种不确定性，并不能完全确切地表征堤防工程的安全程度。考虑不同堤防失事模式的后果，从而构成风险分析中的两个因素，具有先进性和科学性。基于此，将概率风险理论应用于堤防工程中来，对堤防工程在复杂环境下运行进行风险分析和风险管理的理论和实践研究，可以全面反映堤防系统的安全性，进而可按轻重缓急有针对性地进行加固工作，为存在诸多不确定性情况下的堤防安全决策提供科学的方法和手段，为堤防工程的管理和防洪决策提供科学依据，将带来巨大的社会效益和经济效益。

6.1.2 堤防工程可靠性的国内外研究现状

可靠性理论研究早在20世纪30年代就已经出现，当时主要应用统计手段研究飞机性能的可靠性和必要的安全措施。从20世纪50年代开始，美国成立了专门的可靠性分析研究机构，开展对宇航、核领域、电子系统的可靠性分析研究。20世纪60年代可靠度理论引入岩土工程领域，逐步接受不确定性概念、构成随机模型、采用可靠性指标和破坏概率来评价岩土安全度。Casagrande在1965年以“土工与地基工程中计算风险的作用”为题作为太沙基讲座演讲时指出，岩土工程中风险是先天固有的，应清醒地意识到风险在工程实践中的先天存在性，并应用安全与经济相平衡的原则对工程失事的风险进行分析和计算，这一工程思想构成了现今岩土工程风险评估的基本理论框架。太沙基讲座历年来有四次关于岩土工程领域中风险和可靠度中的问题，即Casagrande（1965）、Whitman（1984）、Lacasse S.（1996）和Christian（2004）。Whitman以“评价岩土工程中计算风险”为题在1983年的太沙基讲座上阐述了概率的基本理论，以具体工程实例阐述了可靠度理论在安全设计领域的应用、面对不确定性时的优化设计以及风险评价。Lacasse S.以“典型土体特性的不确定性”为题明确指出难以量化工程中的不确定性不能成为逃避解释它的借口或者逃避确定获得结果的重要性的借口；相反，不确定性越大就越需要进行概率风险分析。Christian在2004年以“土工程可靠度：知道多少，做些什么?”为题所作的太沙基讲座着重于知识的不完备性以及它如何影响决策分析，并指出岩土工程中的不确定性并不是客观世界的特征而是主观思想上的一种状态；岩土工程中的不确定性是基于置信及贝叶斯理论的；如何将概率方法应用于岩土工程实践是目前所面临的最大的问题。20世纪90年代在这方面做出了许多重要研究成果。

Casagrande关于风险评估的思想构成了现今岩土工程风险评估的基本理论框架，后来许多学者把这一思想继续深化并推广到评定工程安全的分项系数研究实践中。Morgenstern（1995）对岩土工程中风险的管理进行了研究，倡导在岩土工程实践中应用概率风险的不确定性分析方法。美国工程兵团USACE（1999）对岩土工程中基于风险的规划设计方法进行了研究，并将其应用于具体工程中。Duncan（2000）指出可靠性理论可通过简单方法应用于岩土工程实践中，对失效概率和安全系数的内在联系进行了阐述，他认为“失效概率不能看成安全系数的替代品，而是一种补充。同时计算安全系数和失效概率比单独计算任何一个更好。"

堤防工程作为岩土工程的一种形式，同样存在着诸多不确定和无法预测的因素。概率可靠性分析在堤防工程中有着较早和较广泛的应用。防洪系统中概率风险分析初期主要集中在水文频率分析上，在洪水等水文极值中，风险分析是一种强力的研究工具，这方面的研究较多。而在堤防系统的防洪概率风险分析中，研究工作也主要集中在洪水水文水力风险分析上，国内外的研究也进行了很多。Tung 和 Mays (1981) 分静态和时变情况，考虑了水文、水力的不确定性，建立了漫堤风险模型，提出了所谓的风险安全系数；总结了两类水利工程系统的风险：一类是普通防洪堤，包含 4 种失事风险模式，以解析方法求得其失事概率；另一类是交汇河段处的防洪堤，其漫堤失事与主流水位和支流水位的二元分布有关，以水力计算和 MC 法求得其失事概率。Lee 和 Mays (1983) 提出了基于防洪堤的荷载和抗力的条件概率分布的防洪堤性能的动态模型，其中设计洪水是荷载而堤防性能就是抗力。Tung Y－K (1987) 进一步发展了包含水文和水力不确定性的动态可靠性模型；在 1987 年以堤防系统设计为例，详细研究了水工结构基于风险的优化设计中水文的不确定性、参数的不确定性以及水力的不确定性。Wood (1975，1977) 识别了防洪堤 4 种失效模式：洪水漫顶失事、结构失效、管涌以及波浪淘刷，还试图建立一个堤防可靠性模型同时来考虑结构失事和漫顶，尽管借助了土壤性能变量来定义边坡失稳，但并未能将之融入到漫顶的风险模型中。Gui Shengxiang 等 (1998) 通过将实际设计洪水定义为安全系数和设计洪水的产物，而将安全系数纳入动态可靠性模型；又将由风荷载产生的波浪纳入防洪堤的洪水漫顶概率模型中。Wolff T. F. (1995，1996，1999) 将防洪堤不同失效模式的失效功能函数表示为洪水位的函数，美国工程兵团 USACE (2005) 将该研究成果吸收进技术导则中，在洪水规划设计中应用岩土工程的可靠性分析。Van der Meer 等在前人研究的基础上综合考虑了水力边界条件、堤顶高程的不确定性、堤防的维修成本、洪水造成的损失及其发生概率等因素对堤防工程进行了风险分析。同年，在荷兰和澳大利亚的堤坝和护岸工程的设计导则中也提出了概率设计和风险分析方法。Vrijling (2001) 对荷兰防洪系统的概率设计方法进行了总结，研究了防洪系统的概率设计方法，并通过引入成本效益描述了防洪系统的容许风险水平和决策问题。Voortman H. G. (2003) 研究了大型防洪系统的量化方法、基于概率的优化和设计，基于风险的设计。从国外的研究情况也可以看出堤防工程概率分析研究在荷兰和美国开战的最早，研究较多，发展也较为成熟：荷兰防洪设施技术咨询委员会 (TAW) 专门设立了从事"概率方法"研究的工作组，提出基于可靠性和优化理论的概率设计方法，使传统理论得到发展；荷兰 Delft 大学 Vrijling 和 P. H. A. J. M. Van Gelder 等人也都在该方面做了大量的工作；美国堤防工程概率风险研究主要是以美国陆军工程兵团 USACE 的研究成果为主，它们在防洪系统的水文水力概率风险分析、基于可靠度和基于风险的堤防设计方面、堤防安全风险评估方面都做出了大量的成果，且将研究成果应用于防洪系统实践。值得关注的是近年来，欧洲在堤防工程中进行的国家范围内的可靠性评价探索。其中英国在 2000 年由 HR Wallingford 第一次对英格兰和威尔士洪水和海岸侵蚀的可能损失进行估计，随后系统化提出了适合于大尺度（或者是战略规划阶段）的防洪和海岸设施风险评价的方法

RASP（Risk Assessment for Flood and Coastal Defence for Strategic Planning）。以及荷兰始于2001年进行了两期国家范围内的洪水风险评价 The Project Flood Risk in the Netherlands 1（VNK1）和 The Project Flood Risk in the Netherlands（VNK2），发展实践了国家范围内的风险评估理论和方法。随后欧盟于2004年开展了“综合洪水风险分析与管理方法”（Integrated Flood Risk Analysis and Management Methodologies）研究计划，即Floodsite，该研究计划分5个主题，35项研究任务，欧洲主要国家的研究机构都参与了该研究计划，至2009年才完成。Floodsite系统地总结了河流、河口、海洋防洪工程的破坏模式，提出相应的可靠分析方程，对其中的一些破坏模式建立了可靠性模型和单元结构可靠性计算方法。

我国对防洪堤防洪概率风险也进行了卓有成效的研究，取得了相当多的研究成果。朱元甡（1989）从剖析水文和水流风险因素入手，考虑长江南京段水流特性的可能变化，采用随机组合法综合各种风险因素对南京下关站年最大水位的作用，通过频率组合求得超过现行设计洪水位的风险。冯平和李润苗（1994）假定河段的水流形态不变，防洪堤的承载力确定，分析了水库保护区内的防洪堤水文风险要素。朱元甡、韩国宏等（1995）主要从水文风险要素的辨识入手，采用概率组合法，建立了南水北调中线工程总干渠洪水水毁风险计算的框架，并提出了二维复合事件的风险计算模型，解决了各交叉建筑物水毁事件之间的相关性，简化了大型串联系统风险计算的复杂性。王卓甫、章志强等（1998）对防洪堤的边坡失稳和渗透变形提出了各种风险计算模型，用MC法计算了防洪堤结构的失效概率，还具体计算了长江南京段防洪堤工程发生边坡失稳和渗透变形的风险度。李国芳、黄振平等（1999）分析了长江防洪堤南京段水位的变化趋势及引起变化的原因，按照3种方案求得不同设计频率下关站的设计洪水位及出现不同水位的风险度。陈新民、夏佳等（2000）采用只考虑决口发生概率和决口淹没范围的简化风险评价公式，运用灰色系统理论对黄河下游河南境内若干堤段的决口灾害进行了风险评价。梁在潮和李泰来（2001）采用随机变量的分析方法，对河道堤防的防洪能力进行风险分析，给出了河道防洪能力的可靠度和风险度的定义、风险计算模式和计算方法。李青云和张建民（2005）简要综述了堤防风险分析国内外研究现状，探讨了开展堤防工程风险分析和安全评价研究的思路和技术路线。李青云（2002）以长江中下游堤防工程背景，系统地分析堤防工程安全评价方法，提出了堤防工程安全评价的方法和模型，并构建了适合长江中下游堤防工程特点的风险分析框架。吴兴征、丁留谦等（2003）基于可靠性理论，提出了防洪堤的概率设计方法。吴兴征和赵进勇（2003）建立了堤防防洪堤结构风险分析的数学模型，并给出了风险计算方法，同时又开发了堤防结构风险评价系统。朱勇华、郭海晋等（2003）给出了3种常见类型堤防的渗透破坏风险率的计算公式，建立了边坡失稳破坏风险率的计算模型，研究了防洪堤的防洪综合风险率。王栋和朱元甡（2003）对风险概念、分析方法以及防洪系统风险分析的研究进行了综述。李锦辉（2004）基于随机有限元对堤防渗透失稳的风险进行了分析，并采用二阶段风险决策进行堤防除险加固的决策研究。

6.2 洪水风险评价中堤防工程可靠性分析思路

6.2.1 RASP 方法介绍

堤防工程的结构可靠性分析是流域洪水风险评价中的一个关键组成部分。从国家尺度、流域或区域局部尺度考虑工程可靠性进行洪水风险评估，可以对不同工程类型或不同区域的工程设施给出一致的信息，以支撑洪水管理策略的制定、资源配置和洪水减灾措施性能的评估。对堤防工程进行可靠性分析，有助于认识工程对减轻洪水风险的作用，找出流域或区域防洪工程的薄弱环节，为防洪工程的建设和加固改造提供决策依据。近年来，概率可靠性分析作为强有力的工具越来越多地应用在堤防工程安全评价中，国内外学者在这方面进行了很多卓有成效的研究，取得了一定的研究成果。

英国在 2000 年由 HR Wallingford 第一次对英格兰和威尔士洪水和海岸侵蚀的可能损失进行估计，随后系统化提出了适合于大尺度（或者是战略规划阶段）的防洪和海岸设施风险评价的方法 RASP（Risk Assessment for Flood and Coastal Defence for Strategic Planning)。RASP 方法依据所能获得的数据量及决策的要求不同，将洪水风险评估分为三个不同层级（表 6.1）；相应地，堤防可靠性分析也分为三个层级。

表 6.1　洪水风险评估方法的层级

评估级别	需要做出的决策	数据资源	方法
高层级	• 花费优先级 • 区域规划 • 洪水预警规划	• 工程类型 • 条件级别 • 防洪标准 • 洪泛区地图 • 社会-经济数据 • 土地使用图	• 基于状态评价和防洪标准（SOP）的工程抗力常规评价 • 工程断面之间的简单假定依赖关系 • 确定可能洪水范围的经验方法
中间层级	除高层级评估的决策外，还包括： • 防洪工程战略规划 • 开发整治 • 维护管理	除高层级评估所需数据外，还需要以下数据： • 工程顶部高程及其他可以获得的尺寸 • 荷载的联合概率分布 • 洪泛区地形 • 详细社会经济数据	• 防洪工程主要破坏模式的破坏概率 • 用联合加载条件进行系统可靠性分析 • 模拟有限数量的洪水假定方案
详细层级	除中间层级评估的决策外，还包括： • 计划评估和最优化	除中间层级评估所需数据外，还需要以下数据： • 描述工程强度需要的所有参数 • 加载条件的人为时间系列	• 多种破坏模式的可靠性分析 • 水力荷载的连续模拟

RASP 可靠性分析方法通过适当的近似处理来解决大尺度风险评价中的数据获取和分析工作等难题，但能足够详细地展现河流和海岸洪水通过线状防洪工程的过程，以检验不同风险管理投资策略的效果。RASP 可靠性分析方法首先把分析区域划分为许多由防洪工程、海

岸防护工程、高地等包围的小洪水区域，认为每一个洪水区域都是一个自包含单元，即防洪工程、海岸防护工程、高地等包围的小洪水单元本身就是一个洪水系统。结合水力学模型，就可以估计出不同洪水方案下小洪水单元工程的可靠性。方法框架见图6.1。

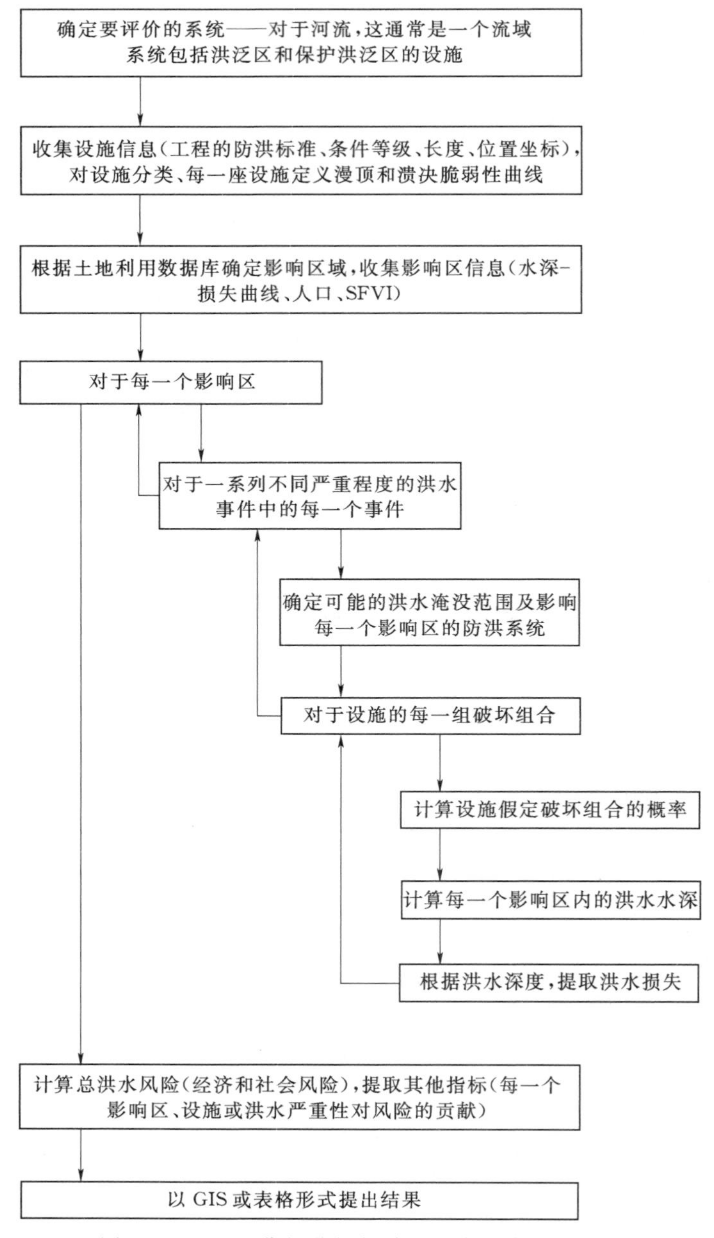

图6.1 工程可靠性分析与洪水风险评估方法框架

防洪工程系统破坏的概率可以通过结构可靠性分析方法来估计。在详细分析中，应根据工程的具体参数数据来分析其可靠性。然而，应用这些方法时需要以下信息：①描述水力荷载和工程反应的参数的分布；②每一种破坏模式的解析或数值表达式。很明显，防洪标准在洪水风险分析中非常关键。在无工程详细数据的情况下，防洪标准可用于确定工程预期将漫顶的频率；还可以估计防洪工程遭遇防洪标准的某个系数倍水力荷载下（例如堤防防洪标准的2倍或一半的水力荷载）漫顶的频率。根据这种思路，水力荷载与相应的防洪标准的概率分布就可以确定。接下来，防洪工程破坏的概率可以通过估计每一段破坏的概率来确定。在假定荷载下，至于工程破坏的概率分布，研究者们针对一系列防洪工程类型的两种主要破坏机理（漫顶和溃决）提出了一些通用求解方法。

估计得到单一工程段的破坏概率之后，防洪工程体系中的工程段组合的破坏概率就可以求出。

6.2.2 太湖流域防洪工程可靠性分析方法思路

堤防需要抵抗河道洪水、湖塘洪水、海岸风暴潮等。可以说流域内包含了所有可能的洪水和防洪工程类型。这样的一个大尺度防洪系统的洪水风险评价方法面临诸多挑战，尤其是在数据获取和整理、数值计算和结果展示等方面。鉴于此，研究人员在2006年科技部国际科技合作重大项目“流域洪水风险情景分析技术研究”的资助下，充分吸收英国科学技术办公室主持完成的“未来洪水预见研究”项目成果，以太湖流域洪水风险评估为例，研究了流域大尺度防洪工程的可靠性分析方法。

流域大尺度防洪工程可靠性分析可分为3个主要步骤，见图6.2。

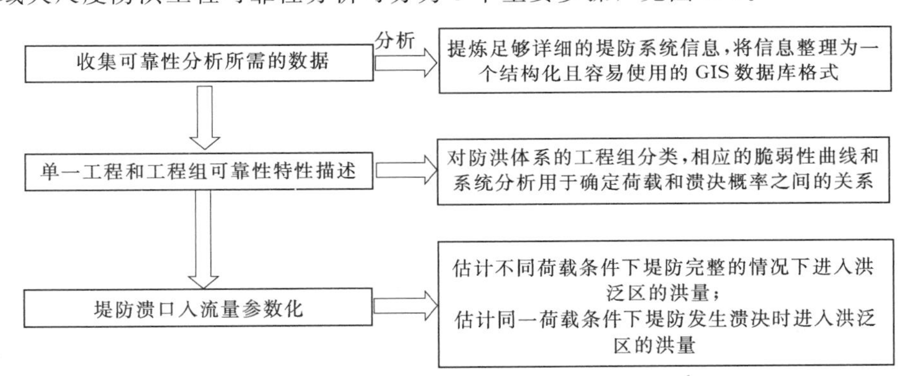

图6.2 流域大尺度防洪工程可靠性分析的3个主要步骤

根据图6.2所示的流域大尺度防洪工程可靠性分析的主要步骤，可将太湖流域防洪工程可靠性分析细化为7项内容：①定义洪水系统（把分析区域分为许多洪泛区）；②堤防工程分类；③单一工程脆弱性曲线绘制；④堤防工程组分类；⑤洪泛区边界工程组定义；⑥洪泛区边界工程可靠性计算；⑦洪水淹没及风险估计。

6.2.3 典型堤防工程基础资料收集①

为结合太湖流域防洪工程的实际情况，收集了环湖大堤吴江段CS26＋500～CS50＋367的资料，以该堤段作为典型堤防工程。太湖环湖大堤工程江苏段全长217km，其中吴江

① 本部分的资料来源：黄河水利委员会黄河水利科学研究院，《中国七大流域典型堤防工程调研上报资料汇编》（黄科技ZX－2010－47），2010.5.

段35.49km。吴江段工程堤防为Ⅱ等工程，顶高7～8m，顶宽5～6m，迎水堤坡坡比为1∶2，背水堤坡坡比为1∶3。大堤迎水面堤脚设置顶高程不低于5m、顶宽不小于40cm为浆砌石挡流墙，以保护堤脚。

1. 堤身及堤基工程地质条件

堤身填筑土体采取就地取土人工堆积，土体由淤泥质、粉质黏土、黏土、砖瓦砾、路渣等组成。

堤基上层均为全新世海相、湖沼相和河流相的细颗粒土沉积，下层为晚更新世河相细颗粒、粗粒土沉积。土层为水平多元结构，基中对大堤堤基工程地质条件影响较大的是淤泥质黏土、粉质黏土和淤泥，堤基为软土堤基。

2. 历史险情

在1999年洪水期间，太湖大堤吴江险工段出现多处险情，具体情况见表6.2。

表6.2　1999年太湖大堤吴江险工险情统计一览表

序号	险情发生地点	险情类别	险情概述
1	新开路CS26+500	大堤塌方	长1.13km，堤顶向内或向外坍塌0.5～1.0km
2	外苏州河—牛腰泾 CS42+862～CS43+560	大堤塌方	长1.01km，堤顶向内或向外坍塌0.5～1.0km
3	牛腰泾—杨湾港 CS43+560～CS50+367	堤脚渗漏	7km内多处堤脚漏水，其中牛腰泾250m坝溢流

环湖大堤吴江段的基本信息见表6.3～表6.7。

表6.3　太湖流域江苏省环湖大堤吴江段典型堤防工程综合信息

<table>
<tr><td>项目名称</td><td colspan="7">项目内容</td></tr>
<tr><td>典型堤防工程所属河流名称</td><td colspan="7">太湖</td></tr>
<tr><td>河流概况</td><td colspan="7">太湖古称震泽，又名五湖，为我国第三大淡水湖，湖面2438km²。太湖是一个天然大水库。太湖在水位2.99m时的库容为44.23亿m³，平均水深1.89m，在水位4.65m时的库容约83亿m³。太湖不仅接纳上游百川来水，下游湖东地区或遇暴雨，涝水也会倒流入湖。当长江水位高涨而通江港口无水闸控制时，江水也会分流入湖。由于湖面大，每上涨1cm，可蓄水2300多万m³，故洪枯水位变幅小。一般每年4月雨季开始水位上涨，7月中下旬达到高峰，到11月进入枯水期，2—3月水位最低。一般洪枯变幅为1～1.5m。1999年7月8日太湖平均水位4.97m，为历史最高；1934年瓜泾口平均水位1.87m，为历史最低</td></tr>
<tr><td>管理部门</td><td colspan="7">吴江市水利局</td></tr>
<tr><td>支流情况</td><td colspan="7">√干流；□1一级支流；□2二级支流；□3三级支流；□4四级支流；入注干流名称：________</td></tr>
<tr><td>堤防长度</td><td>47km</td><td>堤防（段）类型</td><td>土堤</td><td>级别</td><td>Ⅱ级</td><td>堤顶平均宽度/m</td><td>6</td></tr>
<tr><td>起始桩号</td><td>0+000</td><td>堤防（段）起点位置</td><td>江浙交界薛埠港</td><td>起点堤顶高程/m</td><td>7.0</td><td>最大堤身高度/m</td><td>5.0（农场段）</td></tr>
<tr><td>终止桩号</td><td>50+740</td><td>堤防（段）终点位置</td><td>杨湾港</td><td>终点堤顶高程/m</td><td>7.0</td><td>最小堤身高度/m</td><td>2.5（七都段）</td></tr>
</table>

表 6.4　　太湖流域江苏省环湖大堤吴江段典型堤防工程基本情况

项目名称		项目内容	项目名称	项目内容	项目名称	项目内容
起始桩号		0+000	终止桩号	50+740	管理单位名称	吴江市堤闸管理所
堤防防洪标准（设计洪水位）/m		重现期：50 年一遇	堤防工程级别	Ⅱ级	历史最高水位/m	5.08（1999 年 7 月 8 日）
堤防设计标准	设计洪水位/m	4.66，50 年一遇	设计堤顶高程/m	7.0	历史最大洪峰流量/(m^3/s)	
	设计洪峰流量/(m^3/s)		出险地点桩号	22+400～25+500 48+030～50+740	历史最大洪峰流量发生日期	
	校核洪水位/ m	____，____一遇	险点险段位置	土堤堤身	险点险段范围	菀平段 松陵段
	校核洪峰流量/(m^3/s)		险情名称	渗水	险情级别	一般险情
堤防水位	设防水位/m	3.50	堤基除险加固措施	无	堤基除险加固效果	无
	警戒水位/m	3.50	堤身除险加固措施	劈裂灌浆	堤身除险加固效果	消除渗漏隐患
历史出险情况		青坎坍塌、堤脚坍塌、堤身渗水				
决溢地点与形式		无				
决溢损失		无			决溢修复日期	无
保护范围情况（经济社会现状、重要城市、交通、企业）		保护吴江市范围国土面积 189 万亩，人口 78 万人，耕地 38 万亩，2006 年地区生产总值 500 亿元。区域经济活跃，投资环境完善，拥有 2 个省级开发区（汾湖经济开发区、吴江经济开发区），沪苏浙高速、苏嘉杭高速、318 国道、227 省道穿越吴江市				

表 6.5　　太湖流域江苏省环湖大堤吴江段典型堤防工程的险点险患表

类别	险情类型	险情级别与特征	起止桩号	类别	险情类型	险情级别与特征	起止桩号	类别	险情类型	险情级别与特征	起止桩号
堤防工程	漫溢	无		险工工程	根石坍塌			控导工程	坝基冲断		
	漏洞	薛埠港涵洞漏水/草港涵洞漏水	0+774，28+778		坦石坍塌				坝裆后溃		
	管涌	无			坝基坍塌				漫溢		
	渗水	无			坝基冲断			涵闸工程	闸体滑动		
	风浪淘刷	七都段大堤外侧滩地逐年退缩消失	0+000～13+000		坝裆后溃				漏洞		
	坍塌	无			漫溢				管涌		
	滑坡	无		控导工程	根石坍塌				渗水		
	裂缝	无			坦石坍塌				裂缝		
	陷坑	无			坝基坍塌						

续表

堤防工程	历史决口形式	无	历史决口时间		起止桩号	
	背河坑塘深度/m		背河坑塘宽度/m		起止桩号	
	临河坑塘深度/m		临河坑塘宽度/m		起止桩号	
	树根洞穴描述	局部地方，迎水坡有残留的树根	树根洞穴深度/m	0.5～1.0m	起止桩号	43+230～50+740
	蚁穴描述		蚁穴深度/m		起止桩号	
	孔洞描述		孔洞深度/m		起止桩号	

表6.6　　太湖流域江苏省环湖大堤吴江段典型堤防工程的地质情况表

项目名称			项目内容	项目名称			项目内容
起止桩号			22+400～25+500	起止桩号			22+400～25+500
堤身裂缝情况			无	堤基或背河地面裂缝情况			无
堤身	物性指标及渗透系数	土层名称	①粉质黏土；②轻、中粉质壤土	堤基	物性指标及渗透系数	土层名称	①轻、中粉质壤土；②重粉质砂壤土
		分布范围（深度上）/m	2.99～6.29			分布范围（深度上）/m	2.99～11.56
		凝聚力 c/kPa	16.75			凝聚力 c/kPa	11.7
		摩擦角 φ/(°)	17			摩擦角 φ/(°)	13.9
		比重 G	2.72			比重 G	2.73
		干密度 γ_d/(kN/m^3)	1.42			干密度 γ_d/(kN/m^3)	1.44
		含水量 ω/%	25			含水量 ω/%	30
		渗透系数 k/(cm/s)	1.7×10^{-2}～9.9×10^{-3}			渗透系数 k/(cm/s)	2.4×10^{-4}～9.2×10^{-4}
		液限 ω_L	31.8			液限 ω_L	34.1
		塑限 ω_p	23.0			塑限 ω_p	22.4
		液性指数 I_p	72%			液性指数 I_p	80%
		空隙比 e	0.91			空隙比 e	0.90
		饱和度 S_r/%	92			饱和度 S_r/%	99
	颗粒组成/%	粒径大小/mm 砂粒 2.0～0.5			颗粒组成/%	粒径大小/mm 砂粒 2.0～0.5	
		粒径大小/mm 砂粒 0.5～0.25				粒径大小/mm 砂粒 0.5～0.25	
		粒径大小/mm 砂粒 0.25～0.075				粒径大小/mm 砂粒 0.25～0.075	
		粒径大小/mm 粉粒 0.075～0.005				粒径大小/mm 粉粒 0.075～0.005	
		粒径大小/mm 黏粒 <0.005				粒径大小/mm 黏粒 <0.005	
纵向地质断面桩号							
横向地质剖面桩号							

表 6.7　　太湖流域江苏省环湖大堤吴江段典型堤防的设计断面情况表

<table>
<tr><td colspan="2">项目名称</td><td>项目内容</td><td colspan="2">项目名称</td><td>项目内容</td></tr>
<tr><td colspan="2">起止桩号</td><td>0+000～50+740</td><td colspan="2">校核流量/(m^3/s)</td><td></td></tr>
<tr><td colspan="2">堤防（段）设计横断面名称</td><td>梯形断面</td><td colspan="2">设计流量/(m^3/s)</td><td></td></tr>
<tr><td colspan="2">大堤横断面桩号</td><td></td><td colspan="2">设防水位/m</td><td>3.50</td></tr>
<tr><td rowspan="9">堤防现状断面</td><td>堤顶高程/m</td><td>7.0</td><td rowspan="3">背河压渗或淤区（吹填）平台</td><td>高程/m</td><td>0</td></tr>
<tr><td>堤身净高度/m</td><td>2.5～5.0</td><td>宽度/m</td><td></td></tr>
<tr><td>堤顶宽度/m</td><td>6.0</td><td>边坡比</td><td></td></tr>
<tr><td>临河侧边坡比</td><td>1∶2～1∶2.5</td><td rowspan="3">前戗平台</td><td>前戗顶高程/m</td><td>5.0</td></tr>
<tr><td>背河侧边坡比</td><td>1∶2.5～1∶3</td><td>前戗顶宽/m</td><td>0.3</td></tr>
<tr><td>临河堤脚高程/m</td><td>2.0</td><td>前戗边坡比</td><td>1∶2</td></tr>
<tr><td>背河堤脚高程/m</td><td>与地面同高</td><td rowspan="3">后戗平台</td><td>后戗顶高程/m</td><td>4.5</td></tr>
<tr><td>临河护坡情况</td><td>块石挡墙/混凝土预制块护砌</td><td>后戗顶宽/m</td><td>10</td></tr>
<tr><td>背河护坡情况</td><td>草皮护坡</td><td>后戗边坡比</td><td>1∶3</td></tr>
<tr><td colspan="2">临河滩地宽度/m</td><td>0～50</td><td rowspan="2">堤顶路面型式</td><td>硬化</td><td>混凝土/S形道板砖</td></tr>
<tr><td colspan="2">临河、背河护堤地宽度/m</td><td>0～20</td><td>未硬化</td><td>泥路 8.33km
（桩号 5+150～14+710）</td></tr>
<tr><td colspan="2">安全监测设施情况</td><td colspan="4">在建</td></tr>
</table>

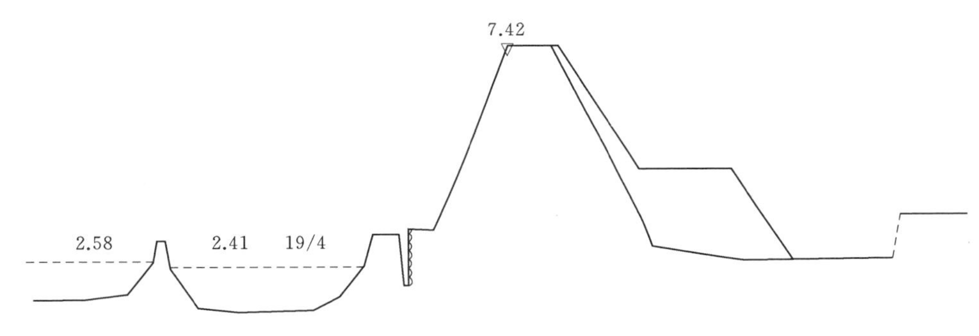

图 6.3　典型堤防纵剖面图

6.3　流域防洪工程系统可靠性分析步骤

6.3.1　定义防洪单元

流域堤防工程可靠性分析需要结合大尺度水力学模型，以流域的河道网络将分析区域分割为许多小洪水单元（见第 5 章平原河网地区大尺度水力学模型），可靠性分析的主要对象是河道两侧的堤防、水闸、高地组成的包围圈。每一个小洪水单元被河道、海岸线、湖岸或者是高地分开。在可靠性分析中，每一个小洪水单元就是一个自容式洪水系统。洪水单元周边的水闸和障碍物的可靠性和安全性能，在包围单元的河道边界条件中考虑，而不在可靠性分析中明确表示。包围在其周围的堤防、高地和海塘等是可靠性分析的主要对象。因此，需要获取每一段工程的信息，包括位置、长度、防洪标准、堤顶高程、堤顶宽度、堤坡和质量等级等。

图 6.4 给出了三个洪水单元多边形及其边界的空间关系，每一个洪水单元都分配一个序号，边界中的河段是在水力学模拟中划分的节点之间的部分，数个河段组成洪水单元的边界，工程的信息与每一个河段相关联。表 6.8 列出了示例单元边界与河段号的关系，以及用于可靠性分析的工程信息。从表 6.8 中可知，并不是所有的工程信息都能获得，因此，要用插值或专家经验判断来填补数据缺口。每一个河段相连的节点需要根据水力学模拟的结果提取水位信息。

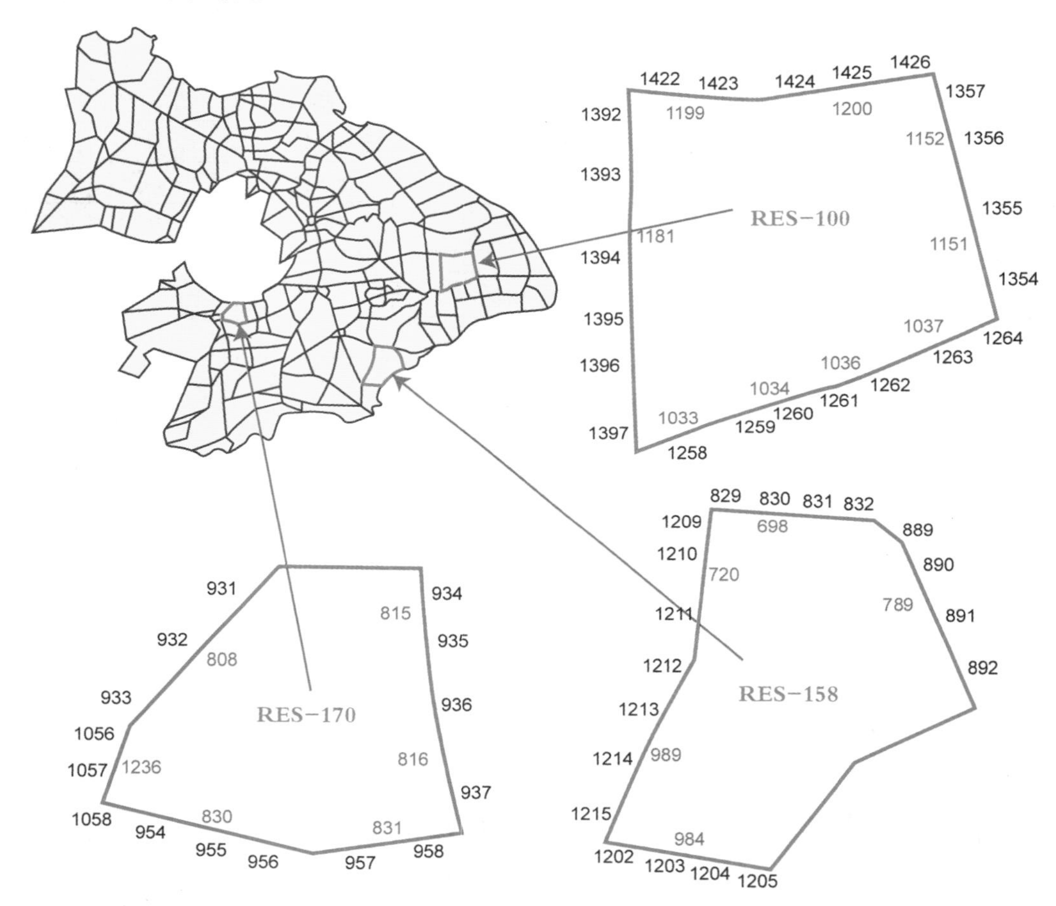

图 6.4　洪水单元实例（170，158 和 100）

6.3.2　单一工程设施分类

对于包围每一个洪水单元的防洪工程，在实际中其结构型式复杂多变。因为不同的结构型式在荷载作用下的破坏模式不同，可靠性分析的模型也不同。因此，需要对防洪工程进行系统分类，参考英格兰和威尔士的工程分类方法，太湖流域防洪（潮）工程设施根据

表 6.8　　洪水单元的工程信息（170，158 和 100）

单元号	单元边界	河段号	长度/km	所在河流	堤顶高程/m	顶宽/m	斜坡或垂直墙	前坡	坡顶	后坡	河流或海岸	工程类型	防洪标准	设计水位/m	历史最高水位/m	质量等级	设计超高/m	单一工程组分类	工程组分类
170	808	931	2767.9	东苕溪	7	5	斜坡	混凝土	泥结石	天然草坪	入湖口	土堤	50年一遇	4.76	5.08	1（100%）	2.24	12	2
		932	2766.5	东苕溪	7	5	斜坡	混凝土	泥结石	天然草坪	入湖口	土堤	50年一遇	4.76	5.08	1（100%）	2.24	12	2
		933	2767.9	东苕溪	7	5	斜坡	混凝土	泥结石	天然草坪	入湖口	土堤	50年一遇	4.76	5.08	1（100%）	2.24	12	2
	1263	1056	2168.7	一般河流			斜坡	草坪	草坪	草坪	河流	土堤	5～10年一遇			1（10%） 2（60%） 3（30%）	*0.3～1	11	27
		1057	2656.9	一般河流			斜坡	草坪	草坪	草坪	河流	土堤	5～10年一遇			1（10%） 2（60%） 3（30%）	*0.3～1	11	27
		1058	2657.3	一般河流			斜坡	草坪	草坪	草坪	河流	土堤	5～10年一遇			1（10%） 2（60%） 3（30%）	*0.3～1	11	27
	830	954	2680.0	一般河流			斜坡	草坪	草坪	草坪	河流	土堤	5～10年一遇			1（10%） 2（60%） 3（30%）	*0.3～1	11	27
		955	2679.7	一般河流			斜坡	草坪	草坪	草坪	河流	土堤	5～10年一遇			1（10%） 2（60%） 3（30%）	*0.3～1	11	27
		956	2680.0	一般河流			斜坡	草坪	草坪	草坪	河流	土堤	5～10年一遇			1（10%） 2（60%） 3（30%）	*0.3～1	11	27
	831	957	2802.1	一般河流			斜坡	草坪	草坪	草坪	河流	土堤	5～10年一遇			1（10%） 2（60%） 3（30%）	*0.3～1	27	
		958	2803.1	一般河流			斜坡	草坪	草坪	草坪	河流	土堤	5～10年一遇			1（10%） 2（60%） 3（30%）	*0.3～1	11	27

续表

单元号	单元边界	河段号	长度/km	所在河流	堤顶高程/m	顶宽/m	斜坡或垂直墙	前坡	坡顶	后坡	河流或海岸	工程类型	防洪标准	设计水位/m	历史最高水位/m	质量等级	设计超高/m	单一工程组分类	工程组分类
170	815	934	2807.5	一般河流			斜坡	草坪	草坪	草坪	河流	土堤	5～10年一遇			1（10%） 2（60%） 3（30%）	*0.3～1	11	27
		935	2808.5	一般河流			斜坡	草坪	草坪	草坪	河流	土堤	5～10年一遇			1（10%） 2（60%） 3（30%）	*0.3～1	11	27
	816	936	2274.4	一般河流			斜坡	草坪	草坪	草坪	河流	土堤	5～10年一遇			1（10%） 2（60%） 3（30%）	*0.3～1	11	27
		937	2274.4	一般河流			斜坡	草坪	草坪	草坪	河流	土堤	5～10年一遇			1（10%） 2（60%） 3（30%）	*0.3～1	11	27
	2001	1751	4992.0	太湖大堤浙江段东	7.8	7.0	斜坡	混凝土	泥结石	天然草坪	湖泊	土堤	50年一遇	4.76	5.08	1（100%）	3.04	12	2
158	984	1202	2588.7	一般河流			斜坡	草坪	草坪	草坪	河流	土堤	5～10年一遇			1（20%） 2（60%） 3（20%）	*0.3～1	11	26
		1203	2589.9	一般河流			斜坡	草坪	草坪	草坪	河流	土堤	5～10年一遇			1（20%） 2（60%） 3（20%）	*0.3～1	11	26
		1204	2588.7	一般河流			斜坡	草坪	草坪	草坪	河流	土堤	5～10年一遇			1（20%） 2（60%） 3（20%）	*0.3～1	11	26
	720	1205	1988.9	一般河流			斜坡	草坪	草坪	草坪	河流	土堤	5～10年一遇			1（20%） 2（60%） 3（20%）	*0.3～1	11	26
		1209	2856.2	一般河流			斜坡	草坪	草坪	草坪	河流	土堤	5～10年一遇			1（20%） 2（60%） 3（20%）	*0.3～1	11	26
		1210	2855.1	一般河流			斜坡	草坪	草坪	草坪	河流	土堤	5～10年一遇			1（20%） 2（60%） 3（20%）	*0.3～1	11	26

续表

单元号	单元边界	河段号	长度/km	所在河流	堤顶高程/m	顶宽/m	斜坡或垂直墙	前坡	坡顶	后坡	河流或海岸	工程类型	防洪标准	设计水位/m	历史最高水位/m	质量等级	设计超高/m	单一工程组分类	工程组分类
158	720	1211	2856.1	一般河流			斜坡	草坪	草坪	草坪	河流	土堤	5～10年一遇			1（20%） 2（60%） 3（20%）	*0.3～1	11	26
	989	1212	3085.4	一般河流			斜坡	草坪	草坪	草坪	河流	土堤	5～10年一遇			1（20%） 2（60%） 3（20%）	*0.3～1	11	26
		1213	3086.8	一般河流			斜坡	草坪	草坪	草坪	河流	土堤	5～10年一遇			1（20%） 2（60%） 3（20%）	*0.3～1	11	26
		1214	3085.4	一般河流			斜坡	草坪	草坪	草坪	河流	土堤	5～10年一遇			1（20%） 2（60%） 3（20%）	*0.3～1	11	26
		1215	3086.3	一般河流			斜坡	草坪	草坪	草坪	河流	土堤	5～10年一遇			1（20%） 2（60%） 3（20%）	*0.3～1	11	26
	698	829	1965.0	平湖塘			斜坡	草坪	草坪	草坪	河流	土堤	10～20年一遇			1（30%） 2（70%）	0.7～1.3	11	22
		830	1965.1	平湖塘			斜坡	草坪	草坪	草坪	河流	土堤	10～20年一遇			1（30%） 2（70%）	0.7～1.3	11	22
		831	2630.4	平湖塘			斜坡	草坪	草坪	草坪	河流	土堤	10～20年一遇			1（30%） 2（70%）	0.7～1.3	11	22
		832	2631.4	平湖塘			斜坡	草坪	草坪	草坪	河流	土堤	10～20年一遇			1（30%） 2（70%）	0.7～1.3	11	22
	789	889	2387.8	一般河流			斜坡	草坪	草坪	草坪	河流	土堤	5～10年一遇			1（20%） 2（60%） 3（20%）	*0.3～1	11	26

续表

单元号	单元边界	河段号	长度/km	所在河流	堤顶高程/m	顶宽/m	斜坡或垂直墙	前坡	坡顶	后坡	河流或海岸	工程类型	防洪标准	设计水位/m	历史最高水位/m	质量等级	设计超高/m	单一工程组分类	工程组分类
158	789	890	3382.0	一般河流			斜坡	草坪	草坪	草坪	河流	土堤	5～10 年一遇			1（20%） 2（60%） 3（20%）	*0.3～1	11	26
		891	3382.6	一般河流			斜坡	草坪	草坪	草坪	河流	土堤	5～10 年一遇			1（20%） 2（60%） 3（20%）	*0.3～1	11	26
		892	3382.0	一般河流			斜坡	草坪	草坪	草坪	河流	土堤	5～10 年一遇			1（20%） 2（60%） 3（20%）	*0.3～1	11	26
	2002	1701	7726.0	钱塘江海塘	12.0	5.0	海岸斜坡堤	混凝土	混凝土	天然草坪	海岸设施		100 年一遇	9.65		1（100%）	0.5	35	4
		1702	4058.0	钱塘江海塘	12.0	5.0	海岸斜坡堤	混凝土	混凝土	天然草坪	海岸设施		100 年一遇	9.65		1（100%）	0.5	35	4
		1703	3685.0	钱塘江海塘	12.0	5.0	海岸斜坡堤	混凝土	混凝土	天然草坪	海岸设施		100 年一遇	9.65		1（100%）	0.5	35	4
100	1181	1392	2338.4	一般河流			斜坡	草坪	草坪	草坪	河流	土堤	5～10 年一遇			1（20%） 2（60%） 3（20%）	*0.3～1	11	20
		1393	2337.5	一般河流			斜坡	草坪	草坪	草坪	河流	土堤	5～10 年一遇			1（20%） 2（60%） 3（20%）	*0.3～1	11	20
		1394	2338.4	一般河流			斜坡	草坪	草坪	草坪	河流	土堤	5～10 年一遇			1（20%） 2（60%） 3（20%）	*0.3～1	11	20
		1395	3686.5	一般河流			斜坡	草坪	草坪	草坪	河流	土堤	5～10 年一遇			1（20%） 2（60%） 3（20%）	*0.3～1	11	20

续表

单元号	单元边界	河段号	长度/km	所在河流	堤顶高程/m	顶宽/m	斜坡或垂直墙	前坡	坡顶	后坡	河流或海岸	工程类型	防洪标准	设计水位/m	历史最高水位/m	质量等级	设计超高/m	单一工程组分类	工程组分类
100	1181	1396	3686.5	一般河流			斜坡	草坪	草坪	草坪	河流	土堤	5～10年一遇			1（20%） 2（60%） 3（20%）	*0.3～1	11	20
		1397	3686.5	一般河流			斜坡	草坪	草坪	草坪	河流	土堤	5～10年一遇			1（20%） 2（60%） 3（20%）	*0.3～1	11	20
	1033	1258	4919.9	黄浦江上游干流	5.5	7	斜坡	混凝土	泥结石	天然草坪	河流	土堤	50年一遇	4.56	4.38	1（100%）	0.4	12	13
	1034	1259	727.7	黄浦江上游干流	5.5	7	斜坡	混凝土	泥结石	天然草坪	河流	土堤	50年一遇	4.56	4.38	1（100%）	0.4	12	13
		1260	727.7	黄浦江上游干流	5.5	7	斜坡	混凝土	泥结石	天然草坪	河流	土堤	50年一遇	4.56	4.38	1（100%）	0.4	12	13
	1036	1261	3691.3	黄浦江上游干流	5.5	7	斜坡	混凝土	泥结石	天然草坪	河流	土堤	50年一遇	4.56	4.38	1（100%）	0.4	12	13
		1262	1851.2	黄浦江上游干流	5.5	7	斜坡	混凝土	泥结石	天然草坪	河流	土堤	50年一遇	4.56	4.38	1（100%）	0.4	12	13
	1037	1263	3016.9	黄浦江上游干流	4.1～4.4	2	斜坡	草坪	草坪	草坪	河流	土堤	50年一遇	4.56	4.38	1（40%） 2（60%）	0.4	11	25
		1264	3016.9	黄浦江上游干流	4.1～4.4	2	斜坡	草坪	草坪	草坪	河流	土堤	50年一遇	4.56	4.38	1（40%） 2（60%）	0.4	11	25

续表

单元号	单元边界	河段号	长度/km	所在河流	堤顶高程/m	顶宽/m	斜坡或垂直墙	前坡	坡顶	后坡	河流或海岸	工程类型	防洪标准	设计水位/m	历史最高水位/m	质量等级	设计超高/m	单一工程组分类	工程组分类
100	1151	1354	3912.9	黄浦江	6.8		垂直墙						1000年一遇	6.27		1 (100%)	0.53	5	3
		1355	3911.9	黄浦江	6.8		垂直墙						1000年一遇	6.27		1 (100%)	0.53	5	3
	1152	1356	2681.8	黄浦江	6.8		垂直墙						1000年一遇	6.27		1 (100%)	0.53	5	3
		1357	2680.8	黄浦江	6.8		垂直墙						1000年一遇	6.27		1 (100%)	0.53	5	3
	1199	1422	3445.9	一般河流			斜坡	草坪	草坪	草坪	河流	土堤	5～10年一遇			1 (20%) 2 (60%) 3 (20%)	*0.3～1	10	25
		1423	3446.9	一般河流			斜坡	草坪	草坪	草坪	河流	土堤	5～10年一遇			1 (20%) 2 (60%) 3 (20%)	*0.3～1	10	25
	1200	1424	2515.3	一般河流			斜坡	草坪	草坪	草坪	河流	土堤	5～10年一遇			1 (20%) 2 (60%) 3 (20%)	*0.3～1	10	25
		1425	2514.3	一般河流			斜坡	草坪	草坪	草坪	河流	土堤	5～10年一遇			1 (20%) 2 (60%) 3 (20%)	*0.3～1	10	25
		1426	2515.3	一般河流			斜坡	草坪	草坪	草坪	河流	土堤	5～10年一遇			1 (20%) 2 (60%) 3 (20%)	*0.3～1	10	25

注 *表示该数据不十分确定。

所受水力荷载的不同分为河堤、海岸设施两种，在此基础上根据结构型式和材料分为 7 个大类，再根据筑堤材料、顶宽、护面形式和堤基情况进一步细分为一些亚类，典型分类见图 6.5。其中的海岸设施也可以继续细分。

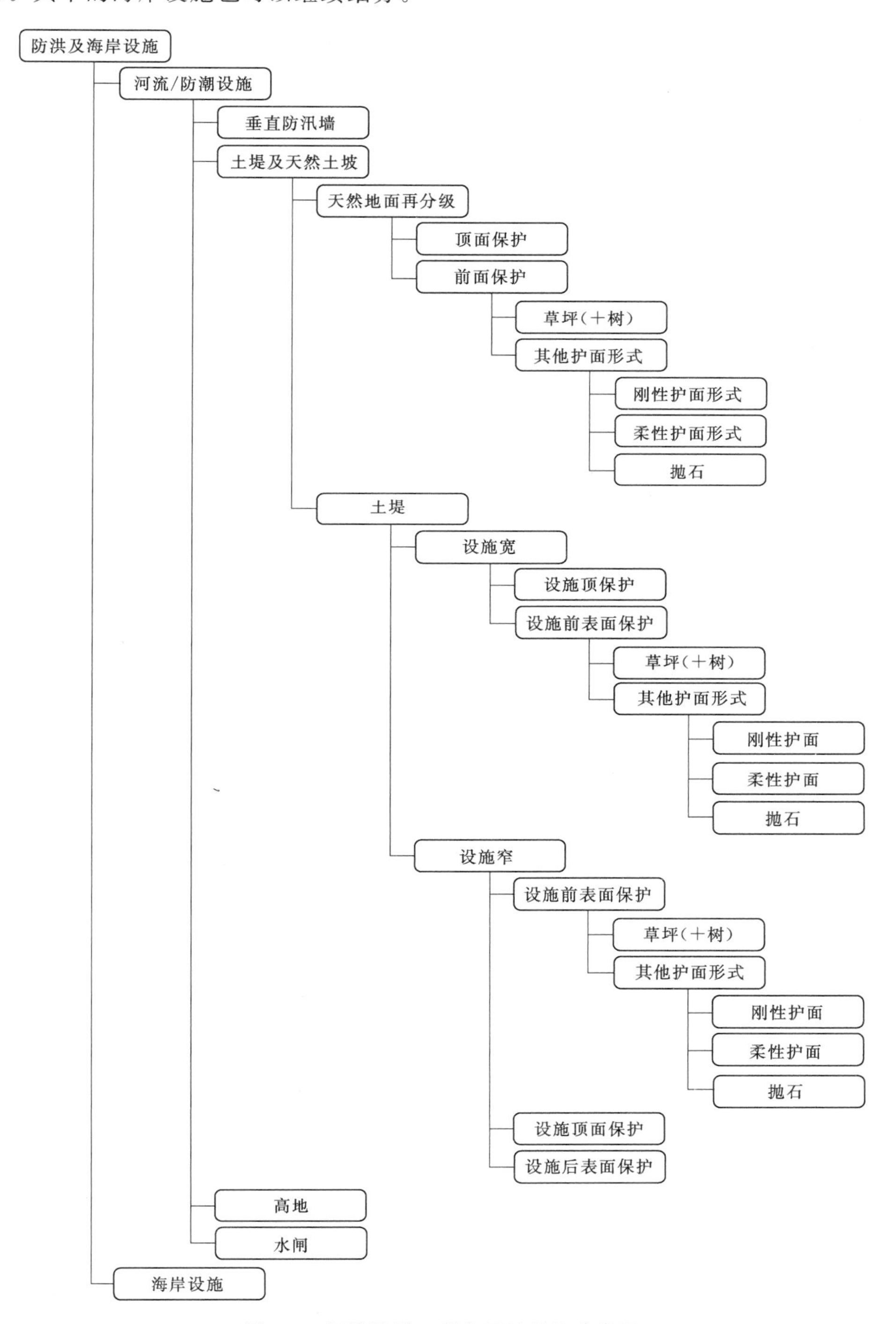

图 6.5　河流防洪工程和天然坡地分类图

6.3.3　单一防洪工程脆弱性曲线

脆弱性曲线提供了一套概化设施性能的一致性方法（Casciati & Faravelli，1991，Buijs et al.，2007），一条脆弱性曲线是工程设施在一定荷载范围内的条件破坏概率曲线。结构型式相似的工程设施在外荷载作用下其性能相似，因此可以采用相同的脆弱性曲线。对于具有不同特征的工程（结构类型、防洪标准和质量等级），在特定荷载条件下其破坏的可能性将用不同的脆弱性曲线表示。同时，工程结构性能在水力荷载作用下的可能变化（例如由于条件老化、防护标准提高或荷载改变）可以估计出来。因此，可以根据脆弱性曲线轻松地区别不同类别和质量条件的设施性能差异。堤防工程的主要失效模式有漫顶与漫顶溃决、滑动及塌陷失事、渗透变形失效和堤防上下游表面冲刷侵蚀失效四大类主要破坏模式。其中，管涌和漫顶溃决是河流堤防最常见的破坏模式。针对堤防实际运行中最容易出现的破坏形式，选择三种最常见的破坏形式建立脆弱性曲线模型：

（1）漫顶，$P(D_{i,\mathrm{OT}}|l)$。

（2）漫顶造成溃决，$P(D_{i,\mathrm{B}}|D_{i,\mathrm{OT}},l)$。

（3）非漫顶溃决 $P(D_{i,\mathrm{B}}|\overline{D_{i,\mathrm{OT}}},l)$，例如管涌。

其中，堤防漫顶溃决的破坏方程极限状态方程为

$$Z=m_{qc}q_c-m_{q0}q_0/P_t \tag{6.1}$$

$Z>0$ 为堤防无漫顶溃决；$Z<0$ 为堤防漫顶溃决。

式中：q_c 为堤防失效临界流量，$\mathrm{m^3/s}$；q_0 为漫顶实际流量，$\mathrm{m^3/s}$；P_t 为漫顶或水流的时间百分比，%；m_{qc} 为护坡侵蚀临界流量变异系数；m_{q0} 为漫顶实际流量变异系数。

$$q_c=\left\{\frac{3.8E^{2/3}}{(6\times10^5)^{2/3}\left[1+1.8\log_{10}\left(P_t t_s\frac{Ed_w}{Ed_w+0.4C_{rk}L}\right)\right]}\right\}^{5/2}\times\frac{k^{1/4}}{125(\tan\alpha)^{3/4}} \tag{6.2}$$

式中：q_c 为堤防溃决临界流量，$\mathrm{m^3/s}$；E 为护坡侵蚀强度，m·s；t_s 为风暴潮持续时间，h；d_w 为护坡植物抗侵蚀深度，m；C_{rk} 为填筑材料侵蚀强度，m·s；L 为堤防宽度，m；k 为粗糙系数，$\mathrm{s^6/m^2}$；α 为堤防内坡坡度。

$$q_0=Q_b(g\cdot H_s^3)^{1/2}\xi_0 \tag{6.3}$$

$$Q_b=0.06\mathrm{e}^{(-f_b\cdot R_b)} \tag{6.4}$$

式中：ξ_0 为破坏指数；H_s 为有效波高，m；Q_b 为无量纲流量系数；R_b 为无量纲堤顶高度系数；f_b 为修正系数。

管涌破坏的极限状态方程为

$$Z=\Delta h=h-h_b=\frac{t+\frac{1}{3}L}{C_w} \tag{6.5}$$

$Z>0$ 为堤防无管涌破坏；$Z<0$ 为堤防管涌破坏。

式中：h 为堤防内坡水位；h_b 为堤防外坡水位；t 为堤防地基不透水层厚度；L 为水平渗径长度；C_w 为地基蠕变系数。

堤防典型纵剖面示意见图 6.6。

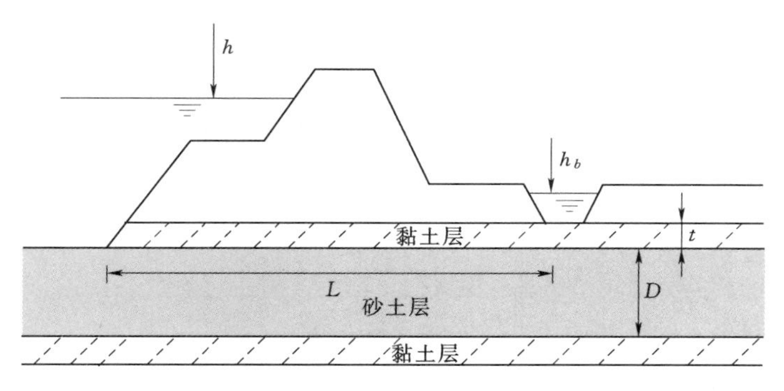

图 6.6 堤防典型纵剖面示意图

D—相对透水砂层厚度

前文对太湖流域的所有结构类型进行了分类，据此，需要对每一类结构设施绘制其脆弱性曲线。英国研究人员建立了61种典型防洪工程设施（与设施分类相对应）的通用脆弱性曲线，几乎包括了实际工程中常遇的结构类型，考虑了管涌和漫顶溃决两种破坏形式。典型脆弱性曲线见图6.7～图6.9。

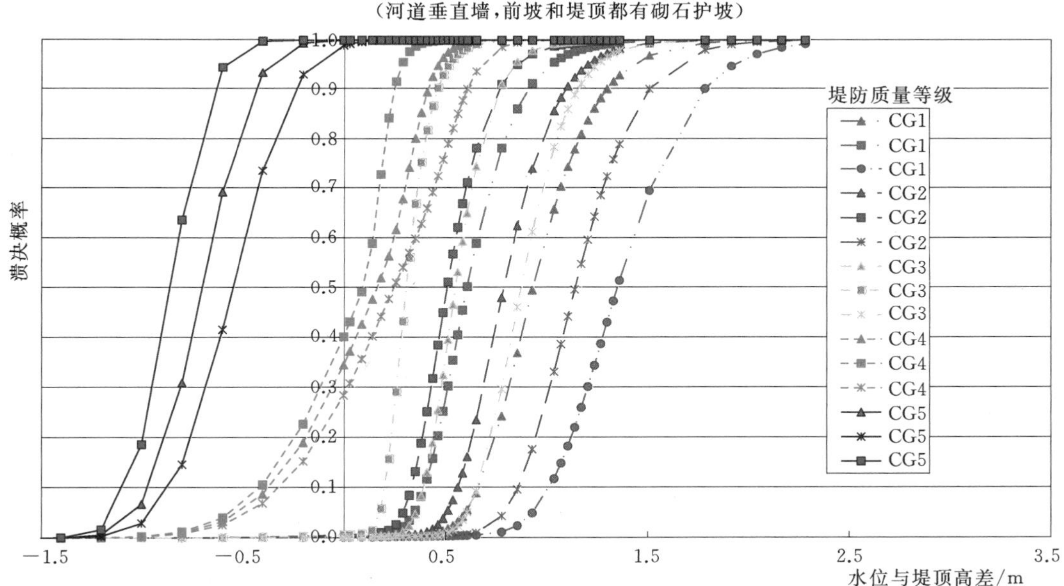

图 6.7 垂直防汛墙脆弱性曲线

6.3.4 定义防洪工程设施组

在定义了洪水单元之后，每一个洪水单元多边形就由数条明显不同的边界包围，边界使防洪保护区与河道/湖泊/海洋分开。每一条边界可能由数个河段构成，这与水力学模型是相同的。

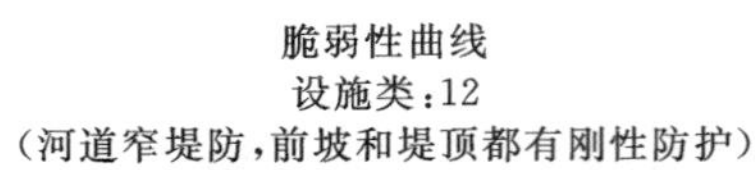

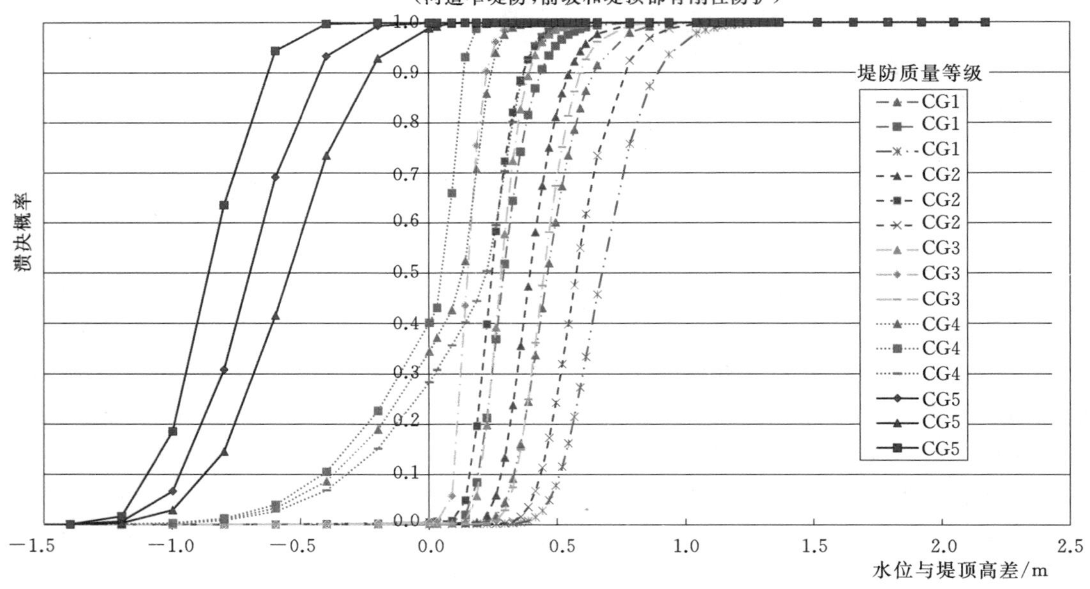

图 6.8 堤前有刚性护面的窄斜坡堤脆弱性曲线

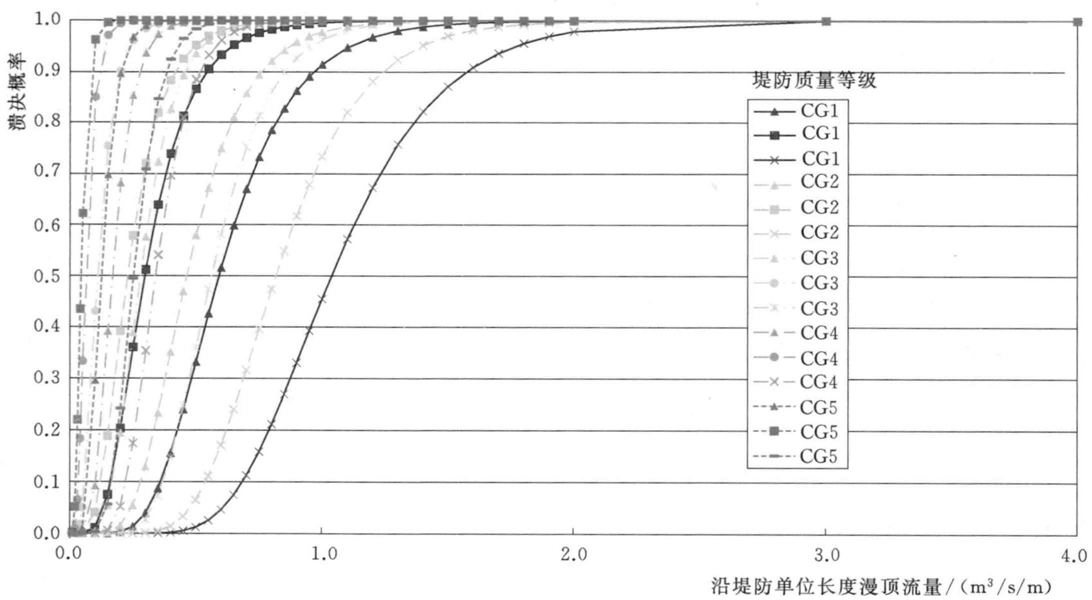

图 6.9 典型海岸设施脆弱性曲线

对于大尺度可靠性分析，由于不能准确给出洪水单元每一条边界的数据（工程数据或洪水边界条件），这就影响了进一步分析的可能。分析中可以进行一些简化，可以先对整个流域的设施进行归类，根据工程管理人员的评估得到可靠性分析所需要的数据。设施组分类需要遵循一定的原则：设施组分类的依据是在可靠性分析中为不同的破坏模式或参数。高层级的设施组分类如下：①湖堤；②海岸设施；③防潮设施；④河流主要堤防；⑤河流次要堤防；⑥河流一般堤防。

进行以上分类后，每一组工程设施应具有相似的特征，包括：

- 结构类型
  - √ 顶宽
    - □ 宽
    - □ 窄
  - √ 堤坡
    - □ 陡
    - □ 缓
  - √ 护面型式（例如草皮、抛石、混凝土等）
- 设计超高（安全超高）
- 工程设施的状态级别（Cg）
- 防洪标准（SOP）

大致分类后的设施组见表 6.9。如果知道工程段的准确参数，则可靠性估计中不需要根据工程设施组分类的参数来计算，只需按设施段的真实参数直接绘制脆弱性曲线。

表 6.9　设施组分类

高层级的设施组分类	所在河流	管理机构	SOP	质量等级	结构类型分类	设计超高	堤防高度	溃口宽度系数	设施组脆弱性曲线号	洪水单元边界
湖堤										
	环绕湖西大堤	流域机构	50	1（80%） 2（20%）	12	2.34	3.5	0.1	1	
	环太湖东大堤	流域机构	50	1（90%） 2（10%）	12	2.34	3.5	0.1	2	
防潮设施										
	黄浦江防汛墙	省	1000	1（90%） 2（10%）	5	0.53	5	0.1	3	
海岸设施或海塘										
	沿杭州湾海塘（浙江）	省	50（30%） 100（55%）	1（70%） 2（25%） 3（5%）	36	3	6	0.06	4	
			500（15%）				6	0.06	5	
	沿长江海塘（上海）	省	200	1（70%） 2（30%）	35	3	5.6	0.06	6	
	沿长江海塘（江苏）	省	100	1（60%） 2（40%）	35	1～2	5.6	0.06	7	

续表

高层级的设施组分类	所在河流	管理机构	SOP	质量等级	结构类型分类	设计超高	堤防高度	溃口宽度系数	设施组脆弱性曲线号	洪水单元边界
主要河流设计										
	太浦河上游	流域机构	50	1	12	1.3～1.5	4	0.12	8	
	太浦河下游	流域机构	50	1	12	1.4	5	0.1	9	
	望虞河	流域机构	50	1	12	1.3～1.8	3.8	0.12	10	
	东苕溪东岸	省	50	1 (20%) 2 (80%)	12	1.06～2.24	3.8	0.15	11	
	西险大塘东岸	省	100	1	12	1.3～1.8	4	0.15	12	
	黄浦江上游	省	50	1 (90%) 2 (10%)	12	0.94	3.5	0.1	13	
	西苕溪	省	10	2 (70%) 3 (30%)	11	*1.5	2.7	0.15	14	
次要河流设施										
	苏州河	市	50	1 (90%) 2 (10%)	11	0.4		0.2	15	
	吴淞江	市	20～50	1 (10%) 2 (60%) 3 (30%)	11	*1.0～1.8	3	0.2	16	
	拦路港	市	50	1 (60%) 2 (40%)	11	1.25/1.5	3.4	0.2	17	
	红旗塘	市	50	1 (45%) 2 (55%)	11	1.25/1.45	3.5	0.2	18	
	娄港河	市	5～10	2 (50%) 3 (50%)	11	*0.3～1.5	2.7	0.2	19	
	大治河	市	20	1 (60%) 2 (40%)	11	*1～1.5	3	0.2	20	
	穿洋河	市	20	1 (60%) 2 (40%)	11	*1～1.5	3	0.2	21	
	平湖河	市	10～20	1 (20%) 2 (60%) 3 (20%)	11	*0.7～1.3	3	0.2	22	
	常山河	市	20～50	1 (60%) 2 (40%)	11	*1.3～1.8	3.4	0.2	23	
	其他（20年一遇）	市	10～20	1 (20%) 2 (60%) 3 (20%)	11	*0.5～1.3	2.5	0.2	24	
	其他（小于20年一遇）	市	5～20	1 (15%) 2 (65%) 3 (20%)	11	*0.5～1.3	2.5	0.2	25	

续表

高层级的设施组分类	所在河流	管理机构	SOP	质量等级	结构类型分类	设计超高	堤防高度	溃口宽度系数	设施组脆弱性曲线号	洪水单元边界
	排水沟	市	5～20	1 (20%) 2 (60%) 3 (20%)	11	1.2	2.5	0.2	26	
小型河流设施										
	未知名	县	5～10	1 (10%) 2 (60%) 3 (30%)	10	*0.3～1	2.5	0.2	27	
高地与山坡										
	未知名	县	5～10	1 (10%) 2 (70%) 3 (20%)	10	*0.3～1	2.5	0.2	28	

注　*表示该数据不十分确定。

6.3.5 洪水单元边界设施定义和可靠性计算

结合太湖流域概化河道和堤防工程，本文将太湖流域划分为215个洪水单元，见图6.4，并统计洪水单元中堤防的位置、河流信息、结构类型、填筑材料、坡降、护坡情况、长度、堤顶高程、堤顶宽度、工程质量等级、防洪标准等信息。

对于没有详细堤防数据的洪水单元多边形边界，在这里采用简化处理的方法，即根据前面所述的采用设施组类别的方法，这在前面已经阐述过，现在需要对边界可靠性进行定义，称为设施组可靠性，定义为洪水单元边界在外荷载作用下其边界至少有一个溃口发生的概率。

为了估计防洪设施体系的组合破坏概率，考虑不同点的荷载相关性和结构反应对荷载的相关性很重要。在大比尺的分析中，做了三个简化假定：

(1) 认为一个防洪设施系统中作用在所有设施上的荷载完全相关：即在同一时间所有的设施都承受相同的荷载。例如，由于上游设施破坏引起下游设施的水力荷载减少在分析中没有考虑。

(2) 不同设施抵抗极端荷载的抗力是独立的：即每一设施的强度单独评价，不依赖于相邻设施的强度。这一假定意味着如果设施 d_1、d_2 都遭受荷载 l，则二者都破坏的概率为

$$P(D_1 \cap D_2 | l) = P(D_1 | l) P(D_2 | l) \tag{6.6}$$

(3) 一个给定设施段内不同点的抗力完全相关：即，整段设施在荷载作用下的反应相同。

对于很长的设施，第三条假定很难满足。描述结构抗力的参数（例如顶高和岩土参数）显示出强烈的相关性，CUR/TAW建议距离超过500m时这些参数差不多是独立的。因此，本工作中把设施分割为500m长的设施段。

当把设施分为数个小设施段，计算每一段的破坏概率，然后合并为设施的总破坏概率。对于每一个洪水单元的每一设施，例如设施 a，根据以上要求假定把设施分割为 n 个

设施段，每一段设施标记为 d_1，d_2，…，d_n。根据每一种洪水方案得到作用在该设施上的荷载，在该荷载作用下设施段 i 的破坏概率已知为 P_{Bi}，则设施 a 的总破坏概率为

$$P_B=1-(1-P_{B1})(1-P_{B2})\cdots(1-P_{Bn}) \tag{6.7}$$

式中：P_B 为洪水单元边界设施发生破坏的概率；P_{B1} 为设施段 1 发生破坏的概率；P_{B2} 为设施段 2 发生破坏的概率；P_{Bn} 为设施段 n 发生破坏的概率。

在已知荷载作用下，设施段 i 的条件破坏概率可以根据脆弱性曲线获得。

太湖流域有数千公里的堤防，其真实的质量等级、防洪标准、堤顶高程等信息对于每500m 长的设施段来说很难确切知道，这是大尺度洪水风险评估的客观现实。对于每一个洪水单元的每一条边界，根据专家经验判断其质量等级、防洪标准、堤顶高程，见表 6.8 和表 6.9。这就可以把通用脆弱性曲线按式（6.6）移植到每一个设施组，建立设施组脆弱性曲线。以设施组 16 为例，其设施类型为 11，单位长度的设施段，质量等级为 1 级的占 10%，质量等级为 2 级的占 60%，质量等级为 3 级的占 30%。设施组 11 的脆弱性曲线可以在边界分割、具体质量等级的基础上，计算脆弱性为

$$P(\text{溃决} \mid \text{feeboard})=\sum_{i=1}^{5}p(\text{CG}=i)\cdot P_{\text{CG}=i}(\text{溃决} \mid \text{feeboard}) \tag{6.8}$$

根据以上内容，得到的典型设施组脆弱性曲线见图 6.10。

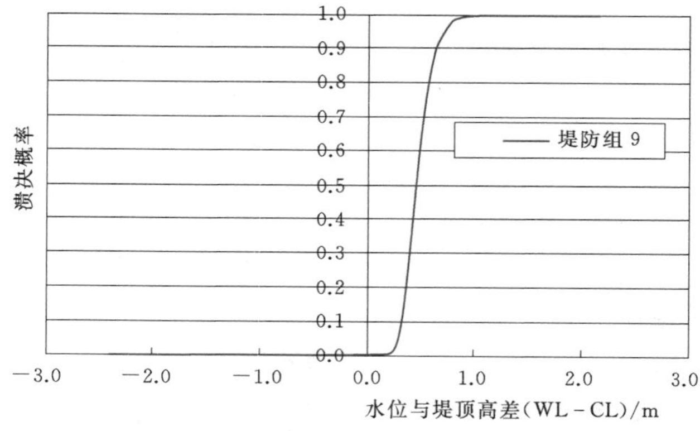

(a) 堤防组 9 的脆弱性曲线

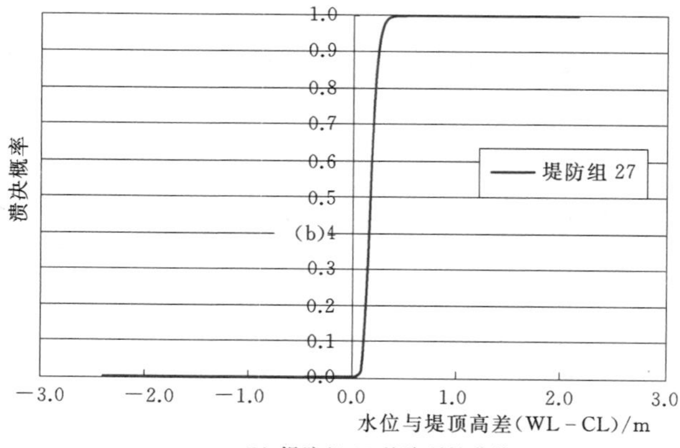

(b) 堤防组 27 的脆弱性曲线

图 6.10 设施组脆弱性曲线

用同样的方法可以对洪水单元边界堤顶高程、防洪标准进行处理，就可以得到设施组的脆弱性曲线。一旦设施组脆弱性曲线移植，洪水单元每一个边界发生溃决的概率，就可以轻松地从设施组脆弱性曲线插值获得。图 6.11（a）、图 6.11（b）、图 6.11（c）给出了单元 170、158 和 100 各边界的脆弱性曲线，根据这些曲线结合水力学模拟结果就可以得出各种工况（河水位或越顶流量）下的溃决概率。

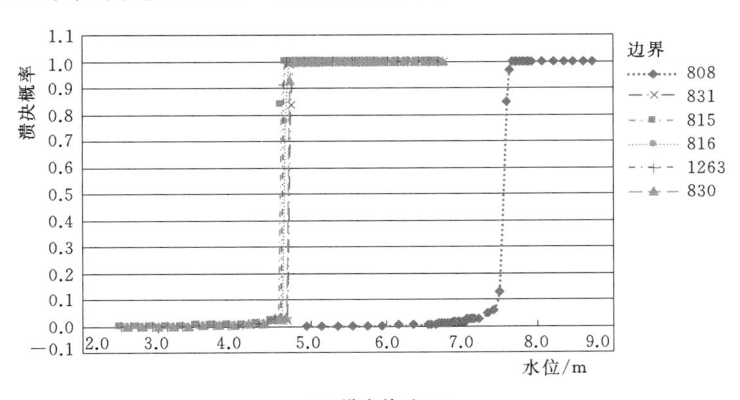

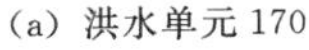
(a) 洪水单元 170

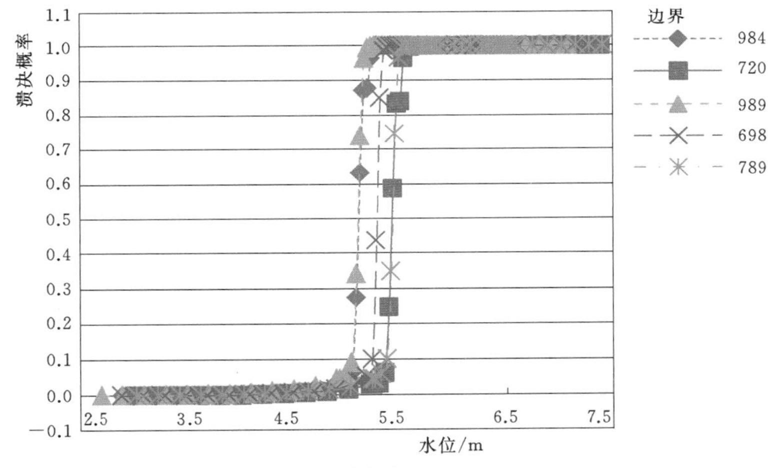

(b) 洪水单元 158

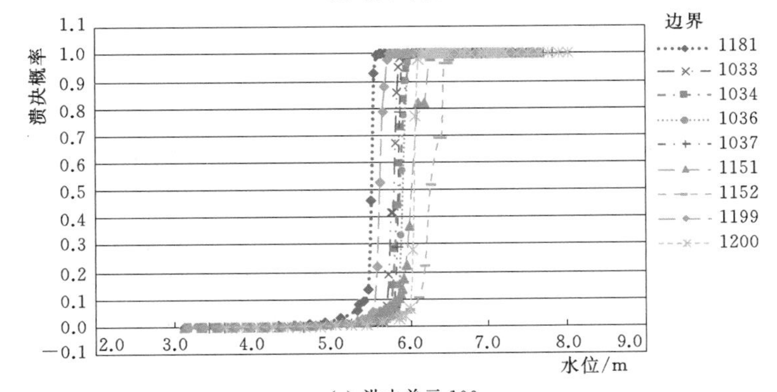

(c) 洪水单元 100

图 6.11 洪水单元各边界的脆弱性曲线

当绘制出每一个单元边界的脆弱性曲线以后，不同洪水方案下的可靠性就可以直接插值得到。

6.4 工程可靠性在太湖流域防洪风险分析中的应用

自1991年洪水以来，经过此后10余年建设，太湖流域11项治太骨干工程基本建成，结合流域已有防洪工程，初步形成了以治太骨干工程为主体，由上游水库、周边江堤海塘和平原区及沿江各类圩闸等工程组成的流域防洪工程体系，"蓄泄兼筹，以泄为主"，使太湖流域洪水能够"充分利用太湖调蓄""北排长江，东出黄浦江，南排杭州湾"，防洪减灾能力有了显著的提高。1999年洪水是太湖流域中近期发生的规模最大的流域型洪水，新建的防洪体系经受了严峻考验，并发挥了显著的减灾效益，其基本格局至今未发生根本变化。因此，本章以1999年洪水为基础进行模型率定及洪水风险评估验证。为检验社会经济发展对洪水风险的影响，进一步收集2005年的社会经济数据，进行不同典型重现期洪水的损失计算及年平均期望损失评估。

本章对洪水风险采用如下定义：

$$\text{Risk}=\int_0^1 D(p)\mathrm{d}p \tag{6.9}$$

式中：p为概率；D为损失。

考虑所有洪水事件的概率及相应的洪灾损失，式（6.9）可转化为

$$\text{Risk}=\int_0^\infty P(w)D(w)\mathrm{d}w \tag{6.10}$$

式中：$P(w)$为不同频率洪水发生的概率。

但在实际计算中，只能对有限场次的概率进行计算，例如典型事件洪水（如重现期为1000年、100年、50年、20年、10年、5年、3年等）的损失曲线。因此，用这些典型洪水事件的损失曲线与横坐标构成的面积来近似量化综合洪水风险。

利用现状年数据（即土地利用数据取2000年，社会经济数据取1999年与2005年；圩区数据取2005年左右，工程现状，抽排能力按2025年规划下调一级）计算1999年和2005年条件下洪水风险。水文和水力学模拟是根据1999年设计雨型下降雨最大30天频率曲线。过程模拟时间段为6月1日至8月31日。洪水风险评估中考虑了堤防的可靠性分析，采用本章的方法分析了堤防溃决的可能性，即造成损失的洪水来源包括堤防溃决、漫堤洪水和直接降水。可以计算出不同重现期的洪灾损失见表6.10（情景1999A、情景2005A）和图6.12。为了对比堤防溃决可靠性分析对洪水风险评估的重要性，还计算了堤防无溃决时社会经济为1999年与2005年的洪水损失结果，即洪水来源仅包括漫堤洪水和直接降水，不同重现期的洪灾损失见表6.10（情景1999A、情景2005A）和图6.12。

1999年洪水相当于200年一遇，太湖局统计的直接经济损失约为141亿元；中科院南京地理与湖泊研究所利用卫星图像估计的损失约为200亿元。通过模拟计算，在1999年条件下，200年一遇的设计洪水将造成约176亿元损失，见图6.12。对于1999年情景下其他重现期的洪水损失评估，太湖局相关专家认为计算结果也在合理范围内。综合计算

表 6.10 不同方案计算结果

重现期/a	频率	经济损失（考虑堤防溃决及可靠性）/亿元		经济损失（不考虑堤防溃决及可靠性）/亿元	
		情景 1999A	情景 2005A	情景 1999A	情景 2005A
1000	0.001	312.0	457.3	131.0	213
500	0.002	291.0	427	120.0	197
200	0.005	176.0	259.1	74.4	123
100	0.01	104.0	161.7	54.9	91
50	0.02	65.0	85.4	39.0	65
20	0.05	35.0	56.2	17.4	29
10	0.1	12.0	21.8	0.9	1.3
2	0.5	0.55	0.90	0.33	0.56
年期望损失/(亿元/a)		7.73	12.37	2.75	4.53

年期望损失，1999 年社会经济条件下，因洪水造成的年均损失为 7.7 亿元左右。在其他条件不变的情况下，由于社会经济发展，2005 年的平均年风险将增加至 1999 年的 1.6 倍，即年均期望损失为 12.4 亿元。

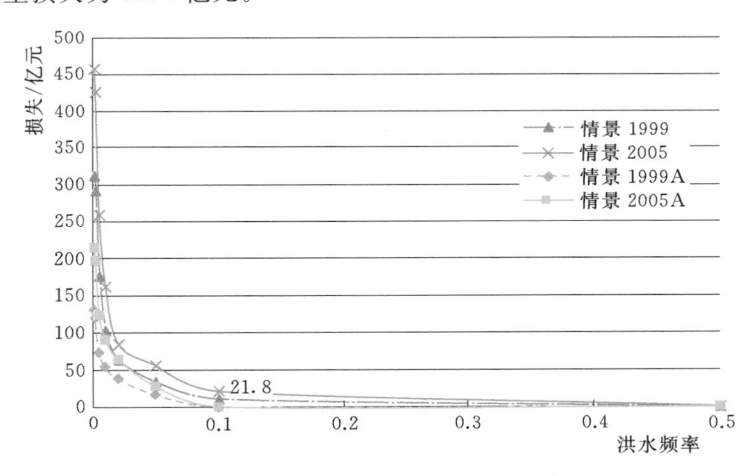

图 6.12 不同洪水频率下灾害损失计算结果

通过对比是否考虑堤防溃决的结果可以看出，考虑堤防溃决的灾害损失明显高于不考虑堤防的结果，且不考虑堤防溃决方案的灾害损失随洪水频率的增加不显著，这明显与现实不符；而考虑堤防溃决的灾害损失当洪水频率达到一定数值（100～200 年一遇洪水）时灾害损失快速增加，这与重点城镇的防洪标准相对应；且洪水越大，损失越大，但由于发生的概率小，所以洪水风险（年均期望损失）相对稳定。

6.5 本章小结

流域堤防系统可靠性分析基于流域尺度堤防的设施分类和设施的状态等级评估，以太湖流域为例，建立了整个流域的堤防系统可靠性分析模型，结合大尺度水力学模型和洪水风险分析，可得出不同洪水方案下流域内堤防系统的溃决概率，为不同洪水方案下的洪水风险分析提供技术支持。本方法的技术思路如下。

（1）在流域大尺度洪水风险分析中的堤防系统可靠性分析模型中，首先对整个流域的堤防进行分类，分类主要根据堤防的结构型式和材料组成。用脆弱性曲线表示不同类设施在外荷载作用下的条件溃决概率，脆弱性曲线的绘制过程中考虑了堤防结构和材料参数的变异性对可靠性的影响。

（2）用状态等级来反映堤防的性能对脆弱性的影响，同一类堤防，当其性能不同时（如结构在运行过程中出现的老化、破损等），其脆弱性也不同。这样，整个流域内复杂多变的堤防设施的可靠性问题就得以简化。

（3）脆弱性曲线的绘制中考虑了堤防的两种主要溃决方式：漫顶导致的漫决、管涌导致的溃决。对于同一堤段，其他模式的溃决概率与这两种模式相比很小，对堤防的溃决概率贡献不大。

（4）在可靠性分析中，需要把分析区域分割为许多小洪水单元，每一个洪水单元认为是一个自包含的小洪水系统，包围在其周围的堤防、高地和海堤等是可靠性分析的主要对象。在太湖流域洪水风险分析中，洪水单元采用大尺度水力学模型的网格，因此，作用在堤防上的水荷载可以直接从水力学模型中获取。

（5）只要得到不同情景下作用在堤防上的水位，就可以根据本书提出的脆弱性曲线计算方法和可靠性模型得到相应的溃决概率。

第 7 章

流域社会经济发展与水灾损失评估

太湖流域是我国经济发展最活跃的地区之一，流域内城市密集，人口和产业集中。太湖流域历来是我国洪涝灾害多发的地区，河港纵横、防洪保护对象散布，每次洪涝灾害的发生都对太湖流域的社会经济发展造成了重大影响。随着气候的变化和经济的快速发展，洪涝灾害造成的损失还将持续加重。

为了定量分析未来的洪水风险及其发展趋势，需要对社会经济的未来发展情况进行预测，而情景分析方法是近年来最常用的预测方法。根据 2010 年 IPCC 确定的气候新模式典型浓度路径（Representative Concentration Pathways，RCPs）及社会经济情景共享社会经济路径（Shared Socioeconomic Pathways，SSPs），结合太湖流域的经济社会发展特点，同时考虑到研究结果的国际比较性，以及研究任务的需求，本章对 3 种社会经济情景模式下（SSP2/RCP8.5、SSP2/RCP4.5、SSP3/RCP8.5）3 个时间节点（2020 年、2030 年、2050 年）太湖流域 8 个城市的人口、经济总量、农业用地的变化、经济结构、城市化率、家庭财产、社会财产，基础设施建设（如公路、铁路）等进行了预测。

洪水灾害对社会经济的影响通常用洪灾损失值来表征。本研究基于当前与未来的洪水特性与经济社会发展的情景，建立太湖流域洪灾损失评估模型。对洪涝灾害可能造成的后果进行评估，评价洪水灾害对太湖流域内资产、经济活动及人口产生的影响，估算洪涝灾害造成的经济损失，为太湖流域洪水风险分析计算提供重要指标。

7.1 社会经济现状和影响因素分析

7.1.1 流域社会经济现状分析

7.1.1.1 流域基本概况

根据太湖流域最新行政区域划分，目前流域包括 8 个市，43 个县（市、区），2012 年常住人口5866万人，地区生产总值56637亿元，人均GDP为96551元。表7.1给出了2012年8个市及其所辖的县（市、区）的基本概况，土地面积和耕地面积来自各市的统计年鉴[①]。根据研究任务的需要及可利用的数据，研究期限选取2005—2012年的统计数据。

表7.1　　2012年太湖流域社会经济基本概况

区域名称	常住人口		GDP		人均GDP		土地面积 /km²	耕地面积 /(×10³hm²)
太湖流域	万人	%	亿元	%	元	美元		
	5866	**100**	**56637**	**100**	**96551**	**15300**	**37180**	**1407**
上海市	**2310**	**39.4**	**19589**	**34.6**	**84782**	**13479**	**5155**	**225.44**
浦东新区	526	22.78	4463	22.78	84782	13479	1210	51.36
黄浦区	70	3.03	598	3.05	84782	13479	20	6.88
徐汇区	111	4.81	942	4.81	84782	13479	55	10.84
长宁区	70	3.03	591	3.02	84782	13479	38	6.80
静安区	26	1.13	217	1.11	84782	13479	8	2.50
普陀区	129	5.58	1095	5.59	84782	13479	55	12.61
闸北区	85	3.68	717	3.66	84782	13479	29	8.26
虹口区	85	3.68	717	3.66	84782	13479	23	8.25
杨浦区	132	5.71	1120	5.72	84782	13479	61	12.89
闵行区	251	10.87	2126	10.85	84782	13479	371	24.47
宝山区	197	8.53	1672	8.53	84782	13479	271	19.24
嘉定区	153	6.62	1295	6.61	84782	13479	464	14.91
金山区	76	3.30	646	3.30	84782	13479	586	7.43
松江区	170	7.36	1440	7.36	84782	13479	606	16.57
青浦区	117	5.06	992	5.06	84782	13479	670	11.41
奉贤区	113	4.89	958	4.89	84782	13479	687	11.02
江苏省	**2275**	**38.8**	**27507**	**48.6**	**120901**	**19221**	**17261**	**691**
苏州市	**1055**	**46.37**	**13649**	**49.62**	**129387**	**20570**	**6094**	**235.41**
苏州市区	545	51.65	6048	44.31	111628	17747	2743	121.72
常熟市	151	14.31	1870	13.70	123882	19695	1094	33.63
张家港市	124	11.75	2051	15.02	164441	26143	772	27.71
昆山市	164	15.54	2725	19.97	165291	26278	865	36.57
太仓市	71	6.73	955	7.00	134439	21373	620	15.77
无锡市	**647**	**28.44**	**7568**	**27.51**	**161000**	**25596**	**3319**	**143.64**
无锡市区	359	55.49	3947	52.15	163713	26027	1148	79.83

① 严格说，太湖流域还应包括安徽省226km²的土地面积。

续表

区域名称	常住人口		GDP		人均 GDP		土地面积 /km²	耕地面积 /(×10³hm²)
太湖流域	万人	%	亿元	%	元	美元		
江阴市	162	25.04	2535	33.50	156091	24816	809	36.09
宜兴市	125	19.32	1086	14.35	87018	13834	1362	27.73
常州市	**469**	**20.62**	**3970**	**14.43**	**84703**	**13466**	**4372**	**167.50**
常州市区	337	71.86	3022	76.11	89713	14263	1862	120.37
溧阳市	76	16.22	559	14.09	73550	11693	1535	27.17
金坛市	56	11.91	374	9.42	66943	10643	976	19.96
镇江市	**281**	**12.37**	**2319**	**8.43**	**82401**	**13100**	**3476**	**144.91**
镇江市区	122	43.29	1152	49.67	94880	15084	1082	62.73
丹阳市	97	34.60	831	35.81	85549	13601	1047	50.15
句容市	62	22.11	337	14.52	54275	8629	1347	32.03
浙江省	**1281**	**21.8**	**9541**	**17.63**	**74481**	**11841**	**14764**	**490.3**
杭州市	**536**	**41.8**	**4980**	**52.2**	**92910**	**14771**	**5029**	**153.1**
杭州市区	360	67.16	3764	75.58	104556	16623	683	102.8
余杭区	119	22.20	835	16.77	70168	11156	1222	34.04
临安市	57	10.63	381	7.65	66842	10627	3124	16.31
嘉兴市	**454**	**35.4**	**2891**	**28.67**	**63704**	**10128**	**3915**	**200.45**
嘉兴市区	121	26.61	713	24.66	59079	9392	968	53.34
平湖市	68	15.02	423	14.63	62005	9858	537	30.10
海宁市	82	18.04	581	20.11	71019	11291	668	36.16
桐乡市	82	18.15	527	18.23	63983	10172	727	36.38
嘉善县	57	12.61	345	11.95	60314	9589	507	25.28
海盐县	44	9.57	301	10.42	69322	11021	508	19.19
湖州市	**291**	**22.7**	**1670**	**16.56**	**57350**	**9118**	**5820**	**136.72**
湖州市区	130	44.69	746	44.66	57489	9140	1565	61.11
德清县	49	17.00	307	18.40	62293	9903	938	23.24
长兴县	64	22.19	371	22.21	57589	9156	1431	30.33
安吉县	47	16.12	246	14.73	52574	8358	1886	22.05

注 1. 数据来源：各地（区、市）的统计年鉴。

2. 上海各区（县）没有收集到 2012 年 GDP 数据，分区（县）的 GDP 按照各区（县）的常住人口比重给出，故各区（县）的人均 GDP 相同。

3. 各区（县）的人口、地区生产总值所占比例指占所在市的比例。

4. 耕地数据为 2010 年值。

总体上，太湖流域国土面积占全国的 0.41%（如果按实际 36895km² 计算，占全国的 0.38%），其中浙江省占太湖流域的 42.51%，江苏省占 44.27%，上海市占 13.33%。2012 年太湖流域耕地面积 142.8 万 hm²，仅占全国耕地总面积的 1.17%（2008 年全国耕地总面积为12171.59万hm^2），人均耕地0.36亩，仅相当于全国人均耕地面积（1.37亩）的26.23%。

2012年太湖流域常住人口5866万人，占全国人口的4.39%，完成地区生产总值56637亿元，占全国GDP的11.1%；人均GDP为96551元（换算为美元为15300，2012年1美元=6.29元人民币），而全国平均值为38420元（6108美元），是全国平均水平的2.51倍。可见太湖流域属于中国经济最发达的地区之一，2012年单位面积的土地产出率为1.47亿元/km^2，而全国平均值仅为540万元/km^2。这也从一个侧面说明了对太湖流域进行洪水灾害风险管理研究的必要性。

7.1.1.2 经济发展水平

在2005—2012年间，太湖流域8大城市的发展差距是很明显的，按可比价格计算，整个太湖流域的经济年均增长率为12.19%，其中镇江市最快，为13.65%，增速最慢的上海市为10.23%（图7.1），全国平均值为10.45%；从人均GDP分析，2012年8个城市当中，高于10万元的城市有2个：苏州市和无锡市，人均GDP分别是12.94万元和16.1万元；人均GDP低于10万元的城市有6个，其中最高的杭州市是9.07万元，最低的湖州市只有5.74万元。在8个城市中，人均GDP最高和最低相差1.8倍。

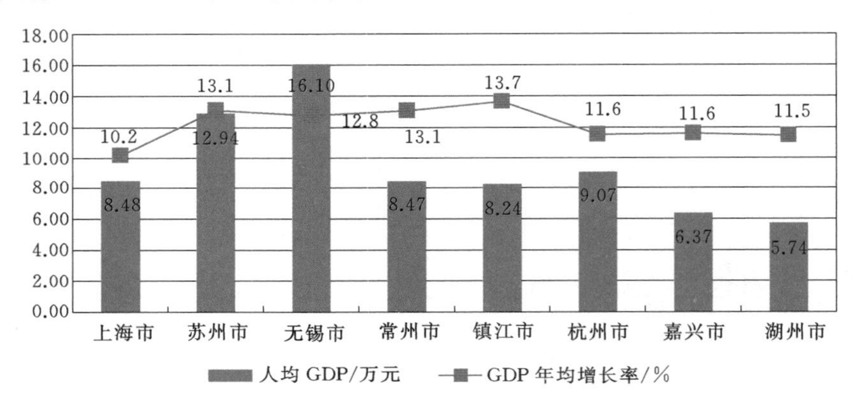

图7.1 2005—2012年间太湖流域8大城市经济发展水平比较

在43个区（县）中，由于没有上海市16个区的GDP，故只比较其余27个区（县）的人均GDP。在2005—2012年间，27个区（县）的经济发展也是极度的不均衡，人均GDP超过10万元的只有7个，分别是苏州市区、常熟市、张家港市、昆山市、太仓市、无锡市区和江阴市，都属于江苏省；低于10万元的有21个区（县），其中宜兴市、常州市区、溧阳市、金坛市、镇江市区、丹阳市和句容市7个区（县）属于江苏省，另外14个区（县）属于浙江省。其中，人均GDP最高的是昆山市，高达16.5万元，最低的安吉县只有5.26万元，前者是后者的3倍多，见表7.1。

在各个城市内部的区县中发展也是不均衡的，见图7.2。其中，苏州市的5个市之间、无锡市的3个市之间以及镇江市的3个市之间差距较大，无锡市的无锡市区和宜兴市的人均GDP差距较大，前者是后者的1.88倍，镇江市区的人均GDP是句容市人均GDP的1.75倍。嘉兴市的6个区（县）之间和湖州市的4个区（县）之间发展比较均衡，人均GDP最高和最低的差距在20%之内。

13个区（县）的经济实际增长表明（图7.2），在2005—2012年期间，13个区（县）的经济增长速度差距较大，丹阳市的经济增长最快，是14.1%，海盐县经济增长最慢只有9.1%。

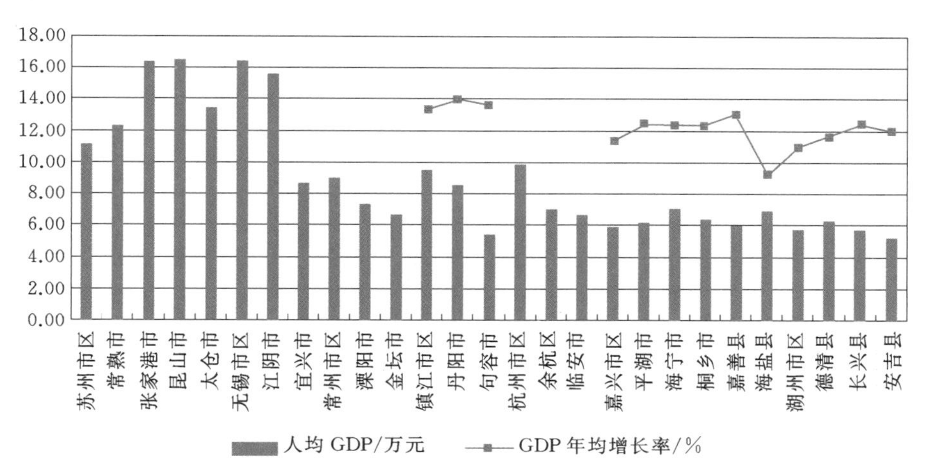

图7.2 流域27个区（县）人均GDP和经济增长率

7.1.1.3 产业结构和就业结构分析

产业结构是指各产业的构成及各产业之间的联系和比例关系。发展经济学家钱纳里的多国实证研究曾表明，在发展中国家非均衡的经济条件下，经济增长是生产结构转变的一个方面。因此，劳动和资本从生产率较低的部门向生产率较高的部门转移，能够加速增长（刘志彪，安同良，2002），即经济水平的提高能促进产业结构的转变。在经济发展的不同阶段，需要有相应产业结构与之对应，才能促进经济持续稳定的发展。

2012年，太湖流域的第一、第二、第三产业结构比例分别为1.93：46.77：51.29（表7.2），全国第一、第二、第三产业结构比例为10.1：45.3：44.6。图7.3更加清晰地显示了8大城市的产业结构，只有上海市和杭州市的第三产业比重超过50%，其余6个城市还处于工业发展阶段，第二产业的比重均在50%以上。在27个区（县）中，只有无锡市区和杭州市区的第三产业比重超过50%，并且金坛市、余杭区、嘉兴市区和安吉县的第二产业比重低于50%，第二和第三产业协调发展，其余21个区（县）以第二产业为主，处于工业发展阶段。

表7.2 2012年太湖流域产业结构和就业结构 %

区域名称	产业结构			就业结构		
	第一产业	第二产业	第三产业	第一产业	第二产业	第三产业
太湖流域	1.93	46.77	51.29	7.32	48.75	43.94
上海市	0.63	38.92	60.45	4.10	39.44	56.46
苏州市	1.48	53.74	44.78	4.31	56.94	38.75
苏州市区	1.25	51.20	47.55	4.31	52.76	42.93
常熟市	2.03	52.17	45.80	4.55	62.40	33.05

续表

区域名称	产业结构			就业结构		
	第一产业	第二产业	第三产业	第一产业	第二产业	第三产业
张家港市	1.37	56.36	42.27	4.35	61.49	34.16
昆山市	0.92	58.64	40.43	2.32	57.63	40.05
太仓市	3.63	53.07	43.31	7.96	63.62	28.42
无锡市	1.89	51.11	47.00	4.68	57.52	37.81
无锡市区	1.11	48.25	50.65	1.79	55.15	43.06
江阴市	1.92	56.07	42.01	5.22	63.60	31.18
宜兴市	4.76	49.64	45.61	12.30	56.23	31.47
常州市	3.35	50.42	46.23	7.74	55.37	36.89
常州市区	2.05	52.22	45.73	4.74	55.43	39.85
溧阳市	7.34	52.46	40.19	—	—	—
金坛市	8.00	49.09	42.92	—	—	—
镇江市	4.59	53.60	41.81	12.72	48.09	39.43
镇江市区	2.41	52.24	45.35	—	—	—
丹阳市	5.39	53.91	40.69	—	—	—
句容市	9.41	52.81	37.78	—	—	—
杭州市	2.28	40.41	57.31	10.92	45.00	44.07
杭州市区	0.24	33.89	65.87	—	—	—
余杭区	5.65	49.72	44.62	—	—	—
临安市	8.82	57.28	33.90	—	—	—
嘉兴市	5.24	55.46	39.30	9.92	60.47	29.61
嘉兴市区	4.44	48.78	46.78	10.56	54.59	34.85
平湖市	4.23	62.05	33.72	8.05	66.02	25.93
海宁市	4.35	58.43	37.22	9.04	62.13	28.83
桐乡市	6.05	52.62	41.32	8.15	64.18	27.67
嘉善县	6.86	57.62	35.53	10.91	57.52	31.57
海盐县	6.98	58.79	34.23	16.26	58.79	24.95
湖州市	7.35	53.37	39.28	17.78	43.71	38.51
湖州市区	6.11	53.28	40.62	13.84	45.24	40.92
德清县	6.93	57.05	36.01	18.76	41.90	39.34
长兴县	8.22	53.82	37.96	22.45	43.25	34.30
安吉县	10.30	48.38	41.32	24.20	40.71	35.09

注 1. 数据来源：根据各地（区、市）的统计年鉴计算得到。
2. 上海各区（县）没有收集到2012年GDP和从业人员数据。

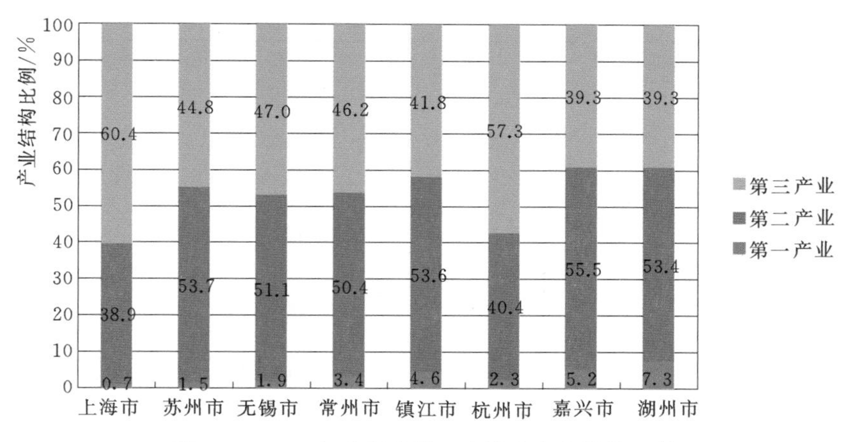

图 7.3　2012 年太湖流域 8 大城市产业结构比例

一般而言，随着经济的发展，第一产业、第二产业的就业人口向第三产业转移，即经济发展水平越高，第三产业的就业人口比例相应也比较高，即就业结构也能从另一个侧面说明经济发展的阶段和经济发展水平的差异。2012 年太湖流域 8 大城市的就业总人口达到 3736.96 万人，占总人口的 62.9%，其中第一、第二、第三产业的就业比例分别为 7.32：48.75：43.97（见表 7.2），全国的第一、第二、第三产业就业比例是 33.6：30.3：36.1。图 7.4 揭示了 8 大城市的第一、第二、第三产业就业比例，与 8 大城市的第一、第二、第三产业比重非常相似。同时也可以发现人均 GDP 相近的城市，就业结构也非常相似。

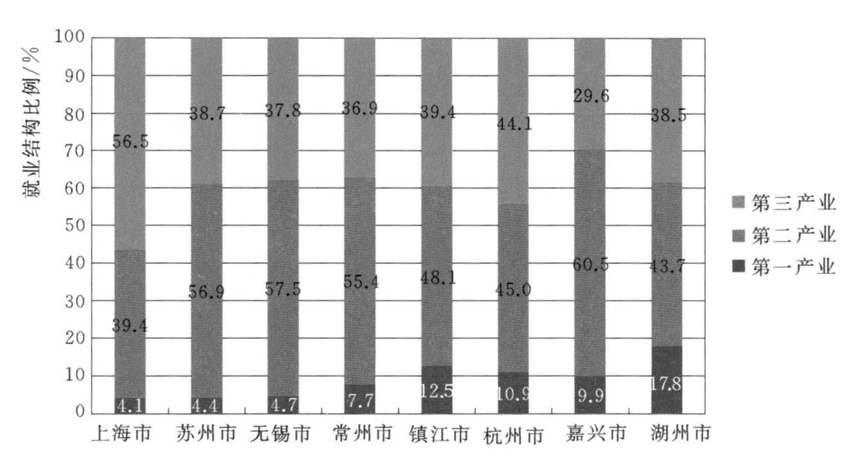

图 7.4　2012 年太湖流域 8 大城市就业结构比例

根据钱纳里工业化阶段理论（见表 7.3），按照人均 GDP 和产业结构，太湖流域基本处于后工业化阶段；按照就业结构则处于工业化高级阶段。8 大城市中，按照人均 GDP 均处于后工业化阶段；按照产业结构和就业结构，只有上海处于后工业化阶段，其余城市均处于工业化高级阶段。27 个区（县）中，无锡市区和杭州市区处于后工业化阶段，其余 25 个区（县）处于工业化高级阶段。

表 7.3 工业化阶段基本划分标准

工业化衡量指标	初级阶段	中级阶段	高级阶段	后工业化阶段
人均经济总量（人均 GDP，以 2012 年美元衡量）	1196～2392 元	2392～4784 元	4784～8969 元	>8969 元
产业结构（三次产业比例）	第二产业比重超过第一产业	第一产业比重低于 20%，第二产业比重超过第三产业	第一产业比重低于 10%，第二产业比重大于第三产业	第三产业比重高于第二产业
就业结构（农业劳动力占全社会从业人员比重）	50%以上	30%～45%	10%～30%	10%以下

7.1.1.4 人均收入水平分析

城镇居民人均可支配收入，是指反映居民家庭全部现金收入能用于安排家庭日常生活的那部分收入。它是家庭总收入扣除交纳的所得税、个人交纳的社会保障费以及调查户的记账补贴后的收入，用以衡量城市居民收入水平和生活水平的最重要和最常用的指标。农村居民纯收入，是指农村居民家庭全年总收入中，扣除从事生产和非生产经营费用支出、缴纳税款和上交承包集体任务金额以后剩余的，可直接用于进行生产性、非生产性建设投资、生活消费和积蓄的那一部分收入。它是反映农民家庭实际收入水平的综合性主要指标。

城镇居民人均可支配收入和农村居民纯收入与居民财产息息相关，人均收入高才可能具有高的家庭财产。由于没有收集到上海 16 个区和无锡市区的收入数据，这里只分析剩余地区的收入情况，见表 7.4。

表 7.4 2012 年太湖流域居民收入情况

区域名称	城镇居民人均可支配收入/元	农村居民纯收入/元	2005—2012 年城镇居民可支配收入增长比例/%	2005—2012 年农村居民纯收入增长比例/%
上海市	40188	17401	11.58	11.06
苏州市	39079	19396	12.61	12.21
苏州市区	37531	19255	10.19	12.65
常熟市	39561	19467	—	12.72
张家港市	39695	19460	—	12.76
昆山市	39740	19563	—	12.61
太仓市	39422	19411	—	12.71
无锡市	35663	18509	12.75	12.72
江阴市	39437	19660	—	12.65
宜兴市	33210	16862	—	13.36
常州市	33326	16737	12.27	12.28
常州市区	33587	—	12.65	—
溧阳市	29852	15261	—	14.41

续表

区域名称	城镇居民人均可支配收入/元	农村居民纯收入/元	2005—2012年城镇居民可支配收入增长比例/%	2005—2012年农村居民纯收入增长比例/%
金坛市	31738	15608	—	13.56
镇江市	30045	14518	13.45	16.40
镇江市区	29454	—	—	—
丹阳市	30120	15171	—	13.48
句容市	29626	13235	—	13.65
杭州市	—	17017	—	—
杭州市区	37511	—	12.35	—
余杭区	24123	20304	5.25	12.91
临安市	20697	15764	4.85	11.71
嘉兴市	35696	18636	11.96	12.83
嘉兴市区	33626	18264	11.64	12.65
平湖市	37509	18547	12.77	12.79
海宁市	37634	19364	12.32	13.28
桐乡市	36591	18386	12.63	12.55
嘉善县	36405	18496	11.94	12.63
海盐县	37682	18726	11.12	11.87
湖州市	32987	17188	11.52	13.04
湖州市区	33297	17480	11.48	13.13
德清县	33377	17669	11.75	13.11
长兴县	33439	17462	11.77	13.25
安吉县	32211	15836	11.87	12.29

注 数据来源：各城市统计年鉴和各城市的统计公报。

2012年，全国城镇居民人均可支配收入和农村居民纯收入分别是24565元和7917元，城镇收入是农村收入的3.1倍。8大城市的城镇居民人均可支配收入（杭州市没有数据）和农村居民纯收入水平均远远高于全国平均水平，但城乡收入水平也存在较大的差距（图7.5和图7.6），镇江市的城镇居民人均可支配收入和农村居民纯收入均最低，上海市的城镇居民人均可支配收入最高，苏州市的农村居民纯收入最高，其中上海市城乡居民收入差距最大，城镇居民收入是农村居民收入的2.3倍，杭州市余杭区的差距最小，城镇居民收入仅比农村居民高出19%。

在27个区（县）中（见表7.4），城镇居民人均可支配收入存在明显差距，城镇居民人均可支配收入最高的是昆山市，达到39740元，最低的是临安市，只有20697元，前者是后者的1.92倍。25个区（县）中，农村居民纯收入差距也是明显的，最高的昆山市，达到19563元，最低的是句容市，只有13235元，前者是后者的1.48倍。

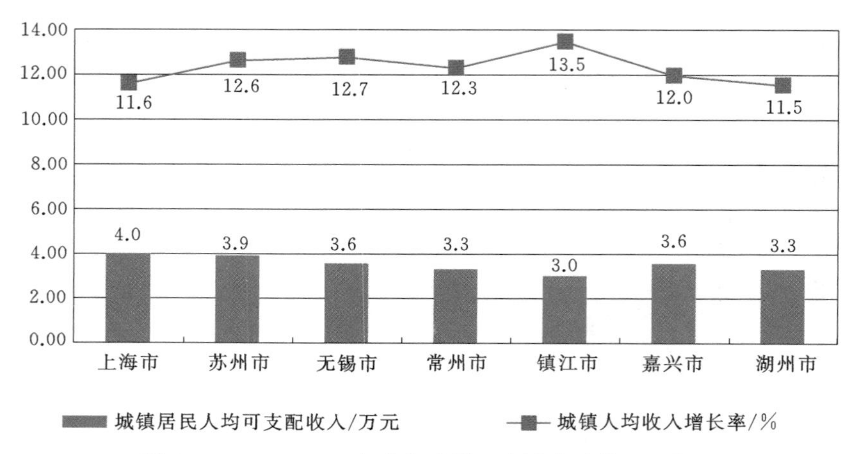

图 7.5　2005—2012 年太湖流域 7 大城市城镇居民收入

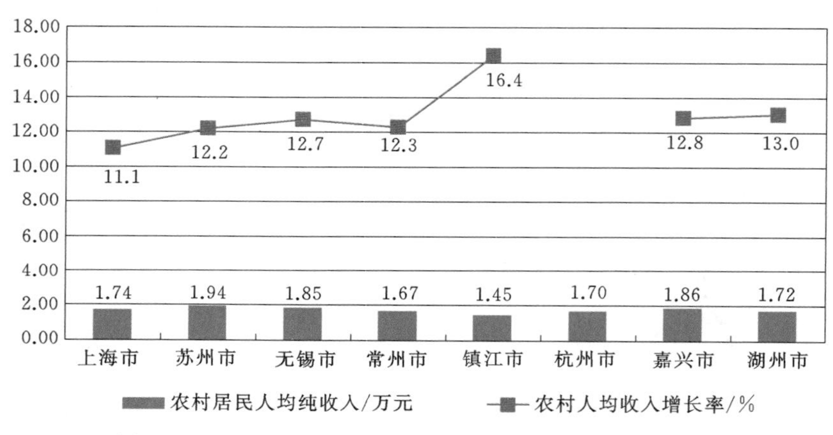

图 7.6　2005—2012 年太湖流域 8 大城市农村居民纯收入

由于没有各个城市和区（县）的实际收入增长率，只能用收入的名义增长率来分析各城市和区（县）的增长情况。2012 年与 2005 年相比较，城镇居民人均可支配收入和农村居民纯收入增长最快的都是镇江市，年均增长分别是 13.45%和 16.40%，增长最慢的都是上海市，年均增长分别是 11.58%和 11.06%。

16 个区（县）的城镇居民人均可支配收入的增长速度差异也较大，嘉兴市的 6 个区（县）和湖州市的 4 个区（县）的增长速度差距较小，均在 12%左右，而杭州市的余杭区和临安市的增长速度均在 5%左右，前者是后者的两倍多；24 个区（县）的农村居民纯收入增长速度差距不是很大，增长最快的是溧阳市，为 14.41%，最慢的是临安市，为 11.71%，两者相差 2.7 个百分点。

7.1.2　太湖流域经济与资产主要影响因素分析

对太湖这种特殊区域的经济成长因素分析，根据经济学生产要素理论，在土地等资源、资本投入很难有大幅度变化时，那么影响经济发展的主要因素就是劳动投入和全要素生产率，后者包括市场机制、技术进步以及政策规制等。充足的劳动力投入是流域经济持续发展的增长动力。基于2005—2012年太湖流域8大城市的常住人口年均增长率比较（图7.7），不难发现，流域在研究期内的人口自然增长率为2.62%，远高于同期全国总人口的自然增长率0.5%，并且8大城市的人口增长率也远高于全国平均值。这是因为流域是全国主要人口迁入地，每年接纳大量外来务工者；再由于各种条件相对优裕，掌握各领域专业技术的高技术人才也云涌此地，从而带来了较高的劳动生产率，为经济快速平稳发展提供了劳动力和专业技术保障。

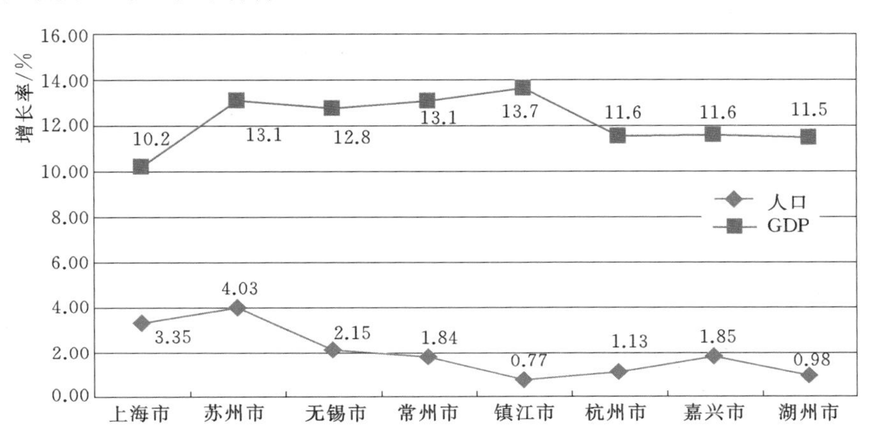

图7.7 2005—2012年太湖流域8大城市人口自然增长率与GDP增长率

流域资产包括居民家庭资产和社会商业资产。对于特定区域，经济发展水平、人口密度、产业布局、可利用土地等将直接影响该区域内资产大小。但是，不同类型资产的影响因素也是有区别的。

7.1.2.1 家庭资产影响因素分析

居民家庭资产与当地的经济发展程度、居民收入和个人偏好等因素有关。

1. 宏观经济发展对家庭资产的影响

经济发展，居民就业机会增多，劳动报酬增加，财富基础也会随之增加；与此同时，各类市场蓬勃发展，也为居民投资提供了良好环境。根据广东1992—2007年的人均GDP与城镇居民人均财产性收入作相关性分析，相关系数为0.759（P值为0.0001），表明经济增长与居民资产性收入之间具有较强的关联性。

2. 居民个人因素对家庭资产的影响

已有研究表明，人力资本对居民的收入差异是有一定影响的。不同的文化程度、专业技术、专门技能以及工作资历、所从事的职业和所处的行业等，都会影响居民的收入，从而也就影响了居民的家庭财产。

3. 相关的制度安排对家庭资产的影响

国民财富在国家、企业和居民间的分配制度不尽合理，造成居民收入增长缓慢，制约了居民家庭资产的积累，使居民的财产性收入缺乏雄厚的基础。

改革开放以来，虽然国民财富总量不断增加，但在处理国家、集体和个人三者利益关系以及对各种生产要素的分配安排时，个人和劳动要素被置放于相对次要的地位。

国民财富更多地流向政府和企业，居民收入占国民收入的份额明显下降。2012年，上海、江苏、浙江劳动者报酬占GDP的比重分别是41.56%、42.3%和42.03%，远低于美、英、德、日等发达国家50%以上的分配比例。居民没有充分合理地分享到GDP高速增长带来的成果，导致占居民收入主体的工资性收入增长有限，难以持续扩充家庭财产。

太湖流域的居民家庭资产也不可避免地受到上述因素的影响，整个区域内的家庭资产总额也因常住人口的变化而受到影响。

7.1.2.2 商业资产影响因素分析

1. 农业资产影响因素分析

因为数据的获得性问题，农业资产用农业总产值表示，因此影响农业总产值的因素包括耕地的数量、农作物的种类、农业相关的技术水平等。

随着城市化水平的提高和人口的增长，一定区域内的耕地数量会随之降低；农作物的种类不同，价值也就不同，相同耕地上的产值也就有差异；耕种农作物的过程中，不可避免地遇到虫灾、旱涝等灾害，如果有相关的技术能够及时避免或最大限度地降低灾害，则能保证农业获得丰收，保证了农业资产。

2. 工业资产影响因素分析

工业资产与长期的经济发展水平、工业布局有关。因为固定资产是存量，是长期积累的结果，经济发展态势良好，则有足够的资金进行投资，进而生产足够的产品满足经济发展的需要。因为不同行业单位资产生产的产值有较大的区别，例如，2012年上海单位固定资产生产的工业产值，轻工业为5.14，重工业为3.89，在31个制造业行业中，也有较大的差异，最高的是烟草制品业，单位固定资产生产的工业产值是16.41，最低的是金属制品、机械和设备修理业，单位固定资产生产的工业产值只有1.05。在生产相同的工业产值时，重工业比较发达的地区，工业固定资产价值相对较高。因此，工业布局影响了区域内的工业资产。

3. 交通运输业资产影响因素分析

交通运输业作为国民经济的基础产业和服务性行业，一方面交通基础设施建设是以交通投资的方式拉动经济增长；另一方面又通过交通运输生产活动向社会提供服务推动经济发展。交通运输业在经济发展中的地位可见一斑。从而也可以看出，交通基础设施的投资与经济发展水平密切相关，尤其是工业的发展程度。

第一，经济的发展会导致市场需求扩大，各经济单元之间的交流更加频繁，因此，对交通基础设施提出更高的要求，这就需要交通基础设施不断完善。第二，随着经济的发展，有更多的资金用于交通基础设施投资。第三，随着经济的发展，技术不断更新，市场机制不断完善，为基础设施提供更好的技术以及更完美的投资经营方式，促进基础设施投资。

4. 商业和其他服务业资产影响因素分析

服务业是为第一和第二产业以及居民提供服务的行业，第一和第二产业的发展程度以及居民的需求导向是影响其资产的重要因素。

商业包括批发和零售业、住宿和餐饮业，商业的发展很大程度上是为了满足居民生活的需要，居民的需求导向和经济的发展是影响其资产的主要因素。例如，随着居民收入的提高，居民旅游机会提高，从而直接带动住宿业和餐饮业的发展，间接带动批发和零售业的发展，提高了商业资产。

7.1.3 经济发展与环境的关系

水污染是我国面临的主要环境问题之一。随着我国工业的发展，工业废水[1]的排放量日益增加，达不到排放标准的工业废水排放后，会污染地表水、地下水和土壤，影响动植物和土壤中微生物的生长，直接或间接地危害人民生活和身体健康。工业废水对环境的破坏是相当大的，20世纪的“八大公害事件”中的“水俣事件”和“富山事件”就是由于工业废水的污染。中国是全球水污染最严重的国家之一，全国多达70%的河流、湖泊和水库均受到影响。

太湖流域作为全国经济最发达的地区之一，也是全国工业最发达的地区之一，2012年，工业增加值达到24892亿元，占全国工业增加值的13.1%，排放工业废水24.3亿t，占全国工业废水排放量的11.0%；万元工业增加值排放废水，太湖流域为9.3t，全国为11.1t，太湖流域的废水排放率略低于全国平均值。

表7.5为太湖流域工业废水排放基本情况。由于工业发展程度不同，废水排放也就存在差距。在8大城市中，苏州市排放废水最多，达到70754万t，镇江市最少，只有9559万t；在2005—2012年间，7大城市（杭州没有2005年的数据）中，只有嘉兴和湖州的工业废水排放量在增加，年均增长率为5.66%和2.18%，其余城市的废水排放量均在下降，常州市和无锡市下降最快，年均下降10.78%和10.54%。从工业废水排放率来看，各城市之间存在明显的差距，万元工业增加值排放的废水最少的城市是无锡市，只有6.18t，最多的是嘉兴市，达到16.12t，是无锡市的2.6倍。8大城市中，工业废水排放率高于太湖流域平均水平的城市有4个，高于全国平均水平的有3个，减少工业废水排放率，是苏州市、杭州市、嘉兴市和湖州市迫在眉睫的事情。

表7.5 2012年太湖流域工业废水排放基本情况

地区	工业废水排放总量/万t	2005—2012年废水排放年均增长/%	万元工业增加值排放废水/t
上海市	47700	−0.98	6.92
苏州市	70754	−1.33	9.98
无锡市	22987	−10.54	6.18
常州市	14630	−10.78	7.70
镇江市	9559	−0.79	8.58
杭州市	42724	—	13.48
嘉兴市	23267	5.66	16.12

[1] 废水是指居民活动过程中排出的水及径流雨水的总称。它包括生活污水、工业废水和初雨径流入排水管渠等其他无用水，一般指经过一定技术处理后不能再循环利用或者一级污染后制纯处理难度达不到一定标准的水。

续表

地区	工业废水排放总量/万t	2005—2012年废水排放年均增长/%	万元工业增加值排放废水/t
湖州市	11069	2.18	13.81
太湖流域	242689	−0.24	9.75
全国	2215857	−1.32	11.10

注 1. 数据来源：各城市统计年鉴和《中国环境统计年鉴》。
2. 杭州工业废水数据是包括杭州市的所有区（县），因此，太湖流域也包括杭州市的所有区（县）。

7.2 资产评估分析

7.2.1 评估方法概述

资产评估取决于研究目标和具体要求。该项目研究的最终目标是评估洪水引起资产损失的风险及对策。从资产范围而言，资产评估包括家庭资产和商业资产两大类。家庭资产主要由两部分组成：房产和家庭主要耐用消费品。商业资产即涉及三大产业的商业资产，其中农业资产利用农业总产值表示；工业资产利用工业增加值、固定资产净值和存货来表示，建筑业资产利用建筑业总产值表示；第三产业分为交通运输业、商业和其他服务业，交通运输业资产通过估计交通基础设施的价值来表示，商业（即批发和零售业、住宿和餐饮业）资产由商业增加值、固定资产和存货来表示，其他服务业资产由增加值和房屋价值来表示。

7.2.2 居民资产评估

居民家庭资产的多少是衡量一个国家经济实力的主要依据之一，也是反映居民生活水平的一个主要指标。随着居民生活水平的不断提高，实现了“生存型—温饱型—小康型”的三级跳跃，居民家庭财产也从无到有，从少到多，在经济生活中扮演着一个越来越重要的角色。太湖流域作为我国经济最发达的地区之一，家庭资产也是全国最高的地区之一。但各个地区居民家庭资产的表现形式可能不同，为了便于区域比较和统计数据的可获得性，因此，这里所指家庭资产主要由两部分组成：房产和家庭主要耐用消费品。目前房产在家庭资产中所占的比例越来越大，从狭义上讲，房产价值应仅包括房屋自身的价值，从广义上讲，装修依附于房屋并能为其带来一定程度的升值，房产应包括装修的价值。但由于得不到相关的资料，并且为了便于估计未来房屋变化趋势，用人均居住面积的造价成本来评估房产价值。

一般认为，家庭主要耐用消费品主要由非经营性家用汽车和购买原值在500元以上、产品寿命一年半以上的消费品。家庭主要耐用消费品在不同年代有不同的代表品，考虑到城乡发展差距，在城市和农村居民家庭选择了不同种类的耐用消费品，见表7.6和表7.7。城市家庭在20世纪90年代中后期、农村家庭在21世纪后，高档家电的拥有量有了大幅增长，如家用空调器等，而代表高生活水平的电脑则在近几年发展迅速。

表 7.6　　太湖流域 8 大城市每百户城镇居民家庭耐用品拥有率和人均住房建筑面积（2012 年）

城市		上海市	杭州市	嘉兴市	湖州市	苏州市	无锡市	常州市	镇江市
耐用品拥有率/%	电视机	192	178.42	192.65	206	199.1	186.7	191.33	182.5
	洗衣机	101	96.59	98.66	97	106.4	105.1	101.67	101.5
	电冰箱	106	102.49	99.89	104	110.1	104.9	99.67	106.5
	空调机	207	214.71	233.97	225	254.4	229.3	100.67	186
	热水器	100	105.36	109.91	95	108.4	104.2	220.00	103.5
	计算机	144	112.2	115.55	91	125.4	112.1	100.67	92.5
	汽车	20	34.31	37.28	26	42.7	32.2	31.33	15.5
人均住房面积/m^2		24.57	49.03	50.79	52.19	36.54	36.37	37.86	49.29

注　数据来源：各地方统计年鉴。

表 7.7　太湖流域 8 大城市每百户农村居民耐用品拥有率和人均住房面积（2012 年）

城市		上海市	杭州市	嘉兴市	湖州市	苏州市	无锡市	常州市	镇江市
耐用品拥有率/%	电视机	190	211	210	188.0	197.5	179	215.6	165
	洗衣机	101	88	89	94.0	100.3	101	133.5	94
	电冰箱	90	102	102	103.0	103.5	101	134.2	103
	微波炉	83	41.4	—	39	79.9	90	80.8	74
	空调机	136	143	171	159	193.7	168	174.0	128
	热水器	91	90.9	—	85	100.8	97	135.2	101
	计算机	49	60.4	79	54.0	86.0	66	71.5	50
	抽油烟机	67	66	—	71	73.1	78	99.8	55
	汽车	14	27.5	24	22	28.5	26	17.5	14
人均住房面积/m^2		60.4	71	72.4	68	68.4	67.6	60.3	57.3

注　数据来源：各地方统计年鉴。

由于难以得到各个区（县）的耐用消费品拥有率，只能用各个城市的耐用消费品拥有率代替，各个区（县）的城镇居民人均住房建筑面积和农村居民人均住房面积见表 7.8。在 15 个区（县）中城镇居民人均住房建筑面积差距较大，从 36.54m^2（苏州市区）到 61.37m^2（桐乡市），两者相差 24.83m^2；23 个区（县）的农村居民人均住房面积也存在较大的差距，从 49.78m^2（溧阳市）到 91.52m^2（桐乡市），两者相差 41.74m^2。对于没有数据的区（县）用其所在城市的数据代替。

表 7.8　　太湖流域各区（县）城镇居民、农村居民人均住房面积（2012 年）

区（县）	城镇人均住房建筑面积/m^2	农村人均住房面积/m^2	区（县）	城镇人均住房建筑面积/m^2	农村人均住房面积/m^2
苏州市区	36.54	63.26	临安市	58.23	72
常熟市	—	82.42	嘉兴市区	44.61	75.69

续表

区（县）	城镇人均住房建筑面积/m²	农村人均住房面积/m²	区（县）	城镇人均住房建筑面积/m²	农村人均住房面积/m²
张家港市	—	67.39	平湖市	53.90	73.27
昆山市	—	58.73	海宁市	52.54	65.65
太仓市	—	73.48	桐乡市	61.37	91.52
溧阳市	—	49.78	嘉善县	50.49	58.24
金坛市	—	50	海盐县	53.64	69.62
丹阳市	—	53.7	湖州市区	49.11	64
句容市	—	64.7	德清县	57.67	69
杭州市区	49.13	—	长兴县	52.40	75
余杭区	47.70	69.1	安吉县	61.27	65

注 数据来源：各地方统计年鉴。

随着城乡一体化政策的逐步落实，在考虑物价时，假定地区级城市家庭耐用消费品的物价相差很小，可以忽略不计，故对于杭州市、嘉兴市、湖州市的物价水平均按照浙江省的平均物价水平，对于苏州市、无锡市、常州市、镇江市的物价水平均按照江苏省的平均物价水平。对于上海市，由于数据的可获得性问题，假定城区和郊区的物价是相近的。再利用8大城市的城镇化率和2012年每户家庭的人口数，即可得出8大城市的农村、城镇的居民家庭资产估值，见表7.9。

表7.9　太湖流域8大城市居民家庭资产估值（2012年）　单位：亿元

城市	城镇资产			农村资产		
	耐用品估值	住房估值	总资产	耐用品估值	住房估值	总资产
上海市	3824	18557	22381	308	3702	4010
杭州市	976	3546	4522	394	3486	3880
嘉兴市	558	1850	2408	343	4463	4806
湖州市	407	1743	2150	134	1690	1824
苏州市	2188	4488	6676	489	4592	5081
无锡市	1170	3943	5113	295	2724	3019
常州市	568	1891	2460	320	2197	2516
镇江市	305	1434	1739	120	1328	1448

注 资产估值均为2012年价格。

由于房产是参照房屋的造价，农村居民的住房面积普遍高于城镇，考虑到城镇化率，所以，嘉兴市、常州市的城镇住房资产低于农村住房资产，但上海市、杭州市、无锡市、湖州市和镇江市的城镇住房资产仍高于农村。

7.2.3 商业资产评估

除了居民家庭资产，资产评估还包括商业资产评估，这里的商业资产仅涉及与三大产业有关的资产评估。第一产业资产利用农业总产值表示；第二产业包含工业和建筑业，工业资产利用工业增加值、固定资产净值、存货估算；第三产业包括交通运输业、商业和服务业，交通运输业资产利用交通基础设施评估，商业（即批发和零售业、住宿和餐饮业）资产利用商业增加值、固定资产和存货评估，服务业资产利用增加值和服务业占用房屋建筑面积评估，见表7.10和表7.11。

表7.10　太湖流域8大城市商业资产评估主要指标现状（2012年）　单位：亿元

城市	第一产业	第二产业				第三产业			其他增加值
	农业总产值	工业增加值	固定资产净值	存货价值	建筑业产值	商业增加值	商业固定资产	商业存货	
上海市	312	6696	7269	3394	4701	3195	3479	2768	8356
杭州市	186	1934	1727	937	1905	806	1111	498	2736
嘉兴市	254	1443	2345	831	1422	320	191	185	816
湖州市	208	801	712	298	909	204	49	42	451
苏州市	338	7091	6987	2831	1745	691	326	332	5218
无锡市	224	3718	5151	1626	1105	307	440	285	3112
常州市	220	1901	1848	933	1524	423	179	77	1320
镇江市	158	1125	1866	357	663	184	186	45	803

注　交通基础设施已在前文介绍。

服务业占用房屋面积只有上海市有详细的数据，苏州市和嘉兴市只有全部房屋和住宅的建筑面积，其他城市只有当年竣工房屋面积，个别年份有房屋分类面积，因此，可以根据个别年份的情况推算2012年各类房屋的面积，随后推出其他服务业占有的房屋建筑面积，见表7.11。

表7.11　太湖流域8大城市第三产业用房面积估算（2012年）　单位：万 m^2

城市	建筑面积	城市	建筑面积
上海市	43041	苏州	36328
杭州市	4887	无锡	6699
嘉兴市	2130	常州	5655
湖州市	2090	镇江	2408

注　数据来源：各个城市的地方统计年鉴和推算。

交通基础设施是经济增长的必要前提，它对促进经济增长与社会发展具有非常重要的作用。近几年来太湖流域各地的基础设施建设随着经济实力的增强都有不同程度的改善。基础设施主要包括社会基础设施（如文教、科研、医疗保健等）与经济基础设施两类。为了评估未来洪涝灾害造成的社会财产损失，考虑到统计资料的可利用性，因而，这里的基础设施仅包括道路交通设施，如公路、铁路、桥梁；对于其他方面的暂且不做分析。

根据《中长期铁路网规划（2008年调整）》，我国到2020年全国铁路营业里程达到12万km以上，其中客运专线达到1.6万km以上。京沪高速铁路、沪宁高速铁路、宁杭城际铁路等相继开通，太湖流域铁路有了迅速增长（表7.12）。比如，镇江境内铁路从2007年的81km增加到2012年的250km，湖州境内的宁杭铁路、湖嘉乍铁路、湖苏沪城际铁路也将达到170km，至此湖州境内铁路达到250km。

表7.12　　太湖流域8大城市2012年的交通基础设施现状（2012年）

城市	公路长度/km	桥梁/座	铁路长度/km	估值/亿元
上海市	17316	12544	716.42	2257
杭州市	1229	565	130	579
嘉兴市	2844	1197	111	317
湖州市	1372	1010	250	303
苏州市	5672	3408	125.1	917
无锡市	3306	2673	125	623
常州市	2337	1029	104.4	414
镇江市	2007	243	250	312

注　数据来源：各地统计年鉴，网上资料，上海和苏州的铁路包括轨道交通。

至于公路、铁路、桥梁的造价问题，华东地区高速公路造价为3000万～7000万元/km，考虑到造价成本有越来越高的趋势，取最大值7000万元/km，其他公路为500万元/km，高速公路与其他公路按1∶10的比例估算，即可得到太湖流域每公里公路造价为1150万元；桥梁的造价根据基础形式、桥梁结构不同，造价相差较大，通常造价为5万～8万元/m，按桥梁平均一座30m估计，造价为240万元左右，这里取300万元计算。铁路的造价差异巨大，例如京沪高铁每公里造价平均1.67亿元，宁杭高铁每公里造价平均1.26亿元，在不同的路段，造价也有较大的差异，宁杭高铁的造价比较接近长三角地区的造价，因此，每公里高铁的造价取值为1.3亿元；目前铁路基本都经过电气化改造，电气化铁路取值2500万元/km。

7.3　社会经济情景开发和资产评估

7.3.1　流域情景设计

情景分析是气候变化影响、脆弱性、适应性评估研究中的一种重要工具。在气候变化研究中，情景描述的是未来不同方面可能发生的轨迹，构建研究由于人类活动引起气候变化的潜在后果。由于经济社会系统的复杂性，情景构建方法一直处于完善中。2006年IPCC成立专门气候变化影响评估情景工作组，提出了开发情景的新框架，特别是为了使气候情景和社会经济情景更好地关联起来，2010年IPCC在气候新模式典型浓度路径（Representative Concentration Pathways，RCPs）的基础上发布新社会经济情景共享社会经济路径（Shared Socioeconomic Pathways，SSPs）。经过专家讨论，目前已初步确定了

SSPs 的主要驱动因子和基础情景框架，部分情景数据已经用于 IPCC 第五次评估报告（AR5）中。根据这一最新研究进展，结合太湖流域的经济社会发展特点和我国全面深化改革的大背景，同时考虑到研究结果的国际比较性，课题组提出了构建流域社会经济新情景，在 RCP 4.5 和 RCP 8.5 两种环境资源情景下开发流域 SSP2 和 SSP3 两种经济社会发展模式，即有 4 种新情景组合。结合流域特点和课题研究任务的需要，确定了本课题的 3 种社会经济情景模式 SSP2/RCP8.5、SSP2/RCP4.5、SSP3/RCP8.5，见表 7.13。

表 7.13　　流域 3 种社会经济情景模式特点

情景	低速依赖型（LS）	中速温和型（MS）	高速依赖型（HS）
模式	SSP2/RCP8.5	SSP2/RCP4.5	SSP3/RCP 8.5
经济	经济低速，低于现状	经济中速，保持现状	经济高速，高于现状
资源	依赖型	中等	依赖型
环境	减排压力稍大	环境中等，排放减缓	减排压力大
区域协调	弱均衡	弱均衡	不均衡
政策支持	中等	中等	弱

7.3.2 流域情景预测

情景设计仅仅是完成情景构建的一步，还需要对关键驱动因子进行分析和预测。根据项目的研究任务，不同情景下，不仅需要预测流域市级主要指标值，还要预测区（县）级指标值。为了确保全球与区域情景的一致性，对于 3 种情景下区域关键社会经济要素的定量化应该满足情景开发框架。目前对于区域情景的开发方法运用较广的是采用 Gaffin 等（2004）提出的方法，即将各种情景下全球人口、GDP 预测值线性降尺度（downscaling）到国家层次上。相类似的可以利用同样的方法将流域尺度上的人口、GDP 降尺度到区（县）级尺度上。亦即每个区（县）人口或 GDP 在基准年占城市的比例在研究期内保持不变。就该方法本身而言，由于太湖流域的特殊性，区（县）级人口、经济规模相对较小，根据课题组的已有研究经验，这种降尺度方法对估算流域 8 大城市管辖下的 43 个区（县）的人口、经济总量情景结果是适用的。根据课题总体设计，以 2012 年为基准年，分别考虑 2020 年、2030 年、2050 年这 3 个时间点的情景预测值。

7.3.2.1 经济、人口情景预测

根据 3 种情景框架条件，经过多次研究讨论和征求部分专家的建议，对不同情景下的经济总量、人口总量、三大产业、城市化率等关键指标进行了情景设定和预测；考虑到人口政策的稳定性，只分析了一种国家规划情景，还参考了国家卫生和计划生育委员会发布的《国家人口发展战略研究报告》。具体情景预测结果见表 7.14。利用降尺度法分别计算出了太湖流域 8 大城市及其所辖 43 个区（县）的结果，表 7.14 仅列出了 8 大城市的综合结果。

为了便于比较，将流域 8 大城市人均 GDP 在 MS 情景下预测值作了比较（图 7.8），亦即基本按照现有政策未来人均 GDP 的发展。

表 7.14　　太湖流域 8 大城市 3 种情景下 GDP、人口预测值

年份	情景	项目	上海市	苏州市	常州市	无锡市	镇江市	嘉兴市	湖州市	杭州市
2012	基准年	GDP/亿元	20182	13649	3970	7568	2319	2890	1670	5522
		人口/万人	2310	1055	469	647	281	454	291	609
2020	LS	GDP/亿元	33804	26022	7049	14112	4441	5132	2912	9804
		人口/万人	2654	1199	497	692	289	482	299	631
	MS	GDP/亿元	36723	28835	7726	15585	4925	5625	3183	10747
	HS	GDP/亿元	43230	35271	9255	18940	6032	6738	3793	12873
2030	LS	GDP/亿元	35221	27470	7387	14863	4691	5378	3046	10274
		人口/万人	2679	1209	499	696	289	484	300	632
	MS	GDP/亿元	42237	34466	9040	18505	5895	6582	3705	12575
	HS	GDP/亿元	50553	43115	11038	22974	7385	8036	4496	15354
2050	LS	GDP/亿元	45476	37919	9827	20281	6490	7155	4015	13669
		人口/万人	2672	1206	498	695	289	483	300	632
	MS	GDP/亿元	55564	48742	12284	25844	8357	8944	4984	17087
	HS	GDP/亿元	67817	62548	15335	32881	10742	11165	6179	21331

注　GDP 按 2012 年可比价格。

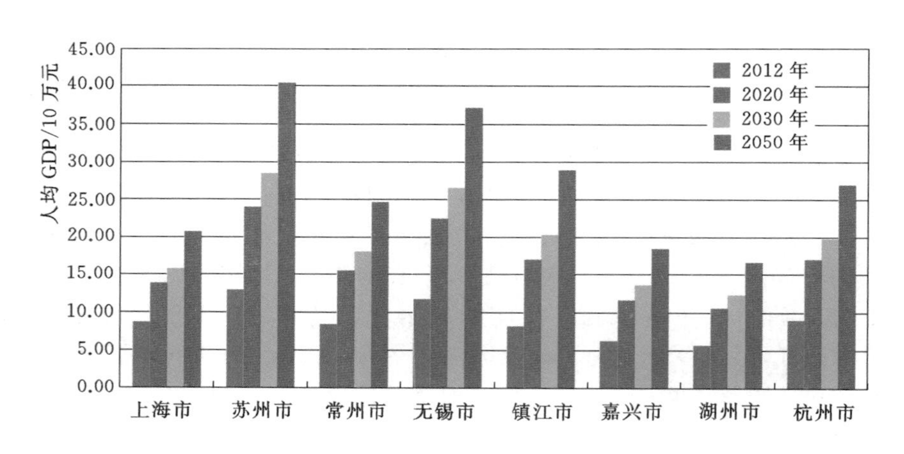

图 7.8　太湖流域 8 大城市人均 GDP 现状与 MS 情景预测结果

7.3.2.2　农业土地利用情景

基于 3 种情景下 8 大城市的 GDP 预测结果，根据对于农业土地利用的情景假设，分别计算出了 8 大城市的可耕地面积的变动趋势，见表 7.15。由于 2012 年的土地数据缺乏，所以可耕地数据的基年是 2010 年。由于 MS 情景保持现有土地利用模式，故到 2050 年可耕地面积总量比 2010 年减少了 17.2%。但 LS 情景、HS 情景对土地消耗更明显，分别下降了 26.3%、42.2%。可见，农业土地利用的变化是制约未来流域经济社会发展的一大瓶颈。

表 7.15　　太湖流域 8 大城市 3 种情景下农业土地利用变化　　单位：$\times10^3 hm^2$

年份	情景	上海市	苏州市	常州市	无锡市	镇江市	杭州市	嘉兴市	湖州市
2010	基准年	225.4	235.4	143.6	167.5	144.9	173.8	200.5	136.7
2020	LS	146.9	163.6	208.1	246.4	282.4	231.7	272.6	309.3
	MS	196.5	205.2	125.2	146.0	126.3	151.5	174.7	119.2
	HS	181.5	189.6	115.7	134.9	116.7	140.0	161.4	110.1
2030	LS	107.8	118.3	169.1	201.0	237.0	192.7	233.5	270.3
	MS	186.7	194.9	118.9	138.7	120.0	143.9	166.0	113.2
	HS	155.7	161.4	104.3	121.9	107.0	127.7	149.5	102.9
2050	LS	55.3	53.0	110.1	135.7	171.7	140.1	174.6	211.3
	MS	186.7	194.9	118.9	138.7	120.0	143.9	166.0	113.2
	HS	111.8	108.4	84.3	100.3	91.1	109.0	129.3	91.1

7.3.3　不同情景下的资产评估

资产评估包括家庭资产和商业资产，对未来不同情景下的各种资产进行评估是该课题研究的重点，也是难点所在。按照不同情景下的情景设定，对各种资产评估如下，考虑到区（县）级数据较多，仅列出 8 大城市的情景值。

7.3.3.1　家庭资产评估情景

家庭财产分为城镇家庭财产和农村家庭财产，评估内容主要包括居民住房和家庭耐用消费品。表 7.9 给出了 2012 年太湖流域 8 大城市的居民家庭资产现值估价，对于未来不同情景下的家庭资产评估，采用人均拥有家庭资产评估方法，并设定 3 种情景在相同年份的人均资产相等，考虑到太湖的经济发展水平以及家庭资产的主要评估内容，假定人均拥有家庭资产值在 2020 年、2030 年、2050 年分别比 2012 年、2020 年、2030 年增加 10%、8%、10%，再根据不同情景下的人口城市化率，得到 3 种情景下的太湖流域家庭资产评估值，见表 7.16 和表 7.17。

表 7.16　　太湖流域 8 大城市 MS 情景下的城市化率　　%

年份	情景	上海市	杭州市	嘉兴市	湖州市	苏州市	无锡市	常州市	镇江市
2012	基准年	89.8	67.7	45.7	65.8	72.3	72.9	66.2	64.2
2020	MS	92	70	48	68	75	75	68	66
2030	MS	93	72	50	69	76	76	70	60
2050	MS	93	72	50	69	76	76	70	60

表 7.17　　太湖流域 8 大城市 3 种情景下的家庭资产估计值　　单位：亿元

年份	情景	区域	上海市	杭州市	嘉兴市	湖州市	苏州市	无锡市	常州市	镇江市
2012	基准年	城镇	22381	4522	2408	2150	6676	5113	2460	1739
		农村	4010	3880	4806	1824	5081	3019	2516	1448

续表

年份	情景	区域	上海市	杭州市	嘉兴市	湖州市	苏州市	无锡市	常州市	镇江市
2020	LS	城镇	26294	5031	2764	2355	7755	6032	2763	1910
		农村	3606	3884	5037	1807	5138	3194	2606	1469
	MS	城镇	26424	5056	2777	2367	7793	6062	2777	1919
		农村	3624	3903	5062	1816	5163	3210	2619	1476
	HS	城镇	26554	5066	2788	2376	7839	6086	2793	1930
		农村	3642	3911	5082	1823	5194	3223	2635	1485
2030	LS	城镇	29072	5439	3087	2487	8595	6686	3019	1825
		农村	3452	3810	5194	1822	5395	3354	2594	1817
	MS	城镇	29274	5477	3108	2505	8664	6732	3043	1839
		农村	3476	3837	5230	1835	5438	3377	2615	1831
	HS	城镇	29506	5504	3130	2522	8732	6779	3067	1854
		农村	3503	3856	5266	1847	5481	3401	2635	1846
2050	LS	城镇	24016	4493	2550	2055	7100	5523	2494	1507
		农村	2851	3148	4290	1505	4457	2771	2143	1501
	MS	城镇	24303	4547	2580	2079	7192	5589	2527	1527
		农村	2885	3185	4342	1523	4514	2804	2171	1520
	HS	城镇	24615	4592	2611	2104	7285	5655	2559	1547
		农村	2922	3217	4393	1541	4572	2837	2199	1540

可见不同情景下全社会家庭财产的差别主要是由于人口的增长和城市化的不断推进。一般情形下，随着人口的增长，各地区的家庭资产总值也随着增长，由于MS情景下各个地区的人口在2030—2040年期间达到高峰，故MS情景下各个城市的家庭资产总值在2050年与2030相比是下降的，见图7.9。

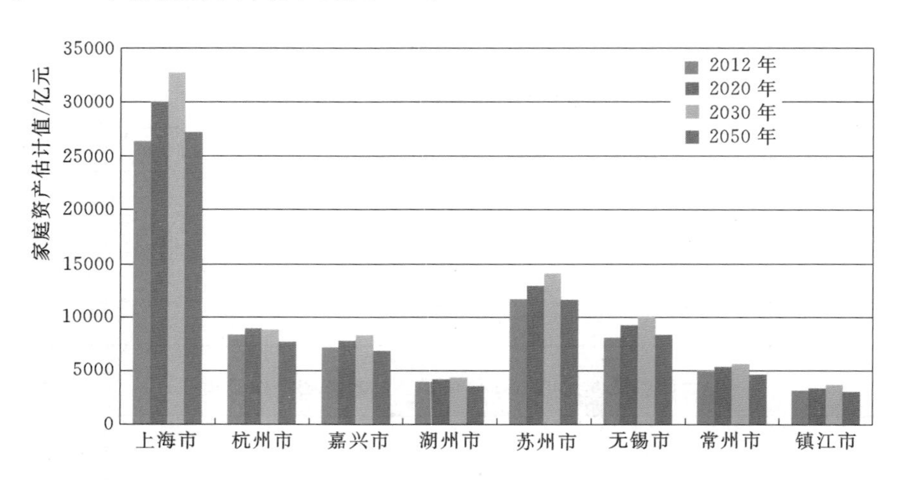

图7.9 MS情景下太湖流域8大城市的家庭资产估计值

7.3.3.2 商业资产评估情景

基于表 7.10 列出的三大产业的具体评估指标，在对不同情景下进行预测时，根据已有对地区生产总值的情景分析、现有 8 大城市的产业结构以及各地区未来的发展规划，对 8 大城市的不同情景下的产业结构设定见表 7.18，表中列出了 MS 情景下的产业结构。

表 7.18　太湖流域 8 大城市 MS 情景下的产业结构　%

城市	2005			2020MS			2030MS			2050MS		
	Ⅰ	Ⅱ	Ⅲ	Ⅰ	Ⅱ	Ⅲ	Ⅰ	Ⅱ	Ⅲ	Ⅰ	Ⅱ	Ⅲ
上海市	0.9	48.6	50.5	0.7	47	52.3	0.6	41	58.4	0.5	36	63.5
杭州市	5.0	50.9	44.1	4.0	49	47.0	3.0	45	52.0	1.5	38	60.5
嘉兴市	7.3	58.8	33.9	5.0	57	38.0	4.0	55	41.0	3.0	46	51.0
湖州市	9.8	54.8	35.4	6.5	58	35.5	5.5	55	39.5	4.0	46	50.0
苏州市	2.2	66.6	31.2	2.0	64	34.0	1.5	60	38.5	1.0	49	50.0
无锡市	1.7	60.5	37.8	1.5	59	39.5	1.2	56	42.8	1.0	49	50.0
常州市	4.3	61.1	34.6	4.0	59	37.0	3.0	56	41.0	2.5	49	48.5
镇江市	4.4	60.6	35.0	4.0	59	37.0	3.0	57	40.0	2.5	51	46.5

1. 第一产业

第一产业利用农业总产值表示，一般而言，农业增加值与总产值的比率，即农业增加值率呈递减趋势，根据各个地区的农业产业发展特点，对各个地区的农业增加值率进行假定，并认为 3 种情景下都相等，再根据第一产业在地区生产总值中的份额，即可得出不同情景下的农业产值，表 7.19 给出了 MS 情景下的估计值。

表 7.19　太湖流域 8 大城市 MS 情景下农业产值估计值

项目	年份	上海市	杭州市	嘉兴市	湖州市	苏州市	无锡市	常州市	镇江市
农业增加值率	2012	0.397	0.677	0.596	0.588	0.578	0.612	0.576	0.659
	2020	0.42	0.65	0.58	0.57	0.59	0.60	0.57	0.65
	2030	0.43	0.64	0.56	0.55	0.60	0.58	0.56	0.64
	2050	0.45	0.62	0.54	0.53	0.61	0.56	0.54	0.62
农业总产值/亿元	2012	312.3	185.6	253.9	208.5	337.7	224.1	219.6	158.2
	2020	386	281	360	312	578	325	373	255
	2030	662	577	700	549	812	393	632	453
	2050	1107	566	1059	831	1730	802	1263	803

2. 第二产业

第二产业资产评估包括工业增加值、固定资产净值、存货价值、建筑业总产值，对于建筑业总产值估值，与农业总产值方法类似；对于工业增加值直接利用工业增加值在地区生产总值的份额即可算出；对于固定资产净值利用基年固定资产净值与地区生产总值的比值，并假定该比值不变，就可得到不同情景下的估计值；而对于存货价值，则利用工业存货值与工业增加值的比值进行计算。表 7.20 给出了 MS 情景下的估计值。

表 7.20　太湖流域8大城市MS情景下第二产业资产估计值　单位：亿元

年份	项目	上海市	杭州市	嘉兴市	湖州市	苏州市	无锡市	常州市	镇江市
2012	工业增加值	6696	1934	1443	801	7091	3718	1901	1125
	固定资产净值	7269	1727	2345	712	6987	5151	1848	1866
	存货价值	3394	937	831	298	2831	1626	933	357
	建筑业总产值	4701	1905	1422	909	1745	1105	1524	663
2020	工业增加值	10698	3016	2284	1291	11563	5982	3221	1882
	固定资产净值	12030	2859	4029	1224	12461	8851	3297	3328
	存货价值	5422	1460	1315	480	4616	2616	1582	597
	建筑业总产值	6079	2437	441	574	1963	1115	953	658
2030	工业增加值	17641	21117	8941	7588	17641	21117	8941	7588
	固定资产净值	4973	5018	2408	3438	4973	5018	2408	3438
	存货价值	3660	7069	2107	654	3660	7069	2107	654
	建筑业总产值	2064	2147	768	839	2064	2147	768	839
2050	工业增加值	33861	46196	17162	7661	33861	46196	17162	7661
	固定资产净值	9651	10977	4673	4387	9651	10977	4673	4387
	存货价值	6672	15465	3842	1089	6672	15465	3842	1089
	建筑业总产值	3965	4697	1475	1377	3965	4697	1475	1377

3. 第三产业

第三产业资产评估包括商业增加值、商业存货值、其他服务业增加值，对于增加值直接利用商业在第三产业增加值的份额即可算出；对于商业存货价值，与前述方法类似，利用商业存货值与商业增加值的比值进行计算。表7.21给出了MS情景下的估计值。

表 7.21　太湖流域8大城市MS情景下第三产业资产估计值　单位：亿元

年份	项目	上海市	杭州市	嘉兴市	湖州市	苏州市	无锡市	常州市	镇江市
2012	商业增加值	3195	806	320	204	691	307	423	184
	商业固定资产	3479	1111	191	49	326	440	179	186
	商业存货值	2768	498	185	42	332	285	77	45
	其他服务业增加值	8356	2736	816	451	5218	3112	1320	803
2020	商业增加值	5555	1420	641	401	1383	578	825	363
	商业固定资产	6047	1693	488	269	928	577	547	287
	商业存货值	4812	878	371	82	666	376	149	88
	其他服务业增加值	15031	4155	1634	885	10448	5859	2573	1581
2030	商业增加值	10212	2603	1239	785	3074	1126	1841	811
	商业固定资产	10177	2685	913	561	1925	888	1150	522
	商业存货值	8845	1609	717	161	1480	732	333	196
	其他服务业增加值	27631	7616	3161	1732	23227	11424	5738	3534

续表

年份	项目	上海市	杭州市	嘉兴市	湖州市	苏州市	无锡市	常州市	镇江市
2050	商业增加值	24053	6257	3221	1991	8371	2737	4968	2248
	商业固定资产	19079	4976	1806	1116	3911	1555	2322	1051
	商业存货值	20834	3868	1864	409	4030	1780	899	544
	其他服务业增加值	65082	18308	8217	4396	63254	27762	15489	9803

4. 交通基础设施

交通基础设施评估利用人均资产法，首先计算出基年（即 2012 年）的人均拥有交通基础设施值，假定 3 种情景下人均资产定额相等，因为铁路、高级公路属于国家统一规划，并假设 2020 年、2030 年、2050 年分别比 2012 年、2020 年、2030 年增加 8%、5%、5%。表 7.22 给出了 3 种情景下的估计值。

表 7.22　　太湖流域 8 大城市 3 种情景下交通设施资产估计值　　单位：亿元

年份	情景	上海市	杭州市	嘉兴市	湖州市	苏州市	无锡市	常州市	镇江市
2012	基准年	2257	579	317	303	917	623	414	312
2020	HS	3685	865	409	376	2138	1432	1115	456
	MS	3419	803	380	349	1914	1329	998	408
	LS	3171	744	352	324	1776	1233	926	379
2030	HS	6928	1626	769	707	4416	2692	2304	942
	MS	6302	1479	699	643	4020	2449	2097	858
	LS	5727	1344	636	584	3657	2225	1908	780
2050	HS	15940	3742	1947	1790	12304	6818	6419	2624
	MS	14475	3398	1607	1477	10160	5625	5301	2167
	LS	11920	2798	1323	1216	8375	4632	4369	1786

5. 服务业

在评估第三产业资产时，还需要考虑第三产业用房面积，目前，还没有发现国内外有这方面相关的文献资料。根据已有的一些统计数据，对太湖地区 8 大城市 2012 年的第三产业用房面积进行了估算（表 7.11），对于未来不同情景下第三产业用房面积的估算考虑采取以下思路：第三产业用房面积与第三产业增加值占 8 大城市的地区国内生产总值的比例有关。因而，首先计算 8 大城市 2012 年的人均服务业用房面积（用城镇人口数据）与服务业比例的比值，根据对上海市该指标值的序列数据分析，发现该指标值具有一定的稳定性。故假定该比值在未来保持不变，再根据未来情景下的城镇人口规模以及第三产业增加值的结构比例，即可估算出不同情景下第三产业用房面积（表 7.23）。可见，总体上各地区在 HS 情景下第三产业所占用房面积是最多的。由于 MS 情景和 LS 情景具有相同的第三产业比例，故第三产业用房面积二者是一致的。

表7.23 太湖流域8大城市3种情景下第三产业用房面积估计值 单位：万m^2

年份	情景	上海市	杭州市	嘉兴市	湖州市	苏州市	无锡市	常州市	镇江市
2012	基准年	43041	4887	2130	2090	36328	6699	5655	2408
2020	LS	50939	5541	2636	2470	44011	8055	6447	2766
	MS	52595	5729	2821	2585	46906	8574	6877	2889
	HS	52595	5729	2821	2585	46906	8574	6877	2889
2030	LS	57577	6103	3031	2715	50838	9314	7363	2821
	MS	60297	6404	3440	3017	57193	10455	8293	3053
	HS	60297	6404	3440	3017	57193	10455	8293	3053
2050	LS	50133	5427	2841	2517	45999	8567	6847	2497
	MS	53099	5756	3343	2862	52929	9499	7607	2878
	HS	53099	5756	3343	2862	52929	9499	7607	2878

7.4 太湖流域洪涝灾情评估指标

7.4.1 历史洪涝灾情

7.4.1.1 洪涝灾害成因

受气象、地形等自然因素以及人类活动的共同影响，太湖流域易于遭受江河洪水、风暴潮与当地暴雨内涝的威胁。

造成太湖平原洪涝灾害的主要原因是降雨，受季风气候影响，年平均降雨量为1177mm。成灾降雨的类型主要有两类：一类为梅雨型，特点是降雨历时长、总量大、范围广，往往会造成流域性洪涝灾害；另一类为台风暴雨型，特点是降雨强度大、暴雨集中，易造成区域性洪涝灾害。另外，风暴潮增水引起高潮位，导致潮水漫溢或冲毁堤岸，也是濒江临海地区局部灾害的主要原因之一。

太湖流域属长江三角洲冲积平原，80%以上是平原和水面，但由于其微地貌复杂，西靠山丘，东、南、北濒临大江大海，境内水陆相间，平原洼地交错，河网纵横，湖荡棋布，四周高亢，中部低洼，易发生洪涝灾害。

太湖流域内平原地区地势低平，一半以上地面高程低于汛期洪水位，地面坡降仅为1/20万～1/10万，水流流速缓慢，汛期一般仅为0.3～0.5m/s；流域排水受东海潮汐顶托影响，日排水时间仅为13～14h，排水难度大，洪涝滞蓄时间长，易加重洪涝灾害。

自古以来太湖流域为富庶之地，历史上由于人口迅速增长，土地资源不足，造成围垦之风盛行，致使湖泊面积减少，河道缩窄淤浅，水面日减。中华人民共和国成立后，大规模围湖造地，特别是20世纪60年代和70年代，围垦面积占总围垦面积的94%，仅湖泊被围垦的面积就达528km^2，减少蓄水能力近10亿m^3。由于联圩并圩，太湖流域水面积从80年代初期的6175km^2减少至90年代末的5551km^2，减少了624km^2。目前，流域圩外水面积仅为4283km^2。大量围湖和联圩并圩，不仅削弱了洪水调蓄能力，同时也切断了与湖荡通连的河道，阻碍了洪水排泄。

联圩并圩是平原低洼地区防洪除涝的有效措施，可以缩短防洪堤线，但由于部分排水河道被堵，圩区排涝动力加强，圩外河道水位上涨加快，高水位持续时间延长，致使流域和地区水情恶化。

长期过量抽取地下水导致地面沉降，也是流域洪涝灾害加剧的原因之一。由于地表水污染严重，太湖流域主要城市及工业区普遍过量开采地下水，形成地下水漏斗面积超过 $7000km^2$，引起地面大范围不同程度的沉降，降低了水利工程的防洪标准，加大了防洪压力。

流域内人口密度超过 1500 人/km^2，土地开垦率高达 80%以上。随着城乡一体化迅速发展，不透水面积增加，据统计，近 20 年来，流域城市建设用地面积增加了 $2823km^2$，约占平原地区陆域面积的 12%，使得降雨径流系数提高，洪水汇流加快。流域洪涝水出路困难，洪涝灾害严重。

太湖流域是我国经济最发达的地区之一，人口稠密，科技水平高，其经济总量在全国占有举足轻重的地位。但由于地势平坦低洼，洪涝灾害范围广、历时长，受灾经济损失严重。仅 1991 年和 1999 年的两次洪涝灾害，造成的当年直接经济损失就超过了 250 亿元。随着太湖流域经济的发展和城市经济地位的日益提高，防洪除涝设施与城市快速发展已不相适应。20 世纪 80 年代以来，上海、苏州、无锡、常州、杭州和湖州等主要城市洪涝灾害损失呈增加趋势。

流域地处东南沿海，风暴潮灾害也很频繁。

7.4.1.2 历史洪涝灾情

根据历史资料统计，南宋以来的 800 多年间发生各种洪涝灾害共 185 次，平均 4～5 年一次。其中，特大水灾 24 次，大水灾 69 次，一般水灾 92 次。20 世纪以来，太湖平原地区大洪水主要有：1931 年、1954 年、1991 年和 1999 年（水利部太湖流域管理局，2007）。

1. 1931 年洪水

1931 年太湖流域发生了大范围洪涝灾害。由于受西南气旋及东部气流的影响，6—7 月降雨多，梅雨期较长，加之 7 月 3—8 日及 21—25 日两次雨量均超过 200mm 的台风雨，区域内绝大部分地区水位超过当时的历史记录。

由于降雨主要分布在长江中下游及江淮之间，长江水位大涨，太湖水位抬高 1.3m，江湖水位齐涨，流域排水困难，灾情严重。当时太湖流域共有 41 个县，耕地面积 3360 多万亩，其中灾情调查的县有 31 个，调查面积 2960 万亩，受灾面积 592 万亩，占调查面积的 20%，水稻减产约 5.1 亿 kg，棉花减产 77 多万担，其他农作物、工商业及生命财产损失也十分巨大。

2. 1954 年洪水

1954 年洪水为梅雨型洪水，梅雨带长期徘徊在江淮流域，入梅早、雨期长、雨量大、分布广。同期长江出现百年未遇特大洪水，太湖地区发生了当时有记录以来的最大一次水灾。

由于长期降水，河湖水位并涨，高水持久不退，加之中华人民共和国成立初期水利设施薄弱，防洪除涝能力低，灾情极为严重。太湖水位达4.65m，太湖平原附近受灾面积达868万亩，成灾面积439万亩，粮食损失约5亿kg，当年经济损失达10亿元。

3. 1991年洪水

1991年洪水为梅雨型洪水。该年入梅早、梅雨期长、雨量大，太湖水位高达4.79m，全流域发生了严重的洪涝灾害。

全流域受灾农田941万亩，成灾627万亩，粮食损失1.28亿kg，减产8.12亿kg，受灾人口1182万人，死亡127人，倒塌房屋10.7万间，冲毁圩堤2422km，冲毁桥梁1940座。全流域当年直接经济损失达113.9亿元。

4. 1999年洪水

1999年洪水是另一种不同时空分布降雨所造成的梅雨型洪水。暴雨集中，主要发生在6月上旬至7月上旬，全流域平均最大7～90天各统计时段的降雨量均超过了历史降雨量最大值，暴雨中心主要分布在浙西、杭嘉湖、淀泖、浦东及浦西等地区。尽管当时已完成的治太骨干工程在防洪中发挥了巨大作用，但太湖水位仍创历史新高，达4.97m。全流域，特别是下游杭嘉湖地区，灾情十分严重。

全流域受灾人口达746万人，49个县（市、区）不同程度进水受淹，倒塌房屋3.8万间；受淹农田1031万亩，粮食减产超过9.1亿kg（不包括上海市）；17552家工矿企业停产，公路中断341条次；损坏江堤、圩堤8133km。全流域当年洪涝灾害直接经济损失达141.25亿元，但经济损失比例相对较小，仅为当年GDP的1.58%，远远小于1954年的10%和1991年的6.7%。

7.4.2 洪涝灾情评估指标

如前节所述太湖流域的洪涝灾害主要有两类：即梅雨型洪涝灾害和台风暴雨型洪涝灾害。梅雨型洪涝灾害主要是由梅雨洪水造成的。这类洪涝灾害历时长，范围广，危害重，一般发生在6月、7月间。台风暴雨型洪涝灾害主要是由发生在8月、9月间的台风降雨造成的，此类灾害历时短、范围小，灾害强度大。台风、暴雨与高潮同时发生，是造成流域洪涝灾害的又一种形式。这种形式主要发生在滨海地区。

对太湖流域1954年、1991年（吴浩云 等，2001a）和1999年（吴浩云，2001b）洪涝灾害统计资料进行分析（表7.24），可以看出洪涝灾害对太湖社会经济影响主要体现在耕地受淹，农业减产；房屋进水倒塌，城乡居民家庭财产受损；企业进水，造成停产停业损失；交通干线、水利工程等基础设施因洪水冲淹损害等多个方面。

表7.24 太湖流域1954年、1991年、1999年洪涝灾害统计

项目	1954年	1991年	1999年
受灾人口/万人			746
受淹农田/万亩	373	855.3	1031
减产粮食/万t	250	187.55	91
倒塌房屋/万间		11.84	3.8
企业进水/家		23281	17552

续表

项　目	1954 年	1991 年	1999 年
中断公路/条次			341
农林牧渔业损失/亿元			53.67
工业损失/亿元			58.19
水利设施损失/亿元			11.4
城乡居民及其他损失/亿元			17.98
总损失/亿元	6	113.9	141.3

太湖流域洪灾损失指标体系基于太湖流域洪涝灾害的成灾特点，同时考虑太湖流域社会经济统计资料、土地利用信息等基础资料的可获取程度，在技术上的可操作性以及洪灾损失大尺度评估等特点综合分析确定，见图 7.10。由于灾情评估区域覆盖整个太湖流域，城市与农村地区的地理特征和经济结构不同，经济类型存在较大差异，为了能详细、明确、充分地反映这种经济区域特征，城区主要考虑人口、家庭财产，住宅、三大产业、基础设施等类型。农村地区重点考虑人口、住宅、家庭财产、乡镇企业、农作物以及水利设施等。

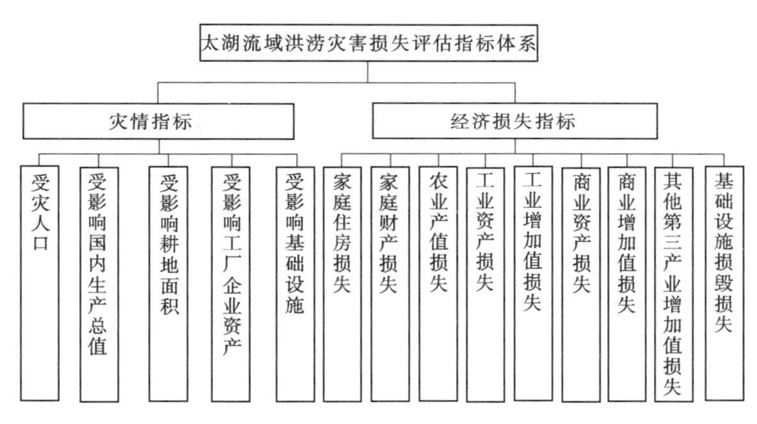

图 7.10　太湖流域洪涝灾害损失评估指标体系

7.5　洪涝灾情评估模型

7.5.1　洪水损失评估步骤

概括起来，损失评估的主要步骤如下。

（1）数学模型模拟计算确定洪水淹没范围、淹没水深、淹没历时等致灾特性指标。

（2）搜集社会经济调查资料、社会经济统计资料以及空间地理信息资料，运用面积权重法、回归分析法等对社会经济数据进行空间求解，生成具有空间属性的社会经济数据库，反映社会经济指标的分布差异。

（3）利用 GIS 分析工具，将洪水水情特征分布与社会经济特征分布通过空间地理关系进行拓扑叠加，获取洪水影响范围内不同淹没水深下社会经济不同财产类型的价值及分布。

（4）选取具有代表性的典型地区、典型单元、典型部门等分类作洪灾损失调查统计，根据调查资料估算不同淹没水深（历时）条件下，各类财产洪灾损失率，建立淹没水深（历时）与各类财产洪灾损失率关系表或关系曲线。

（5）根据影响区内各类经济类型和洪灾损失率关系，计算洪灾经济损失。

第（2）～（5）步是本章研究的主要工作。洪灾损失评估的主要步骤见图7.11。

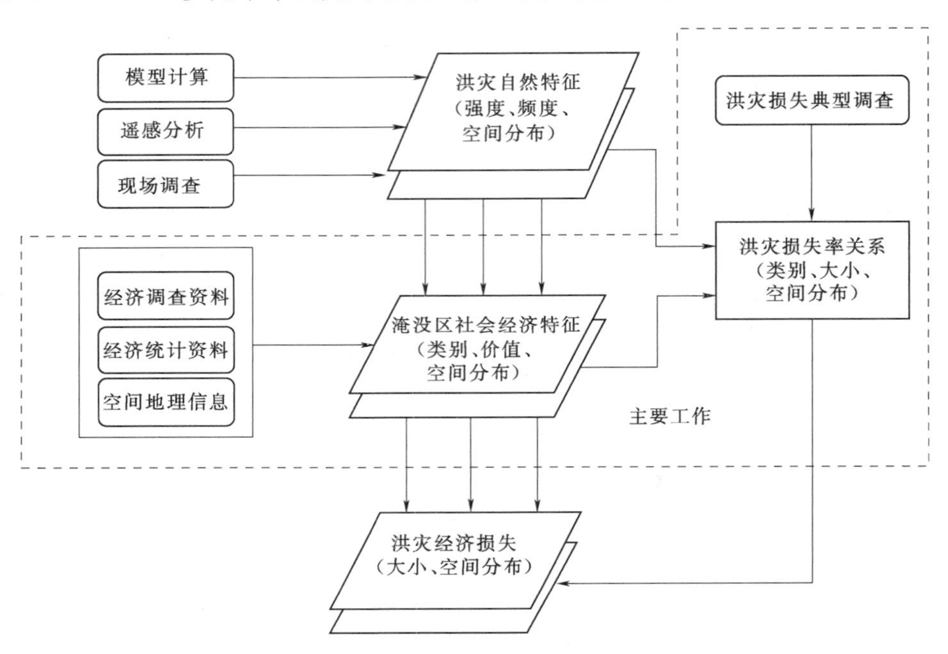

图7.11 洪灾损失评估的主要步骤

7.5.2 洪水损失评估方法

在确定了各类承灾体受淹程度、灾前价值以及洪灾损失率的基础上，即可进行分类洪灾直接经济损失估算，主要直接经济损失类别的计算方法如下。

1. 城乡居民家庭财产、住房洪涝灾损失计算

城乡居民家庭财产直接损失值可采用式（7.1）计算：

$$R_{\mathrm{rc}}=R_{\mathrm{rcu}}+R_{\mathrm{rcr}}=\sum_{i=1}^{n}W_{\mathrm{u}i}\eta_i+\sum_{i=1}^{n}W_{\mathrm{r}i}\eta_i \tag{7.1}$$

式中：R_{rc}为城乡居民家庭财产洪涝灾直接损失值，元；R_{rcu}为城镇家庭财产洪灾直接损失值，元；R_{rcr}为农村居民家庭财产损失值，元；$W_{\mathrm{u}i}$为第i级淹没水深下，城镇居民家庭财产灾前价值，元；W_{ri}为第i级淹没水深下，农村居民家庭财产灾前价值，元；η_i为第i级淹没水深下，城乡家庭财产洪灾损失率，%；n为淹没水深等级数。

城乡居民住房损失计算方法与城乡居民家庭财产损失的方法类似。通过城乡居民住房的灾前价值与相应的损失率相乘得到。

2. 工商企业洪涝灾损失估算

（1）工商企业资产损失估算。计算工商企业各类资产损失时，需分别考虑固定资产（包含厂房、办公、营业用房，生产设备、运输工具等）与流动资产（包含原材料、成品、半成品及库存物资等），其计算公式为

$$R_{ur}=R_{urf}+R_{urc}=\sum_{i=1}^{n}W_{fi}\eta_i+\sum_{i=1}^{n}W_{ci}\beta_i \tag{7.2}$$

式中：R_{ur}为工业企业洪涝灾资产总损失值，元；R_{urf}为工业企业洪灾固定资产损失值，元；R_{urc}为工业企业洪灾流动资产损失值，元；W_{fi}为第i级淹没水深等级下企业固定资产值，元；W_{ci}为第i级淹没水深等级下企业流动资产值，元；η_i为第i级淹没水深下工业企业固定资产洪灾损失率，%；β_i为第i级淹没水深下工业企业流动资产洪灾损失率，%；n为淹没水深等级数。

（2）工商企业停产损失估算。企业的产值和主营收入损失是指因企业停产停工引起的损失，产值损失主要根据淹没历时、受淹企业分布、企业产值或主营收入统计数据确定。首先从统计年鉴资料推算受影响企业单位时间的平均产值或主营收入，再依据淹没历时确定企业停产停业时间后，进一步推求企业的产值损失。

3. 农业经济损失估算

$$R_a=\sum_{i=1}^{n}W_{ai}\eta_i \tag{7.3}$$

式中：R_a为农业直接经济损失，元；W_{ai}为第i级淹没水深等级下，农业总产值，元；η_i为第i级淹没水深等级下农业产值损失率，%；n为淹没水深等级数。

4. 交通道路损失估算

根据不同等级道路的受淹长度与单位长度的修复费用以及损失率估算交通道路损失。

5. 总经济损失计算

各类财产损失值的计算方法如本小节所述，各行政区的总损失包括家庭财产、家庭住房、工商企业、农业、道路，各行政区损失累加得出受影响区域的经济总损失为

$$D=\sum_{i=1}^{n}R_i=\sum_{i=1}^{n}\sum_{j=1}^{m}R_{ij} \tag{7.4}$$

式中：R_i为第i个行政分区的各类损失总值，元；R_{ij}为第i个行政分区内第j类损失值，元；n为行政分区数；m为损失种类数。

7.5.3 洪灾损失率确定

7.5.3.1 洪灾损失率定义

洪灾损失率是洪灾经济损失评估中的一个十分重要的指标。正确调查、分析、确定洪灾损失率是进行洪灾经济损失评估的关键。洪灾损失率是描述洪灾直接经济损失的一个相对指标，通常指各类财产损失的价值，与灾前或正常年份原有各类财产价值之比，简称洪灾损失率。一般可按不同地区、承灾体类别分别建立洪灾损失率与淹没程度（水深、历时、流速、避洪时间）的关系曲线或关系表。影响洪灾损失率的因素很多，如地形、地貌、淹没程度（水深、历时等）、财产类型、成灾季节、抢救措施等。

为分析不同区域、各淹没等级、各类财产的洪灾损失率，通常在洪灾区（亦可在相似地区近几年受过洪灾的地方），选择一定数量、一定规模的典型区作调查。并在实地调查

的基础上，再结合成灾季节、范围、洪水预见期、抢救时间、抢救措施等，综合分析确定各类财产的洪灾损失率。

7.5.3.2 太湖流域洪灾损失率确定

1. 太湖流域损失率关系的建立

太湖流域的洪灾损失率数据主要根据灾情统计资料和相关研究分析确定。考虑到：①本项目基于宏观尺度进行全流域的洪水风险情景分析；②按淹没等级、损失类别、区域进行统计的历史灾情资料较少；③太湖流域内各个区域的承灾体承灾脆弱性具有很大的相似性。因此洪灾损失率按资产类别、淹没等级确定。

在分析1991年和1999年洪涝灾害损失统计数据（吴浩云，2001a、2001b，见表7.24），参照世界银行有关太湖流域损失评估的研究成果（图7.12），以及英国洪灾损失数据库的相关数据，在前期已确定的上海市洪涝灾害损失率关系（图7.13）的基础上，并考虑该研究基础数据的精度因素，进行多次调整和修正得到适合该研究的太湖流域洪灾损失率关系，见表7.25。

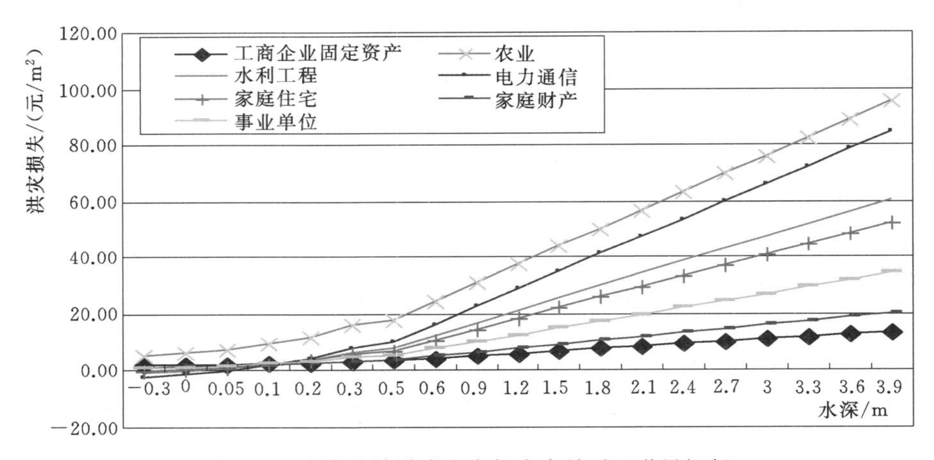

图7.12 太湖流域洪涝灾害损失率关系（世界银行）

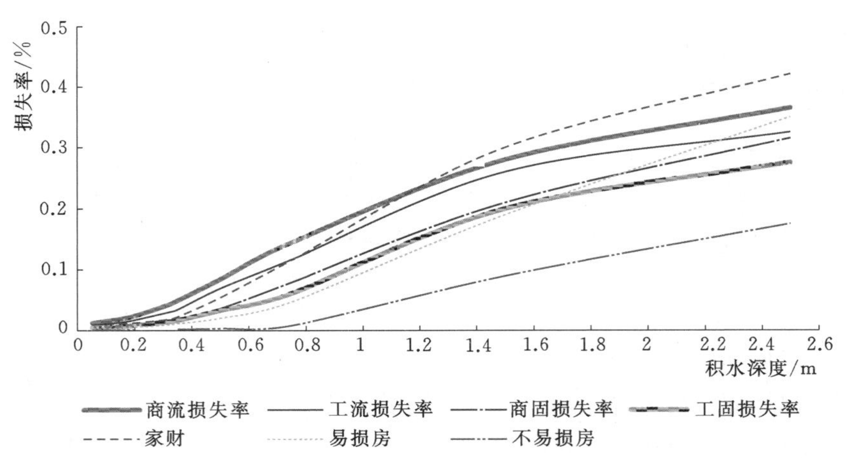

图7.13 上海市洪涝灾害损失率与水深的关系曲线

表 7.25　　分类资产洪灾损失率关系

资产分类		不同淹没水深的洪灾损失率/%						
		＜0.5m	0.5～1.0m	1.0～1.5m	1.5～2.0m	2.0～2.5m	2.5～3.0m	＞3.0m
家庭财产	房屋	2	5	8	12	16	19	22
	室内财产	3	8	16	23	27	31	41
农业		12	25	60	80	100	100	100
工业	固定资产	2	6	9	13	17	21	25
	存货	4	10	16	24	27	31	33
商业	固定资产	2	6	9	12	15	18	21
	存货	4	10	18	26	30	34	38
工程设施		3	7	12	17	22	27	30

考虑到太湖流域城市化高速发展，城乡居民住房的建筑质量都较高，因此认为其承灾易损性差别不大，因此未区分城市与乡村居民家庭财产损失率的差异。和英国的情形相似，农业产值的损失在太湖流域总损失中只占很小的比例，所以此次评估仅采用一组平均的农业损失率数据来估算农业产值的损失，而不区分诸如小麦、水稻等种植种类。

淹没历时也是洪灾损失评估中需要考虑的淹没特征指标，尤其在内涝非常严重的太湖流域，淹没历时对洪涝灾害的总损失有着较大的影响，因洪水造成的工矿企业停产停工损失在总损失中占有相当大的比重。据统计，1999 年太湖流域工商企业洪水损失达到 60 亿元，其中半数以上是工商企业停产损失。因此在太湖流域灾害损失评估中将以淹没历时作为重要指标，计算工商企业及相关第三产业停工停产引起的增加值损失。其具体算法是根据统计资料及计算不同行政单元在单位面积上单位时间内实现的工业和商业增加值，再根据模拟的建成区淹没面积和淹没历时推求企业停工停产损失。

2. 损失率关系验证

在建立了太湖流域损失率关系之后，根据太湖流域 1999 年大水的淹没情况，对洪灾损失评估模型进行了验证。

（1）验证基础数据。

1）淹没水情特征：1999 年太湖流域受淹调查范围，见图 7.14。

2）土地利用：2000 年土地利用遥感数据，见图 7.15。

3）社会经济状况：1999 年社会经济统计资料（1999 年价格水平）。

（2）验证方法。根据前述内容，将 1999 年的社会经济统计数据展布在 2000 年土地利用图层信息上，得到 1999 年社会经济数据的空间分布信息，不同的土地利用类型与相应的社会经济数据相关联，并与根据 1999 年实际淹没范围（带有淹没水深信息）生成的图层叠加运算，得到受不同淹没水深影响的社会经济情况，结合分类财产损失率-水深关系（见表 7.26），运用模型计算 1999 年的洪灾损失。

（3）计算结果。运行洪水损失评估模型，得到的 1999 年太湖流域洪灾损失评估结果见表 7.26。

图 7.14 太湖流域 1999 年淹没范围图

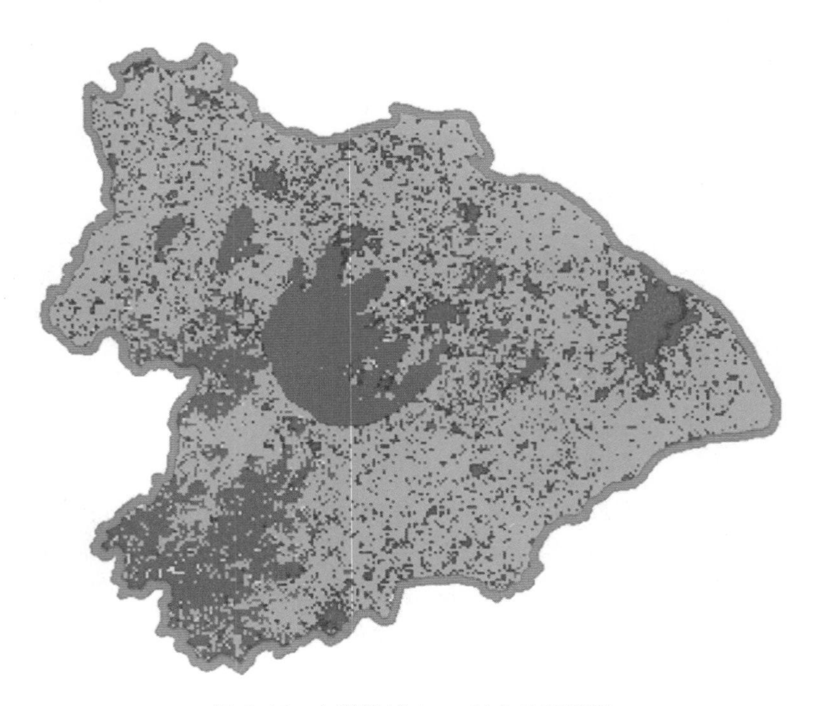

图 7.15 太湖流域 2000 年土地利用图

表 7.26　　1999 年太湖流域洪灾损失评估计算结果　　单位：亿元

区域名称	损失	区域名称	损失	区域名称	损失	区域名称	损失
上海市小计	**17.32**	吴江市	5.16	常州市市辖区	1.24	海宁市	0.02
嘉定区	0.23	吴县市	4.41	溧阳市	5.11	桐乡市	4.99
闵行区	0.31	太仓市	4.13	金坛市	3.08	嘉善县	2.63
松江县	5.03	**无锡市小计**	**21.64**	武进市	3.50	海盐县	0.01
青浦县	6.61	无锡市市辖区	7.60	**杭州市小计**	**5.33**	**湖州市小计**	**18.40**
金山县	5.14	江阴市	3.24	杭州市区	5.33	湖州市市辖区	8.85
苏州市小计	**23.24**	宜兴市	5.39	**嘉兴市小计**	**20.83**	德清县	3.27
苏州市市辖区	2.90	锡山市	5.41	嘉兴市市区	13.04	长兴县	6.14
昆山市	6.64	**常州市小计**	**12.93**	平湖市	0.14	安吉县	0.14
太湖流域洪灾损失总计：119.69 亿元							

（4）验证分析。据统计调查，1999 年太湖流域洪灾损失共计 141.3 亿元，本次模型计算损失总计 119.69 亿元，计算结果较调查统计结果偏小，但可基本认为在同一量级。偏小原因分析如下：

1）统计结果是所有损失的总计，包括农业损失、工业损失、水利工程设施损失以及家庭住房财产损失（见表 7.24），其中工业损失包括工业资产损失以及因工停产的间接损失。在损失模型验证计算中，因不能获得淹没历时的具体数值以及基础设施的分布图层，所以未能计入因工业企业停产的损失以及基础设施的洪灾损失（据实际统计，工业损失与基础设施损失约 70 亿元）。

2）在验证过程中，太湖流域的实际淹没水深是根据淹没范围与 DEM 数据基于 GIS 的分析功能确定，与实际的淹没情况可能存在差异。

3）淹没水深-损失率关系和社会经济数据的空间振布算法也存在一定的不确定性。

综上，从验证结果来看，已建立的洪灾损失评估模型能够较为合理地模拟太湖流域的洪灾损失大小和分布，能够达到流域洪水情景分析对损失评估部分在精度与空间分布上的要求。

7.6 损失评估模块的系统集成

7.6.1 损失评估模块的数据流程

在获取了具有空间信息的社会经济数据、洪水淹没模拟结果，并确定了损失率关系之后，就能够计算得出特定频率下的洪灾损失，洪灾损失评估的数据流程见图 7.16。运行洪灾损失评估模型得到以县或市、以城镇或农村为统计单元的各种类型的洪灾损失值及分布状况。

在进行模运算之前，需要对社会经济数据进行空间展布，该项目的研究以县（区、市）为基本单元，将以县（区、市）为单位的 GDP 展布在行政区面积上，人口展布在居

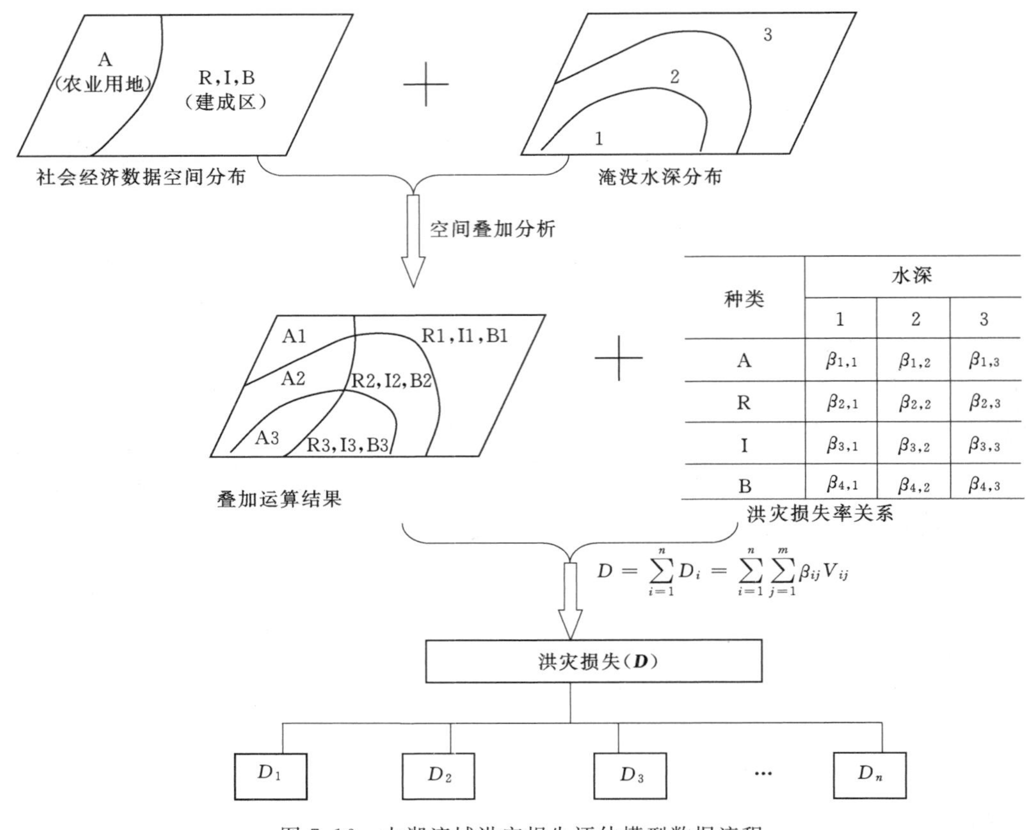

图 7.16　太湖流域洪灾损失评估模型数据流程

民地上，农业产值展布在农业用地上，工商业资产和产值展布在行政区面积上。通过分析和整理，建立完整的社会经济数据与地图对象的关联关系，与洪水淹没分析结果共同作为损失评估模型的输入数据。

7.6.2　洪灾损失评估模型的系统集成

在该项目中，洪灾损失评估模型在太湖流域洪水风险情景分析集成平台中进行统一集成，和平台中其他模块的连接关系见图 7.17。

1. 输入数据

进行洪灾损失评估的输入数据包括如下内容：

(1) 太湖流域按县（区）统计的社会经济数据。

(2) 太湖流域各类财产损失率关系。

(3) 太湖流域土地利用矢量图层，包括城镇居民地、农村居民地、耕地和水域 4 种土地利用类型。

(4) 太湖流域洪水淹没模拟结果（淹没范围、淹没水深、淹没历时）。

2. 输出数据

通过模型运算，损失评估部分的输出数据包括如下内容：

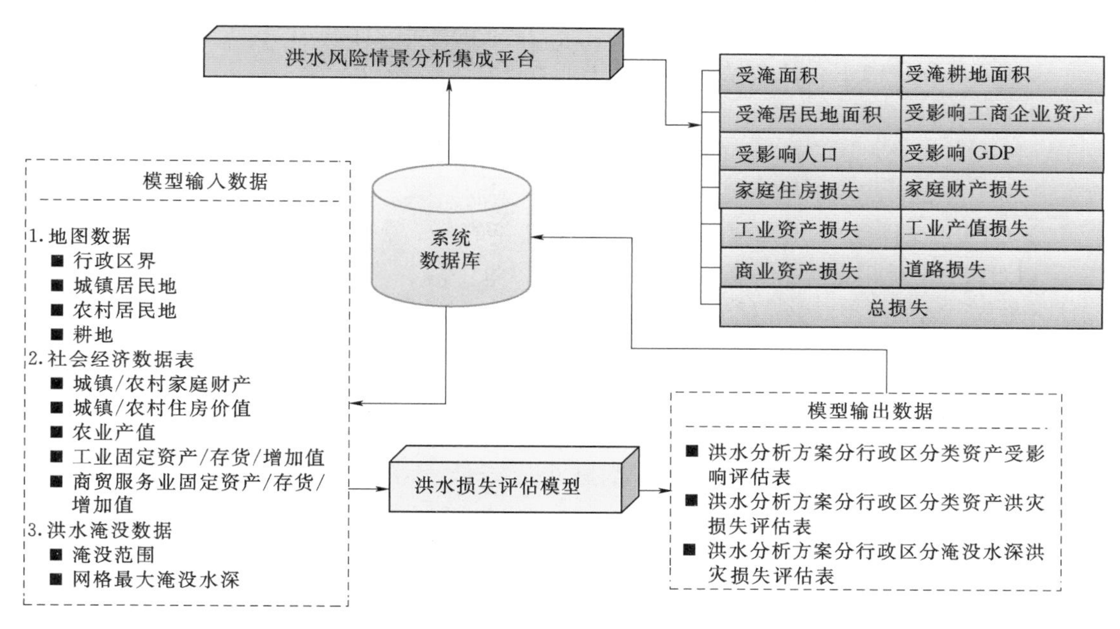

图 7.17 洪灾损失评估模型在洪水风险情景分析平台中的集成

（1）与洪水模拟方案相对应的按行政区（按水利分区）统计的受灾人口。

（2）与洪水模拟方案相对应的按行政区（按水利分区）统计的受灾面积、受影响GDP、受淹耕地面积、受影响工商企业资产、受影响道路长度等。

（3）与洪水模拟方案相对应的按行政区（按水利分区）统计的分类财产损失，包括家庭住房财产损失、农业损失、工业企业损失、第三产业损失、基础设施损失、总损失等。

（4）结合行政区划 GIS 图层，生成上述指标的分布专题图。

7.7 本章小结

本章预测了未来不同的社会经济情景，结合其他专题的计算结果，评估未来的洪水损失状况，为把握气候变化及快速城镇化背景下太湖流域的洪水风险提供基础，为洪水管理提供科学依据和技术支撑。主要研究成果如下。

（1）该研究整理了太湖流域 8 大城市，以及 43 个市辖区和郊区（县、市）的社会经济发展统计数据和洪涝灾情数据（2005—2012 年），系统分析了影响太湖流域资产评估的主要因素；考虑资产折旧和价格因素，分别估算了流域 8 大城市的家庭资产和商业资产（2012 年价格）。

（2）在 IPCC 颁布的 SRES 情景和社会经济新情景（SSP）框架下，开发了流域社会经济发展 3 种新情景：低速依赖型（LS）、中速温和型（MS）和高速依赖型（HS），它们分别是以下这些情景的组合 SSP2/RCP8.5、SSP2/RCP4.5、SSP3/RCP8.5；利用线形区域降尺度（downscaling）等方法，以 2012 年为基年，进行了 3 种情景下共 16 个社会经济指标的预估（2020 年、2030 年、2050 年），包括流域 8 大城市、43 个辖区和郊区

(县、市)。

表征流域变化的主要社会经济指标结果如下。

1) 考虑到人口迁移,人口总量达到峰值后略有下降。基于国家人口发展规划,只开发了一种人口情景,由2012年的6116万人增加到2020年的6788万人,2030年的6788万人,2050年的6775万人。

2) GDP不同情景下增加幅度不同。由2012年的57770亿元增加到2030年的108330亿元(LS)、133005亿元(MS)、162951亿元(HS),2050年的144832亿元(LS)、181806亿元(MS)、227998亿元(HS)。

3) 随着城市的扩张,农业可耕地用地变化幅度明显。由2010年的142.8万hm^2变化到2030年的153.0万hm^2(LS)、118.2万hm^2(MS)、103.0万hm^2(HS),2050年的105.2万hm^2(LS)、118.2万hm^2(MS)、82.5万hm^2(HS)。

4) 家庭资产达到峰值后随着人口的减少而降低。由2012年的74033亿元增加到2030年的87648亿元(LS)、88281亿元(MS)、88929亿元(HS),2050年的72404亿元(LS)、73288亿元(MS)、74189亿元(HS)。

(3) 基于太湖流域洪涝灾害的成灾特点,同时考虑太湖流域社会经济统计资料、土地利用信息等基础资料的可获取程度,在技术上的可操作性以及洪灾损失大尺度评估等特点确定了太湖流域洪灾损失指标体系。

(4) 在分析流域已有洪涝灾害损失统计数据基础上,参照相关研究成果,建立了太湖流域分类资产损失率关系,并根据1999年实际淹没范围(带有淹没水深信息)对建立的损失评估模型进行了验证,对模拟结果与实际灾情差异的原因进行了分析。验证结果表明,已建立的洪灾损失评估模型能够合理地模拟太湖流域的洪灾损失大小和分布,能够达到流域洪水情景分析对损失评估部分在精度与空间分布上的要求。

(5) 根据太湖流域的社会经济发展状况,太湖流域的土地利用现状,以及太湖流域的洪水淹没情况,开发了能被洪水风险情景分析集成平台直接调用的动态损失评估模型,通过与洪水风险分析的其他模型进行的接口设计,实现了太湖流域洪水损失的快速动态评估,可以更便捷地进行多种情景多种方案的洪水损失评估。

第 8 章

洪水风险情景分析集成平台

洪水风险情景分析集成平台是进一步增强基于 GIS 技术的太湖全流域洪水风险情景分析系统的空间分析功能，为各相关模型的运行并将其研究成果集成为一个有机的整体提供良好的工作平台，以模拟不同气候与经济社会发展情景下流域洪水风险的演变趋势与各种适应性对策的实施效果。

洪水风险情景分析集成平台主要内容为：① 基于 GIS 的空间数据管理、空间可视化（制图）、空间检索、空间分析，利用太湖流域基础地理信息、水雨情信息、工情信息等，建立基于 GIS 技术的太湖全流域洪水风险情景分析平台；② 基于洪水风险情景分析平台，集成台风影响下的流域降雨量预测分析成果、分布式水文模型、平原河网地区大尺度水力学模型，建设太湖流域风险分析功能；③ 基于洪水风险情景分析平台，集成流域经济社会发展与水灾损失评估分析成果；④ 利用洪水风险情景分析集成平台进行未来洪水情景分析计算。

8.1 洪水风险情景分析集成平台结构与流程

8.1.1 平台结构分析

太湖洪水风险情景分析集成平台采用 B/S 的系统架构，基础空间共享数据库采用 ArcSDE + Oracle 的数据管理方式，数据库平台为 Oracle，开发语言采用具有兼容性、开放性、安全性、稳定性、跨平台性的 JAVA 语言，并遵循 J2EE 标准，GIS 展示采用富客户端技术 Flex。建成基于 GIS 平台的太湖全流域洪水风险情景分析系统。基于地理信息系统、遥感、数据库等技术，利用流域基础自然地理、地形地貌、防洪工程信息，建立流域洪水风险分析基础平台，进一步增强系统的分析与集成功能，平台系统结构见图 8.1。

（1）用户层。用户层即系统的使用者层。系统用户主要来自防汛抗旱办公室、水文

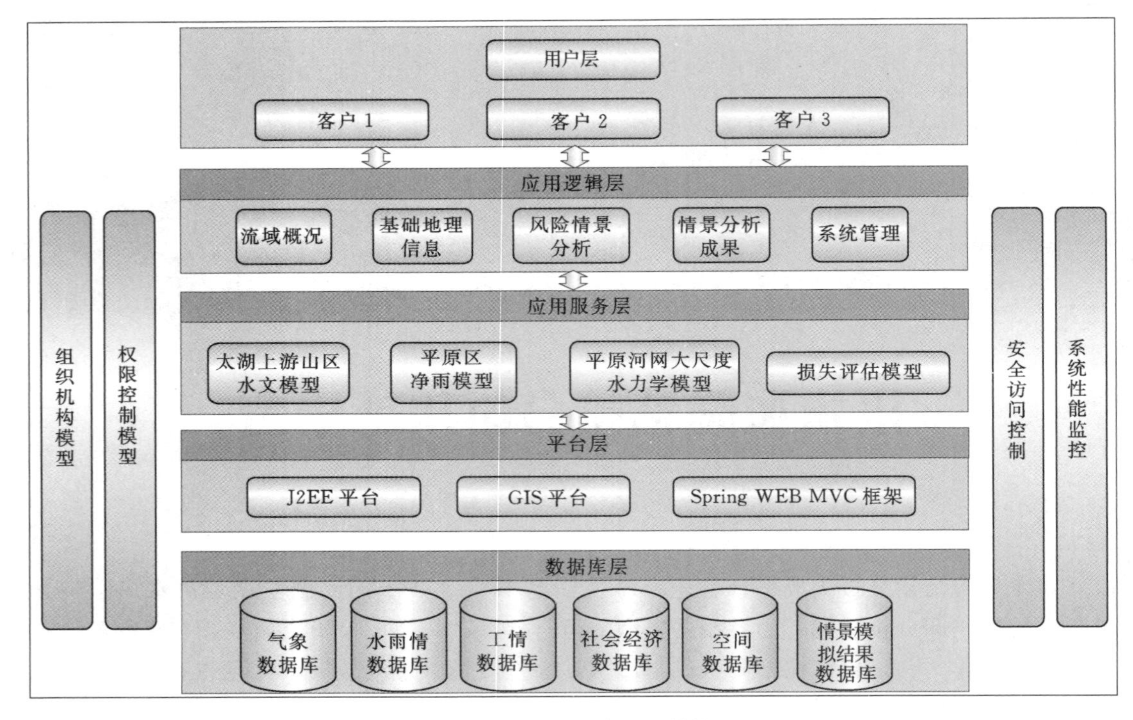

图8.1 集成平台系统结构

局，以及相关技术支撑部门，用户采用浏览器方式进行操作。

（2）应用逻辑层。应用逻辑层包括流域概况、基础地理信息、风险情景分析、情景分析成果与系统管理等功能模块。

（3）应用服务层。该层包括系统中所涉及的所有模型，其中包括太湖上游山区水文模型、平原区净雨模型、平原河网大尺度水力学模型、损失评估模型。情景模型在系统后台运行，情景计算结果储存在方案数据库中，供DSS查询和分析。模型的计算和操作只在指定的模型计算工作站上运行，工作站有较强的运算能力，并且由经过培训的专门人员进行模型计算操作。

（4）平台层。平台层是建立系统的基础平台技术，由J2EE平台、GIS平台、Spring WEB MVC框架组成。

（5）数据库层。数据库层是向数据访问用户提供查询结果。数据层应包含系统运行所需的各类数据，包括气象数据库、水雨情数据库、工情数据库、社会经济数据库、空间数据库、情景模拟结果数据库。

8.1.2 系统集成流程

从太湖流域洪水风险分析的总体需求出发，分析太湖流域快速城镇化、气候变化引起的海平面变化、平原河网防洪工程体系的调度运行特点，在加强气候变化后果分析、洪水风险模拟、灾情评估与情景模拟辅助决策功能的情况下，提出洪水风险情景分析集成平台流程，见图8.2。

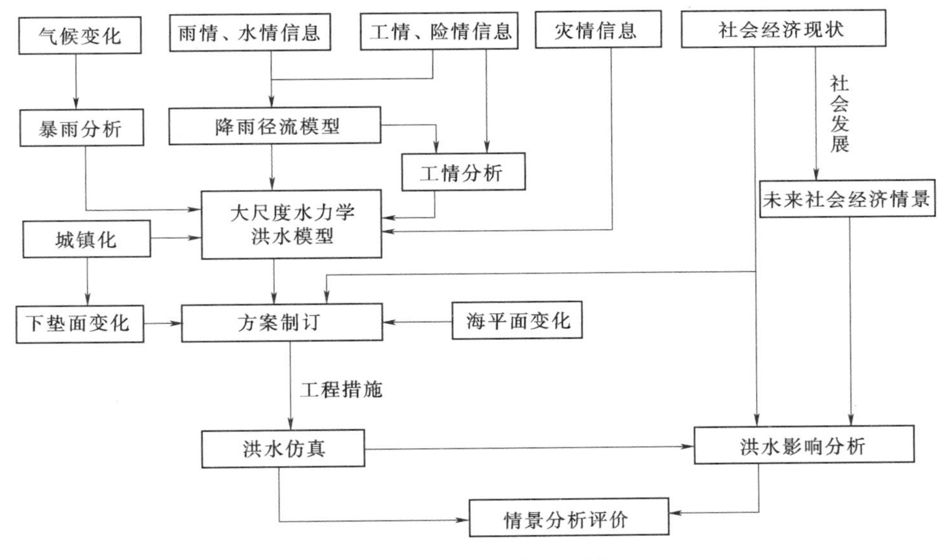

图 8.2 集成平台流程图

太湖上游山区水文模型与平原区净雨模型等降雨径流模型利用典型暴雨信息，考虑太湖地区城镇化引起的土地利用变化，分析计算大尺度水力学洪水模型的不同情景入流条件，气候变化导致的海平面变化过程作为大水力学洪水模型出流初始条件。大尺度水力学洪水模型进行洪水情景分析时，考虑气候变化前提下的降雨、海平面变化、防洪工程建设与工程脆弱性的因素；洪水影响分析模块可利用大尺度水力学模型分析计算的洪水淹没信息，与精确到县的现状及不同社会发展情景下社会经济情况进行叠加分析，分析不同情景下的洪水影响后果。

水雨情、防洪工程等基本信息，以及太湖上游山区水文模型、平原区净雨模型、大尺度水力学洪水模型与洪水影响分析模块的成果数据均存放在数据库中，模块间的数据交流主要通过数据库进行。

8.2 数据分析与管理

8.2.1 数据内容

太湖洪水风险情景分析集成平台设计开发过程中，收集整理了如下基础资料。

（1）太湖流域基础数据，包括流域内基础地理电子地图数据，社会经济数据。此外，通过现场调研，核实相关资料的合理性。

（2）太湖水系内的河网分布、河道断面、圩区分布。

（3）太湖水系的水系、防洪工程数据，并在集成平台中进行查询检索。

（4）太湖水系内的交通路网，在交通路网补充了京沪高铁、宁杭高速铁路、沪杭高速铁路、长三角高速公路网与机场等。

为了计算洪水风险，将土地利用数据、县界、数字高程（DEM）、河流与水力学模型概化河网、基本洪水单元和圩区等转换成了 GIS 栅格数据，单元格大小为 0.5km²，见图 8.3。

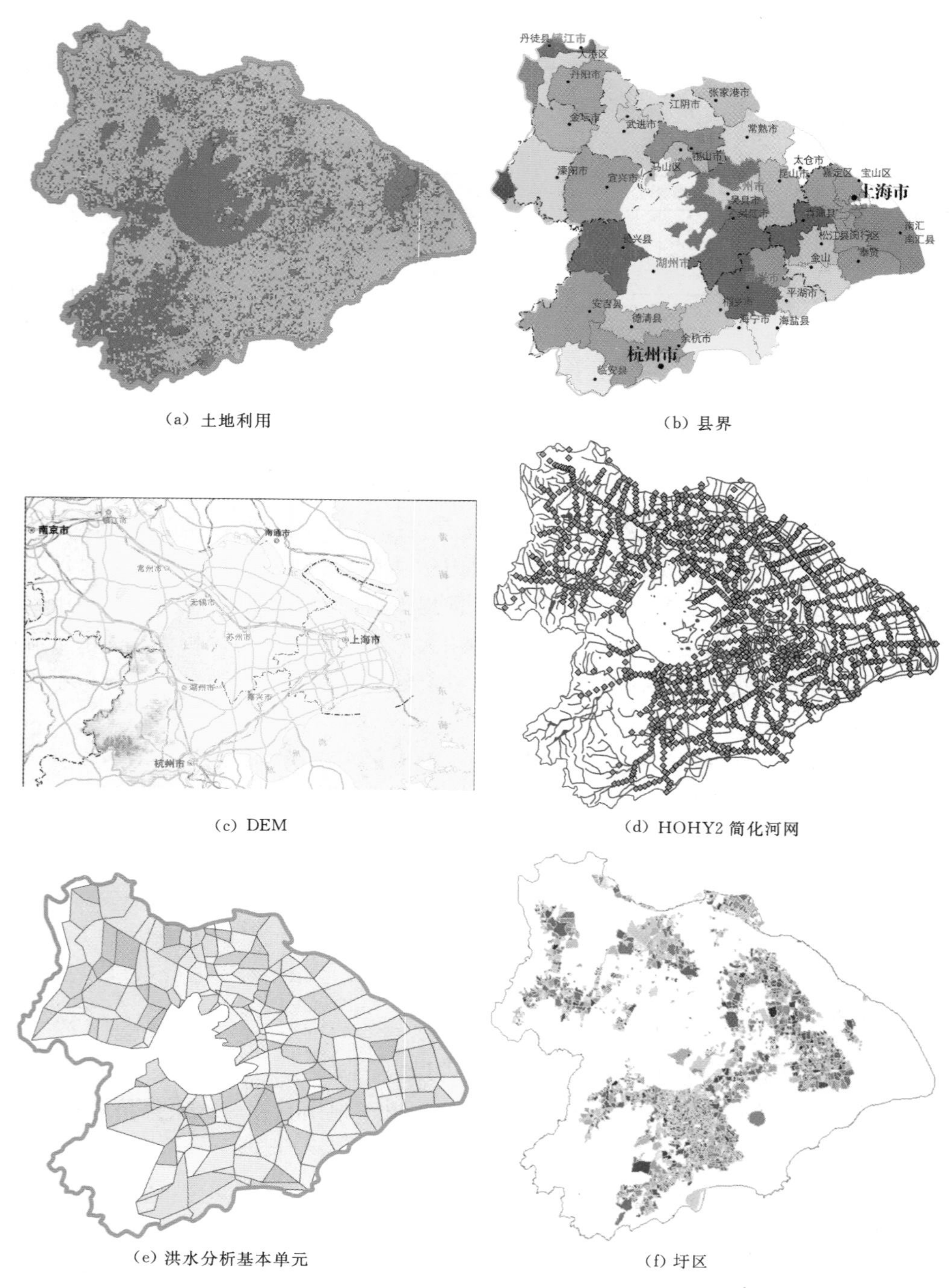

(a) 土地利用　(b) 县界

(c) DEM　(d) HOHY2 简化河网

(e) 洪水分析基本单元　(f) 圩区

图 8.3　太湖洪水风险情景分析集成平台 GIS 栅格数据

8.2.2 数据结构设计

洪水风险情景分析集成平台数据库结构见图 8.4。

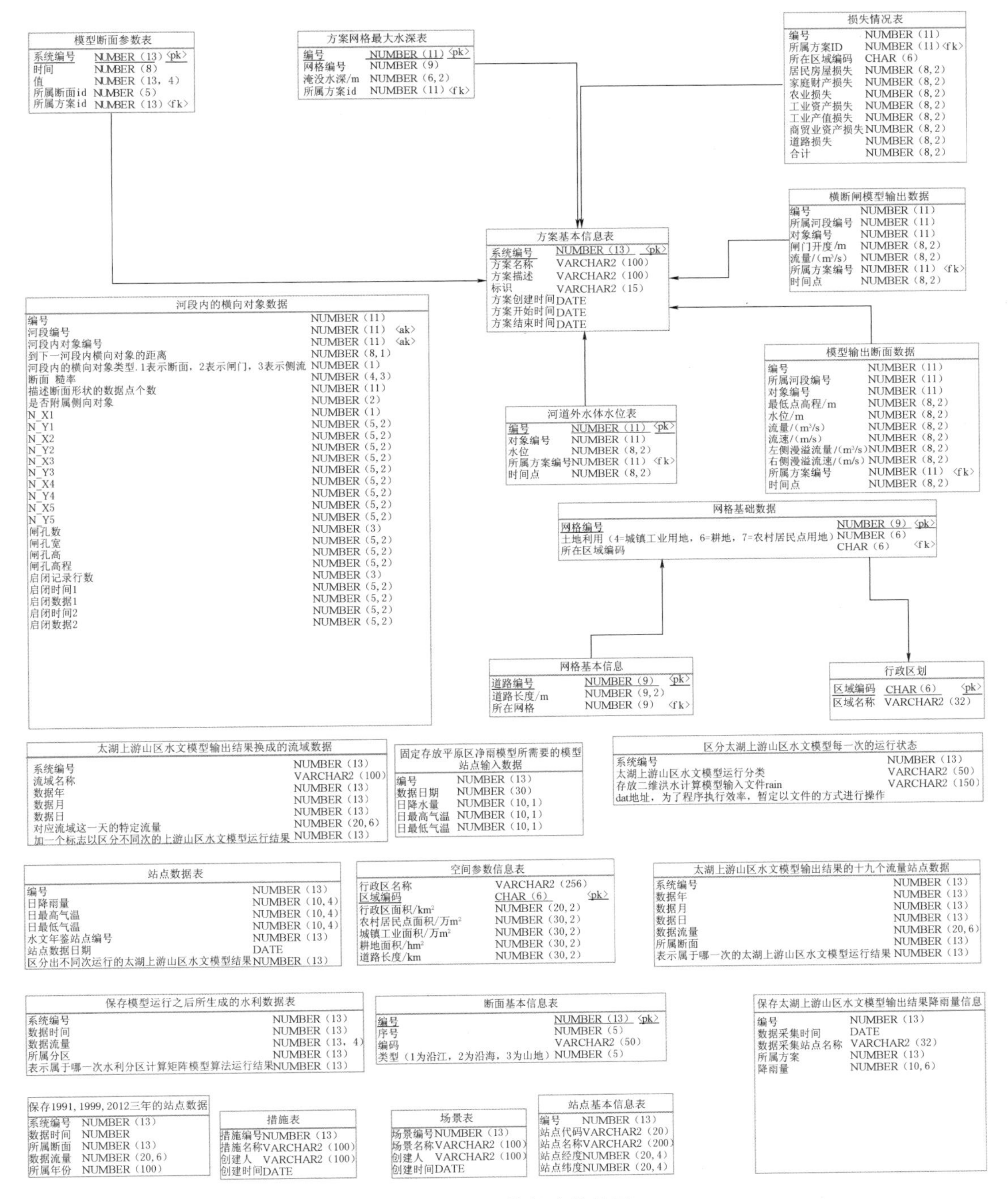

图 8.4 系统数据库结构图

根据平台各种模型数据模型图进行数据库表结构的设计，进行了24种数据的字段设计，具体包括：历史洪水表、上游山区水文模型降雨量输出结果表、模型运行生成的水利数据表、太湖上游山区水文模型流量计算结果数据表、太湖上游山区水文模型输出结果转换成的流域表、太湖上游山区水文模型运行状态监控表、平原区净雨模型16水利分区输入数据表、风险情景信息表、损失情况表、措施基本信息表、断面基本信息表、方案基本信息表、大尺度水力学模型计算网格最大水深表、大尺度河网模型断面参数表、模型输出断面数据表、河网模型中河道内控制闸模型输出数据表、河段内的横断面数据表、河道外水体水位表、空间参数信息表、站点基本信息表、站点数据表、网格基本信息、网格基础数据表、行政区划表。

8.3 模型集成与平台功能

在对太湖流域防洪需求分析的基础上，进行了洪水风险情景分析集成平台的详细设计与开发，搭建了洪水风险情景分析集成平台，该平台实现了对基础地理信息、防洪工程、模型基础信息与分析成果等查询检索与展示，基本功能包括流域概况、基础地理图层、风险情景分析和情景分析成果，见图8.5。

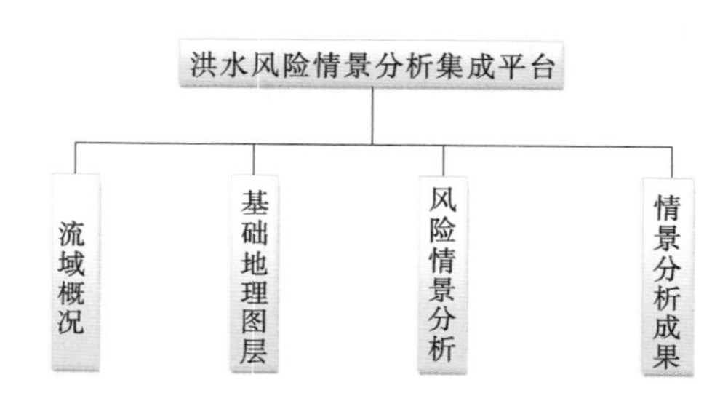

图8.5 系统功能结构图

(1) 流域概况包括概况、地形地貌、交通路网、社会经济和历史洪涝灾害。

(2) 基础地理图层页面以地图的形式展示堤防、海塘、水库、重点闸、河道断面等图层，并针对各图层提供查询定位等功能。

(3) 风险情景分析包括情景设置与计算和情景措施管理。

(4) 情景分析成果模块主要是展示、分析比较不同情景分析成果。

8.3.1 流域概况展示

流域概况包括概况、地形地貌、交通路网、社会经济和历史洪涝灾害。

(1) 流域概况。其功能是对太湖流域的基本情况进行介绍。

(2) 地形地貌。以地图展示流域地形。

(3) 交通路网。以文本和地图展示太湖流域交通路网，包括沪宁、沪杭铁路、京沪高速铁路，沪宁、沪杭、宁杭、沿江、乍嘉苏等高速公路，京杭运河等内河航运网络，上海港、大小洋山深水港、太仓港、乍浦港、长江口深水航道等港口系统。

(4) 社会经济。以文本展示太湖流域耕地、人口、工农业总产值、财政收入、城镇化程度等基本情况。

(5) 历史洪涝灾害。以地图的形式分别展示1954年、1991年、1999年历史洪涝灾害情况，以文字形式介绍南宋以来的800多年间太湖地区发生的洪涝灾害。

8.3.2 基础地理图层

基础地理模块以地图的形式展示圩区堤防、海塘、水库、重点闸站、河道断面等图层，并针对各图层提供查询定位等功能。

空间数据通用地图功能包括全图、向上平移、向下平移、向左平移、向右平移、前一视图、后一视图、地图比例尺、平移、放大、缩小等基本地理空间数据操作功能。

8.3.3 风险情景分析

风险情景分析包括情景设置与计算和情景措施管理。平台集成了太湖上游山区水文模型、平原区净雨模型、平原河网大尺度水力学模型、损失评估模型，用于进行太湖地区未来洪水情景分析。

利用情景设置与计算功能模块，可方便设定不同模拟方案，参数包括降雨量分布、太湖初始水位、海平面潮位过程等。需录入或批量导入的模型参数包括：① 大尺度流域模型参数；② 河段断面的相关参数；③ 入流流量过程线与出口潮位过程，见图8.6～图8.8。

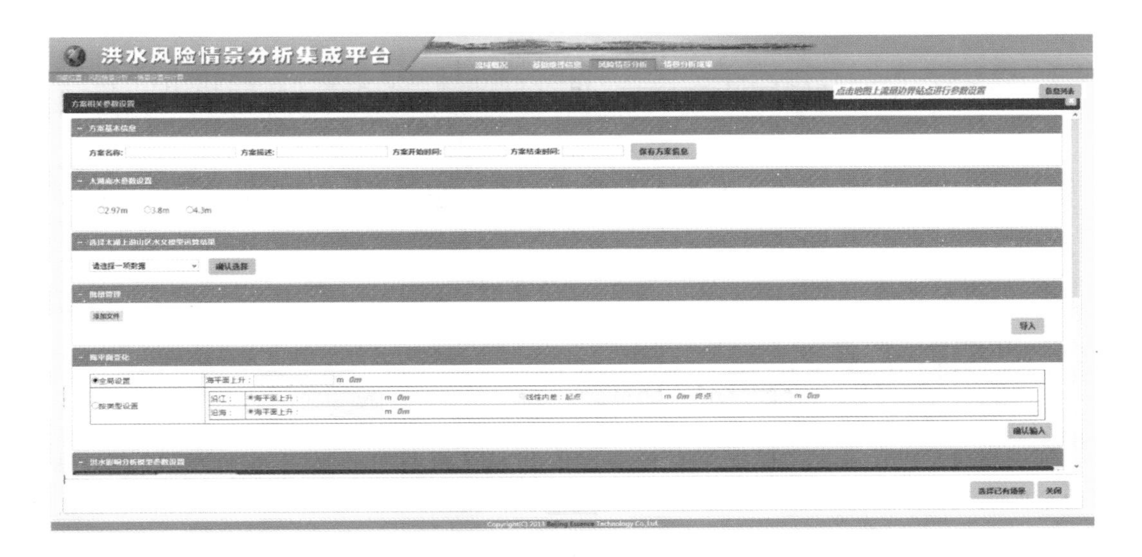

图8.6 断面数据录入与管理

	A	B	C
1	N_SECTION_NO	N_TIME	N_VALUE
2	1	0	7.15
3	1	1	7.05
4	1	2	6.99
5	1	3	6.92
6	1	4	6.85
7	1	5	6.78
8	1	6	6.73
9	1	7	6.82
10	1	8	7.27
11	1	9	7.48
12	1	10	7.51
13	1	11	7.41
14	1	12	7.28
15	1	13	7.16
16	1	14	7.08
17	1	15	7
18	1	16	6.92
19	1	17	6.84
20	1	18	6.76
21	1	19	6.72
22	1	20	6.83
23	1	21	7.06
24	1	22	7.16
25	1	23	7.19
26	1	24	7.12
27	1	25	7.01
28	1	26	6.94
29	1	27	6.88
30	1	28	6.82
31	1	29	6.76
32	1	30	6.7

图 8.7　断面数据导入界面

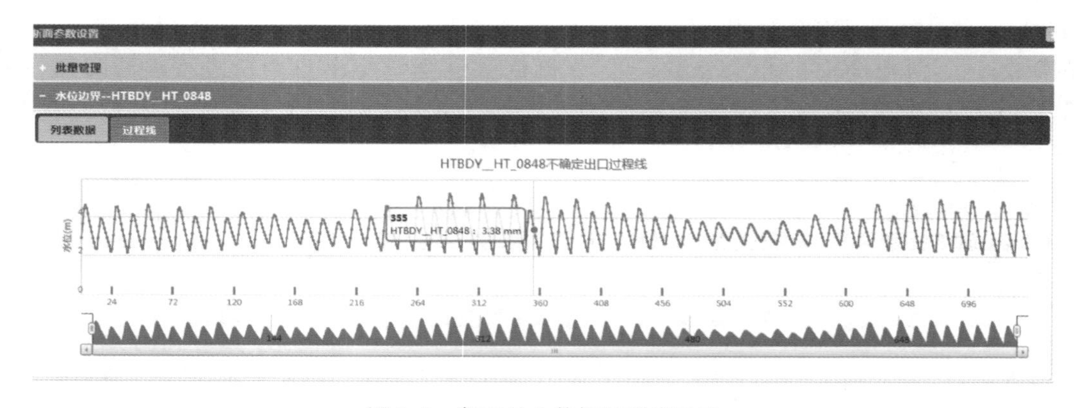

图 8.8　断面录入数据过程线展示

8.4　洪水风险情景实例分析

利用集成了大尺度水文模型 VIC 模型、基于 SCS 模型的平原区净雨计算模块、平原河网地区大尺度水力学模型与洪水影响分析模型等模型的洪水风险情景分析集成平台，可对未来情景洪水进行风险分析计算，分析成果的基本信息包括淹没水深分布图（见图 8.9）、河段断面分布图与断面信息、断面处流量过程线和水位过程线（见图 8.10）、经济社会损失统计表（见图 8.11）。

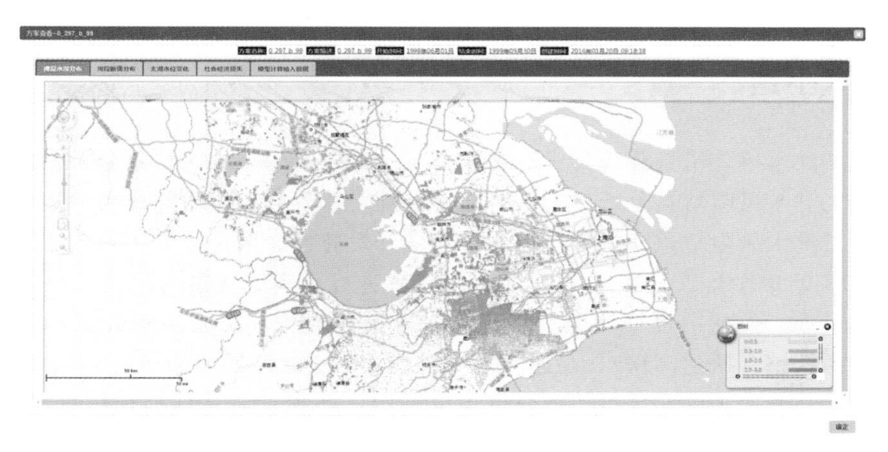

图 8.9 淹没水深分布图

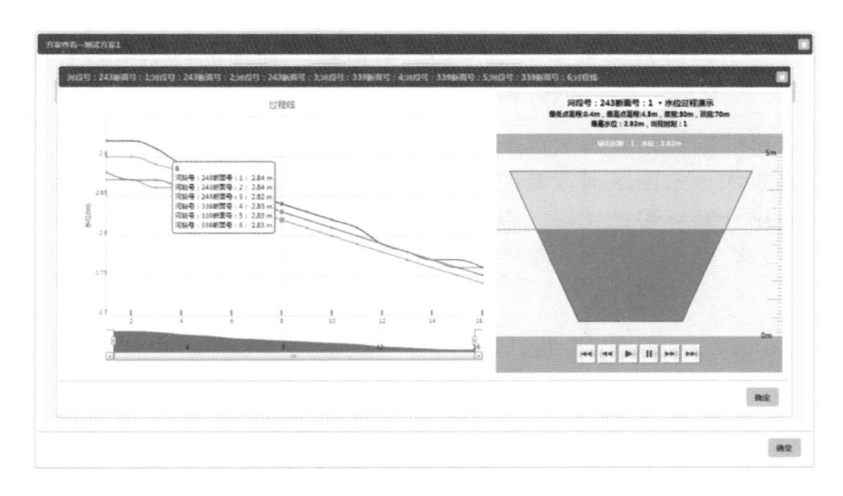

方案查看--2012年-无-无-无-1991年-2.97m

方案名称：2012年-无-无-无-1991年-2.97m 方案描述：2012年-无-无-无-1991年-2.97m 开始时间：2015年01月01日 结束时间：2015年01月03日 创建时间：2015年01月06日 10:41:58

淹没水深分布 河段断面分布 太湖水位变化 社会经济损失 模型计算输入数据

社会经济损失 柱状图 专题图

所在区域名称	所在区域编码	居民家庭损失(万元)	家庭财产损失(万元)	农业损失(万元)	工业资产损失(万元)	工业产值损失(万元)	商业资产损失(万元)	道路损失(万元)	合计(万元)
安吉县	330523	0	0	96	0	0	0	0	96
宝山区	310113	67501	24968	1064	108424	21905	74686	0	298548
常熟市	320581	56821	33902	5381	211194	17276	16723	0	341297
常州市区	320401	112848	42907	8634	290171	78162	31911	0	564633
长宁区	310105	8333	2861	0	15960	3518	11220	0	41892
长兴县	330522	7610	1118	836	0	0	0	0	9564
丹阳市	321181	5761	1258	1805	9845	1409	1224	0	21422
德清县	330521	0	0	0	0	0	0	0	0
奉贤区	310226	3086	623	163	1849	407	1300	0	7428
富阳市	330183	0	0	0	0	0	0	0	0
海宁市	330481	0	0	0	0	0	0	0	0
海盐县	330424	0	0	0	0	0	0	0	0
杭州市区	330100	0	0	0	0	0	0	0	0
虹口区	310109	19602	6732	0	37545	8276	26393	0	98548
湖州市区	330501	2467	959	328	4766	2145	516	0	11181
黄浦区	310101	13700	7057	0	19680	2892	12297	0	55626
嘉定区	310114	50921	16844	1712	82959	17860	58092	0	228388
嘉善县	330421	1354	172	295	0	0	0	0	1821
合计总值		1020888	433414	80777	2460967	356664	809182	1	4930065

显示从 1 到 44 共 44 条数据

确定

图 8.11 社会经济损失统计表

8.5 本章小结

太湖流域洪水风险情景分析集成平台主要对前期中英未来洪水情景分析平台进行了调研，在分析了洪水风险情景分析集成平台建设基础，情景分析模型与成果的集成需求的基础上，进行了洪水风险情景分析集成平台设计、开发建设，取得了如下研究成果：

(1) 2012 年 9 月至 2013 年 1 月，对太湖流域进行了实地考察与调研，收集整理了太湖流域基础数据，包括中英项目中所用到的基础地理数据，防洪工程数据，社会经济数据，以及包括铁路（新建高铁）、高速路网与机场等的交通路网。

(2) 设计与开发了洪水风险情景分析集成平台，实现了对基础地理信息、防洪工程、模型基础信息等进行查询检索与展示。

(3) 对台风降雨模拟成果进行了集成与展示。

(4) 集成了大尺度水文模型 VIC 模型、基于 SCS 模型的平原区净雨计算模块、平原河网地区大尺度水力学模型与洪灾损失评估分析模型，具备进行未来情景分析的功能与能力。

(5) 利用洪水风险情景分析集成平台，对未来洪水情景进行了分析计算，每个情景分析成果包括淹没水深分布图、河段断面分布图与断面信息、断面处流量过程线和水位过程线，可为不同未来情景分析计算提供很好的支撑。

第 9 章

太湖流域防洪减灾能力评估和风险演变趋势分析

防洪减灾已成为国际社会的一件大事。据联合国世界气象组织统计，农业气象灾害约占自然灾害总和的 60%。中国是世界上自然灾害最严重的国家之一，灾害种类多、发生频率高、分布地域广、造成损失大。特别是 20 世纪 90 年代以来，自然灾害造成的经济损失呈明显上升的趋势，每年受灾人口在 2 亿人次以上，因灾死亡数千人，经济损失超过千亿元。其中洪涝灾害发生面最广、造成损失最大，是影响我国最严重的自然灾害之一。从人类与自然灾害斗争的历史中吸取经验教训，建立一个与“风险共存”的人类社会和经济系统已逐渐得到世界各国的高度重视。

在全球气候温暖化与经济快速发展的大背景下，太湖流域的防洪减灾能力以及洪水风险特性发生了较大的变化，开展防洪减灾能力评估和风险演变趋势分析研究，具有重要的理论意义和实践价值。选择切实可行且具有代表性的影响洪水风险的评价指标，在全面分析太湖流域洪水风险演变趋势的基础上，构建防洪减灾能力评估模型以及流域未来洪水风险计算模型，从定性和定量上客观真实反映太湖流域防洪减灾能力和未来洪水风险的变化趋势，发现区域防洪减灾的薄弱环节、把握影响流域洪水风险的主要因素，从而为科学防范和抵御太湖流域洪水灾害提供可靠依据。

9.1 防洪减灾能力评价

9.1.1 防洪减灾能力评价指标体系

1. 评价指标体系结构

根据影响防洪减灾能力的要素分类，从防洪工程能力、监测预警能力、抢险救灾能力、社会基础支持能力、科普宣教能力、科技支撑能力、灾害管理能力、环境支持能力 8

方面考虑进行防洪减灾能力评价。

(1) 防洪工程能力。指由各种工程性措施形成的防洪减灾能力，受区域内各种防洪工程的数量、布局、规模、标准、等级等因素影响。主要包括房屋承灾、生命线工程防洪及防洪除涝能力。

(2) 监测预警能力。指对洪灾发生提供实时准确的监测预警预报信息的能力，受区域内监测站网布置、监测预警技术、预警预报时效等因素影响，包括气象、洪涝的监测预警能力。

(3) 抢险救灾能力。指为抢险救灾提供物资、装备、应急通信、社会动员等方面的能力。受储备救灾物资装备的种类、数量、资金保障情况、应急反应有效性、交通运输状况、医疗救护水平、社会动员力量等方面的影响。

(4) 社会基础支持能力。指为防洪减灾提供人力、财力、资源、环境等方面支持的能力。受一个区域的社会经济发展水平、可支配财政收入多寡、资源生态环境状况等方面因素影响。其中，减灾人力资源包括劳力和智力；减灾财力支持能力主要包括地方财政收入和城市及农村居民收入；生活资源支持能力主要是指水资源和粮食。

(5) 科普宣教能力。指开展防洪减灾科学普及、宣传教育的手段、方式、投入等方面的能力。受区域对防洪减灾工作重视程度、防洪减灾投入的多少、开展防洪减灾活动情况、公众防洪减灾知识普及程度和防洪减灾意识高低等多个方面的影响。

(6) 科技支撑能力。指为防洪减灾工作提供科学技术支撑的能力。受一个区域内对防洪减灾科学研究的投入、开展防洪减灾科学研究的领域和水平、灾害信息共享的水平、防洪减灾科技应用水平、防洪减灾科学研究机构的数量、研究队伍情况等方面的影响。

(7) 灾害管理能力。指组织实施防洪减灾工作进行灾害管理的能力。受防洪减灾机构设置、协调机制、法律法规的完善程度、政策规划制度情况、灾害管理人员素质等多个方面的影响。

(8) 环境支持能力。指发生洪涝灾害的自然环境条件，包括地形、气候、植被、降雨等因素。

2. 评价指标体系建立

防洪减灾能力涉及社会系统中多个领域，该研究根据各分类指标的具体要素，从8个方面构建了区域综合减灾能力评价的指标体系，见表9.1。

9.1.2 防洪减灾能力评价方法

1. 评价模型构建

依据构建的防洪减灾能力评价指标体系和指标体系各构成要素之间的关系，该研究建立了评价防洪减灾能力的模型如下：

$$C=q_1C(e)+q_2C(r)+q_3C(m)+q_4C(d)+q_5C(s)+q_6C(x)+q_7C(g)+q_8C(n) \tag{9.1}$$

式中：C 为防洪减灾能力指数；$C(e)$ 为防洪工程能力指数；$C(r)$ 为抢险救灾能力指数；$C(m)$ 为监测预警能力指数；$C(d)$ 为社会基础支持能力指数；$C(s)$ 为科技支撑能力指数；$C(x)$ 为科普宣教能力指数；$C(g)$ 为灾害管理能力指数；$q_i(i=1, 2, \cdots, 8)$ 为以上分指标的权重值；$C(n)$ 为环境支持能力指数。

表 9.1　　防洪减灾能力评价指标体系

目标层	1级指标	2级指标	3级指标	指标解释
防洪减灾能力	防洪工程能力	房屋承灾能力	钢混房屋比例/%	钢混房屋面积占住宅总面积的百分比
			砖木房屋比例/%	砖木房屋面积占住宅总面积的百分比
		生命线工程防洪能力	通信系统防洪性能/%	接头处设置防雨罩的线路长度占传输线总长度的百分比
			供电系统防洪性能/%	
			供水系统防洪性能/%	按防洪标准加固的供水/供气管道长度占总管道总长度的百分比
			供气系统防洪性能/%	
		防洪除涝能力	防洪堤坝长度比例/%	不同防洪标准（如30年一遇，50年一遇等）的堤坝长度占河流总长度的百分比
			单位耕地面积水库库容/(万 m^3/hm^2)	各水库库容综合与耕地面积的比值
			有效灌溉面积比例/%	有效灌溉面积与耕地面积的百分比
			除涝面积比例/%	除涝标准达到3年一遇以上的耕地面积占耕地总面积的百分比
	监测预警能力	监测能力	气象台网密度/（个/km^2）	气象站数量与区域面积的比值
			水文站网密度/%	水文站数量与区域面积的比值
		预警能力	人均通信工具/（部/人）	手机、电话等通信工具的数量与人口数的比值
			媒体通报能力/h	从接到准确预报后至向公众报道的平均时间
	抢险救灾能力	物资保障能力	储备物资总量/万 t	区域范围内储备的用于抢险救灾的物资量之和
			储备物资种类/个	生活、救援、医疗等储备物资品种数量
			物资储备库密度/(个/km^2)	储备救灾物资的仓库数量与区域面积的比值
		资金保障能力	救灾资金比例/%	可用救灾资金占GDP的百分比
		交通运输能力	交通通达度/(km/万 km^2)	铁路和公路总里程与区域面积的比值
			单位面积运输工具数/[辆(架)/km^2]	可用于运输的汽车、飞机数量与区域面积的比值
		医疗救护管理能力	医疗站密度/(个/km^2)	医疗站的数量与区域面积的比值
			人均病床/（张/万人）	病床总数与人口数的比值
		社会动员能力	公益慈善机构密度/(个/km^2)	公益慈善机构的数量与区域面积的比值
			志愿者比例/%	志愿者数量占总人口数的百分比
			社会动员机制/次	国家在灾后组织的动员社会各界人士投入救援行动的会议、通告等的次数
	社会基础支持能力	人力支持能力	劳力比例/%	劳力总数占总人口数的百分比
		财力支持能力	人均收入/(万元/人)	区域总收入与人口数量的比值
		资源支持能力	人均储蓄额/(万元/人)	区域储蓄额与人口数量的比值
			人均粮食产量/(kg/人)	粮食产量与人口数的比值

续表

目标层	1级指标	2级指标	3级指标	指标解释
防洪减灾能力	科普宣教能力	科学普及能力	防洪教育时间/d	公众学习防洪及其相关内容课程的时间
			防洪课程比例/%	设置的与防洪相关的课程占课程总数的百分比
		宣传教育能力	防洪知识普及率/%	对防洪知识有所了解的人数占总人口数的百分比
			防洪宣教人员比例/%	从事防洪知识宣传教育的人员占总人口数的百分比
	科技支撑能力	减灾科研能力	防洪科研经费比例/%	用于防洪科学研究的经费占总科研经费的百分比
			防洪科研人员比例/%	从事防洪科学研究的人员数量占科研人员总数的百分比
			防洪研究机构密度/(个/km^2)	防洪研究机构数量占各种基础信息数据库的比例
		灾害信息共享能力	洪灾信息数据库比例/%	洪灾信息数据库的数量占各种基础信息数据库的比例
		科研成果应用能力	洪灾信息共享程度	洪灾信息多部门间共享程度（可用专家打分法在0～1之间表示）
			科研成果转换率/%	已取得明显经济效益和社会效益的防洪科研成果数占总成果数的百分比
	灾害管理能力	灾害管理体制机制	洪灾管理机构密度/(个/km^2)	从事洪灾管理的机构总量与区域面积的比值
			减灾综合协调机制/次	针对灾害管理过程中遇到而后提出的问题召集相关部门集中办公，即协商解决问题的次数
		灾害政策法规	防洪应急预案比例/%	已建立的与防洪相关的应急预案数量占各项应急预案总数的百分比
			防洪法规比例/%	已出台的与防洪相关的法规数量占各项法规总数的百分比
			防洪规划政策比例/%	已制定的与防洪相关的规划政策数量占各项规划政策总数的百分比
		灾害管理人员素质	专业管理人员比例/%	防洪专业的管理人员数量占管理人员总数的百分比
			人员组织协调能力/%	防洪展业的管理人员数量占管理人员总数的百分比
	环境支持能力	致灾因子稳定性	降雨频率	降水月度数据、旬度数据、年度数据
		孕灾环境危险性	地形、高程信息	研究区的地形、坡度、坡向、高程等信息
			植被覆盖度	研究区的植被指数、植被覆盖度等

C 的值越大，表明区域的防洪减灾能力越强。

利用上述模型进行区域综合减灾能力，首先以省（自治区、直辖市）或地区、市、县为基本单元，收集各项指标的现状数据，并对数据进行标准化处理；然后采用层次分析法确定各项指标的权重值，以克服指标权重确定的主观性与大量指标同时赋权的混乱与失误，提高评价的简便性和准确性。

2. 模型参数确定

AHP（Analytic Hierarchy Process）层次分析方法是对一些较为复杂、较为模糊的问题作出决策的多准则决策方法，可用于存在不确定情况及多种评价标准的决策问题，它基于对问题的全面考虑，将定性与定量分析相结合，将决策者的经验予以量化，是一种层次权重决策分析方法。

该研究采用 AHP 方法对诸多影响因素进行综合分析，根据对影响防洪减灾能力评价因子的分析，对各因素的重要性进行两两比较，采用 1～9 标度法使各因子相对重要性定量化，得出的权重值。同一层次内 n 个指标相对重要性的判断由若干位专家完成，AHP 法在对指标的相对重要性进行评判时，引入了 9 分位的比例标度，见表 9.2。

表 9.2　相对重要性标度

甲指标比乙指标	极重要	很重要	重要	略重要	同等	略次要	次要	很次要	极次要
甲指标评价值	9	7	5	3	1	1/3	1/5	1/7	1/9
备注	取 8、6、2、1/2、1/4、1/6、1/8 为上述评价值的中间值								

9.2 流域防灾减灾能力评价与示范

9.2.1 评价指标数据搜集

1. Landsat 8 数据收集

Landsat 8 是 NASA 于 2013 年 2 月 11 日成功发射的卫星。其上携带两个主要载荷：OLI 和 TIRS。其中陆地成像仪（Operational Land Imager，OLI）由卡罗拉多州的鲍尔航天技术公司研制；热红外传感器（Thermal Infrared Sensor，TIRS）由 NASA 的戈达德太空飞行中心研制。

该研究所使用的数据是 Landsat 8 OLI。OLI 陆地成像仪包括 9 个波段，空间分辨率为 30m，其中包括一个 15m 的全色波段，成像宽幅为 185×185km。OLI 包括了 ETM+传感器所有的波段，为了避免大气吸收特征，OLI 对波段进行了重新调整，比较大的调整是 OLI Band 5（0.845～0.885μm），排除了 0.825μm 处水汽吸收特征；OLI 全色波段 Band 8 波段范围较窄，这种方式可以在全色图像上更好区分植被和无植被特征；此外，还有两个新增的波段：蓝色波段（Band 1；0.433～0.453μm）主要应用于海岸带观测，短波红外波段（Band 9；1.360～1.390μm）包括水汽强吸收特征可用于云检测；近红外 Band 5 和短波红外 Band 9 与 MODIS 对应的波段接近。

该研究现收集 Landsat 8 影像，分别为苏州市、无锡市、常州市、镇江市 2013 年 6 月 1 日数据，杭州市、嘉兴市、湖州市 2013 年 6 月 1 日数据，上海市 2013 年 5 月 25 日数据。数据来源为美国的 USGS（http：//glovis. usgs. gov/）网站，产品类型标示 L1T，每个波段以 . tif 文件提供，元数据存放在 _ MTL. txt 文件中。

2. 洪涝灾害风险防范资源配置数据收集

对中央级、省级、地市级及县级救灾物资储备库进行网络分析，时间采用24h、14h、10h和7h。然后根据配置公式计算：

$$B_{mj}=\sum_{i=1}^{n}(L_iR_lP_{mi})S_j \tag{9.2}$$

式中：B_{mj}为储备库m储存第j种物资的数量；L_i为县城i的灾害水平；R_l为灾害水平l对应的转移比例；P_{mi}为县城i被储备库m覆盖的人口；S_j为第j种物资配置的标准。

假设各县城的人口均匀分布，则储备库m覆盖的人口P_{mi}由县城人口（P_i）、县城面积（A_i）与县城被储备库覆盖面积（A_{mi}）共同决定。

$$P_{mi}=P_iA_{mi}/A_i \tag{9.3}$$

3. 抢险救灾能力评价指标收集

抢险救灾能力是指为抢险救灾提供物资、装备、应急通信、社会动员等方面的能力。其受储备救灾物资装备的数量、种类、资金保障情况、应急反应有效性、交通运输状况、医疗救护水平、社会动员力量等方面的影响，主要包括物资保障能力、资金保障能力、交通运输能力、医疗救护管理、社会动员能力，共包含11个3级指标。目前已经收集到2个指标数据（医疗站密度、人均病床），分别为太湖流域内的浙江省、安徽省、江苏省、上海市各县（市）2012年年度数据。数据源为各县（市）统计年鉴，数据以Excel的形式存储。

4. 社会基础支持能力评价指标收集

社会基础支持能力是指为防洪减灾提供人力、财力、资源、环境等方面支持的能力。其受一个区域的社会经济发展水平、可支配财政收入多寡、资源生态环境状况等方面因素影响，包括人力支持能力、财力支持能力、资源支持能力，共包括4个3级指标，目前已经收集到3个指标（劳力比例、人均收入、人均粮食产量），分别为太湖流域内的浙江省、安徽省、江苏省、上海市各县（市）2012年年度数据。数据源为各县（市）统计年鉴，数据以Excel的形式存储。

5. 环境支持能力评价指标收集

环境支持能力是发生洪涝灾害的自然环境条件，包括地形、气候、植被、降雨等因素。包括致灾因子稳定性、孕灾环境危险性，共包括3个3级指标，目前已收集3个指标。

（1）降雨频次数据收集。降雨是描述一个地区气候系统变化的关键指标之一，一个地区降雨量的多少对该地区气候有非常大的影响。如果降雨量少，蒸发量大于降雨量，易形成旱灾。而当降雨偏大，降雨量大于蒸发量时，就会形成严重的洪涝灾害。降雨量的多少及降雨集中强度是造成洪涝的最直接因素，而洪涝灾害的形成及其程度的轻重与降雨量的多少有关，所以降雨量是研究防洪减灾能力的一个重要因子。该研究使用数据为中国地面降水月值0.5°×0.5°格点数据集，包括2000年1月至2013年6月的162个月值网格点降水量文件，来源为气象数据共享网。

（2）地形、高程信息。洪水淹没是个复杂的过程，受到诸多因素的影响，其中受淹没区地形地貌是影响洪水淹没的主要因素，因此DEM在防洪减灾工作中有重要作用。DEM

是国家基础空间数据的一个重要组成部分，随着当代信息技术和计算机技术的快速发展，DEM 在国民经济和国防建设以及人文、自然科学领域的应用越来越广泛。运用 DEM 进行流域水文分析和淹没面积分析，可以对洪水淹没范围模拟和洪水灾害评估，为防洪减灾工作提供辅助支持。该研究收集了太湖流域 30m×30m 的数字高程模型。

（3）植被覆盖度-防洪区植被指数 NDVI。地表植被覆盖度能够通过影响洪水淹没的几何形态、粗糙度、泥沙侵蚀、冲刷和淤积特性来改变洪水演进路径，推进速率，降低破坏力，从而达到抑制洪水破坏程度的作用机理和减灾功效。因此，该研究在 Envi 5.0 遥感影像处理平台上对研究区进行归一化植被指数提取计算，采用数据为研究区 2013 年 6 月 Landsat 8 影像。数据图像预处理包括遥感影像的辐射定标、大气校正、影像拼接、研究区域裁剪等基础工作。

归一化植被指数 NDVI 采用 Landsat 8 的 2 个波段值，包括第 5 波段（近红外）和第 9 波段（红外波段）。计算公式为

$$NDVI = (NIR - R)/(NIR + R) \tag{9.4}$$

式中：NIR 为近红外波段；R 为红外波段。

9.2.2　评价指标数据处理

根据已经收集的防洪减灾能力评价指标体系，整理相关的指标信息，并且进行矢量化或者栅格化等空间操作。

（1）将 Excel 数据导入到 ArcGIS 中，生成研究区矢量图层的属性表。

（2）矢量数据属性值栅格化，得到评价指标的栅格数据。

9.2.3　评价模型参数值

基于层次分析法得到评价指标权重值的计算步骤如下。

（1）建立层析结构模型。将收集到的医疗站密度、人均病床、劳力比例、人均收入以及人均粮食产量作为减灾能力评价的指标，在减灾能力评价指标的基础上增加降雨频率、地形高程信息和植被覆盖度作为综合评价指标。

（2）构造判断矩阵。根据层次分析法的基本原理，建立判断矩阵，并将各个指标之间的相对重要程度表示出来，判断矩阵标度（重要性指标）及其含义见表 9.2，该案例研究中，主要通过向专家咨询的方式，进行指标因子之间的相互重要性打分，并根据层次分析法原理构建判断矩阵，判断矩阵见表 9.3 和表 9.4。

表 9.3　　防洪减灾能力评价指标

C	医疗站密度	人均病床	劳力比例	人均收入	人均粮食产量
医疗站密度	1				
人均病床		1			
劳力比例			1		
人均收入				1	
人均粮食产量					1

表 9.4　　　　综合风险指数指标

C	医疗站密度	人均病床	劳力比例	人均收入	人均粮食产量	降雨频率	地形高程信息	植被覆盖度
医疗站密度	1							
人均病床		1						
劳力比例			1					
人均收入				1				
人均粮食产量					1			
降雨频率						1		
地形高程信息							1	
植被覆盖度								1

（3）重要性排序。求判断矩阵的最大特征根所对应的特征向量 w 为

$$w=(w_1,w_2,w_3,w_4,w_5)T(2) \tag{9.5}$$

其中：

$$\lambda_{max}=\sqrt[n]{\prod_{j=1}^{n}a_{ij}}\Big/\sum_{i=1}^{n}\sqrt[n]{\prod_{j=1}^{n}a_{ij}} \tag{9.6}$$

式中：w 为所求的各具体指标的权重。

（4）一致性检验计算判断矩阵的最大特征根为

$$\lambda_{max}=\frac{1}{n}\sum_{i=1}^{n}\frac{w_{Ai}}{w_i} \tag{9.7}$$

式中：λ_{max}为判断矩阵的最大特征根；w_{Ai} 为向量 w 的第 i 个元素。

判断矩阵的一致性检验指标为

$$CR=CI/RI \tag{9.8}$$

其中：

$$CI=(\lambda_{max}-n)/(n-1)$$

式中：RI 为判断矩阵的随机一致性指标。

该研究目前针对已经搜集的指标数据构造判断矩阵，得到各个指标的权重值。以减灾能力评价为例，见图 9.1。

判断矩阵

	医疗站密度	人均病床	劳力比例	人均收入	人均粮食产量	行内连乘	开方	权重
							1	
医疗站密度	1	1	2	0.333333333	3	2	1.148698355	0.185604115
人均病床	1	1	2	0.333333333	3	2	1.148698355	0.185604115
劳力比例	0.5	0.5	1	0.25	2	0.125	0.659753955	0.106601571
人均收入	3	3	4	1	5	180	2.8252345	0.456495081
人均粮食产量	0.333333333	0.3333333	0.5	0.2	1	0.011111111	0.406585136	0.065695118
						和	6.188970302	

一致性检验

0.933661753	1.0060787	MAX	5.056541854
0.933661753	1.0060787	CI	0.014135464
0.537719693	1.0088401	CR	0.01262095
2.325001645	1.0186316		
0.334030997	1.0169127		

图 9.1　减灾能力判断矩阵及权重获取方法

计算特征向量并归一化得到权重数 W 及最大特征根为

$$W=[0.1856,0.1856,0.1066,0.4565,0.0657]T$$

依据以上计算得到的特征向量，对判断矩阵进行一次检验，公式为

$$(\lambda_{max}-n)/(n-1)=0.014135$$

$$RI=1.12$$

$$CR=CI/RI=0.01262<0.1$$

式中：CI 为判断矩阵一致性指标；RI 为判断矩阵的平均随机一致性指标，由大量的实验给出。根据层次分析法的规定：若 $CR<0.1$，则认为判断矩阵具有令人满意的一致性；否则就需要调整判断矩阵，直到满意为止。

由上述计算结果可知，本次构造的判断矩阵一致性较好。

9.2.4 评价模型构建

依据构建的防洪减灾能力评价指标体系和指标体系各构成要素之间的关系，该研究建立了评价防洪减灾能力的模型如下：

$$C=q_1C(e)+q_2C(r)+q_3C(m)+q_4C(d)+q_5C(s) \tag{9.9}$$

式中：C 为医疗站密度指数；$C(e)$ 为人均病床指数；$C(r)$ 为劳力比例指数；$C(m)$ 为人均收入指数；$C(d)$ 为人均粮食产量指数；q_i （$i=1$，2，…，5）为以上分指标的权重值。

C 值越大，表明区域的防洪减灾能力越强。

利用 ArcGIS 的空间分析功能，进行多指标合成，利用栅格计算器将已收集的太湖流域减灾能力评价指标进行计算，得到防洪减灾能力评价结果。

太湖流域研究区覆盖的区域包括浙江省、安徽省、江苏省以及上海市。根据收集到的县级数据，进行如下处理。

1. 属性赋值

通过查阅文献等方式收集到了研究区域内大部分县（市）的所选指标的数据，但是收集到的是数值，需要将这些数值在现有的矢量图层中进行属性赋值。

将现有的县级行政区域图层进行点图层的转换，在生成的点图层中进行属性赋值。将生成的点图层进行 IDW 插值，用太湖流域的图层进行裁剪，得到太湖流域各指标的栅格图层。

2. 归一化

归一化是指将某易灾地区的因子得分以易灾地区极大极小值为基础线性归一到 [0，1] 区间，即

$$X_{i,j}=\frac{x_{i,j}-x_{\min,j}}{x_{\max,j}-x_{\min,j}} \tag{9.10}$$

式中：$x_{\max,j}$，$x_{\min,j}$ 分别为研究区范围内 x_j （$j=1$，2，…，8）因子的极大值和极小值；$X_{i,j}$ 为第 i 易灾区归一化后的 X_j 因子值。

以上处理可借助地理信息系统软件 ArcGIS 完成：将得到的各危险性指标图层，利用 Grid 模块中的地图代数功能，进行逐一叠置分析，得到每个因子的取值。

需要注意的是，降雨频率与地形高程为负向指标，需要用负向指标计算公式进行归一化。

3. 分析计算

利用 ArcGIS 软件的空间分析功能，在栅格计算器中根据各项指标（医疗站密度、人均病床、劳力比例、人均收入和人均粮食产量）的权重进行加权平均计算，得到太湖流域防洪减灾能力评价结果。

在减灾能力评价各项指标的基础上，增加降雨频率、地形高程和植被覆盖度三项指标，用同样的方法进行计算，可以得到太湖流域综合能力评价结果。

9.2.5　结果分析

1. 太湖流域减灾能力评价

根据医疗站密度、人均病床、劳力比例、人均收入和人均粮食产量 5 个指标，通过分析计算可以得到太湖流域防洪减灾能力评价结果，见图 9.2。

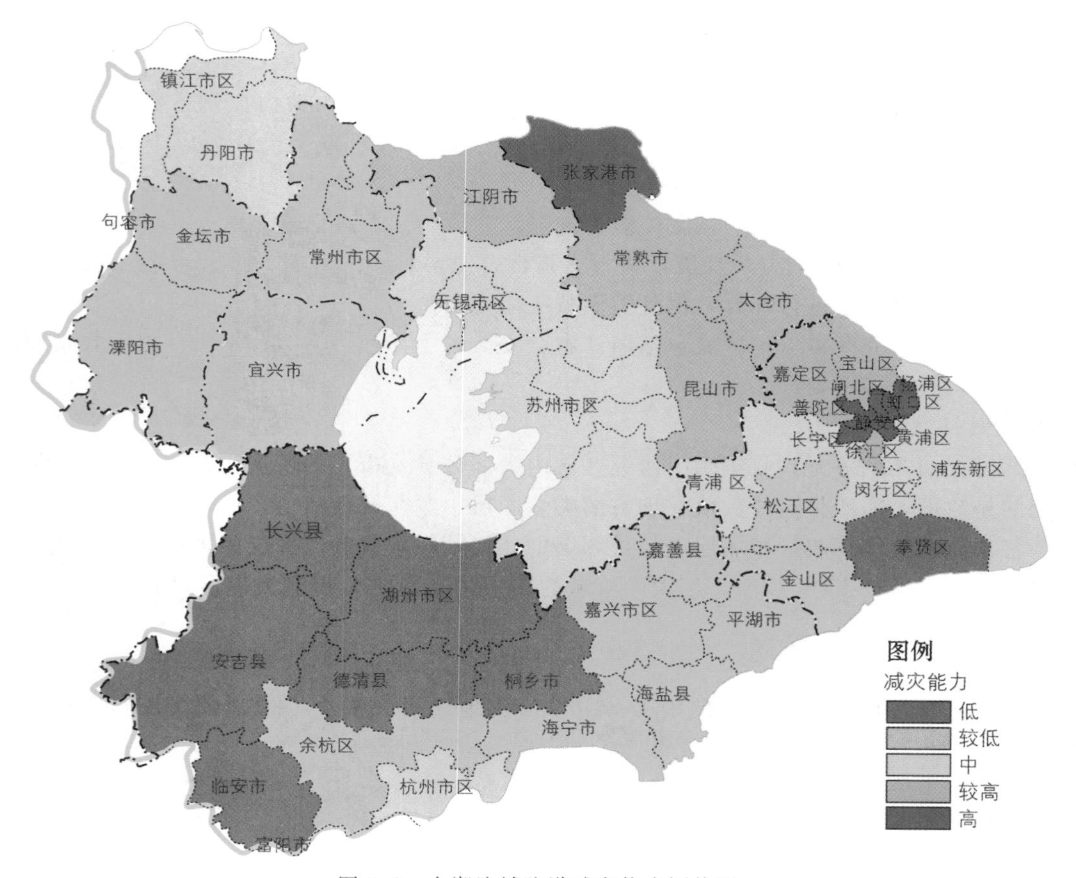

图 9.2　太湖流域防洪减灾能力评价图

利用 ArcGIS 中自然断点分级，将太湖流域减灾能力评价结果分为 5 级。分别为减灾能力低、较低、中、较高、高 5 级。在减灾能力分级中，减灾能力低和较低的区域在空间分布上呈现出聚集状态，主要县（市、区）为宝山区、闸北区、普陀区、杨浦区、虹口区、徐汇区、浦东新区、闵行区、松江区、奉贤区、金山区、平湖市、嘉善县、安吉县、德清县、余杭区、临安市、富阳市、杭州市区。减灾能力为中级的区域在空间上呈离散分布，主要县（市、区）为嘉定区、长宁区、青浦区、嘉兴市区、海盐县、海宁市、桐乡市、湖州市区、长兴县。减灾能力为较高和高等级的区域主要分布在江苏省，在空间分布上呈现聚集状态，主要县（市、区）为镇江市区、丹阳市、句容市、金坛市、溧阳市、常州市区、嘉兴市、江阴市、张家港市、无锡市区、常熟市、太仓市、昆山市。

2. 太湖流域减灾能力综合风险指数

根据对洪涝灾害综合风险评估模型的研究，认为洪涝灾害综合风险指数与致灾因子强度指数呈正相关，与减灾能力指数呈负相关。根据太湖流域洪涝灾害发生强度和各县（市、区）的减灾能力，计算太湖流域各县（市、区）的减灾能力指数和综合能力指数见表 9.5。

表 9.5　太湖流域各县（市、区）综合风险指数计算结果

省（直辖市）	地区	减灾能力指数	省（直辖市）	地区	减灾能力指数
上海市	嘉定	0.2692	浙江省	嘉善县	0.1748
	宝山	0.3011		临安市	0.1319
	青浦	0.2330		安吉县	0.1135
	松江	0.2046		余杭区	0.2007
	金山	0.1810		德清县	0.1488
	奉贤	0.1406		杭州市区	0.2446
	浦东新区	0.2434		长兴县	0.1302
	闵行区	0.2089		湖州市区	0.1376
	徐汇区	0.3025	江苏省	溧阳市	0.1782
	长宁区	0.3535		常熟市	0.2939
	普陀区	0.3958		苏州市区	0.2220
	闸北区	0.4627		无锡市区	0.2541
	虹口区	0.4449		张家港市	0.3542
	杨浦	0.3452		镇江市区	0.2211
	青浦区	0.2330		宜兴市	0.1812
	静安区	0.7591		金坛市	0.1809
	黄浦区	0.5537		丹阳市	0.2071
浙江省	平湖区	0.1730		常州市区	0.1916
	嘉兴市区	0.1750		江阴市	0.2894
	海盐县	0.1631		昆山市	0.2990
	海宁市	0.1614		太仓市	0.2722
	桐乡市	0.1475		句容市	0.1854

9.3 流域洪水风险演变趋势与防范能力评估

9.3.1 流域洪水灾害风险演变趋势分析

随着治太 11 项骨干工程的建成，太湖流域形成了洪水北排长江、东出黄浦江、南排杭州湾、充分利用太湖调蓄，“蓄泄兼筹，以泄为主”的流域防洪骨干工程框架，即以治太骨干工程为主体，由上游水库、周边江堤海塘、平原区及沿江各类圩闸等工程组成的流域防洪工程体系。然而，在全球气候温暖化与经济快速发展的大背景下，太湖流域的防洪形势正在发生显著的变化，主要表现如下。

1. 孕灾环境的变化

(1) 在快速城市化进程中，流域中水田及水域面积减少，同时城市不透水面积增加、热岛效应的显现，使得城区更易成为暴雨中心；而随着圩区的发展及抽排能力的不断增强，固有的雨水滞蓄、消减作用反而降低。

(2) 随着各个城镇防洪圈的形成、联圩并垸的推进，出于防洪、挡污等各种目的而兴建的水闸日益增多，加之一些河网的淤积萎缩，或因水质严重污染或建设用地需求而填埋，流域内原本四通八达的水网被割断，对暴雨洪涝的分散、坦化作用明显削弱。

(3) 随着全球变暖，影响太湖流域的极端气象事件，如强台风的发生，可能更为频繁，发生的时间也会提早或推迟。从 1949—2007 年间热带气旋登陆时程分析来看，大部分集中在 7 月下旬至 9 月中旬，占总出现次数的 78%，其中 8 级以上的热带气旋最早出现在 5 月 18 日（2006 年第 1 号台风“珍珠”）；最晚出现在 10 月 7 日（2007 年第 16 号台风“罗莎”）；此外，同重现期的暴雨与风暴潮也可能来得更为猛烈，已建防洪工程体系的标准将打折扣。

(4) 国际上 11 种气候变化模式的预测均表明，未来海平面将呈上升趋势，其中多数模式的模拟结果都显示中国区域的海平面上升将大于全球的平均增幅，上升的幅度具有较大的不确定性，增幅为 0.17～0.89m。海平面的持续上升，即加大了风暴潮的危害，又使得流域内洪涝的外排能力呈下降趋势。

(5) 随着人口经济的发展，流域内用水量激增，远远超过了流域自产水量，流域的水质型缺水问题较突出。因用水量增加或地表水污染而超采地下水的行为，引起大范围地面沉降，加剧洪涝危害，目前因禁止超采地下水，地面沉降已经趋缓。

2. 洪水特性的变化

(1) 随着流域防洪工程体系的完善，对流域性大洪水的调控能力显著提高，但流域性大洪水的危害不可能完全消除。

(2) 短历时、高强度暴雨内涝的危害会明显增大；在重点保护区域，依靠堤防与排涝设施的保护，受淹的概率有所降低，而非重点保护的区域，由于圩区排涝能力的增强，圩外河道水位上涨加快，高水位持续时间延长，风险反而可能加大。

(3) 风暴潮将发生得更为频繁，危害性亦有所增加。

(4) 快速发展阶段水质恶化趋势的扭转尚需时日，洪涝灾害的危害性除了与淹没范围、水深、历时等因素相关之外，还需考虑其污染特性。

3. 承灾体及水灾损失特性的变化

(1) 我国人口从内地涌向沿江沿海地区的浪潮仍在持续，并逐步从流动转为定居，洪水高风险区中的人口资产密度将进一步增大，一旦遭受水灾，损失必然增加。

(2) 在快速城市化、工业化、信息化、老龄化等背景下，社会正常生产、生活对生命线系统（供水、供气、供电、交通、通信、网络等）的依赖性日益增加。一旦重大灾害发生，易于引发次生灾害，构成灾害链，危害范围远远超出受灾范围，间接损失甚至超过直接损失。

(3) 社会的脆弱性还表现为人们面临灾难时的应急能力。随着防洪工程体系的发展，一般中小洪水可能不再泛滥成灾，人们的水灾风险意识随之淡漠。然而，一旦发生稀遇的超标准洪水，由于缺乏水灾经验与必要的准备，人们往往难以采取有效的自保互救措施，从而在灾害面前显得更为脆弱。尤其是在幼儿园、小学校、养老院、医院、贫民区等自救能力较弱群体集中的地方，应急响应与承受灾害的能力更为低下。

4. 流域内洪水风险特性及其影响的变化

(1) 已建防洪工程体系调度运行所涉及的区域之间基于水的利害关系将更加复杂。

(2) 防洪减灾、保障安全的要求与支撑经济发展、维持社会安定的目标之间，也将构成一定的矛盾，冲突有时还很尖锐。

(3) 一味依赖工程手段扩大保护范围、提高防洪标准的做法，有可能导致人与自然之间的恶性互动。

(4) 受各种利益的驱动，人为加剧洪涝灾害风险的现象更为频繁。

9.3.2 流域洪水灾害风险防范能力评估

9.3.2.1 流域洪水风险计算方案

未来洪水动因-响应分析表明，太湖流域未来洪水风险影响因素众多、关系复杂，且不确定性较大。为了利用有限的时间与支撑条件，分析不同气候变化与经济发展模式下流域未来洪水风险的演变趋向，需要按照流域洪水灾害系统构成的不同方面，进行适当的简化，以抓住主要矛盾，并从流域尺度、区域尺度分别拟定出有限个可行的计算方案。

拟定评价流域洪水风险的计算方案包括：海平面上升影响的方案，降雨影响的方案，社会经济发展影响的方案，见表 9.6～表 9.8；评价区域洪水风险的计算方案包括：太湖不同底水位的方案，太浦河左、右岸不同排涝能力的方案，城市大包围的方案，见表 9.9～表 9.12。

9.3.2.2 流域洪水风险计算结果分析

1. 海平面上升影响的方案计算结果分析

考虑海平面影响的基准方案，选取的是 2012 年社会经济、1999 年实测降雨、土地利用为 2010 年情况、考虑嘉兴大包围圈、太湖底水位较低条件下造成的洪灾损失。同时，分别计算了海平面上升 17cm、25cm、34cm 和 50cm 情况下，太湖流域的洪水风险方案，见表 9.12。

表9.6 评价海平面上升影响的方案

方案	海平面上升/cm	社会经济	土地利用	降雨情况	工程情况	太湖底水位情况
1	0	2012年数据	2010年数据	1999年数据	考虑嘉兴大包围圈	低
2	17					
3	25					
4	34					
5	50					

注 底水情况：低为2.97m，中为3.80m，高为4.30m。

表9.7 评价降雨影响的方案

方案	气候情景	时间尺度（年份）	降雨情况	社会经济	土地利用	海平面上升/cm	工程情况	太湖底水位情况
1	RCP4.5	2030	2012年雨型	2012年数据	2010年数据	不考虑	考虑嘉兴大包围圈	低
2		2050						
3	RCP8.5	2030						
4		2050						

表9.8 评价社会经济发展影响的方案

方案	时间尺度（年份）	社会经济情景	降雨情况	土地利用	海平面上升	工程情况	太湖底水位情况
1	现状	现状	1999年型	2010年数据	不考虑	考虑嘉兴大包围圈	低
2	2020	低速依赖型					
3		中速温和型					
4		高速依赖型					
5	2030	低速依赖型					
6		中速温和型					
7		高速依赖型					
8	2050	低速依赖型					
9		中速温和型					
10		高速依赖型					

表9.9 评价太湖不同底水位的方案

方案	太湖底水位/m	社会经济	土地利用	降雨情况	工程情况	海平面上升
1	2.97	2012年数据	2010年数据	1999年数据	考虑嘉兴大包围圈	不考虑
2	3.8					
3	4.3					

表 9.10　评价太浦河左、右岸不同排涝能力的方案

方案	南岸排涝能力	北岸排涝能力	社会经济	土地利用	降雨情况	工程情况	海平面上升	太湖底水位情况
1	现状	现状	2012 年数据	2010 年数据	1999 年数据	考虑嘉兴大包围圈	不考虑	低
2	增加 150%	现状						
3	现状	增加 150%						
4	增加 150%	增加 150%						
5	增加 150%	减小 50%						
6	减小 50%	增加 150%						

表 9.11　评价城市大包围的方案

方案	城市大包围	社会经济	土地利用	降雨情况	海平面上升	太湖底水位情况
1	不考虑嘉兴大包围圈	2012 年数据	2010 年数据	1999 年数据	不考虑	低
2	考虑嘉兴大包围圈					
3	考虑常州、湖州联圩					

表 9.12　海平面上升不同计算方案太湖流域洪水损失统计

方案	海平面上升/cm	洪灾损失/万元	相对损失/万元
1	0	1525102	0
2	17	1527218	2116
3	25	1527842	2740
4	34	1528172	3070
5	50	1529998	4896

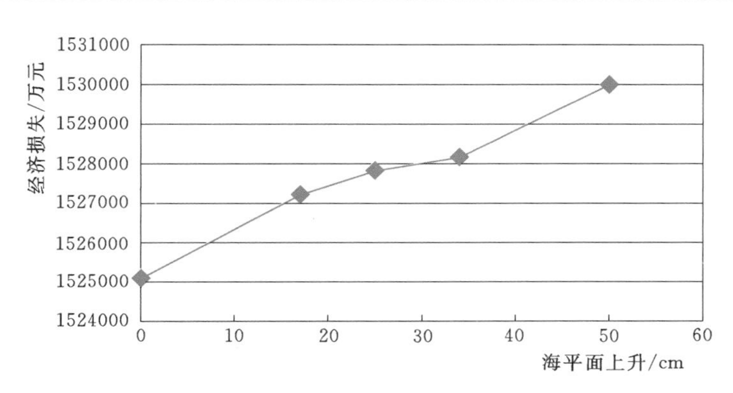

图 9.3　海平面上升不同计算方案太湖流域洪水风险变化图

从图 9.3 中可以看出，在相同年份、同等洪水条件下，海平面上升不同的洪灾损失不同，总体趋势为海平面越高，洪水风险越大，但海平面上升对太湖流域洪灾损失的影响并不是很大。例如，海平面上升 17cm，洪灾损失增加 2116 万元；海平面上升 25cm 和

34cm两种情况下，洪灾损失为3000万元左右。即使当海平面上升达50cm时，洪灾损失增加也未超过5000万元。

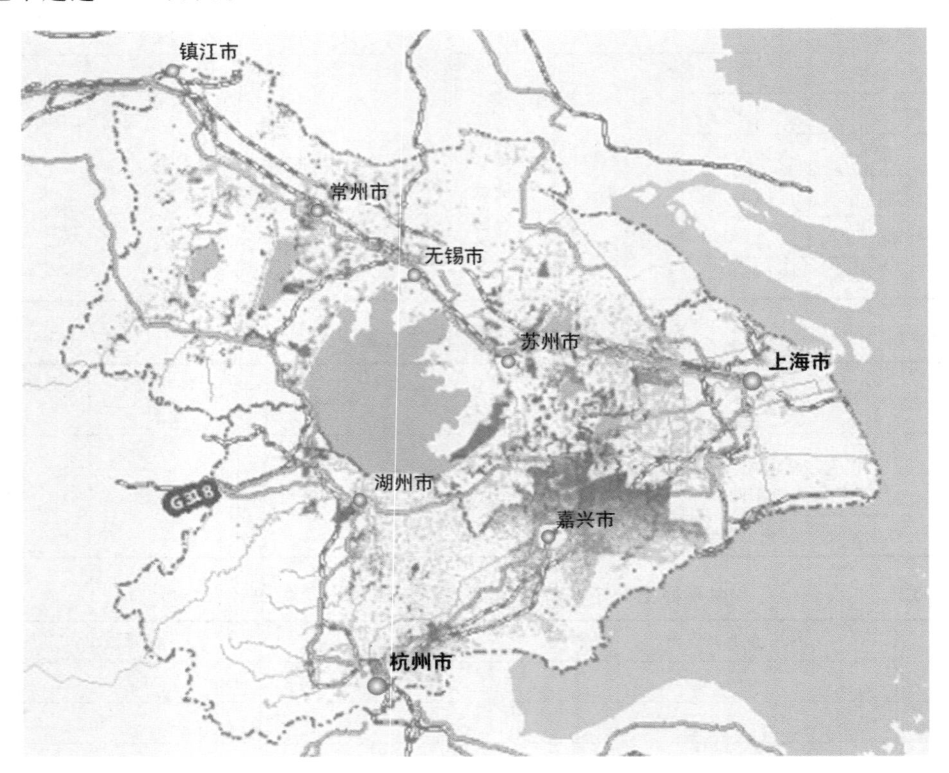

图9.4 海平面上升（34cm）太湖流域洪水风险图

2. 降雨影响的方案计算结果分析

降雨影响方案选取的是2012年社会经济、土地利用为2010年情况、考虑嘉兴大包围圈、不考虑海平面上升、太湖低水位条件下造成的洪灾损失，分别计算了2030年、2050年时间尺度，RCP4.5和RCP8.5两种气候情景下，2012年型降雨对太湖流域洪水风险的影响，见表9.13。

表9.13 不同气候情景下不同降雨计算方案太湖流域洪水损失统计

方案	气候情景	时间尺度（年份）	洪灾损失/万元
1	RCP4.5	2030	821634
2		2050	828424
3	RCP8.5	2030	821216
4		2050	829633

从表9.13中可以看到，在同一气候情景下，2050年尺度下降雨造成的损失高于2030年。在RCP8.5情景下，2050年的洪灾损失比2030年多8417万元，而在RCP4.5情景下，2050年的洪灾损失比2030年多6790万元。2050年，RCP4.5情景下的损失较

RCP8.5 情景仅少 1209 万元，但 2030 年两种气候情景下，RCP4.5 情景下的损失反而比 RCP8.5 情景下多了 418 万元。

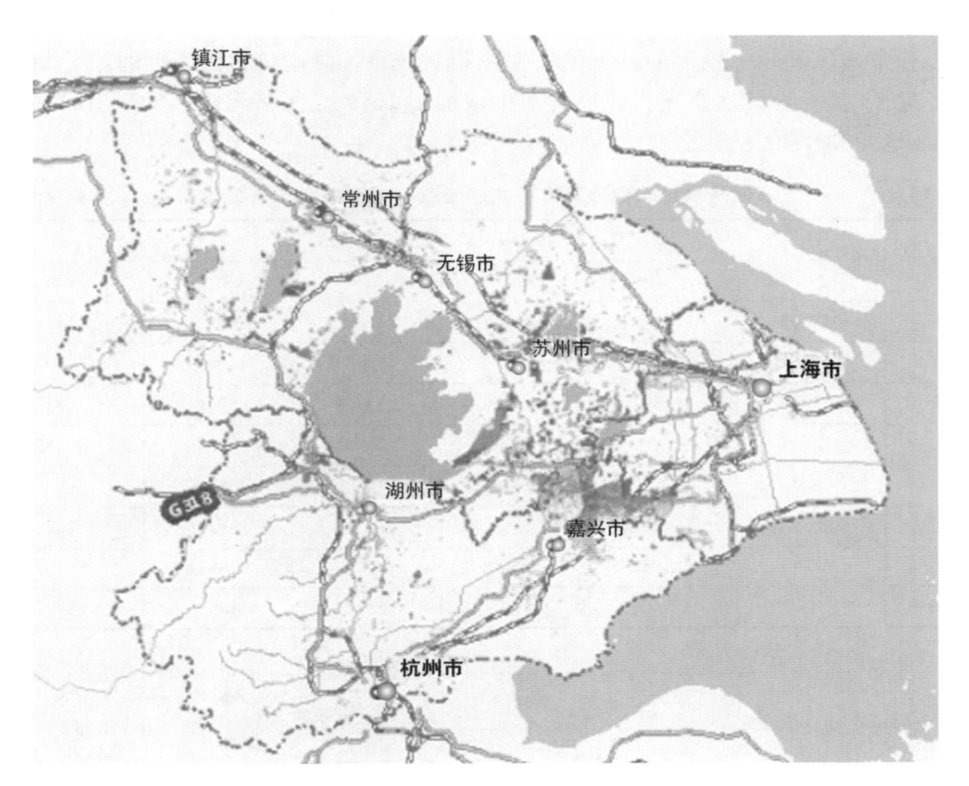

图 9.5　2030 年 RCP4.5 情景降雨条件下太湖流域洪水风险图

考虑到未来不同气候情景 RCP4.5 和 RCP8.5 的降雨量是由太湖流域多年平均年降雨量通过降尺度得到的，这两种情景下的降雨均比 1999 年实测降雨少，为此设计了一组 1999 年实测降雨不同倍比的方案，假定降雨量增加，分析太湖流域未来洪水风险的变化趋势。

表 9.14　不同降雨倍比计算方案太湖流域洪水损失统计

方案	时间尺度（年份）	降雨量	洪灾损失/万元	相对损失/万元	相对损失增加幅度/%
1	1999	1.0 倍	1627758	0	0
2		1.1 倍	1766156	138398	8.50
3		1.2 倍	1904157	276399	16.98
4		1.3 倍	2083976	456218	28.03
5		1.4 倍	2247722	619964	38.09
6		1.5 倍	2453491	825733	50.73

从表 9.14 中可以看到，随着 1999 年型降雨总量的增加（该组方案下，太湖水位为 3.80m），由降雨造成的洪灾损失也随之增加。这组方案表明：在其他条件相同的情况下，降雨量越大造成的损失越严重，且倍比越大，损失增大的幅度越为明显，当降雨量增加

1.5倍时，相对洪灾损失增加超过了50%。

从表9.15和图9.6中可以看出，太湖流域各城市的洪灾损失随降雨量的增大而增加。在1999年雨型不同倍比降雨量的情景下，苏州市洪灾损失增快趋势最为明显，之后是嘉兴、无锡和常州，湖州、镇江的洪灾损失变化相对较小。降雨倍比为1.5时，苏州洪灾损失增加了近18亿元；其次是嘉兴，洪灾损失增加了15.7亿元；无锡、常州洪灾损失分别增加了13亿元和11.4亿元。

表9.15　不同降雨量倍比计算方案太湖流域各城市洪水损失统计　单位：万元

城　市	不同降雨倍比					
	1.0	1.1	1.2	1.3	1.4	1.5
上海市	312388	322313	331109	368357	378284	411666
苏州市	299912	328318	361055	395859	430374	479333
无锡市	155544	177801	204109	230355	257694	285217
常州市	214401	234244	255389	278601	300036	328984
镇江市	33389	36117	45000	52432	59246	62218
杭州市	130523	141519	153673	171511	191396	209040
嘉兴市	397874	433247	454488	480339	516077	555246
湖州市	83727	92597	99334	106522	114615	121787

图9.6　不同降雨量倍比计算方案太湖流域各城市洪水风险变化图

3. 社会经济发展影响的方案计算结果分析

考虑社会经济发展影响的基准方案，选取的是2012年社会经济、1999年实测降雨、土地利用为2010年情况、不考虑海平面上升的条件下造成的洪灾损失。同时，分别计算了2020年、2030年和2050年时间尺度下，低速依赖型、中速温和型、高速依赖型3种不同情景下的洪水风险，见表9.16。

从表9.16和图9.7中可以看出，在相同年份、同等洪水条件下，不同社会经济发展模式的洪灾损失不同，洪水风险按低速、中速、高速递增。2050年情景下洪水风险的增加趋势较2030年、2020年更加明显。其中2020年高速情景下，洪灾损失增加253亿元；

2030 年高速情景下，洪灾损失增加了近 2.6 倍；而在 2050 年高速情景下，相应的洪灾损失增加了 5 倍，损失超过 800 亿元。

表 9.16　　社会经济发展不同计算方案太湖流域洪水损失统计

方案	时间尺度（年份）	社会经济情景	洪灾损失/万元
1	2012	基准条件	1525102
2	2020	低速依赖型	2091494
3		中速温和型	2215280
4		高速依赖型	2399566
5	2030	低速依赖型	3246548
6		中速温和型	3533138
7		高速依赖型	3951791
8	2050	低速依赖型	5436440
9		中速温和型	6528360
10		高速依赖型	8043766

表 9.17　　社会经济发展不同计算方案太湖流域各城市洪水损失统计　　单位：万元

城　市	不同社会经济发展情景的洪水损失									
	2012	2020LS	2020MS	2020HS	2030LS	2030MS	2030HS	2050LS	2050MS	2050HS
上海市	293961	401137	424827	455076	603824	655858	725220	988391	1187857	1345729
苏州市	277080	398491	423607	472420	656345	714992	817547	1214332	1463166	1901836
无锡市	147301	209113	222793	241443	311690	339874	386216	542031	652842	822608
常州市	208461	310798	331156	368654	519844	575043	656371	995312	1202009	1518577
镇江市	33389	47521	50479	55513	80326	87384	96610	144548	174025	216604
杭州市	119695	152654	160326	169265	220249	237400	259022	325390	387141	434547
嘉兴市	368294	472341	497195	526066	707856	764245	837040	1017272	1211938	1496514
湖州市	76921	99439	104897	111129	146414	158342	173765	209164	249382	307351

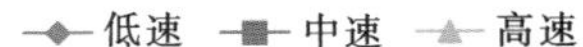

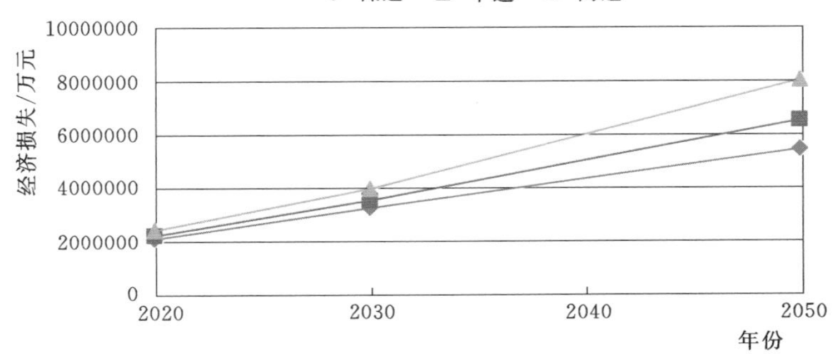

图 9.7　社会经济发展不同计算方案太湖流域洪水风险变化图

从表 9.17 和图 9.8～图 9.10 中可以看出，在未来不同的社会经济情景下，苏州、无锡、常州三市洪灾损失增加速度较快，其中，苏州市增加最快。无论社会经济以何种速度增长，至 2050 年苏州市洪灾损失均为最大，嘉兴、常州的洪灾损失也较大。在社会经济低速发展的情景下，至 2030 年苏州市洪灾损失即超过上海市，至 2050 年苏州市洪灾损失即超过嘉兴市；在社会经济中、高速发展的情景下，至 2020 年苏州市洪灾损失即超过上海市；在社会经济中速发展的情景下，至 2050 年常州市洪灾损失即超过上海市；在社会经济高速发展的情景下，至 2050 年常州市洪灾损失即超过嘉兴市，仅次于苏州市。考虑到嘉兴的自然地理条件，以及上海市因其特殊的经济地位，这两座城市的防洪安全是不可忽视的，而从量化计算结果来看，在未来的情景下，苏州和常州因经济发展迅猛，洪灾损失急剧上升，有效降低两座城市的洪水风险，对于降低太湖流域的洪灾损失将是至关重要的。

2012
2020LS
2030LS
2050LS
经济损失/万元
1400000
1200000
1000000
800000
600000
400000
200000
0
上海市
苏州市
无锡市
常州市
镇江市
杭州市
嘉兴市
湖州市

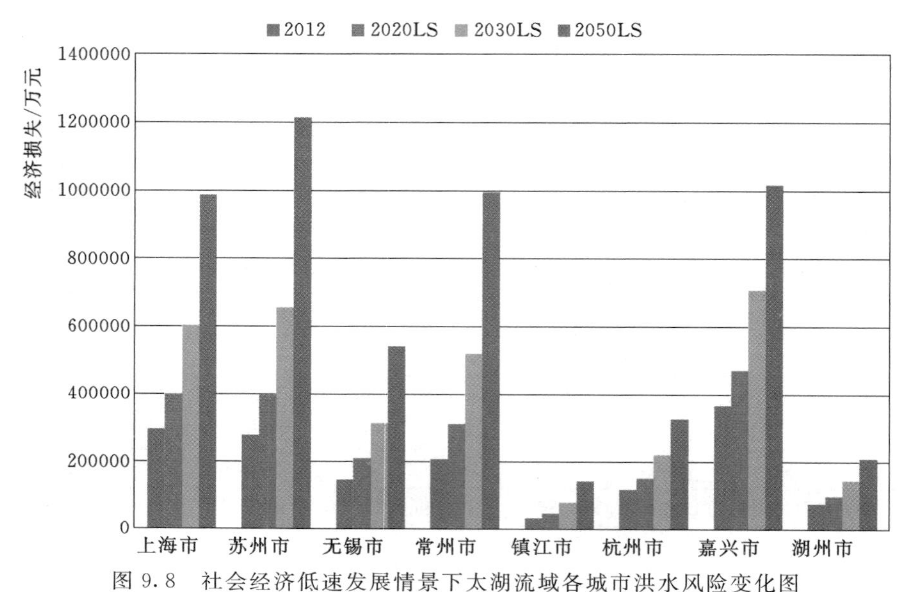

图 9.8 社会经济低速发展情景下太湖流域各城市洪水风险变化图

2012
2020MS
2030MS
2050MS
经济损失/万元
1600000
1400000
1200000
1000000
800000
600000
400000
200000
0
上海市
苏州市
无锡市
常州市
镇江市
杭州市
嘉兴市
湖州市

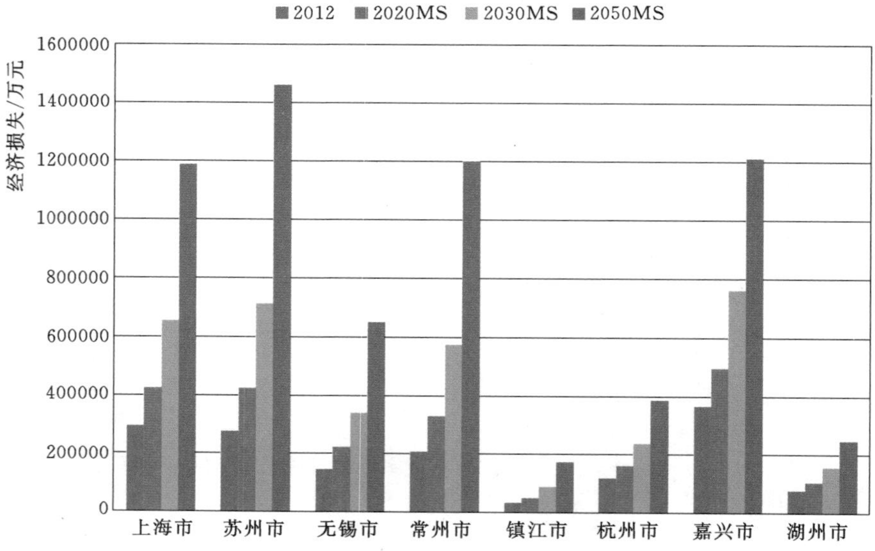

图 9.9 社会经济中速发展情景下太湖流域各城市洪水风险变化图

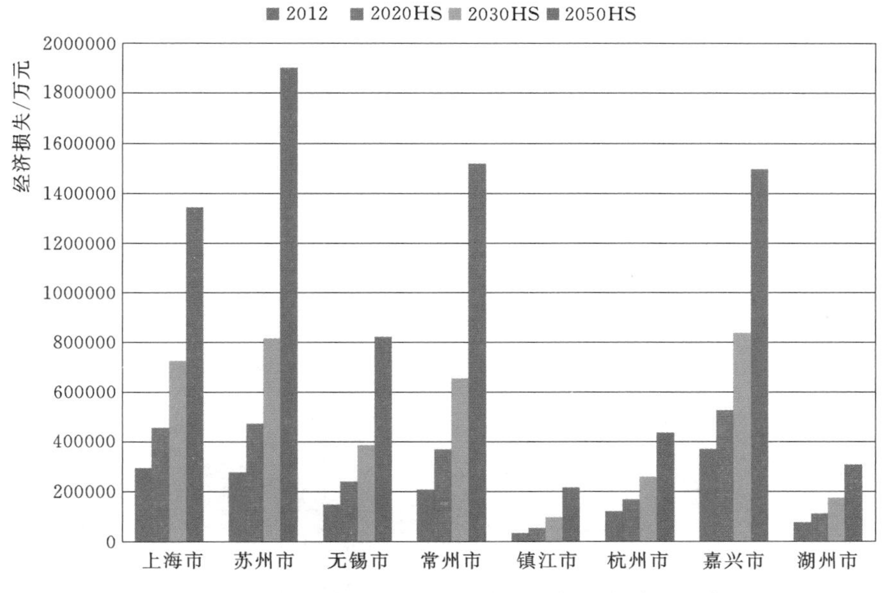

图 9.10　社会经济高速发展情景下太湖流域各城市洪水风险变化图

4. 太湖不同底水位的方案计算结果分析

太湖不同底水位方案选取的是 1999 年实测降雨、2012 年社会经济、土地利用为 2010 年数据、考虑嘉兴大包围圈、不考虑海平面上升条件下，太湖水位为 2.97m、3.80m 和 4.30m 对流域洪水风险的影响。

表 9.18　太湖不同底水位计算方案下太湖流域洪水损失统计

方案	太湖底水位/m	洪灾损失/万元	相对损失/万元
1	2.97	1525102	0
2	3.80	1627758	102656
3	4.30	1676852	151750

从表 9.18 和图 9.11 中可以看出，相同情景下，太湖流域洪水风险随太湖水位的升高而呈升高的趋势。其中，太湖水位由 2.97m 升高至 3.80m，洪灾损失增加 10.26 亿元，太湖水位由 2.97m 升高至 4.30m，相应的洪灾损失增加 15.17 亿元。

表 9.19　太湖不同底水位计算方案下太湖流域各城市洪水损失统计

城　市	太湖不同底水位洪水损失/万元		
	2.97m	3.80m	4.30m
上海市	293961	312388	315218
苏州市	277080	299912	310614
无锡市	147301	155544	160948
常州市	208461	214401	216143

续表

城　市	太湖不同底水位洪水损失/万元		
	2.97m	3.80m	4.30m
镇江市	33389	33389	33389
杭州市	119695	130523	132539
嘉兴市	368294	397874	421056
湖州市	76921	83727	86945

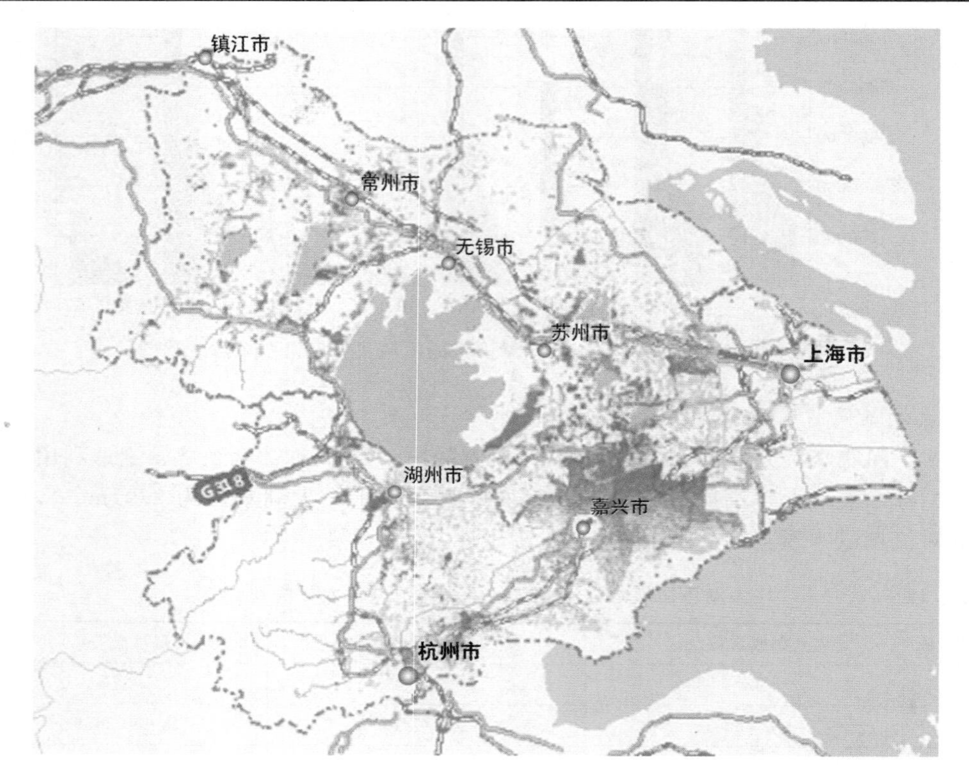

图 9.11　太湖水位为 4.30m 时太湖流域洪水风险图

表 9.20　太湖不同底水位计算方案下太湖流域各城市洪水相对损失增加幅度统计

城　市	太湖不同底水位洪水相对损失增加幅度/%		
	2.97m	3.80m	4.30m
上海市	0	6.27	7.23
苏州市	0	8.24	12.10
无锡市	0	5.60	9.26
常州市	0	2.85	3.69
镇江市	0	0.00	0.00
杭州市	0	9.05	10.73
嘉兴市	0	8.03	14.33
湖州市	0	8.85	13.03

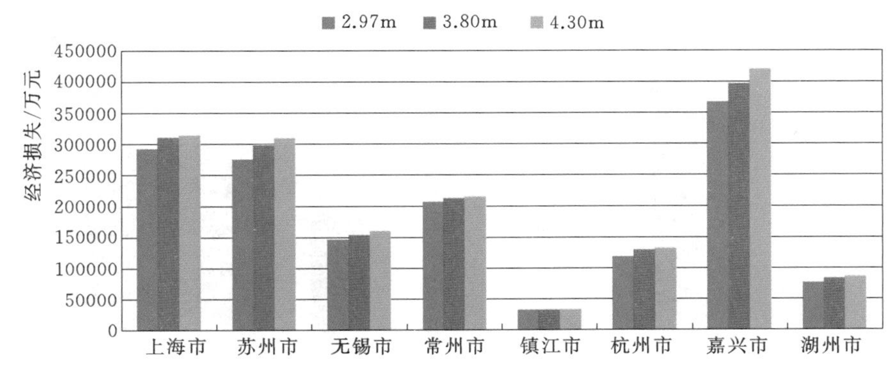

图 9.12 太湖不同底水位计算方案下太湖流域各城市洪水风险变化图

从表 9.19、表 9.20 和图 9.12 中可以看出，太湖水位提高至 3.80m 时，杭嘉湖地区洪灾损失增幅最大，苏州因太湖水位提高的影响也较大。其中，嘉兴市洪灾损失增加最多，将近 3 亿元。当太湖水位提高至 4.30m 时，仍是杭嘉湖地区受影响最大，其次是苏州，在此方案下无锡的洪灾损失增幅较为明显，达 9.26%。

5. 太浦河南北岸不同排涝能力的方案计算结果分析

太浦河南北岸不同排涝能力的方案选取的是 1999 年实测降雨、2012 年社会经济、土地利用为 2010 年情况、考虑嘉兴大包围圈，不考虑海平面上升条件下，两岸排涝能力变化对流域洪水风险的影响，见表 9.21。

表 9.21 太浦河两岸不同排涝能力计算方案太湖流域洪水损失统计

方案	南岸排涝能力	北岸排涝能力	洪灾损失/万元	相对损失/万元
1	现状	现状	1525102	0
2	增加 150%	现状	1524504	−598
3	现状	增加 150%	1524681	−421
4	增加 150%	增加 150%	1524083	−1019
5	增加 150%	减小 50%	1524607	−495
6	减小 50%	增加 150%	1525013	−89

从表 9.21 和图 9.13 中可以看出，除方案 4 减少太浦河南岸排涝能力的方案外，其余方案下的洪涝灾害损失均略低于现状基准方案。其中，太浦河两岸排涝能力均增加 1.5 倍，所能降低的洪灾损失也只有 1000 万元；单独增加北岸或南岸的排涝能力，对于减少洪灾损失作用十分有限。通过对比方案 2 和方案 3 可知，对于流域而言，增加南岸排涝能力的减灾效益略好于增加北岸；方案 6 中降低南岸排涝能力对流域整体洪灾损失影响较大，同样也说明了太浦河南岸的排涝能力，相对于北岸，对于太湖流域洪水风险降低的作用更为明显。

从表 9.22 中可以看到，太浦河两岸不同排涝能力情景下，太湖流域各城市中洪灾损失变化的有上海市（主要影响青浦区）和苏州市（主要影响苏州市区）两座城市。出现这一情况的原因是因为在该次研究中，调整太浦河两岸排涝能力的圩区均在这两座城市中。

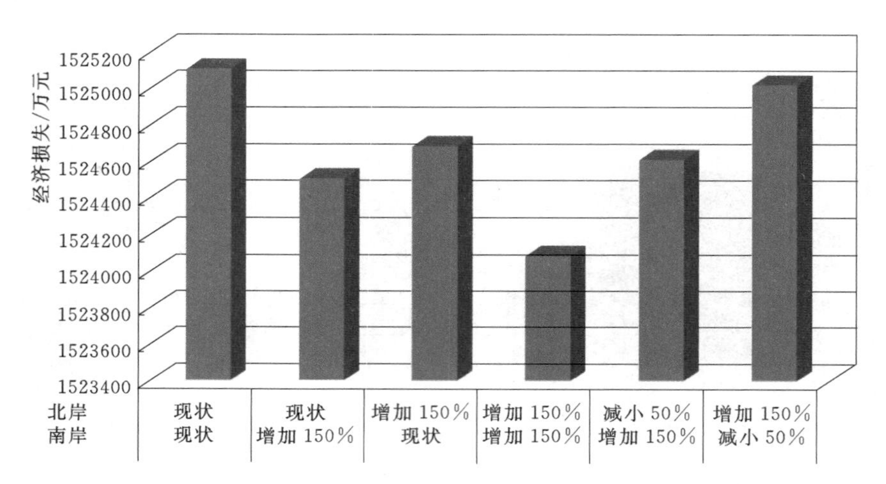

图9.13 太浦河两岸不同排涝能力计算方案太湖流域洪水风险变化图

表9.22 太浦河两岸不同排涝能力计算方案太湖流域各城市洪水损失统计

城市	太浦河两岸不同排涝能力洪水损失/万元					
	方案1	方案2	方案3	方案4	方案5	方案6
上海市	293961	293929	293961	293929	293971	293960
苏州市	277080	276514	276659	276093	276575	276992
无锡市	147301	147301	147301	147301	147301	147301
常州市	208461	208461	208461	208461	208461	208461
镇江市	33389	33389	33389	33389	33389	33389
杭州市	119695	119695	119695	119695	119695	119695
嘉兴市	368294	368294	368294	368294	368294	368294
湖州市	76921	76921	76921	76921	76921	76921

对于两座城市而言，如仅增加一岸的排涝能力的话，增加南岸排涝能力对于城市减少洪水灾害效益更为明显；减少北岸排涝能力对于苏州的影响不大，但是上海的洪灾损失增加很多，甚至超过现状排涝能力的洪灾损失；增加北岸排涝能力而降低南岸排涝能力，两座城市的洪灾损失均与现状基本相同；增加或者不增加北岸的排涝能力，对于上海市洪灾损失并无影响。

6. 考虑不同工程方案计算结果分析

大包围方案选取的是1999年实测降雨、2012年社会经济、土地利用为2010年情况、不考虑海平面上升。在这些条件下，不考虑嘉兴大包围圈、考虑嘉兴大包围圈以及考虑常州和湖州联圩3种情况，太湖流域洪水风险的变化。从表9.23可以看出，考虑嘉兴大包围圈的情况，可减少洪灾损失将近5.56亿元；考虑常州和湖州联圩的情况下，可减少洪灾损失将近1313万元（在考虑嘉兴大包围圈的基础上）。此外，从表9.24中可以看到，考虑嘉兴大包围圈的情况，使得嘉兴市洪灾损失明显降低，对于其他城市的洪水风险并无影响；考虑常州和湖州联圩的情况下，常州洪灾损失减少732万元，湖州洪灾损失减少581

万元，其他城市的洪水风险并无变化。

表 9.23　考虑不同工程计算方案下太湖流域洪水损失统计

方案	不同工程条件下	洪灾损失/万元	相对损失/万元
1	不考虑嘉兴大包围圈	1580697	0
2	考虑嘉兴大包围圈	1525102	－55595
3	考虑常州和湖州联圩	1523789	－56908

表 9.24　考虑不同工程条件下太湖流域各城市洪水损失统计

城　市	不同工程条件洪水损失/万元		
	不考虑大包围圈	考虑大包围圈	考虑联圩
上海市	293961	293961	293961
苏州市	277080	277080	277080
无锡市	147301	147301	147301
常州市	208334	208334	207602
镇江市	33389	33389	33389
杭州市	119695	119695	119695
嘉兴市	424016	368421	368421
湖州市	76921	76921	76340

综合评价流域洪水风险和区域洪水风险计算方案可知，社会经济发展对于流域洪水风险的影响最大，需要加强洪水风险区管理，规范洪水风险区人的防洪行为、开发行为，以减轻洪水灾害的影响；降雨和海平面上升对于流域洪水风险有一定的影响，但影响并不是非常显著。因此，在太湖流域已有防洪工程体系规划建设目标实现之后，流域防洪工程体系建设可从“不断扩大保护范围、提高防洪标准”转向追求“标准适度、布局合理、安全可靠、维护良好、调度运用科学”；太湖底水位过高对于流域防洪较为不利，但太湖水位过低又不能充分发挥太湖的调洪蓄洪能力，可考虑优化洪水调度原则，在确保防洪安全的前提下，增加太湖的调蓄能力；通过比较太浦河两岸不同排涝能力的计算方案结果，发现两岸排涝能力均增加，对于降低洪水风险的作用也十分有限。并且增加南岸排涝能力的减灾效益略好于增加北岸，特别是降低南岸排涝能力导致流域整体洪灾损失大幅度增加，说明太浦河南岸的排涝能力如何，对于太湖流域洪水风险降低的影响较大。由于太浦河两岸涉及不同的省（市）两岸不同的排涝能力势必会影响各地区洪水风险的变化，因此，有必要建立流域防洪有效补偿机制，以确保在全流域洪灾损失降至最低的基础上，使得做出牺牲、受灾较重的地区能够得到一定的补偿。

9.4　本章小结

本章构建了太湖流域防洪减灾能力评价指标体系。之后，利用收集的太湖流域县级单元的防洪减灾能力评价指标数据，通过构建的太湖流域防洪减灾能力评价模型，计算了太湖流域防洪减灾能力评价结果，并绘制了评价结果图。同时，本章还分析了在全球气候温暖化与经济快速发展的大背景下，太湖流域洪水风险变化的特性和趋势。由于流域灾害系统中孕灾环境、致灾因子、承灾体及水灾损失特性均发生了显著的变化，使得流域内洪水风险特性及其影响随之也发生了变化。在此基础上，从流域尺度、区域尺度分别拟定了一系列计算方案，评价了海平面上升、未来降雨、社会经济发展、太湖不同底水位、太浦河左、右岸不同排涝能力、是否考虑城市大包围圈等因素对太湖流域洪水风险的影响。评价结果表明：社会经济发展对于流域洪水风险的影响最为显著，降雨和海平面上升的影响次之。防洪工程体系的合理规划和运行调度，直接关系到区域之间洪水风险的转移。通过开展流域洪水灾害风险评估，可以为太湖流域制定应对气候变化的综合洪水风险管理对策提供参考依据。

结论与展望

在“十一五”期间中英科技合作项目“流域洪水风险情景分析技术研究”的基础上，“十二五”科技部支撑计划课题“太湖流域洪水风险演变及适应技术开发与应用”继续取得新的进展，深化了对未来洪水预见模式的认识，改进了洪水灾害系统的构架，建立了体现太湖流域长时段洪水风险演变趋向的动因响应关系，辨识了20余种全球气候变化模式的适用性，量化甄别了气候变化和人类活动对流域水文过程的影响，研发了满足流域洪水情景分析需求的水文、水力学、社会经济发展预测、损失评估与堤防可靠性分析等模型，构建了进行流域洪水风险情景分析的集成平台，评估了流域防洪减灾能力，增强了高分辨区域台风模式下流域降雨量分布的预报能力，并基于风险评价提出了适应性对策，对应用中尚存在的问题与今后的研究方向也有了更深入的认识。

10.1 主要结论

(1) 未来洪水预见比预测更具积极意义。未来洪水预见不是单纯推测、预言未来洪水事件发生的景象，而是分析未来洪水风险的演变趋向与可能出现的不同情景，其要回答的核心问题，是如何对现行治水方略适时做出必要的调整，才能有效抑制洪水风险的增长态势，为引导社会经济进入可持续发展的轨道提供更高水平的防洪安全保障。为此需要探索自然的演变规律和经济社会的发展规律，梳理影响未来洪水风险的关键性因素及其持续性，探讨人与自然交互作用的动因响应关系及其间存在的不确定性，通过洪水灾害系统的构建来辨识洪水风险的构成与特征，研发具有物理基础的模拟仿真手段，针对客观存在的不确定性来分析未来洪水风险的可能情景，评估现有防灾能力及其薄弱环节，为治水方案合理性的论证比选提供科学的手段，为提高宏观决策的科学性提供基本的依据。因此，此项课题属于基础性、前瞻性与战略性的研究范畴，在我国仍处于积极探索阶段，值得深入研究并在应用推广过程中逐步改进和形成更为完善的理论框架和技术体系。

(2) 未来洪水情景分析对技术体系的创新研发提出了更高的要求。洪水情景分析可以是历史重大洪水事件在变化环境下的再现，为修编防洪规划等服务；或是在现状条件下对不同量级洪水的风险评估，为编制应急预案服务，也可以基于实时监测、预报信息对实际洪水调控过程作利弊权衡，为比选应急处置方案服务。而未来洪水情景分析还要复杂得多，是在数十年至百年时间范围内，针对自然与人类社会交互作用中动因响应关系的不确定性，研究洪水风险的演变趋向和可能情景，为现行治水方略的适时调整服务。不同区域，洪水风险动因响应关系与作用机制不同，同一区域处于经济社会发展的不同阶段，治水的问题、需求与实力也有很大的差异。英国未来洪水预见研究项目形成了完整的技术体系，对我国开展相应领域的研究具有很好的指导意义和参考价值。但是，我国是新兴的发展中国家，太湖流域又处于高速的城镇化进程中，并非简单照搬发达国家的理念与技术体系就适合解决现实中复杂的防洪安全保障问题，其依赖的不是单项技术的突破，而是完整技术体系的形成。因此，未来洪水情景分析的研究，必须走引进、吸收、再创新与集成创新之路。具体实例在以下各部分的总结中给予说明。

（3）只有合理构建洪水灾害系统、精心辨识洪水风险动因响应关系，才能为流域未来洪水风险情景设计提供可用的基本框架。

1）将英方的洪水灾害系统“灾害源-致灾途径-承灾体”调整为“孕灾环境-致灾因子-防灾能力-承灾体”，在流域、区域、圩区等不同尺度上构建洪水灾害系统概念性模型，使其能更好地识别流域洪水风险演变的空间分布差异，体现出流域变化环境下大规模建设与完善防洪减灾体系的阶段性特征。

2）借鉴已有的研究成果，深入探讨了洪水风险动因响应关系的普适性概念，使其能更好地反映出太湖流域快速发展过程中洪水灾害系统演变的复杂性。

3）基于专家判断，辨识出影响太湖流域洪水风险变化的29种主要因素，并将其分为气候变化、社会经济、防洪体系三个功能组。

4）从广义上建立起29种影响因素之间的动因响应关系，归纳了洪水风险动因响应关系所具有的主要特性、演变趋向与不确定性。

5）综合太湖流域专家的意见，对洪水风险动因响应的重要性和不确定性进行了排序，评价了降低洪水风险的响应的可持续性。结果表明，不同发展模式下，近、远期影响因素排序有所不同。在片面追求经济增长、人口持续增长和农田快速递减的A2模式下，近期（至2030年）最主要影响因素为经济增长、城镇化和梅雨，远期（至2050年）为梅雨、海平面和经济增长；在强调环境优先、经济中速发展、人口增速减慢与农田基本保持2005年水平的B2模式下，近期为梅雨、暴雨和经济增长，远期为梅雨、海平面上升和暴雨。此外，还界定了影响太湖流域未来洪水风险的极端异常事件。此项理论性的研究为明确和协调流域未来洪水风险情景分析各相关工作单元的任务与要求打下了良好的基础。

（4）通过全球20余种GCM对太湖流域气候模拟能力的验证，为太湖流域未来洪水风险的情景分析提供了气候变化的边界条件。

1）参与评价的GCM从中英合作项目的1种扩展到20种，考虑地表和高空分层变量的综合评价结果表明：来自挪威Bjerknes气候研究中心的气候模式BCCR对太湖流域降水模拟的效果最好，其次为GISS-ER模式。

2）以调整后的1971—2000年为基准期，采用多站点模型生成太湖流域未来30年

(2021—2050年)降水情景，结果表明，A2情景下2030s的降水相对于气候基准期增加了6.39%，B2情景下增加较小，仅为3.31%。各重现期降水值的增加系因降水极端值强度增大引起，因此未来短历时、强降水值的变化更为显著，而长历时降水值的变化相对较弱。

3)由ASD降尺度模型生成了A1B未来降水和气温情景，以此驱动基于5km×5km网格分辨率的VIC模型对研究区径流过程进行模拟，结果表明，与基准期相比，未来流域内春季径流深减少幅度最大的是阳澄淀区；在冬季杭嘉湖区的径流减少幅度较大；在上海周边地区，多数月份都呈现径流深增加的趋势。

4)综合双累积曲线法和敏感性系数法，得出气候变化对太湖流域径流变化的贡献率为21%~28%，人类活动为72%~79%。人类活动对武阳区径流变化的影响最大，湖西及湖区影响相对最小。在中英合作项目的基础上，“十二五”期间关于气候变化与水文循环的研究进展，满足了大尺度洪水情景分析的要求。

(5)以太湖流域为对象，形成了具有自主创新的太湖流域台风降水预测模型。

1)利用区域中尺度数值预报模式WRF和同化系统GSI建立的高分辨率区域台风数值预报系统，模式外、内区域水平分辨率分别为9km和3km，预报时效为120h，可提供的预报产品主要包括台风路径、强度和结构预报。

2)引入复杂云分析模块，利用雷达反射率资料来构建高精度的模式初始场，提高了对台风路径和强度的预报，尤其是对台风精细化降水分布的预报。

3)GSI同化系统中增加了雷达反射率和飞机报这两种新的观测，前者用于构建初始场的水物质，后者具有高时空分辨率，有助于优化大尺度形势场。

4)对近年影响太湖流域的3种不同类型的4个典型台风案例进行试验，结果表明：引入多源观测资料，特别是云分析技术的引进，可有效改善区域模式初始场，改进台风强度和结构的模拟，从而提高对台风降水的预报能力，对影响太湖流域的台风精细化降水分布预报有较明显改善的优势，可为流域洪水风险情景分析、动因响应、防灾对策提供依据。

(6)基于中英合作项目的经验积累，“十二五”期间进一步自主研发的平原河网区大尺度水力学模型，为把握气候变化、海平面上升、外排能力变化、下垫面改变等因素对于太湖流域洪水的影响提供了量化的手段。

1)太湖流域发生洪涝灾害与降水量多少以及降水强度密切相关，即使降水量增幅在7%都会抬高太湖最高水位三十多厘米，加重流域洪水的淹没情况。

2)嘉兴北部圩区地势低洼，防洪标准低，排涝模数仅0.70~0.75$m^3/(s \cdot km^2)$，是目前太湖流域受洪涝威胁最为严重的地区之一，需考虑开挖新的南排河道。

3)海平面上升30cm将减少流域自流外排的能力，抬升太湖水位约20cm，并加重淹没程度；反之，如果边界口门的抽排能力提高30%，可降低太湖水位约10cm，减轻淹没程度。

4)流域中圩区的排涝能力不能无限制地增长。流域中圩区抽排能力已超过1.7万m^3/s。如果全流域的排涝模数在现有基础上再普遍增加0.5$m^3/(s \cdot km^2)$，虽然平原受淹区域明显减少，但将抬高太湖最高水位约0.80m，各地河网水位也大幅提高，加大防洪抢险的压力。验证与应用表明，自主研发的流域大尺度水力学模型能够更好地体现平原河网区的洪水特征，为流域洪水风险情景分析的损失评估提供了基本的量化手段。

（7）流域堤防系统可靠性分析是风险评价与管理的一个重要环节。

1）引入英国堤防可靠性评价方法，分类绘制脆弱性曲线以表示不同类设施在外荷载作用下的条件溃决概率，据此建立了流域堤防系统可靠性分析模型，可用于评价防洪设施在减轻风险方面的有效性。

2）用状态等级来反映堤防的性能对脆弱性的影响，考虑了结构老化、破损等影响，使流域内复杂多变的堤防设施可靠性问题得以简化。

3）在平原河网区，漫顶和管涌是脆弱性曲线绘制中堤防溃决考虑的两种主要模式，其他破坏模式造成的溃决概率与这两种模式相比可以忽略不计。

4）从水力学模型中提取到不同洪水情景下作用在堤防上的水荷载，就可由脆弱性曲线计算方法和可靠性模型得到相应的溃决概率，在发生超标准洪水的堤段，就可能出现堤防溃决的现象，使得水力学模型模拟不同重现期洪水的淹没范围和水深分布趋于合理，为损失评估提供了可信的依据。

（8）社会经济发展预测与损失评估模型的构建，是未来洪水风险情景分析中紧密相连、不可或缺的组成部分。

1）基于 IPCC 颁布的碳排放情景（SRES）和社会经济新情景（SSP），将中英科技合作期间考虑的 A2、B2 和 NP 情景调整为考虑低速依赖型（LS）、中速温和型（MS）和高速依赖型（HS）的流域社会经济发展情景，分别对应于 SSP2/RCP8.5、SSP2/RCP4.5 和 SSP3/RCP8.5 情景的组合。

2）以 2012 年为基年，利用线形区域降尺度等方法对流域内的 8 大城市及其下辖的 43 个区（县）进行了 3 种情景下共 16 个社会经济指标的预估（2020 年、2030 年、2050 年），满足了洪水损失评估中识别风险空间分布差异的要求。

3）针对太湖流域洪涝灾害的成灾特点，利用太湖流域可获取的社会经济统计资料和土地利用信息，确定了太湖流域洪灾损失指标体系，既有技术上的可操作性，又可满足大尺度洪灾损失评估的要求。

4）基于流域已有洪涝灾害损失统计数据的分析，建立了太湖流域分类资产损失率关系，验证结果表明，所建模型能够合理模拟太湖流域不同量级洪灾损失的大小和分布，达到了流域洪水情景分析对损失评估部分在精度与空间分布上的要求。

5）所开发的动态损失评估模型能被洪水风险情景分析集成平台直接调用，具备与其他相关模型的接口，可以更便捷地进行多种情景多种方案的洪水损失评估与比较。

（9）基于前期中英项目构建洪水风险分析系统的经验，设计与研发了太湖流域洪水风险情景分析集成平台，充分考虑了洪水风险情景分析各模型联合调用与成果集成的需求。

1）具备了基础地理信息、防洪工程、模型基础信息与分析成果等的查询、检索与展示功能。

2）可以对台风降雨模拟的成果进行集成与展示。

3）集成了太湖上游山区水文模型、平原区净雨模型、平原河网大尺度水力学模型、损失评估模型，可用于进行太湖地区未来洪水情景分析，分析成果包括淹没水深分布图、河段断面分布图与断面信息、断面处流量过程线和水位过程线与经济社会损失统计表等。

(10) 研发了太湖流域防洪减灾能力评价技术。

1) 根据影响防洪减灾能力的要素分类研究，从防洪工程能力、监测预警能力、抢险救灾能力、社会基础支持能力、科普宣教能力、科技支撑能力、灾害管理能力等7方面构建了太湖流域防洪减灾能力评价指标体系。

2) 基于层次分析法对诸多影响因素进行综合分析，梳理出影响流域洪水灾害的评价因子，构建了太湖流域防洪减灾能力评价模型。

3) 利用收集的太湖流域县级单元的防洪减灾能力评价指标数据，通过构建的太湖流域防洪减灾能力评价模型，计算了太湖流域防洪减灾能力评价结果，并绘制了评价结果图。

4) 分析了在全球气候温暖化与经济快速发展的大背景下，流域灾害系统中孕灾环境、致灾因子、承灾体及水灾损失的变化，总结了太湖流域洪水风险变化的特性和趋势。

5) 在此基础上，从流域尺度、区域尺度分别拟定了一系列计算方案，评价了不同因素对太湖流域洪水风险的影响。通过开展流域防洪减灾能力和洪水灾害风险评估，为太湖流域制定应对气候变化的综合洪水风险管理对策提供参考和技术支持。

10.2 展望与方略

10.2.1 前景展望

太湖流域在我国经济社会发展中将长期占据举足轻重的地位，其特有的自然地理条件决定了太湖流域对气候温暖化与海平面上升有较高的敏感性。太湖流域的洪涝风险不仅是永存的，而且在城镇化大潮冲击下，洪涝灾害威胁对象、致灾机理、成灾模式、损失构成与风险特性均在发生显著变化（表10.1），由此必然带来洪涝损失连锁性与突变性的持续上升。洪涝灾害的连锁性，是指现代社会遭受洪涝袭击时，各类基础设施与生命线系统，如交通、通信、互联网、供水、供电、供气、垃圾处理、污水处理与排水治涝防洪等，一旦在关键点或面上受损，会在系统内及系统之间形成连锁反应，以致出现灾情急剧扩展，受灾范围远远超出实际受淹范围，间接损失甚至超过直接损失的现象。洪涝灾害的突变性，是指在防洪排涝工程保护下，标准内的洪涝可以得到有效抑制，一旦超出防御能力，灾害损失与影响会出现急剧上升的现象。这不仅与受淹人口与资产数量激增有关，而且取决于承灾体的脆弱性。基于未来洪水预见的理念进行长时期洪水风险的情景分析，深刻认识洪涝风险的演变特征与趋向，对于促进治水理念的转变与治水方略的适时调整，具有积极的意义。

21世纪以来，加强水旱灾害管理，从控制洪水向洪水管理转变，已成为国际社会治水方略调整的必然趋向。然而，对比经济社会处于不同发展阶段国家的治水需求，仍可看出较大的差别。一般而言，发达国家的城镇化率总体上已处于平衡状态，其城镇人口至2050年将从21世纪初的9亿人增长到11亿人，基本不会对生态环境与基础设施建设产生过大的压力。其更令人担心的是气候变化、经济全球化、人口老龄化等打破已有的平

表 10.1 洪涝风险的演变特征与趋向

	传统社会	现代社会
威胁对象（承灾体）	受淹区内的居民家庭，牲畜、农田、村庄、城镇、道路与水利基础设施等（A）	（A）＋供电、供水、供气、供油、通信、网络等生命线网络系统，机动车辆等；影响范围与受灾对象远超出受淹区域；企业与集约化经营者成为重灾户
致灾机理（灾害系统构成及互动关系）	因受淹、被冲而招致人畜伤亡和财产损失（B），以自然致灾外力为主，损失主要与受淹水深、流速和持续时间成正比	（B）＋因生命线系统瘫痪、生产链或资金链中断而受损。孕灾环境被人为改良或恶化，致灾外力被人为放大或削弱；承灾体的暴露性与脆弱性成为灾情加重或减轻的要因；水质恶化成为加重洪涝威胁的要素
成灾模式（基本、典型的灾害样式）	人畜伤亡、资产损失、水毁基础设施（C），及并发的瘟疫与饥荒，灾后需若干年才能恢复到灾前水平	（C）＋洪涝规模一旦超出防灾能力，影响范围迅速扩大，水灾损失急剧上升；借贷经营者灾后资产归负，成为债民；应急响应的法制、体制、机制与预案编制对成灾过程及后果有重大影响；灾难性与重建速度、损失分担方式相关
损失构成（直接、间接损失）	以直接经济损失为主，人员伤亡、农林牧渔减产、房屋与财产损毁、工商业产品损失等（D）	（D）＋次生、衍生灾害造成的间接损失所占比例大为增加。生命线系统受损的连锁反应；信息产品的损失，景观与生态系统的损失增大；灾后垃圾处置量激增
风险特征（危险性、暴露性、脆弱性）	洪涝规模越大，可能造成的损失越大；洪水高风险区及受淹后果凭经验可作大致的判断；救灾不力可能引发社会动荡	受灾后资产可能归负，难以承受的风险加大；风险的时空分布与可能后果的不确定性大为增加；决策风险增大，决策失误可能影响社会安定；承灾体的暴露性与脆弱性成为抑制洪涝风险增长需考虑的重要方面

衡，威胁到可持续发展，以及早年修建的基础设施老化更新中面临区域之间、人与自然之间的矛盾冲突。为了解决可持续发展所面临的日益复杂的水问题，积极应对全球变暖等带来的挑战与潜在的风险，发达国家均在积极推进流域洪水综合管理与风险管理，调整与完善治水理念，采取“蓝、灰、绿结合”的治水手段，大力促进信息共享与公众参与等。

发展中国家则有所不同，在人口增长、工业化与城镇化快速推进的过程中，治水亟待应对的并非仅是“潜在风险”，而是现实中水资源短缺、水环境污染、水生态退化、水旱灾害损失加剧等日趋严重的水危机。古老的水旱灾害防治与现代社会中水资源配置、水环境治理、水生态修复、水文化保护和水应急管理等问题交织在一起，使得水安全保障变得更为艰巨和复杂。我国许多快速发展中的区域，前期基础设施建设欠账太多，后期要再上新台阶，水安全保障压力还将持续增大。为了有效抑制水旱灾害风险的增长态势，不仅需要加大力度补短板，而且在力图减轻水灾损失的同时，还希望切实发挥洪水的资源效益与环境效益，为经济社会的快速协调发展创造必不可少的支撑条件。为此，按照新时期提出的“两个坚持、三个转变”思路，即坚持以防为主、防抗救相结合，坚持常态减灾和非常态救灾相统一，从注重灾后救助向注重灾前预防转变，从应对单一灾种向综合减灾转变，从减少灾害损失向减轻灾害风险转变的工作要求，作为发展中国家，也应在积极探讨并实施向洪水与干旱管理的战略性转变，不断强化水灾风险管理与应急管理的体制、机制，加强风险管理与应急响应的能力建设，并力图使得水利工程体系在保障防洪安全、供水安全、饮水安全、粮食安全、经济社会安全与生态和环境安全等方面发挥更好的综合效益，促进人与自然的良性互动，实现人水和谐的发展。

太湖流域洪水风险情景分析研究结果表明：在经济社会发展与气候变化的影响下，若不采取有效的应对措施，未来太湖流域洪水风险必将呈现增长的趋势。流域已有防洪规划实现之后，可以有效发挥减轻洪灾损失的作用，但是年期望损失的增长仍会高于经济的增长，尚不足以抑制日趋加大的洪水风险。为此，迫切需要针对现代社会中洪水风险的演变特征与趋向，对治水方略进行适时的调整，既要通过水利工程体系的补短板来实现合理布局，通过优化调度来充分发挥其对洪水的调控作用，赢得水安全保障的综合效益；又要通过洪水风险管理与应急管理体系的建设与完善，提高全社会的洪水风险意识，增强对洪水风险的适应能力、承受能力与快速恢复重建能力，强化涉水违法违规行为监管力度，消除人为加重洪涝风险的行为，减轻洪涝灾害的不利影响。

10.2.2 方略探讨

为了满足人民群众日益提高的水安全保障需求，支撑经济社会的快速、平稳、可持续发展，太湖流域未来洪水情景分析的研究结果表明，流域中治水方略的适时调整，必须进一步拓宽思路。根据风险三角形理论，构成风险的三条边为致灾因子的危险性（Hazard）、承灾体的暴露性（Exposure）与脆弱性（Vulnerability）。任一条边的伸长或缩短，都会改变三角形的面积，即风险增大或减小了。对于洪水风险来说，致灾因子的危险性，通常由洪水水深、流速与淹没历时等指标来表征；承灾体的暴露性，指在洪水危险区域中受威胁对象的类型、数量与时空分布；承灾体的脆弱性，则指的是受洪涝威胁的对象缺乏风险意识与应对灾害的经验、防范准备不足、经不起灾害的打击，也无力从灾害影响中及时恢复的现象。为此，基于洪水的风险分析与评价，流域的防洪减灾与水安全保障方略，既需要针对洪水的危险性，推行适宜的调控性策略；也可以针对承灾体的暴露性，推行必要的适应性策略；以及针对承灾体的脆弱性，推行使经济社会更具承受灾害不利影响、快速恢复重建的强韧性策略。而实施这些策略，就需要全面加强洪水风险管理与应急管理的能力建设，形成与经济发展水平相适应的、更为强有力的防洪安全保障体系。

1. 调控性策略

洪水不同于地震、台风的一个重要特点，是具有一定的可调控性。根据流域地形和洪涝灾害特点，考虑不同防洪保护对象的重要性，太湖流域中形成了流域、城市和区域三个层次的防洪体系建设格局，防洪任务各有侧重。根据流域防洪规划的远期目标，至2025年太湖流域的防洪工程体系将能防御不同典型降雨的100年一遇洪水；上海、苏州等大城市已达到防御200年一遇甚至更高的防洪标准。而对于区域防洪而言，除山丘区等部分区域以外，有条件的区域将达到防御50年一遇暴雨洪水的标准。2007年无锡供水危机后，太湖水环境提升至国家层面，国家发展和改革委员会组织编制《太湖流域水环境综合治理总体方案》，并经国务院批复实施。2014年，流域水环境综合治理骨干引排工程21个子项，被打捆列入全国172项节水供水重大水利工程，得以进一步加快推进，其中有17项为防洪规划安排实施的流域防洪骨干工程建设内容，目前大部分工程已基本实施完成，流域防洪减灾能力不断提升。流域各地也结合地方经济社会发展需要，大力推进区域骨干河道治理、城市防洪工程体系和圩区等建设。经过多年治理，流域、区域和城市的防洪排涝能力明显提高，在抵御 2015 年、2016 年流域典型洪涝灾害中发挥了重要作用。

随着长三角区域一体化进程加快，太湖流域城镇化进程明显提速，流域内经济、人口高度聚集，土地利用发生较大变化，流域水情、工情呈现新的变化特征，城市防洪包围圈陆续建成、圩区大规模整治后排涝能力大幅增加，航运业快速发展带来大规模的航道整治升级，流域整体的洪涝致灾因素、孕灾环境以及承灾对象均产生了较大的变化，对流域的防洪安全保障能力提出了新的更高要求。

根据该项目的研究成果，总体来看，全面推进太湖流域防洪体系的建设规划是必要的。值得注意的是，一方面，由于气候变暖与流域内超大城市群形成的热岛效应和雨岛效应，流域中强降雨的发生可能更为频繁，地面沉降与海平面的上升亦会使得流域洪水自流外排的能力呈衰减趋势。另一方面，随着流域内城市与圩区的防洪排涝能力不断增强，河网槽蓄能力下降，同等降雨条件下河网水位显著抬高，区域之间，防洪排涝的矛盾不断加剧。例如，太浦河承担太湖的泄洪任务时，与浙江沿河区域排涝就存在冲突；而浙江各圩区排涝能力的增强，将黄浦江半日潮的低潮段几乎填平，使得上海市利用低潮期开闸排涝的时机几近丧失，不得不更多依赖于泵站强排和提前预泄的措施。由于黄浦江水位的不断抬升，上海市原按 1000 年一遇标准设计建造的防汛墙，已降低至 300 年一遇左右。现实表明，流域中防洪工程体系即使完成了达标建设的既定任务也将难以长久维持预期的标准。而在高度城市化的区域，要沿用加高堤防、拓宽河道、增修泵站等措施来维持、恢复或继续提高防洪排涝标准均将面临更多的制约。从表征洪水风险的年均期望损失的构成来看，不同重现期洪水中贡献最大者是 20～50 年一遇的洪水。如果流域面上一般圩区的防洪标准控制在不超过 50 年一遇，城市视重要性保证在 100～200 年一遇标准甚至更高，同时城区按不增大外排径流系数建设好“海绵”设施，则可避免人为加重和转移洪涝风险。因此，在已有防洪工程体系规划建设目标实现之后，太湖流域的防洪工程体系建设需从“不断扩大保护范围、提高防洪标准”转向追求“标准适度、布局合理、安全可靠、维护良好、调度科学”，并且从现在起，就要积极为增强系统韧性而推进各种能力建设。包括在今后流域防洪体系建设中，需进一步采取加高加固重要堤防、扩大骨干河道行洪能力与增设外排泵站等措施，并积极论证黄浦江河口建闸措施。

此外，洪水是自然的产物，具有很强的随机性。无数事实表明除极端降雨自然方面原因外，更多的是社会方面。1997 年以来，太湖流域城镇化突飞猛进，已经成为我国城镇化程度最高的地区之一。城镇化进程显著加快，流域下垫面条件发生了巨大的变化。2015 年，流域耕地面积为 11105.6km^2，同 1997 年相比，近 20 年间耕地面积大面积减少，减少了 3999.1km^2，减少幅度达 26%；流域建设用地面积为 11455.3km^2，同 1997 年相比，增加了 4852.3km^2，增加幅度达 73%，主要发生在武澄锡虞区、阳澄淀泖区、杭嘉湖区、浦西区和浦东区，其中杭嘉湖区和武澄锡虞区增加的面积最大，分别增加了将近 1000km^2；流域水域面积为 5293.3km^2，同 1997 年相比，减少了 258.1km^2，减少幅度约 5%，主要发生在杭嘉湖区和浦西区。大面积的天然植被和农业耕地被住宅、街道、公共服务设施、工厂的厂房及商业占地等建筑物代替，导致下垫面的滞水性、渗透性、降雨径流关系等均发生明显的变化。加之流域平原圩区保护范围和建设规模不断扩大，防洪标准逐渐提高，圩区的排涝能力逐步增强，重要河流断面雨洪径流及洪峰流量增大，洪峰时间提前，行洪历时缩短，洪水总量增加，洪水过程线变得峰高坡陡，一定程度地增加了流域和区域防洪压力。20世纪50年代汛期雨量达900mm时，太湖水位才出现4.00m，而现在汛期雨量300～400mm，太湖水位就突破4.00m，成灾暴雨的雨日天数由过去60～90d，缩短到30～40d，太湖洪水位呈现上涨快、高水位持续时间长、退水过程慢等特点。尤其是城市大包围工程的建设，城内水位均大幅下降，有效保证城市包围内城区的防洪安全，但对紧邻城市大包围的相关区域造成不利影响，区域洪水位上涨，一定程度上增加了大包围外围地区的防洪压力。近几年，由于航道整治、下垫面变化、水利工程建设和引排调度等影响，江南运河沿线水情发生了显著的上升趋势，大部分河段超警戒水位持续时间长，沿线防汛压力大，又进一步加剧了流域、区域和城市防洪与排涝的矛盾。

人类无法完全驾驭和控制洪水，需要善待洪水，给洪水出路，实现从控制洪水向洪水管理的转变。项目研究表明，太湖流域经济社会的发展使得洪涝灾害风险并未因防洪工程的建设而有所缓解，随着人口增加，人们不断向洪水高风险区徙居，财富集聚，经济社会十分脆弱，洪灾潜在损失增加。在市场发挥决定性作用的同时，在洪水管理中政府应该发挥积极的作用，规范人类社会活动，在土地利用和自然环境之间寻找一种平衡。要坚持生态文明与政治、经济、社会、文化五位一体建设同步推进，统筹山水林田湖草等生态要素，实现经济社会与人口、资源、环境相协调。要坚持生命至上，保护优先的原则，按照2018年4月26日，习近平总书记在深入推动长江经济带发展座谈会上多次就水资源水环境水安全提出的明确要求，“按主体功能区定位，明确优化开发、重点开发、限制开发、禁止开发的空间管控单元，建立健全资源环境承载能力监测预警长效机制”“以空间规划统领水资源利用、水污染防治、岸线使用、航运发展等方面空间利用任务，促进经济社会发展格局、城镇空间布局、产业结构调整与资源环境承载能力相适应”“在生态环境、产业空间布局、港口岸线开发利用、水资源综合利用等方面明确什么、弃什么、禁什么、干什么，在这个基础上统筹沿江各地积极性。”

要把思想认识统一到生态文明建设上来，把新发展理念贯彻落实到“水利工程补短板、水利行业强监管”具体工作之中，切实践行以人民为中心的发展思想，勇于破除与新时代发展要求不相符合的思维定势和路径依赖，敢于纠正工作上的偏差，以改善生态环境质量为核心，针对流域、区域、行业特点，聚焦问题、分类施策、精准发力，全面落实《关于全面推行河长制的意见》《关于在湖泊实施湖长制的指导意见》要求，做好环湖堤防等流域重要堤防工程确权划界工作，并将确权划界成果纳入所在地区城乡发展总体规划和控制性详细规划等，推行“多规合一”；加强河湖水面的保护力度，研究河湖水面积保护制度，探索将各区域的河湖水面率控制指标纳入流域规划进行管控。依据《中华人民共和国防洪法》，进一步加强重点水利工程规划保留区管理工作，保证流域骨干工程建设项目的用地不被侵占，预留河道拓浚整治空间，有力促进河道治理和保护以及河道管理，并更好地与地方经济发展规划相衔接。

开展流域水利工程联合调度和洪水综合调度是减轻洪涝灾害风险的重要措施。完善防御洪水方案及洪水调度方案，要建立科学合理、快速高效的防洪调度管理体系，充分发挥太湖流域水利工程调蓄洪水能力，以避免或减轻洪水灾害的发生。未来流域中防洪工程体系面临多目标优化调度运用的要求会越来越高，需要不断提高调度决策支持系统的智能化水平。一方面，对于不同量级的梅雨和台风暴雨，要充分考虑区域之间防洪与排涝的利害冲突，尽可能发挥好太湖与河网水系调蓄雨洪的作用，处理好太湖泄洪与太浦河、望虞河沿岸地区的防洪排涝的冲突，避免加剧区域间的治水矛盾。为此需要按是否处于梅雨期分阶段制定优化调度方案，特别是太浦闸、望亭水利枢纽、常熟水利枢纽的调度运用，梅雨期仍按照现有原则进行调度，梅雨期后则可适当提高太湖水位运行，发挥太湖的调蓄能力。太湖水位是流域工程控制运行的重要指标，对于太湖水位提高多少适宜、台风造成的风浪壅高等这一系列问题，还需开展进一步的研究，以确保环湖大堤的安全。另一方面，太湖流域中，不仅是防洪排涝，而且水资源配置、水环境治理与水生态修复等，对水利工程体系都有着极大的依赖性，也存在着相互间的利害冲突。比如望虞河为太湖的主要泄洪通道，但为了减轻太湖蓝藻的危害，在“引江济太”中又承担起引水的重任。由于流向从向外江改为向内湖，对沿河两岸原有的排涝功能就不能正常发挥了。为此不仅需要调度精细化，继续推进洪水调度向资源调度、汛期调度向全年调度、水量调度向水量水质统一调度、区域调度向流域与区域相结合调度的“四个转变”。实施精细调度，探索建立面向防洪、供水、生态多目标要求的综合调度体系。而且，需要根据降雨时空分布特点，研究流域性骨干河道沿线区域涝水与太湖洪水错峰调度的可行性，探索建立流域、区域、城市水利工程协同调度平台，建立高效的联合调度工作机制，妥善解决流域与区域、城市防洪排涝问题，进一步促进受影响区域的防洪排涝工程体系的完善。

2. 适应性策略

研究表明，单靠防洪工程手段，即使远期规划目标完全实现，太湖流域未来超标准洪水的残余风险依然呈增长的态势，一些难以受高标准工程措施保护的区域，将承受更多的转移风险。尽管人们常说，由于经济的发展，如今“处处都淹不得了”，但即使是上海、苏州这样的大城市，在极端暴雨洪涝条件下，要求处处都不淹，也是难以做到的。太湖流域现状防洪保护区面积约为23660km^2，聚集了流域内超过80%的人口和GDP，是流域经济社会的精华所在，一旦发生洪涝灾害，将造成巨大经济损失和严重社会影响，1991年和1999年两次洪涝灾害造成的当年直接经济损失超过250亿元。2015年6月下旬，常州24h降雨量247mm，持续72h强降雨，大运河钟楼闸站下游水位最高达6.08m，超出200年一遇，导致城区内涝严重，出现大面积的积水、受涝、受淹现象，仅常州全市损失就达63.2亿元。2016年梅雨期苏锡常地区遭受更大量级的大暴雨，6月20日至7月4日湖西地区平均降雨量为520mm，重现期220年，太湖最高水位为4.87m，历史记录第二。常州采用预警、预泄、调蓄措施，城区未发生内涝现象，城市仅损失0.5亿元，较2015年的17.18亿元，大大减少。2016年苏锡常地区采取预警、预排、预降等综合措施，洪涝灾害总损失59.3亿元，较2015年76.3亿元减少17亿元。适应性方略就是在受淹不能完全避免的前提下，针对承灾体的暴露性所采取的对策措施，使得承灾体本身对洪水具有更强的适应能力与防范能力，尽可能减轻洪灾损失及其不利影响。目前，流域正处于经济发展质量不断提升、产业结构重大调整阶段，传统的洪涝问题与水资源配置、水环境治理等交织在一起变得更为复杂、艰巨，迫切需要加强洪水风险管理，从减少洪涝灾害损失向减轻洪涝灾害风险转变，切实提升流域整体防灾减灾能力，主要措施包括洪水风险区划、土地利用管理、洪水风险分担与补偿等。

洪水风险区划是基于对洪水危险性构成要素（水深、流速、淹没历时与重现期等）的综合分析与评判，识别洪水危险特性与等级的区域分布，旨在为经济社会发展规划中合理规避洪水高危险区、土地利用和建筑物管理中采取更具适应性的模式与必要的防范措施等提供基本的依据。要基于洪水风险区划建立完善涉水建设项目的洪水影响评价与审批制度，规范洪水风险区内人们的土地利用开发行为，保证在适度承担洪水风险的同时，既能有效地利用土地资源，又避免人为盲目加重洪水风险。在流域下垫面发生显著变化的情况下，洪水危险性区划不能仅以历史洪灾记录为依据，而需要利用现代化的监测、模拟与情景分析等手段，对洪水危险性构成要素的变化进行识别，以增强洪水危险区划图的实用价值。

洪水风险分担与补偿是以契约化的经济手段来增强经济社会发展对洪水的适应性。所谓“风险分担”，是相对于“确保安全”而言的。洪水泛滥积涝的过程，实际上也是洪水滞蓄、洪峰坦化的过程。在防洪体系的构建中，一味谋求“不断扩大防洪保护范围、提高防洪排涝标准”，就难免使得洪峰流量倍增，峰现时间提早，出现水涨堤高、堤高水涨的不良循环。为了避免区域之间、人与自然之间陷入恶性互动，治水方略的调整就需要向“确保流域蓄滞水功能”转移。即防洪除涝工程兴建的目的与调度的准则，不再是将洪水尽快通过河道排向下游，而是尽可能将洪峰流量控制在各河段的行洪能力之内。对于超出部分形成的泛滥积水，则通过发展分滞蓄水设施、预报警报系统、居民避难系统、建筑物耐淹化等措施来提高自适应的能力。即使是重要的地区，也不能无偿获得确保安全的权利，而应该以“提供补偿资金”的方式来履行分担风险的义务。从构建一个公平而和谐的社会，让人民共享水利建设成果的目标出发，建立更为合理有效的流域防洪补偿机制，是未来洪水管理中必不可少的要求。政府因重要城市防洪保安标准高而增加财政效益，从中提取必要的补偿基金，帮助洪水风险相对较高的区域转向更适应于人水和谐的经济发展模式，并通过安全设施建设等手段，提高自我保护的能力。

同时，要坚持流域、区域统筹协调的原则，完善圩区管理规划体系，抓紧编制（修编）圩区建设规划。重点加强流域骨干行洪河道沿线圩区建设、治理方案的审查和管理，合理确定圩区的标准、布局和规模。实行圩区分类管理，合理确定圩区建设标准及运行管理方案，合理控制圩区蓄水位和泵站外排规模。加强圩区调度管理，研究制定圩区的调度方案，适当发挥圩区的调蓄作用。

3. 强韧性策略

所谓强韧性，是针对脆弱性而言的。脆弱性按不同的对象进行考察，有不同的成因与表现，并会显现出动态变化的特征。例如，现代社会的正常运转越来越依赖于各类基础设施与生命线系统，一旦灾害中基础设施遭受损毁，或供电、供水、供气、供油、交通、通信等系统因灾停止运营，社会就可能陷入瘫痪状态，因此面对超标准洪涝往往显现出更大的脆弱性，对快速恢复重建提出了更高的要求。再如，过去农田受淹，损失的是一季作物，通过民政救济、农业保险、社会捐助，尚能渡过难关。现在集约化经营者，或投巨资建大棚等基础设施的种养殖户，以借贷方式维持资金周转，一旦遭受大灾，资金链中断，灾后资产不是归零而是归负，就成了无以承受的灾难，必须寻求更具强韧性策略，从减轻灾害损失向减轻灾害风险转变。从洪水管理的角度看，推行强韧性策略的主要措施包括：强化应急管理，注重应急响应的能力建设；推行洪水保险，提高巨灾承受能力与恢复重建能力等。

强化应急管理，涉及体制、机制、法制建设与应急响应能力建设等诸多方面。我国防洪减灾应急管理已经确立了以防为主、防重于抢的方针和预防与处置并重、常态与非常态结合的原则，逐步健全了分类管理、分级负责、条块结合、属地为主的应急管理体制；按照四级应急响应的要求，形成了政府主导、部门联动、群专结合、问责追究的应急管理机制；各类应急预案也在不断完善。2009 年太湖流域防汛抗旱总指挥部成立以来，建立和完善流域统一的防洪减灾应急管理体制，强化了预报、预警、调度、抢险、救灾、重建等关键环节的能力建设，不断完善各类预案和调度方案，重点针对突发性台风、暴雨、洪水和风暴潮“三碰头”“四碰头”的恶劣情景，提高协调联动的应急管理水平。今后的工作重点有以下几方面。

（1）进一步建立高效的应急指挥体系，完善区域水灾风险识别、预报和预警系统，提高汛情监测预报、工情监测巡查、实时调度、机动抢险等各个环节的现代化水平，并制定不同灾害级别的应急响应程序，及时转移高风险区中的物资、疏导群众，加强城市地下空间等脆弱点的防范等。

（2）加强山洪、台风、风暴潮等灾害的监测、预报、预警、应急能力建设，落实各项防御措施，建立灾害预警系统；加强山洪、台风、风暴潮等灾害风险宣传教育，提高人们防灾、避灾意识。

（3）研究提出遭遇超标准洪水、重大水利工程事故等重大事件的应急管理意见。建立和完善各级防洪减灾应急预案，提出建立完善分级响应机制和应急处置机制意见，重点针对养老院、医院、幼儿园、小学校等灾害弱者群体，细化应对突发性暴雨洪水灾害的紧急救援措施。

（4）提高城市生命线系统保障能力。城市的生命线系统是保障城市功能正常运行的关键，是城市水灾脆弱性的重要内容之一，也是水灾应急管理工作的重点与难点。应基于洪水风险评估合理规划城市重要交通线路与生命线系统，并有针对性地做好生命线工程的应急预案与应急维修工作，提高生命线系统的快速恢复能力。

（5）当超标准洪水发生时，水利工程体系本身首当其冲，往往也在不同程度上成为被损毁的对象。对于水毁工程，要依法建立灾情快速评估、应急处置与修复方案及时审定、高效实施的运作体制，切实保障技术力量与资金的投入。

洪水保险是现代社会中发展起来的一种分担洪水风险、增强承灾能力的模式，有商业性保险、政策性保险等多种形式。商业性洪水保险由商业保险组织以专向险种或综合险种的方式提供，投保户与保险公司签约后，按期交纳一定的保费，一旦遭受洪灾，可根据保险合同获得理赔。但保险公司为了避免赔付亏损，对风险评估过高的投保户，也会拒绝承保。政策性保险通常是政府为推进洪水管理而做出的一种制度化安排，需要有一定的财政与技术实力支撑，政府可能为之提供一定的补贴，如美国 20 世纪 60 年代末推出的《国家洪水保险计划》，既是以洪水保险作为推动洪泛区管理的重要经济手段，以抑制洪灾损失急剧上升趋势。我国 1998 年颁布实施的《中华人民共和国防洪法》中已明确规定“国家鼓励、扶持开展洪水保险”，但当时受财政与技术条件制约，并未出台国家洪水保险的实施办法。经过 20 年的高速发展，太湖流域经济技术实力大为增强，洪水风险管理的需求也更为迫切。据测算，太湖流域未来至 2050 年一次稀遇流域性洪水可能造成的损失在 200 亿元左右，但年均损失约为 10 亿～20 亿元。在可承受的限度内均匀支付保费，而在大洪水年获得与损失同量级的赔付，同时还可能通过再保险的方式进一步分担风险，将极大增强应对巨灾风险的能力。因此，太湖流域不妨在推进洪水保险中做出先行的探讨，从研究商业性保险与政策性洪水保险的适宜范围、对象以及组织形式和实施方式入手，探索制定科学可行的洪水保险制度，提出符合国情、切实可行的洪水保险实施条例和方案；进而在洪水保险试行的基础上，研究制定《太湖流域洪水保险条例》和《太湖流域洪水保险实施方法》，使洪水保险法律化、制度化，为开展太湖流域洪水保险提供政策和法律上的支持。

参 考 文 献

陈洪滨，范学花，董文杰，2006. 2005年极端天气和气候事件及其他相关事件的概要回顾［J］. 气候与环境研究，11（2）：236－244.

陈守煜，2001. 防洪调度系统半结构性决策理论与方法［J］. 水利学报，（11）.

陈秀万，1997. 遥感与GIS在洪水灾情分析中的应用［J］. 水利学报，1997（3）：70－73.

陈祖煜，2003. 土质边坡稳定分析——原理·方法·程序［M］. 北京：中国水利水电出版社.

程文辉，王船海，朱琰，2006. 太湖流域模型［M］. 南京：河海大学出版社.

丁志雄，2004. 基于RS与GIS的洪涝灾害损失评估技术方法研究［D］. 北京：中国水利水电科学研究院.

董增川，2004. 长江三角洲地区城市化进程中面临的水资源问题及对策［J］. 中国水利，（10）.

冯平，李润苗，1994. 水库保护区内防洪堤的水文风险估算［J］. 河海大学学报，（22）：6，98－100.

高俊峰，韩昌来，1999. 太湖地区的圩垸及其对洪涝的影响［J］. 湖泊科学，11（2）：105－109.

郭生练，1995. 气候变化对洪水频率和洪峰流量的影响［J］. 水科学进展，6（3）：224－230.

郭生练，李兰，曾光明，1995. 气候变化对水文水资源影响评价的不确定性分析［J］. 水文，（6）：1－6.

郭生练，刘春蓁，1997. 大尺度水文模型及其与气候模型的联结耦合研究［J］. 水利学报，（7）.

韩昌来，毛锐，1997. 太湖水系结构特点及其功能的变化［J］. 湖泊科学，9（4）：300－306.

韩松，程晓陶，梅青，等，2009. 流域未来洪水风险动因响应关系定性分析方法的研究［J］. 中国水利水电科学研究院学报，7（4）：251－256.

胡坚，2005. 蓄滞洪区运用损失快速评估与补偿研究［D］. 南京：河海大学.

胡俊锋，2008. 基于减灾能力评价的洪涝灾害风险研究［D］. 北京：北京师范大学.

胡俊锋，杨佩国，杨月巧，等，2010. 防洪减灾能力评价指标体系和评价方法研究［J］. 自然灾害学报，（3）：82－87.

湖州市江河水利志编纂委员会，1995. 湖州市水利志［M］. 北京：中国大百科全书出版社，27－69.

黄诗峰，1999. 洪涝灾害风险分析的理论与方法研究［D］. 北京：中科院博士学位论文，8：22－34.

江勤，张蕾，王晓峰，2017. 飞机气象探测资料（AMDAR）质量控制与质量分析［J］. 气象，5：598－609.

姜树海，1995. 基于随机微分方程的河道行洪风险分析［J］. 水利水运科学研究，（2）：127－137.

解家毕，2011. 流域大尺度洪水风险评价方法［J］. 中国防汛抗旱，（4）.

解家毕，孙东亚，2011. 堤防漫顶可靠性分析模型及其应用［J］. 水利水电技术，42（7）：40－45.

金光炎，2002. 城市设计暴雨频率曲线线型的研究［J］. 水文，22（1）.

李保俊，冀萌新，吕红峰，等，2005. 中国自然灾害备灾能力评价与地域划分［J］. 自然灾害学报，（6）：47－53.

李纪人，2001. 遥感和地理信息系统在防洪减灾中的应用［C］.《中国遥感奋进》创刊20年论文集. 北京：气象出版社，307－311.

李纪人，黄诗峰，等，2003．“3S”技术水利应用指南［M］. 北京：中国水利水电出版社.

李锦辉，2004. 基于随机有限元的堤防渗透失稳风险分析及除险加固策略研究［D］. 南京：河海大学．

李丽，郝振纯，王加虎，2004. 基于DEM的分布式水文模型在黄河的应用探讨［J］. 自然科学进展，14（12）：1452－1458.

李青云，2002. 长江堤防工程安全评价的理论和方法研究［D］. 北京：清华大学博士学位论文.

李青云，张建民，2005. 长江堤防安全评价的理论方法和实现策略［J］. 中国工程科学，（7）：6，7－13.

廉师友，1998. C＋＋面向对象程序设计简明教程［M］. 西安：西安电子科技大学出版社.
梁瑞驹，1993. 太湖洪涝灾害［M］. 南京：河海大学出版社.
梁潇云，任福民，2006. 2005年全球重大天气气候事件概述［J］. 气象，32（4）：74－77.
梁在潮，李泰来，2001. 江河防洪能力的风险分析［J］. 长江科学院院报，（18）：2，7－10.
刘志彪，安同良. 中国产业结构演变与经济增长［J］. 南京社会科学，2002（1）：1.
流域洪水风险情景分析技术研究项目组，2009. 流域洪水风险情景分析技术研究终期报告［R］. 北京：中国水利水电科学研究院.
陆孝平，谭培伦，王淑绮，1993. 水利工程防洪经济效益分析方法与实践［M］. 南京：河海大学出版社.
毛锐，2000. 建国以来太湖流域三次大洪水的比较及对今后治理的意见［J］. 湖泊科学，12（1）：6－11.
毛锐，1992. 太湖大灾与治理太湖［J］. 湖泊科学，4（1）：1－8.
穆荣平，任中保，王瑞祥，2005. 技术预见历史回顾与展望［R］//中国科学院科学与技术预见系列报告之技术预见报告，北京：科学出版社.
聂蕊，2012. 城市空间对洪涝灾害的影响、风险评估及减灾应对策略——以日本东京为例［J］. 城市规划学刊，（6）：79－85.
浦根祥，孙中峰，万劲波，2007. 技术预见的定义及其与技术预测的关系［J］. 科技导报，（7）：15－18.
芮孝芳，1997. 流域水文模型研究中若干问题［J］. 水科学进展，（1）：94－98.
佘之祥，1997. 长江三角洲水土资源与区域发展［M］. 合肥：中国科技大学出版社.
史培军，1991. 灾害研究的理论与实践［J］. 南京大学学报，（11）：37－42.
史学正，于东升，孙维侠，等，2004. 中美土壤分类系统的参比基准研究：土类与美国系统分类土纲间的参比［J］. 科学通报，49（13）：1299－1303.
水利部太湖流域管理局防汛抗旱办公室，2000. 1991年太湖流域洪水［M］. 北京：中国水利水电出版社.
苏凤阁，郝振纯，2003. 一种陆面过程模式对径流的影响研究［J］. 气候与环境研究，7（4）.
万洪涛，程晓陶，胡昌伟，等，2009. 基于WebGIS的流域级洪水管理系统集成与应用［J］. 地球信息科学学报，11（3）：363－370.
王栋，朱元甡，2003. 防洪系统风险分析的研究评述［J］. 水文，（2）：15－20.
王红梅，胡明，王涛，2005. 数据结构（C＋＋版）［M］. 北京：清华大学出版社.
王同生，1993. 太湖流域1991年洪涝及今后治理措施［J］. 水科学进展，4（2）：127－134.
王晓峰，王平，张蕾，等，2015. 上海“7. 31”局地强对流快速更新同化数值模拟研究［J］. 高原气象，34（1）：124－136.
王晓峰，王平，张蕾，等，2017. 多源观测在快速更新同化系统中的敏感性试验［J］. 高原气象，36（1）：148－161.
王晓峰，许晓林，杨旭超，等，2017. 数值模式对强台风“菲特”登陆期间预报能力评述［J］. 大气科学学报，40（5）：609－618.
王晓峰，许晓林，张蕾，等，2014. 上海“0731”局地强对流观测分析［J］. 高原气象，33（6）：1627－1639.
王艳艳，陆吉康，郑晓阳，2001. 上海市洪涝灾害损失评估系统开发［J］. 灾害学，16（2）：7－13.
王艳艳，梅青，程晓陶，2009. 流域洪水风险情景分析技术简介及其应用［J］. 水利水电科技进展，（2）：56－60，65.
王卓甫，章志强，杨高升，1998. 防洪堤结构风险计算模型探讨［J］. 水利学报，（7）：64－67.
王紫雯，程伟平，2002. 城市水涝灾害的生态机理分析和思考——以杭州市为主要研究对象［J］. 浙江大学学报（工学版），36（5）.
吴浩云，管惟庆，2001. 1991年太湖流域洪水［M］. 北京：中国水利水电出版社.
吴浩云. 1999年太湖流域洪水［M］. 北京：中国水利水电出版社，2001.
吴泰来，2000. 太湖流域1999年特大洪水和对防洪规划的思考［J］. 湖泊科学，11（1）：7－12.
吴兴征，丁留谦，张金接，2003. 防洪堤的可靠性设计方法探讨［J］. 水利学报，（4）：87－93.

吴兴征，赵进勇，2003. 堤防的结构风险分析理论及其应用［J］. 水利学报，（8）：79－85.
夏军，2002. 水文非线性系统理论与方法［M］. 武汉：武汉大学出版社.
徐向阳，张超，沈晓娟，2006. 关于太湖流域防洪标准的讨论［J］. 湖泊科学，18（4）.
徐雪红，2000. 太湖流域防洪形势及近期治理防洪标准探讨［J］. 湖泊科学，12（3）：199－204.
阎俊爱，2006. 基于GIS城市智能型防洪减灾决策支持系统研究［J］. 水利水电技术，（8）：77－79.
杨洪林，章杭惠，龚政，2008. 太湖流域防洪形势研究［J］. 水利规划与设计，（2）：14－17.
杨佩国，胡俊锋，于伯华，等，2013. 亚太地区洪涝灾害时空格局［J］. 陕西师范大学学报（自然科学版），41（1）：74－81.
杨佩国，胡俊锋，刘睿，2013. HJ－1B卫星热红外遥感影像农田地表温度反演［J］. 测绘科学，38（1）：60－62.
叶佰生，赖祖铭，施雅风，1996. 气候变化对天山伊犁河上游河川径流的影响［J］. 冰川冻土，18（1）：29－36.
叶建春，章杭惠，2015. 太湖流域洪水风险管理实践与思考［J］. 水利水电科技进展，35（5）：136－141.
虞孝感，吴泰来，姜加虎，等，2000. 关于1999年太湖流域洪涝灾情、成因及流域整治的若干认识和建议［J］. 湖泊科学，12（1）：1－5.
张建新，惠士博，谢森传，2002. 利用降雨入渗产流分析原理和Nash单位线汇流方法进行排涝模数计算的研究［J］. 水文，22（3）.
张蕾娜，李秀彬，王兆锋，2004. 一种可用于表征土地利用变化水文效应的水文模型探讨［J］. 水文，24（3）.
张雨明，王维庆，2001. 猛进水库防洪调度系统［J］. 昆明理工大学学报，26（4）：150－152.
周建康，朱春龙，罗国平，2004. 平原圩区设计排涝流量与水面率关系研究［J］. 灌溉排水学报，23（4）：64－66，70.
朱勇华，郭海晋，徐高洪，2003. 防洪堤防洪综合风险研究［J］. 中国农村水利水电，（7）：11－14.
朱元甡，1989. 长江南京段设计洪水位的风险分析［J］. 水文，（5）：8－15.
朱元甡，韩国宏，王汝慈，等，1995. 南水北调中线工程交叉建筑物水毁风险分析［J］. 水文，（3）：1－7.
曾涛，郝振纯，王加虎，等，2004. 气候变化对径流影响的模拟［J］. 冰川冻土，26（3）：324－332.
《1999年太湖流域洪水》编委会，2001. 1999年太湖流域洪水［M］. 北京：中国水利水电出版社.
ABBOTT M. B.，et al.，1986. An introduction to the European Hydrological System［J］. Journal of Hydrology，87（1）：45－77.
ABDO K. S.，FISEHA B. M.，RIENTJES，T.，et al.，2009. Assessment of climate change impacts on the hydrology of gilgel abay catchment in Lake Tana basin，ethiopia［J］. Hydrological Processes，23（26）：3661－3669.
ALLEY，1985. Water balance models in one month ahead stream flow forecasting［J］. Water Resources Research，21（4）：597－606.
ARNOLD J G，1998. Large area hydrologic modeling and assessment I：Model development［J］. Advance of Water Resource，34：73－89.
BEBEN K. J.，KIRKBY M. J.，1979. A physically based variable contributing model of basin hydrology［J］. Hydrological Sciences Bulletin，24（1）：43－69.
BUIJS Foekje，Jonathan Simm，Michael Wallis，et al.，2007. Performance and reliability of flood and coastal defences［J］. R&D Technical Report FD2318/TR1.
BURTON A.，KILSBY C. G.，FOWLER H. J.，et al.，2008. RainSim：A spatial-temporal stochastic rainfall modelling system［J］. Environmental Modelling & Software，23（12）：1356－1369.
CASCIATI A. F.，FARAVELLI A. L.，1991. Fragility analysis of complex structural systems［M］. Taunton：Research Studies Press.

CASAGRANDE, A. 1965. Role of the ‘calculated risk’ in earthwork and foundation engineering [J]. Journal of the Soil Mechanics Division, ASCE, 1 (94): 4.

CHARLES, S. P. , BARI, M. A. , KITSIOS, A. , et al. , 2007. Effect of gcm bias on downscaled precipitation and runoff projections for the serpentine catchment, Western Australia [J]. International Journal of Climatology, 27 (12): 1673 - 1690.

CHENG X T. 2009. Urban flood prediction and its risk analysis in the coastal areas of China [M]. 北京：中国水利水电出版社.

CHRISTENSEN, N. S. , LETTENMAIER, D. P. , 2007. A multimodel ensemble approach to assessment of climate change impacts on the hydrology and water resources of the Colorado river basin [J]. Hydrology and Earth System Sciences, 11 (4): 1417 - 1434.

CHRISTIAN J. T. , 2004. Geotechnical engineering reliability: how well do we know what we are doing? [J]. Journal of Geotechnical and Geoenvironmental Engineering, ASCE, 130 (10): 985 - 1003.

COSBY B. J. , HORNBERGER G. M. , CLAPP R. B. , et al. , 1984. A statistical exploration of the relationships of soil moisture characteristics to the physical properties of soils [J]. Water Resources Research, 20 (6): 682 - 690.

COULTHARD T. J. , MACKLIN M. G. , 2001, How sensitive are river systems to climate and land—use changes? Amodel - based evaluation [J]. Journal of Quaternary Science, 16 (4): 347 - 351.

DAWSON R. J. , HALL J. W, 2001. Improved condition characterisation of coastal defences. Proceedings of ICE Conference on Coastlines [J]. Structures and Breakwaters, London, 123 - 134.

DUAN, Q. Y. , PHILLIPS, T. J. , 2010. Bayesian estimation of local signal and noise in multimodel simulations of climate change [J]. Journal of Geophysical Research - Atmospheres, 115 (D18123).

DUNCAN J. M. , 2000. Factors of safety and reliability in geotechnical engineering [J]. Journal of Geotechnical and Geoenvironmental Engineering, (3): 307 - 318.

EBI, K. L. , STEPHANE HALLEGATTE, TOM KRAM, et al. , 2014. A new scenario framework for climate change research: background, process, and future directions [J]. Climatic Change, 122: 363 - 372.

ELES C W O. , BLACKIE J. R. , 1993. Land - use changes in the balquhidder catchments simulated by a daily stream flowmodel [J]. Journal of Hydrology, 145 (3—4): 315 - 336.

EVANS E. , THORNE C. , et al. , 2006. Future flood risk management in the UK [J]. Water Management, 159 (1): 53 - 61.

GAFFIN, S. R. , ROSENZWEIG R. C. , XING X. , G, 2004. Downscaling and geo - spatial grid of socioeconomic projections from the IPCC Special Report on Emissions Scenarios (SRES) [J]. Global Environmental Change, 105 - 1233.

GHOSH, S. , MUJUMDAR, P. P. , 2009. Climate change impact assessment: uncertainty modeling with imprecise probability [J]. Journal of Geophysical Research - Atmospheres, 114 (D18113).

GIORGI, F. , MEARNS, L. O. , 2002. Calculation of average, uncertainty range, and reliability of regional climate changes from aogcm simulations via the “reliability ensemble averaging” (rea) method [J]. Journal of Climate, 15 (10): 1141 - 1158.

GORO M. , DAIGO M. et al. , 2013. Probability assessment of flood and sediment disaster in Japan using the Total Runoff - Integrating Pathways models [J]. International Journal of Disaster Risk Reduction, (3): 31 - 43.

GUI S. X. , ZHANG R. D. , XUE. X. Z. , 1998. Overtopping reliability models for river levee [J]. Journal of Hydraulic Engineering, 1227 - 1234.

HARVEY G. L. , THORNE C. R. , CHENG X. , et al. , 2009. Qualitative analysis of future flood in the Taihu Basin, China [J]. Journal of Flood Risk Management , 2 (2): 85 - 100.

KILSBY, C. G., JONES, P. D., BURTON, A., 2007. A daily weather generator for use in climate changestudies [J]. Environmental Modelling & Software, 22 (12): 1705 - 1719.

KLOCKIOG B., HABERLANDT U., 2002. Impact of land use changes on water dynamics—a case in temperate mesoscale and macroscale river basins [J]. http: //www. paper. edu. cn.. Physics and Chemistry of the Earth, 27: 619 - 629.

KRAUSE P., et al., 2002. Quantifying the impact of land use changes on the water balance of large catchments using the J2000 model [J]. Physics and Chemistry on Earth, 27: 663 - 673.

LACASSE S., N. F., 1996. Uncertainties in characteristic soil properties [J]. In Proceedings Uncertainty in the Geologic Environment: From Theory to Practice, ASCE, New York, NY, pp. 49 - 75.

LACASSE, S., N., F., 1996. Uncertainties in characteristic soil properties [J]. In Uncertainty in the Geological Environment, ASCE specialty conference, Madison, WI. ASCE, Reston, VA, 40 - 75.

LAHMER W., 2001. Assessment of land use and climate change impacts on the Mesoscale [J]. Physics and Chemistry of Earth, 26: 565 - 575.

LEE H. L. MAYS L W, 1983. Improved risk and reliability model for hydraulic structures [J]. Water Resources Research, 19 (6): 1415 - 1422.

LI. J., ZHANG B., 2005. A GIS - based study on the model for evaluation of direct submerging damage of flood disaster. IGARSS 2005: IEEE INTERNATIONAL GEOSCIENCE AND REMOTE SENSING SYMPOSIUM, VOLS 1 - 8, PROCEESINGS.

LIANG X., WOOD E. F., LETTENMAIER D. P., 1996. Surface soil moisture parameterization of the VIC - 2L model: Evaluation and modifications [J]. Global and Planetary Change, 13: 195 - 206.

LIU Q F, SURGI N, LORD S, et al. 2006. Hurricane initialization in HWRF model [R]. NCEP/EMC office note.

LOHMANN D., RASCHKE E., N. B., et al., 1998. Regional scale hydrology: I. Formulation of the VIC - 2L model coupled to a routing model [J]. Hydrological Sciences Journal, 43 (1): 131 - 141.

LOHMANN D., RASCHKE E., N. B., et al., 1998. Regional scale hydrology: II. Application of theVIC - 2L model to the Weser River, Germany [J]. Hydrological Sciences Journal, 43 (1): 143 - 158.

MAURER, E. P., DUFFY, P. B., 2005. Uncertainty in projections of streamflow changes due to climate change in California [J]. Geophysical Research Letters, 32 (L037043).

MAXINO, C. C., MCAVANEY, B. J., PITMAN, A. J., et al., 2008. Ranking the ar4 climate models over the murray - darling basin using simulated maximum temperature, minimum temperature and precipitation [J]. International Journal of Climatology, 28 (8): 1097 - 1112.

MICHAUD J., SOROOSHIAN S., 1994. Comparison of simple versus complex distributed runoff models on a midsized semiarid watershed [J]. Water Resources, 30 (3): 593 - 605.

MINVILLE, M., BRISSETTE, F., LECONTE, R., 2008. Uncertainty of the impact of climate change on the hydrology of a Nordic watershed [J]. Journal of Hydrology, 358 (1 - 2): 70 - 83.

MORGAN, G. C., RAWLINGS, G. E., SOBKOWICZ, J. C, 1992. Evaluating total risk to communities from large debris flow, in Geotechnique and Natural Hazards [J]. BiTech Publishers, 225 - 236.

MORGENSTERN N., 1995, Managing risk in geotechnical engineering, 3rd Casgrande Lecture, In: Proceedings of the 10th Pan American Conference on soil mechanics and foundation engineering. 4: 102 - 126

O'NEILL B. C., ELAMR KRIEGLER, KEYWAN RIAHI, et al., 2014. A new scenario framework for climate change research: the concept of shared socioeconomic pathways [J]. Climatic Change, 122: 387 - 400.

Office of Science and Technology, 2004. Foresight Future Flooding Scientific Summary Volume Ⅱ: Managing Future risks [R]. London.

Office of Science and Technology, 2004. Foresight Future Flooding Scientific Summary Volume Ⅰ: Future risks and their drivers [R]. London.

OHNSON, F., SHARMA, A., 2009. Measurement of gcm skill in predicting variables relevant for hydroclimatological assessments [J]. Journal of Climate, 22 (16): 4373 - 4382.

QUINNP, BEVEN K., 1991. The prediction of hillslope flow paths for distributed hydrological modeling using digital terrain models [J] . J Hydrol., Process, 5: 59 - 79.

SEGUI P. Q., RIBES, A., MARTIN E., et al., 2010. Comparison of three downscaling methods in simulating the impact of climate change on the hydrology of mediterranean basins [J]. Journal of Hydrology, 383 (1 - 2Sp. Iss. SI): 111 - 124.

SU F. G., XIE Z. H., 2003. A model for assessing effects of climate change on runoff of China [J]. Progress in Natural Science, 13 (9): 701 - 707.

TINGSANCHALI T., 2012. Urban flood disaster management [J] . Science Direct, (32): 25 - 37.

TUNG Y K, MAYS L W, 1981. Risk models for flood levee design [J]. Water Resources Research, 17 (4): 833 - 841.

TUNG Y - K, 1987. Effects of uncertainties on optimal risk - based design of hydraulic structures [J]. Journal of Water Resource Plan Management, 113 (5): 709 - 722.

USACE, 1999. Risk - Based Analysis in geotechnical engineering for support of planning studies [J]. ETL 1110 - 2 - 556, 28.

USACE, 2005. Coastal Engineering Manual (Part VI) [J]. EM 1110 - 2 - 1100, 28.

WANG M H J, ELMFELT A T, 1998. DEM based overland flow routing model [J]. J Hydrologic Eng, 3 (1) : 1 - 8.

WHITMAN R V, 1984. Evaluating calculated risk in geotechnical engineering [J]. Journal of Geotechnical Engineering, 110 (2): 143 - 188.

WILBY, R. L. et al., 2006. Integratedmodelling of climate change impacts on water resources and quality in a lowland catchment: river kennet [J]. UK. Journal of Hydrology, 330 (1 - 2): 204 - 220.

WOLFF T. F., 1999. Geotechnical reliability of levees [R]. Repor No. ETL1110 - 2 - 556 Research for U. S. Army Engineer Waterways Experiment Station, Michigan State University.

WOLFF T. F., 1995. Probabilistic methods in engineering analysis and design [R]. notes from short course for the Jacksonvile District, U. S. Army Corps of Engineers.

WOLFF T. F., 1996. Probabilistic Slope Stability in Theory and Practice, in Uncertainty in the Geologic Environment: From Theory to Practice [C]. Proceedings of Uncertainty' 96, ASCE Geotechnical Special Publication No. 58, C. D. Shackelford, P. P. Nelson, and M. J. S. Roth, eds., 419 - 433.

WOOD E. F., 1975. Bayesian approach to analyzing uncertainty among flood frequency models [J]. Water Resources Research, (11): 6, 839 - 843.

WOOD, E. F., 1977. An analysis of flood levee reliability [J]. Water Resources Research, 13 (3): 665 - 671.

WOOLHISER D A, 1996. Search for physically based runoff model, a hydrologic EI Dorado [J]. J Hydraulic Eng, 122 (3): 122 - 128.

XIE. J. B., SAYERS P., DONGYA S., et al., 2013. Broad - scale reliability analysis of the flood defence infrastructure within the Taihu Basin, China [J]. Journal of Flood Risk Management, (6): 42 - 56 .